U0068221

中國大陸的邊疆與安全

從陸權邁向海權的戰略選擇

黃玉洤 著

《中國大陸的邊疆與安全》推薦序文

周育仁

台灣位處東亞大陸與西太平洋間，自古便是東亞大陸的海上屏藩，更是往來日本、南海必經之路。就地理而言，台灣與中國大陸隔著海峽，自有一定關連性；加上各時期政治、經濟與移民社會發展帶來的影響，更使台灣與大陸間有相當深的歷史糾纏。

不可否認的是，國共內戰帶來的歷史問題，以及二戰後的國際情勢變化，使台灣與中國大陸的關係必須放置於東亞大陸與西太平洋區域安全之上來看待；更精確的說，必須要更加廣泛思考世界各國（包含美國、中國與日本）如何看待「台灣問題」。如同前美國在台協會台北處長、現任清華大學亞洲政策中心主任司徒文博士在台北的演講中曾提及：「*Locaton is everything*！」（位置決定一切）[1]。就此而論，台灣地理位置的重要性就不言而喻了！

從全球地理角度看，台灣或許只是西太平洋與東亞大陸間的一個大型島嶼；惟從地緣政治學角度來看，則台灣戰略地位與重要意涵就深深的影響著過去、現在與未來美國與中國在東亞大陸與西太平洋之濱的權力平衡遊戲。而我們生於此、立於此、安於此，又怎能不關注台灣地緣戰略重要性，以及地緣政治學科在台灣發展的現實需要呢？

如同玉涳書中所述：「地緣政治（或政治地理）研究的出現，最早可以回溯到距今 2300 年前亞里斯多德（Aristotle）的時代。亞里

---

1 國立清華大學亞洲政策中心主任，前美國在台協會台北辦事處處長司徒文博士（Willian J. Stanton）曾在今年十月十一日受蔡英文的基金會之邀，假台灣大學醫學院國際會議廳，以「台灣戰略地位的重要性」（The Strategic Significance of Taiwan）為題說明台灣的地理與地緣政治的影響力，攸關著美國與中國在西太平洋雙方勢力消長的主要戰略意涵

斯多德在研究城邦國（City-State）時提出攸關人口與領土的比例及品質問題，以及首都的必要、陸海軍的組成、邊疆及其它特質，都受到物質環境的本質所影響，尤其是氣候因素的決定。正因為亞里斯多德的基礎概念的提出，其後像是希臘羅馬時期的地理學者Strabo、以及十八世紀的法國學者孟德斯鳩（Montesquieu）等，都深受到亞里斯多德關於國家規模大小及氣候因素所對統治問題帶來的影響。一直到了十九世紀中期時，古典的政治地理思想仍深受其影響。」

而且，「到了19世紀時期，德國學者Carl Ritter發展出「國家成長的循環論」，他在《比較地理原理》書中提出類似「有機體」（organism）的觀點說明國家成長，使他成為當代第一位在政治地理建立模式的學者，雖然他的研究涉及民族優越論與決定論的責難，但從他開始確也建立了現代地理研究。受到Carl Ritter的影響，有「地緣政治之父」之稱的拉采爾（Friedrich Ratzel）結合亞里斯多德以降的概念與Ritter的方法論，開啟了政治地理學的新頁，也因為他的研究使得政治地理研究受到後來的地緣政治（geopolitics）所支配。」

此外，作者也指出後來的麥金德陸權學說、馬漢的海權思想，更近一步建構了地緣政治學的理論內容，對後世研究產生極大的開創性影響。例如，在美國所謂的「新地緣政治」(New Geopolitics)便是在國家安全顧問季辛吉（Henry kissinger）帶領下真實的進駐到美國外交政策領域，使地緣政治學進入到國際關係研究的具體實踐。

台灣地緣政治研究與教學工作者，或許沒能像美國的專家能透過理論從而邁向「學而優則仕」，但很欣慰還有許多年輕學者願投入這一冷門學科的研究行列，為台灣、亞洲甚至全世界貢獻一己心力。

我與玉溎的師生緣份始於十餘年前的國立中興大學法商學院（現台北大學）公共行政學系。在他爾後取得台灣大學法學碩士學位，以及中山大學中國與亞太區域研究所博士的過程中，我都是他的指導教授之一。我也是他大學時期的班導、工作上司與證婚人，非常欣慰他能在經濟不甚寬裕情況下，一邊教書、讀書，終於取得博士學位。

玉溍將博士論文改寫出版，轉眼離論文口試也過了一年。這段期間東亞大陸與西太平洋地區國際爭議也有了新的變化，像是台、中、日三方高度爭議的釣魚台群島（日方稱尖閣列嶼）問題，以及美國與中國為了南海的公海自由航行而爭議等，都顯現出國際關係裡諸多爭議的瞬息萬變。在原本論文基礎上，玉溍也針對近一年來的國際時事變化與發展態勢，作了不少增修，對於關心台灣與周邊國家間諸多發展的學者專家與讀者，相信這本書能帶給大家新的視角。

《中國大陸的邊疆與安全》一書只是玉溍「中國地緣政治三部曲」的第一部，在此基礎上，希望他能再接再厲，儘早完成另外二部曲，對地緣政治研究作出進一步學術貢獻。

前國立台北大學公共事務學院院長
國立台北大學公共行政暨政策學系教授
世界自由民主聯盟總會秘書長

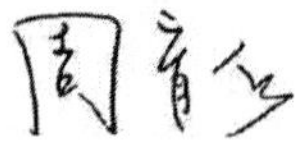

2013 年 11 月於台北大學

《中國大陸的邊疆與安全》推薦序文

王信賢

首先恭喜黃玉洤博士的論文出版成專書，這將對國內的地緣政治學與中國研究帶來正面的幫助與影響。本書拉長歷史的眼界與地理的縱深，提供我們觀察當前中國面對國際與國內雙重安全的絕佳視角。本書首先從中國歷史的邊疆意涵出發，探討民族互動、防衛與對外關係，尤其是中國國境之西——新疆地區，由於地理位置的重要性，使得此區域自古向來是兵家必爭之地，從而加大民族衝突的複雜性，此一問題迄今仍是中國國家安全的重要課題。而在中國國土的另外一側則是面臨來自海上的安全挑戰，特別是近來美國「重返亞洲」與「再平衡」戰略，使得中國原本面對的東海與南海爭端更加詭譎多變。就此而言，本書突顯出兩個具對立又有聯繫的概念，一個是陸權與海權，另一個是國內與國際。

在陸權與海權方面，玉洤從近代德、法兩國在海陸大國兩難的經驗觀察中國確實極具參考價值。由於地緣政治格局與國家現代化發展的驅動，中國必須在陸權與海權的爭霸上左右開弓，這是當前中國國家大戰略的機遇，也是挑戰。當今世界大國再也沒有一個大國像中國這樣的地理位置，可以海陸兩面同時發展，就目前中國的國家實力而言，這是機遇。然而，其所面對的海陸兩端都具有錯綜複雜的國際政治權力博奕，這是挑戰。

在國際與國內方面，「國際」與「國內」的層次分析向來是國際關係與國際政治經濟學備受關注的理論課題，綜觀當前中國的國家發展與安全考量，確實也將這兩個層次進行整體考量，本人向來將之稱為「內外聯結」(inward and outward linkage)，其不僅具經貿功能，也是一種綜合政治、外交、經貿與國際戰略的計畫。因此，西部大開發、各項經濟規劃與治疆策略必須與「上海合作組織」(SCO) 進行聯繫，這在 2009

年新疆烏魯木齊「七五事件」後更加明顯。而「ASEAN＋1」的簽訂與「中日韓自由貿易區」的推動也不能單獨視之，必須與其在國內的區域發展與安全考量一併觀察，這才是「統籌國內國際兩個大局」的真義。

中國目前在陸權與海權的爭霸中，確實同時面臨來自國內與國際的兩大安全挑戰。在國際上，美日聯手的壓制以及俄羅斯、印度等大國的虎視眈眈，在國內，各種維權、群體性事件不斷，少數民族特別是新疆維族的問題，都讓中共必須得同時在國際與國內進行「維穩」。針對此，中共在 2013 年 11 月 9-12 日所召開的「十八屆三中全會」，決定「為健全公共安全體系，設立**國家安全委員會**，完善國家安全體制和國家安全戰略，確保國家安全」。過往中國維護國家安全的力量分散在政府、軍隊等各個不同的部門，協調難度大，對策也不易準確，往往不能有效調動國家資源，而國家安全委員會的設立預期將會是橫跨黨政軍的「軍機處」，囊括外交、國防、公安、國安、武警、解放軍等涉及國家安全的部門，綜合處理對外、對內的安全議題，這對中國國家安全發展必將造成深遠的影響。而本書於此時出版，不僅具學術價值，也具現實意義。

從目前國際情勢、區域經濟整合、中國政經軍事發展以及兩岸關係的形勢看來，我們必須努力跳脫內部的政治紛爭與泥沼，更深刻地從地緣政治、國家安全的大格局來思考我國國家戰略。玉溍的大作不僅讓我們看到中國的邊疆、安全與國家戰略，也提醒我們必須重新認識台灣的安全議題。再次恭喜玉溍新書出版，也恭喜讀者能閱讀到一本好書。

國立政治大學東亞研究所教授

2013 年 11 月於政大

《中國大陸的邊疆與安全》推薦序文

何耀光

算一算，認識玉洤也超過十年了，剛接到推薦序的邀約時，心裡倒是充滿了複雜與矛盾，很高興，這本積累了多年來研究成果的作品得以付梓出版，也不枉先師張錫模教授的諄諄教誨；很惶恐，畢竟我們師出同門，如何才能避免盲點，精確而有貢獻的做出妥適的推薦！這樣的疑雲圍繞也著實令人卻步，直到書稿寄來開始閱讀之後，當年在西子灣畔，夕陽斜照之時，幾個身影在大榕樹、露天咖啡座伴隨著海風、咖啡香與滔滔雄辯……歷歷在目！隨著章節的起伏轉變，心情也跟著一起波動，果然有著玉洤一貫的敏銳、犀利與創新。惶恐與困擾逐漸散去，複雜與迷惑隨著論述與說理的字裡行間逐一被釐清，啊！疑惑釋懷的感覺真好！但寫序的壓力則再度湧現，如何才能扮演這樣的角色呢？

其實，我沒有能夠再多些說明而可以為本書增色的可能與空間，於是，我想，文章內容的精華與閱讀之後的淋漓舒暢，還是留給讀者慢慢地細細品味，而我的任務應該就是把全書整體所要探討的核心以及隱藏在字裡行間的概念予以說明，並提出些許對應觀點，作為與作者辯論的因子，再次回憶、享受同學間面紅耳赤激辯的樂趣，讀者或許會疑惑，「這難道是『同室操戈』嗎？」，但個人則必須指出在相同師承的背景下，這更具備著「正反合」辯證的「同室練兵」與思辨。

整體來說，本書以「中國大陸的邊疆與安全」為題名，在認知上，也預告作者構想處理的問題在於，中國如何面對陸海兩棲的地緣限制。至於在內容上，作者試圖透過地緣政治與戰略的視角，解構並建構一個現代性的視野，以解釋歷史發展的核心趨力、詮釋東亞的權力競逐模式，並重新組建一種看待、預測未來中國發展的「認知取向」。

而在學術推論與發展的企圖上，作者透過現實主義理論群的實證檢驗，探討、詮釋、甚至挑戰「海陸異質性兩面作戰」在中國問題上的「地理魔咒」與「歷史宿命」，更大膽而創新的企圖在現實主義的理論當中，尋找自由主義的靈魂，調和並修正現實主義當中單純權力至上的認知，導引並驗證自由主義平台建構的效應。雖然並未真正進入規範性理論推導的過程，但在經驗性實證的範疇上，已經初見未來理論辯證的精彩！

「中國崛起」的多重戰略困局

時至今日，「中國崛起」係存在的事實，無論立場如何，均無法忽視北京在 21 世紀國際政治與事務上的角色，隨著中國的影響力逐漸擴大，而相對的美國則日漸削弱，當霸權國家影響在全球範圍中逐步下滑之際，國際權力結構的轉變似乎就已成為一種不可逆的趨勢，東亞政經秩序亦正面臨結構性的轉變，[1]然而，事實果真如此？亦或只是假像？若從地緣戰略的角度來觀察後冷戰時期東亞地區的安全戰略態勢，則可以發現無論是對於涉入東亞事務的強權，亦或是東亞國家本身，都存在著共同的特徵，也就是均面臨著各自在安全戰略操作時的多重困局。

對東亞而言，威脅來自於地緣上的近鄰－中國，然中國崛起是事實，而如此事實是憂是喜，卻還在未定之天。事實上，早在 1990 年 5 月，日本防衛大學村井友秀副教授即在《諸君》月刊發表中國

---

1 綜合參考 Kishore Mahbubani, *The New Asian Hemisphere: The Irresistible Shift of Global Power to the East* (New York: Public Affairs, 2008); Daniel W. Drezner, “The New New World Order,” *Foreign Affairs*, Vol.86, No.2, (March/April 2007), pp. 34-46 ; FareedZakaria, “The Future of American Power. How America Can Survive the Rise of the Rest,” *Foreign Affairs*, Vol.87, No.3, (May/June 2008), pp. 18-43.

威脅論的專文，探討中國在國力發展後成為潛在敵人的可能。[2]到了 1992 年以後，西方國家媒體、專家、政治領袖亦多對此表示憂慮，英國《經濟學家》的「當中國醒來時」、美國傳統基金會《政策研究》的「覺醒的巨龍：亞洲的真正威脅來自中國」等等專文，逐步使「中國威脅論」成為國際關注的焦點議題，而 1997 年，Richard Bernstein 與 Ross H. Munro 更以專書指出中國將在 21 世紀成為世界的主導力量、美國的長期敵人。[3]

對於中國崛起的認知方面，在其周邊與西方國家來看，焦慮的核心在於「是否中國能成為負責任的大國？」「是否中國將遵守國際規範、實踐國際間的基本價值？」[4]整體來說，國際社會關注焦點在於，一個更加強大與自信的中國將會如何對待鄰國，而面對中國在東亞影響的增強又會有如何的反應。[5]

隨著冷戰的結束，全球戰略的權力平衡與東亞局勢，也隨之發生重大變動。美國在外交上的「孤立主義」（Isolationism）傾向，[6]使其在亞洲的影響力逐步衰減，相對的，中國在經濟與政治影響力上，確實已成為不可忽視的崛起勢力。而一種逐步、漸進、非機會主義、後霸權式的區域大國，則是渠等對中國的深層期盼。[7]然而，因改革開放後累積的經濟實力，使中國的擴張能力與信心倍增，在南海，

---

2 村井友秀，〈新・中国「威脅」論〉，《諸君》，第 22 卷第 5 期，1990 年 5 月，頁 186-197。

3 Richard Bernstein & Ross H. Munro, *The Coming Conflict with China* (New York: Alfred A. Knopf, 1997).

4 Stephanie Kleine-Ahlbrandt& Andrew Small, “China’s New Dictatorship Diplomacy. Is Beijing Parting With Pariahs? “ *Foreign Affairs*, Vol.87, No. 3, (Jan /Feb 2008), pp. 38-56; Robert Kagan, “Behind the ‘Modern’ China,” *The Washington Post*, March 23, 2008.

5 David Shambaugh, “China Engages Asia: Reshaping the Regional Order,” *International Security*, Vol.29, No.3,(Winter 2004/2005), pp.64-99.

6 Stephen M. Walt, “Two Cheers for Clinton's Foreign Policy,” Foreign Affairs, Vol. 79, No. 2 (March/April 2000), pp.63-79.

7 Denny Roy, “Assessing the Asia-Pacific ‘Power Vacuum’,” *Survival*, Vol.37, No.3 (Autumn 1995), p. 55.

東協國家逐漸感受到北京在主權聲明之後的壓力；在東海，則因日本國內的政治操作（釣漁臺問題）而觸發中國在主權方面敏感的神經與歷史的傷痛。

在猶如芒刺在背的壓力下，東協的「全面羈絆」（omni-enmeshment）策略或是日本的經貿平衡手段，基本上係屬「廣泛平衡」（broad-ranging balancing）的戰略回應，對東協而言，是引入大國利益的介入以抗衡中國發展，對日本而言，則是在南海與東海的籌碼交互運用上，尋求另一種戰略可能。然而，東協缺乏強力、有效的執行機制，[8]在實際操作上，又因區域權力競逐大國的彼此相互制約，也間接減緩對中國的安全衝擊與約束，提供北京另一種戰略操作空間。

至於日本，二戰之前的絕對優勢已不復存在，且因缺乏戰爭反省，而造成國際疑慮，[9]在缺乏美國支持之下，國際影響相對有限，也侷限了戰略選項，難以全然掌握戰略主動。對於北京而言，「積極參與」、顯現「負責任大國」的形象，表現在金融風暴時具體的協助作為，確實改變了中國對外的政經關係，[10]然而周邊國家的疑慮依

---

8 綜合參考 Evelyn Goh, “Great Powers and Southeast Asian Regional Security Strategies,” *Military Technology*, Vol.30, No.1 (Jan. 2006), pp. 321-323; Dominik Heller, “The Relevance of the ASEAN Regional Forum (ARF) for Regional Security in the Asia-Pacific,” *Contemporary Southeast Asia*, Vol.27, No.1 (April 2005), pp.138-141; Evelyn Goh, “The ASEAN Regional Forum in United States East Asian Strategy,” *The Pacific Review*, Vol.17, No.1 (March 2004), pp. 59-64.

9 對東亞地區國家而言，基於日本軍國主義與發動對外侵略的歷史經驗，日本新興的右派民族主義發展與走向一直是存在著憂慮。見 Gavan McCormack, “Nationalism and Identity in Post-Cold War Japan,” *Pacific Review*, Vol.12, No.3, (October 2000), pp.247-263; Eugene A. Matthems, “Japan’s New Nationalism,” *Foreign Affairs*, Vol. 82, No. 6, (Nov./Dec., 2003), pp. 74-90.

10 綜合參考胡鞍鋼主編，《中國大戰略》（杭州：浙江人民出版社，2003 年），頁 5-9，83-84；閻學通，《中國與亞太安全》（北京：時事出版社，1999 年），頁 177；洪讀，〈東協為核心的區域經濟整合及對我國的衝擊〉，《國家政策論壇》，第 93 卷，春季號，（2004 年 1 月），頁 112-115；李國雄，〈「中國大陸－東協自由貿易區」的政治經濟分析〉，《兩岸共同市場基金會通訊》，第 9 卷，（2004 年 3 月），頁 16-17。

舊，睦鄰政策二十餘年來，在2009年以後的南海、東海爭議上，卻驗證出成效不彰的明顯結果。

就整體而言，東亞世局在冷戰結束後，已進入權力轉折巨大的時期，區域內強權之間相互競逐冷戰遺留下來的權力空隙，雖各自互有斬獲，在不同範疇內獲取相當的支配實力，但卻也因此，難再出現單一、絕對的支配性強權。

對中國而言，作為一個崛起中的大國，能源供應的穩定與運輸的安全係戰略關切核心，因此，就北京而言，提升海上運輸安全、建立遠洋投射與支配能力，即為現階段解決「麻六甲海峽困局」的首要，[11]然而，相對的也造成海洋發展的戰略困局。因為，遠洋兵力投射能力的提昇，雖係著眼於「海上生命線」的確保，但卻直接排擠美軍的全球戰略部局，並對印度在印度洋區域的戰略安全構成威脅。[12]雖然北京方面一直希望降低或說服周邊國家相信中國的「和平崛起」，相信崛起中國有利於經濟起飛與周邊和平環境的發展。[13]

但實際上，對中國迅速崛起的威脅感來自於：擔憂這種崛起，將會促使中國積極的尋求區域霸權。[14]隨著中國經濟的快速發展，在軍事上已明顯的促使周邊國家積極強化軍備擴張。[15]

雖然說中國崛起在北京以睦鄰為核心的涉外原則操作下，至今並未顛覆東亞安全秩序的運作，透過雙邊同盟、多邊對話與特殊外

---

11 綜合參考沈明室，〈中共在印度洋擴建港口的戰略意涵〉，《陸軍學術雙月刊》，第44卷第501期(2008年10月)，頁4；Lawrence Spinetta, *The Malacca Dilemma-Countering China's 'String of Pearls' with Land-Based Airpower* (Maxwell, AL.: U.S. School of Advanced Air and Space Studies, 2006), p. 98.

12 綜合參考平和安全保障研究所編，《アジアの安全保障2009-2010》(東京：朝雲新聞社，2009年)，頁149-151；Michael Pillsbury, "China's Strategic Outlook," in K. Santhanam and S. Kondapalli, ed., *Asian Security and China2000-2010* (New Delhi: IDSA and Shipra Publication, 2004), pp.99-105.

13 Gilbert Rozman, "A Regional Approach to Northeast Asia," Orbis, Vol.39, No. 1 (Winter 1995), pp. 65-80.

14 Denny Roy, "Assessing the Asia-Pacific 'Power Vacuum'," *op. cit.*, p.55.

15 US Department of Defense, *Quadrennial Defense Review Report 2010* (Washington, D. C.: Department of Defense, 2010), p. 31.

交的混合，既沒出現軍事競爭對抗，也沒挑戰、撼動美國的海洋秩序安排。[16]然而，當既存的權力結構安排與核心利益相衝突時，合作與維持現狀的自制將會受挫，[17]而在核心議題上，北京相信「在防止東亞地區為敵對勢力所左右的基礎上，謀求更廣泛的合作」係國家獨立自主的關鍵。[18]

戰略情勢上，全球反恐戰爭已使美國在阿富汗、中亞、巴基斯坦、俄羅斯重新建構戰略合作關係，對中國形成戰略包圍（strategic encirclement），也使美國在亞洲的地緣戰略優勢更加穩固。暫時不談陸海兩棲的傳統地緣困境，單純就中國在周邊海域所臨嚴重的戰略困境，則至少包括：1.國家主權、海洋權益維衛的兩難；2.東海、南海兩線同時面對惡化中的環境；3.經濟、社會發展，需保持周邊的穩定，亦使得戰略選項被壓縮。[19]另外，在台灣問題上，對北京而言，對台問題的退讓造成的傷害將遠超過與美國的衝突。[20]

更重要的是能源安全的當務之急，無論打擊分裂、極端與恐怖主義，東北振興，東協加一，中非、中阿合作論壇等等，均為以能源安全為核心戰略邏輯下的安排與嘗試。此等天然資源的進口與生產貨物的出口，係中國維持兩位數經濟成長的必須，於是對海洋航道的依賴也因此無可替代。[21]更不能接受由美國或日本主導的東亞安

---

16 G. John Ikenberry & JitsuoTsuchiyama, "Between Balance of Power and Community: the Future of Multilateral Security Co-operation in the Asia- Pacific," *International Relations of the Asia-Pacific*, Vol.2, No.1, 2002, pp.69-94.

17 Alastair Iain Johnston, "Is China a Status Quo Power?" *International Security*, Vol.27, No.4,(Spring 2003), pp. 5-56.

18 唐世平，〈理想安全環境與新世紀中國大戰略〉，《戰略與管理》，2000 年第 6 期，頁 44。

19 綜合參考傅夢孜，〈布什政府對華政策與中美關係的未來〉，《現代國際關係》，2003 年第 1 期，頁 17-22；劉中民，〈冷戰後東南亞國家南海政策的發展動向與中國的對策思考〉，《國際問題論壇》2008 年秋季號，頁 77-78。

20 Michael Swaine, "Trouble in Taiwan," *Foreign Affairs*, Vol. 83, No. 2, (March/April 2004), pp.39-49.

21 綜合參考肖佳靈，〈當代中國外交研究「中國化」：問題與思考〉，《國際觀察》2008 年第 2 期，頁 1-15；Ian Storey, *The United States and ASEAN-China Relations: All Quiet on the Southeast Asian Front* (Pennsylvania: The

全機制。[22]事實上，隨著經濟不斷發展與對外聯繫日益密切，北京的利益範圍也逐漸向外擴展，中國軍方的強硬立場亦表現在，邊疆戰略的延伸與安全防範的擴大以處理境外安全威脅的能力。[23]

因此，和平崛起的必須面對國際權力結構、鄰國的疑慮、資源的競逐、崛起假象引發的民族主義等等，單純就海洋面向而言，此戰略困局，似乎已經難以克服，若再加以地緣本質的困境，則情景更難有樂觀的判斷。

當然，個人對於中國處理當前戰略困局的前景較為悲觀，而玉洤兄在此議題上確實有著更加積極的意見與判斷，而這樣的學術論證差異，恰正是社會科學發展過程中，對於孔恩（Thomas Kuhn）「典範理論」的具體實踐。而我必須要強調的是，本書在理論建構、實證檢驗、論理敘述上，都將是一部值得將讀者的認知與作者的創新思維共同置於思辨平台上，作為挑戰獨立思考、典範轉移的重要媒介，更是創新大膽的學術嘗試，也期待讀者能引領出更璀璨的知識激盪火花。

義守大學通識教育中心歷史組副教授

何燿光

2013 年 11 月於高雄

Strategic Studies Institute of the US Army War College, 2007), p.7.

22 Ralf Emmers, *Cooperative Security and the Balance of Power in ASEAN and the ARF*(London and New York: Routledge Curzon, 2003), pp.116-117.

23 程廣中，《地緣戰略論》（北京：國防大學出版社，1999 年），頁 221。

致謝詞（代自序）

昔人常云：「十年磨一劍」。雖然我的這本小書尚不敢自稱「利劍」，但自博士求學至今，轉眼也過了十年。回想求學之路，如人飲水、冷暖自知。所幸遇有恩師提攜、家人扶持、同窗砥礪，終於能夠完成學業，寫了這本小書。

恩師周育仁院長，自任我大學導師開始，總是多番提攜。而我碩士、博士論文均由恩師指導，舉凡研究、教學到證婚，如今又為我作序推薦，對於恩師，我始終誠心感謝。另外，同樣感謝擔任指導的顧長永所長，口試委員高永光考試委員、郝培芝教授、羅至美教授，以及王信賢教授，以及廖達琪教授、林文程院長、翁嘉禧教授、鄭又平教授、陳金貴教授、李炳南教授、彭錦鵬教授、劉坤億教授等人的提攜。

當然，除了良師們的提攜，求學路上也不乏有些益友。其中，政治大學東亞所的王信賢教授既是我的良師，也是我的學長，平時便知他有許多公務與研究在身，深怕請他為這本小書作序會耽誤了他的時間，沒想我厚著臉皮透過「非死不可」請他推薦（心想這會可能也是「非死不可」），可他卻一個簡訊來去之間便爽口答應（科技力量真的很大），這實在是令我非常感動，謝謝學長！

另外，義守大學通識中心歷史組的何燿光教授也是小張老師門下一員，身為同窗之間的佼佼者，何教授的地緣政治專業素養不在話下，且在具有海軍專業背景的情況下，燿光兄於海權思想的獨到見解總是讓我收穫良多；而我這本小書中有不少的海權思想與知識就是由他大方分享。更重要是，有他的推薦序讓我彷彿多披了件戰甲在身，才敢厚著臉皮出這本小書，謝謝你了，燿光兄！

更要感謝的是，先師張錫模教授啟發了我的地緣政治專業，只是，在博士班第四年的開學後，就不見他進來課堂了。猶記得當初我快唸不下去時，他邊抽著煙、邊告訴我說：「玉湰，你可以的，你能完成的（中國的地緣政治理論）！」。因為這段話，我終於完成了學位以及這本小書。說真的，很想告訴小張老師，我做到了！因為您，我還會繼續地堅持下去。

同樣的，在此也要感謝秀威資訊公司發行人宋政坤先生願意出版我這冷門的學術小書；以及在長達一年的準備工作中，責任編輯廖妘甄小姐與圖文排版曾馨儀小姐等人，充分發揮了出版社的專業與嚴謹，透過一次次的修改與校訂，她們竟連一個參考書目的錯字、漏字都不放過，這實在令我不得不敬佩了。所以我又修訂了一些內容，以致出版時間給拖遲許久，實在對秀威公司的大家有些抱歉！當然，如果這本小書有任何的問題，自然是由我負起全部的責任！

最後，感謝我的父親、母親，謝謝你們的養育之恩；也感謝我的岳父、岳母，生養我生命中的另一半。而珍珍對我的包容與支持，是我完成論文與這本小書的最大推手。謝謝妳！寶貝老婆！

黃玉洤

2013 年 11 月於虎頭山下

目　次

第三章　東亞安全體系與中國國家安全

第四章　地緣政治理論的整合與中國國家大戰略

結論

導論

隨著前蘇聯的瓦解，美國成為世界政治的唯一霸權，但同時美國國內也出現興奮卻伴隨不安的論點，興奮的是一些人視歷史已經終結，資本主義自由最終戰勝了共產的意識形態[1]，不安的是一些人驚覺美國霸權可能面臨如過往帝國的泡沫化[2]；於是一些聲音開始在思考美國可能潛在的新敵人[3]，或試圖解釋未來世界文明可能帶來的衝突將改變世界秩序[4]。

於此同時，中國經濟的改革開放顯著的得到了成效，多年來經濟成長率始終在 8～10%左右，讓中國成為世界最大的外匯存底國家。2006 年中國超越英國、法國，並在 2010 年年底超越美國成為世界最大科技財貨輸出國，有專家預測 2050 年中國將成為世界最大經濟國家[5]。即便 2009 年受到美國次級房貸波動的世界金融海嘯影響，根據世界銀行 2010 年 6 月統計資料顯示，中國經濟保守估計在 2010 年全年 GDP 成長率仍可達 9.5%，到了 2011 年仍可維持 8.5%的成長率，另根據 CIA Factbook 資料顯示，2012 年中國經濟成長率降至 8%以下，主要受到 2010 年至 2011 年的通貨膨漲所致（更新日期，2013 年 10 月 25 日）。此外，中國 2010 年的經濟平價購買力在世界國家

1 法蘭西斯・福山（Francis Fukuyama）著，李永熾譯，《歷史之終結與最後一人》（*The End of History and the Last Man*）（台北：時報出版，1993 年，初版），序論頁 I -XVI。

2 喬治・索羅斯（George Soros）著，林添貴譯，《美國霸權泡沫化》（*The Bubble of American Supremacy*）（台北：聯經出版，2004 年 3 月，初版），頁 161-171。

3 喬治・索羅斯（George Soros）著，《美國霸權泡沫化》，頁 32-34。

4 杭亭頓（Samuel P. Huntington）著，黃裕美譯，《文明衝突與世界秩序的重建》（*The Clash of Civilizations and the Remaking of World Order*）（台北：聯經出版，1997 年，初版），頁 3-31。

5 Minxin Pei, "The Dark Side of China's Rise," *Foreign Policy*, No.153, April, 2006, pp. 32-40.

中排名第三（約 8.789 兆美元），並以美國為最大出口對象國家，約佔整體出口市場的 17.7%[6]。另根據美國 CIA 於 2013 年 11 月 11 日資料顯示，2011 年中國國內生產毛額（GDP）約為 11.29 兆美元，到了 2012 年則上升為 12.61 兆美元。位居全球第二位，僅次於美國，經濟成長率始終維持在 8%～9%之間[7]。

正因為 1980-1990 間中國經濟的崛起與政治力量提升的重要轉變，以及中國巨大的領土與超過 13 億的人口，加上中國持續的進行軍事力量的現代化，對於亞洲地區及世界政局有一定的影響力。因此，有一些冷戰後探討中國政治的觀察家提出幾類聲音，其一是中國崛起論（China Rise）[8]，其二是中國崩潰論（China Collapse）[9]，其三則是中國威脅論（China Threat）[10]，以及霸權移轉的觀點等[11]。

---

[6] 中國出口市場以美國佔出口量 17.7%，其次香港 13.3%、日本 8.1%、南韓 5.2%、德國 4.1%，見 CIA,〈*World Factbook*〉，March 1, 2010,＜http://www.cia.gov/library/publications/the-world-factbook＞。

[7] CIA,〈*World Factbook*〉，November 11, 2013,＜http://www.cia.gov/library/publications/the-world-factbook＞。

[8] 請參見 Michael E. Brown, et al（eds）,*The Rise of China*（Massachusetts: The MIT Press, 2000）, pp. XI-XXVII.；David C. Kang, *China Rising: Peace, Power, and Order in East Asia*（USA: Columbia University Press, 2007）, pp.12-17.；Michael T. Klare, *Rising Powers, Shrinking Planet: The New Geopolitics of Energy*（New York: Metropolitan Books Press, 2008）, pp.63-77.；Robert G. Sutter, *China's Rise: Implications for U.S. Leadership in Asia*（Washington: East-West Center, 2006）, pp.1-39.；John Ikenberry，〈中國的崛起：權力、制度與西方秩序〉，收錄在朱峰、Robert Ross 主編，《中國崛起：理論與政策的視角》(上海：上海人民出版社，2007)，頁 137-163。閻學通、孫學峰著，《中國崛起及其戰略》(北京：北京大學出版社，2005 年 12 月)，頁 71-104。蕭全政，〈論中共的「和平崛起」〉，《政治科學論叢》，第 22 期，2004 年 12 月，頁 1-30。

[9] 章家敦(Gordon G. Chang)，《中國即將崩潰》(台北：雅言文化，2002 年，初版)，頁 15-18。Susan L. Shirk, *China: Fragile Superpower*（New York: Oxford University Press, 2007）, pp.1-12.

[10] Seymour Itzkoff, "China-Emerging Hegemony: A Speculative Essay", *The Journal of Social, Political and Economic Studies,* V.28, Number 4, Winter/2003, pp. 487-496.；Susan L. Shirk, *China: Fragile Superpower,* pp. 255-269.

[11] 見向駿主編，《2050 中國第一？權力移轉理論下的美中臺關係之迷思》(台北：博揚文化，2006 年)，頁 34-90。

由於學者各自研究領域不同，因而對中國研究呈現熱絡與多樣性，無論是從經濟方面看到中國變成世界工廠、加入全球經濟市場後的高度成長率，國際經濟援助與外交事務的積極態度與柔軟身段，亦或是中國軍事力量的現代化與亞洲區域穩定，這些主要的崛起或是威脅的論調，成為冷戰後東亞國際政治的關鍵議題[12]。

然而除了經濟表現亮麗，中國的政治貪腐嚴重與資源浪費，地方精英與官僚貪污、貧富差距惡化，政府管控經濟及高達 38%的國營事業。根據外資預測私有經濟規模可能不超過 30%，且超過 42.6%來自外國投資，在多數的經濟體都受到來自北京的控制下，使得中國經濟體制呈現一種新列寧主義國家（Chinese neo-Leninist state）的傾向，這樣的經濟伴隨著民主的倒退，裴敏欣稱之為「朋黨資本主義」（the crony capitalism，又稱關係資本主義或權貴資本主義）的產生，將不利於未來的中國經濟的崛起[13]

此外，另一種全球化論述的發展，則是通過地理空間與經濟擴散來看國際關係的發展，像是大前研一的「民族國家的終結」，則標榜經貿活動與全球化現象將使國家疆域被打破，而傳統國家主權相對趨向式微。由於「地理的終結」（end of geography[14]），與通過文化、社會和其他一些要素的結合，使得全球化現象呈現出一種「世界的壓縮」[15]。

事實上，地理從未被壓縮，被壓縮的是人們看待地理空間性與時間性的知識與認知，也就如同冷戰前的國際關係研究與傳統地緣政治研究的視野，由於全球化的發展而導引出其自身的知識論危機。透過對世界想像地圖的再認識，國際關係與傳統地緣政治研究

12 余家哲，《近代東亞體系：模式、變遷與動力》（高雄：國立中山大學中國與亞太區域研究所博士論文，2010 年 1 月），頁 11。

13 Minxin Pei,"The Dark Side of China's Rise," pp. 34-39.

14 Zygmunt Bauman, *Globalization: The Human Consequwnces*（New York: Columbia University Press, 1998）, p. 12.；陳家輝，《當代中國馬克思主義發展趨勢之研究》（高雄：國立中山大學中山學術研究所博士論文，2008 年 3 月），頁 30。

15 陳家輝，《當代中國馬克思主義發展趨勢之研究》，頁 30。

的學者們，從而在其他學科知識領域中尋求學科之間的對話，像是歷史社會學、社會學以及歷史地理學的知識應用。

然而無論從政治、經濟或軍事，以及大國間國際關係與外交策略的角度分析，其實都內藏著傳統地緣政治的知識脈絡。尤其提到全球化與全球霸權等論述，透過世界地理的想像圖，國際關係研究與傳統地緣政治研究的關聯性，更加深國家中心思考的地理空間與政治權力結合。冷戰後國際政治依舊潛藏著傳統地緣政治戰略的想像密碼[16]。

可是這樣的直觀式視野並不能以為全然與過去做一切割，而是有著更多過去的歷史延續，尤其更當理解傅柯所說的「權力／知識」所呈現的現代理性的專制[17]。唯有從方法論與概念的再認識，我們才能發現過去地理知識為國家中心政治與軍事強權服務的錯置，從而尋回地理自身與政治權力的聯結關係，而在研究中國地緣政治與安全策略的同時，也必須了解中國作為一個「整體」概念的不可能。因為除了「中國」（Chinese、China）這個概念所呈現的多樣性，更加需要從「中國」（Middle Kingdom）以及「新疆」（New Frontier）的概念進行拆解，然後在其獨有的歷史脈絡中尋求其現代性的意涵。

也唯有如此，理解新疆在中國地緣政治中的重要性，除了在傳統地緣政治理論基礎上研究，也需透過知識論方法的再省思，如此才能跳脫中國與世界精英所受地理想像限制，從而進行更廣闊的研究領域與議題，裨益於認識今日中國與中亞世界政治，且更貼近於真實。

一、何謂「中國」

一直以來，筆者從研究中國政治開始，心理就存在著許多的疑問。隨著什麼是「中國」的疑問越多，以及電視媒體、報章新聞、

---

16 余家哲，《近代東亞體系：模式、變遷與動力》，頁 45-47。

17 楊大春，《後結構主義》（台北：揚智文化，1996 年），頁 92-96。見黃光國，《社會科學的理路》（台北：心理出版，2003 年），頁 286-287。

學術專書做了許多角度的「中國」描述，卻相對的使人對「中國」的理解越來越迷惑。中國人習慣稱自己的文明有五千年歷史，而今日的中國疆域面積有 959 萬 6961 平方公里，人口達 13 億 3014 萬 1295 人，加上逐年穩定的經濟成長與軍事現代化，使得中國成為不可忽視的大國。

但也因為中國很大，Rob Gifford 提到：「若搭乘卡車從上海市沿國道 312 公路橫越華中地區，最後抵達新疆，再從新疆霍爾果斯口岸進入中亞，要花上近一個星期，而搭飛機則只需花不到 4 小時的時間。……儘管上海的都市繁華象徵現代中國的進步，但離開上海進入南京卻又是另一個文明古都，而到了安徽境內則又呈現貧窮與落後的另一個中國，越往內地直到新疆地區，人民的生活水平與經濟收入就越發的落後，這是一個與沿海城市地區截然不同的中國。[18]」。

Colin Legerton 與 Jacob Rawson 的旅行文章指出：「東北少數民族當地人表示現代中國政府要求他們放棄打獵維生的傳統，要求他們離開森林住在水泥房內，並靠政府約 120 人民幣的生活補助及少許的農作勉強維生；而新疆的維吾爾人明顯的受到政策的歧視，過著不如漢移民的經濟生活，甚至連塔吉克族所受到的對待都較維吾爾族優遇。這段旅程呈現出一個晦暗難及的中國，透過少數民族所受到歧視而挖掘出一個中國各少數民族與漢民族團結的假象。[19]」。

透過旅行去看中國，是一種貼近真實卻又不盡真實的感官旅程，透過自身的視覺有著所處空間與知識背景聯成的情感面，將局部經驗轉換為記憶，透過記憶與文字系統所做的書寫工作，再經一長串過程，反覆推敲的結果。

若透過新聞的報導，則現今中國除了是個大國外，也能發現許多問題，如社會上開始出現都市的奢華風，嚴重的通貨膨脹，昂貴歐美消費品打開中國新貴階層市場，而農村地區落後貧窮，一波波

---

[18] Rob Gifford, *China Road*（New York: Random House, 2007）, pp. XIV.-XV.、p. 53.

[19] Colin Legerton、Jacob Rawson, *Invisible China: A Journey Through Ethnic Borderlands*（Chicago: Chicago Review Press, 2009）, pp. 17-41.

盲流往城市流竄，使沿海城市紛紛進行戶籍制度改革，以因應人口流動的管制。一胎化的結果，讓婚姻的話題從百姓家庭延燒到電視娛樂節目，醫療設施缺乏與管理腐化，始終在各地社會製造嚴重的衛生問題，以及泥石流、地震等重大天然災害等。這些都是關於中國的印象，然而，對中國的大國想像，也從來不是「鐵板一塊」；官員、學者、報導者、旅人宣稱他們看見了中國，但也只是一部分的中國。

對作為「部分的」各種現象視而不見，只在那些艱澀難懂的「聰明人」（wise man）所建構成的知識脈絡中去承襲，卻忽略了世界地理的本質[20]。如同在 Rana Mitter 所著的 *Modern China: A Very Short Introduction* 一書中指出：「中國可以分別以 Chinese、China、Zhongguo、Middle Kingdom 來表示，Chinese 是一種源於 19 世紀的民族或族群認同，如同直譯的 Zhongguo，在此之前人們都自稱為大明人（王朝屬民）或大清人；在過去中國歷史裡，透過王朝的領土擴張與天下觀念讓『中國』與 Middle Kingdom 的地理想像緊密結合。然而 China 的出現，卻是透過 19 世紀中葉與西方世界近代的國際擴張及鴉片戰事，使得 China 一詞最終成為它失去天朝地位後，變成地區強權的代名詞，從而『加入』以西伐利亞條約體系建構下的現代世界政治。……但是，從另一方面 China 的現代性，同樣包含了 Chinese、Zhongguo、Middle Kingdom 的多重意涵，它可以是地理的大陸，而不僅止於國家，它是一些認同的論述，一些被人們分享的歷史意涵，一些不同的成分，一些相互矛盾，結合現代與儒家思想、威權與民主、自由與壓抑等等，是以中國 China 也呈現其多數名詞的樣態。[21]」。

儘管 Rana Mitter 的名詞與概念的界定給了中國想像的一些補充，但面對世界政治的轉變與現代化生活的全球發展，以及現今中國政治、經濟、社會、文化等各層面的轉變，中國 China 這一多數名詞的多樣性，卻又讓人陷入再一次的疑問與思考。猶記得前蘇聯

---

20 GearÓid Ótuathail, *Critical Geopolitics: The Politics of Writing Global Space*（Minnesota:University of Minnesota Press, 1996）, pp. 53-55.

21 Rana Mitter, *Modern China: A Very Short Introduction*（New York: Oxford University Press, 2008）, pp. 6-11.

瓦解之後，許多觀察家預測中國可能面臨同樣的困局，然而中國在經濟開放改革同時，對於政治民主的壓制依然不為手軟，從所謂的鄧小平模式的「政治緊，經濟鬆」來尋求經濟改革代替政治改革，並通過政治鬥爭勝利進一步鞏固經濟改革，營造其政治統治的正當性[22]。

因此，有學者從中共政黨與政治體制的角度研究，指稱它在面臨民主化浪潮危機下，透過經濟成果的自我驗證與群體道德價值的呼應，將其政府轉化為一種更具效能的統治機器，相對的在政治以外領域的鬆綁，使其成為一「韌性的威權」，從而保有中國的經濟發展與政治穩定[23]。但另有學者則提出不同看法，認為中國今日的經濟成就和國家安全雖是自 19 世紀中葉以來所罕見，但矛盾的是，中國領導人對於國內局勢卻是深懷隱憂，中國也許是個崛起的強權，但卻是個脆弱的強權。因為中國在經濟成長同時，必須時時盯緊人民幣匯率、注意通貨膨脹，還要打擊經濟犯罪、注意貧富差距，再加上中國領導人獨特的接班政治，使得領導人間明爭暗鬥成為個人政治生涯目標的首選[24]。

撇開中南海高層的政治佈局，地方上的盲流、人口控制、農民上訪、衛生醫療，都市裡的工人抗議、民工下崗、流動戶籍、組織犯罪等，更加大中國社會穩定的變數[25]。所以中國土地大、人口多，即便以目前的經濟表現亮麗，但若真的把國民所得除以人均，則不過每人每年 GDP 不過 6600 美元，實在算不上一個經濟大國的正常表現，況且中國人口經濟生活在貧窮線下尚有 2.8%的比例，達 3740

---

22 吳玉山，《共產世界的變遷：四個共黨政權的比較》（台北：東大出版，1998 年），頁 2-155。

23 Andrew J. Nathan 著，何大明譯，《中國政治變遷之路：從極權統治到韌性威權》（*Political Change in China*）（台北：巨流出版，2007 年 9 月，初版），頁 10-41。

24 Susan L. Shirk, *China: Fragile Superpower,* pp. 1-12.

25 David Marriott、Karl Lacroix 著，謝佩妏譯，《中國無法偉大的 50 個理由》（*Fault Lines on Face of China：50 Reasons Why China May Never Be Great*）（台北：左岸，2009 年 7 月），頁 43-57。

萬人之眾；而根據中國官方資料顯示，新疆地區人均收入則是比起全國人均收入低了許多[26]。

因為中國很大，自然也有許多妨礙中國成為偉大國家的嚴重現象和問題，像是糧食的需求。儘管中國大蒜產量佔全球 75%、蔬菜產量佔全球 50%、水果產量佔 15%、蘋果佔 47%、菜仔油佔生產及消耗均佔全球 33%、養雞佔全球 25%、養鴨佔全球 65%、養鵝佔全球 87%、小麥年產近 1 億噸為世界第一、稻米產量 1 億 8500 萬噸、啤酒年產 2400 萬噸，其他像棉花、奶粉、羊奶、青豆、蕎麥、南瓜、西瓜以及太多太多的農產品產量均為世界第一[27]。但相對的，因為人口眾多，中國糧食消耗量也大，根據美國農業部統計，中國豬肉消耗佔全球 46.1%、米佔全球 30.6%、家畜飼料佔全球 24.7%，並於 2004 年開始便成農產品的純輸入國，2006 年中國石油消耗量達 3 億 5 千萬噸（約佔全球 10%），僅次於美國 9 億 3 千萬噸（24%），並早在 1993 年起就變成石油純進口國，因此糧食、石油兩大安全變成大問題[28]。

---

[26] 以新疆為例，2008 年新疆農民人均純收入達 3503 元人民幣，即便以美元兑人民幣匯率 1：7 折算，僅約 500 美元左右，比起全國人均尚不及 1/10，新疆城鎮居民人均收入約 11432 元，若同樣換算美元也僅達 1600 美元左右，僅達全國人均 1/4 左右，而根據香港文匯報 2013 年 7 月 25 日報導指出，相較於現今深圳地區台資富士康員工每月可達平均 2500 元人民幣以上，一年可達 3 萬人民幣，約 4200 美元以上。香港文匯報，〈富士康員工因「工資」集體罷工〉，《香港文匯網》，2013 年 7 月 25 日，〈http://news.wenweipo.com/2013/07/25/IN1307250076.htm〉。若以新疆農民平均收入比較深圳工人平均收入，前者不過後者的 1/8 不到，中國改革開放 30 年，沿海都市工人與新疆農民收入的貧富差距，以官方資料尚且如此，真實的數據就很難想像。請參見，中國國務院新聞辦公室，《新疆的發展與進步》，（北京：人民出版社，2009 年 9 月），頁 12。

[27] 但相對的中國農藥每年超過 120 萬噸的使用，加工產品常出現化學藥劑問題，像是三聚青鞍事件，另外每年消耗全球 35%的肥料，而過度使用肥料與農藥等化學藥品，是目前中國飲用水源、湖泊、海口污染的主因。參見 David Marriott、Karl Lacroix 著，謝佩妏譯，《中國無法偉大的 50 個理由》（*Fault Lines on the Face of China：50 Reasons Why China May Never Be Great*），頁 278-230。

[28] 資源問題研究會，劉宗德譯，《世界資源真相和你想的不一樣》（台北：

所以中國前總理溫家寶在 2003 年 12 月於哈佛大學演講時表示：「中國有 13 億人口，我常常給大家介紹一個 13 億的簡單卻很複雜的乘除法，這就是多麼小的問題乘以 13 億，都可以變成大問題；多麼大的經濟總量除以 13 億都可以變成很小的數目，這是很低很低的人均水平，這是中國領導人任何時候都必須牢牢記住的[29]。」。

是以，筆者希望藉由地緣政治學與邊疆相關理論、方法論的應用，試圖理解幾個關鍵的思考，亦即：何為中國？北京／新疆，有何關係？新疆在中國地緣政治與安全重要性為何？以及，中國解放軍現代化與海權思想轉變，對於週邊國家與東亞區域安全有何影響？

因此，本書的研究目的有三個部份：

首先，透過歷代中國天下觀到國家觀的演變，以及其所內孕的邊疆觀念，來檢視中國傳統邊疆的動態演變。同時藉由中國邊疆的形成與防衛來說明傳統中國國家安全的思路來源。另外，藉由中國地緣政治的特性來檢證其對天下秩序乃至於近代東亞體系的建立過程，並說明當代東亞安全體系的地緣政治特色。從而提出當代中國和平崛起下所蘊藏的周邊利益與外交戰略，有其歷史與地理的背景因素，是以在面臨中國威脅論以及中國海權思想發展上，能夠因為其所發展的軟實力「新朝貢體系」而取得周邊國家的信賴。此當代中國外交戰略的轉變歷程，不僅與過去對世界秩序與東亞秩序的認識，也與當代所發展的國際關係理論中新現實主義與新自由主義的思路有關。

其次，在中國的邊疆形成中一直有關少數民族與跨界生活的忠誠度問題，本書引用新疆的例子在於說明歷史中國統治王朝對於邊疆的控制不足，不是因為霸權控制的衰落，而是在於邊疆地區所處的位置與形勢發展，使得邊疆少數民族在資源分配與大漢民族主義下被置於國家體制的邊陲，因而使其對於核心政治、經濟與文化區域產生對外的推力。因此，即便是當代中國透過西部大開發與上海合作組織的「胡蘿蔔與棒子」雙重治理，加上教育政策的漢化過程，

大是文化，2009 年 6 月），頁 17-22。

29 溫家寶，〈把目光投向中國〉，《人民網》，2003 年 12 月 10 日，＜http://www.people.com.cn/BIG5/paper 39/10860/986284.html＞。

但新疆地區與中亞境外的歷史發展與地理緊密關聯，卻深刻的影響該地區對國家的認同。是以，從邊疆的新疆來看當代中國治理的危機，也就說明了中國歷代王朝興衰的關鍵，不外乎在於對邊疆地區的控制程度，攸關中原核心地區的防衛縱深與內在的國家安全緩衝區的建立。因此，邊疆與核心的動態發展，在歷代與當代中國都是牽涉到國家安全的基石，而基於這樣的邊疆形成的內在邏輯，也就恰好可以新疆的動亂不安局勢來加以佐證。

最後，就地緣政治理論中的「海權」與「陸權」對抗的二分法傳統加以檢視，並且針對過去資本主義國家（德、法）所面臨同時發展「海權兼陸權」大國困境及所謂「不可能」因素進行分析，提出中國的地理特質與其對東亞歷史的影響性發展，使其在經濟崛起的時刻，能夠運用「新朝貢體制」來安撫周邊國家的安全疑慮，並且透過實質的利益交換與威望政策，國際組織合作以及軍事與安全協議，來換取中國自身陸疆與海疆的邊界安全，同時透過經濟能力得以提升軍隊現代化過程，能充分發展其海權思想。因此，本書試圖佐證中國在歷史上便因為地理特質與國家能力，以及對東亞歷史的影響力，使其在鴉片戰爭後重返國際社會，並且有能力再次成為東亞歷史裡獨特的「海權與陸權」大國。然而，面對東亞歷史裡的地緣政治中，不斷出現的與周邊國家邊界衝突，與當代中國海疆發展可能和東亞海洋大國發生衝突的潛在性，以及包含當代中共政體對於軍隊的控制幅度，都可能是其發展海權方面將面臨的阻礙。

綜言之，以上三個研究目的，是一組關聯中國的地緣政治密碼，也是吾人所試圖解開的中國國家大戰略，誠願能為未來中國研究略盡綿薄之力。

二、地緣政治學與中國研究

有關於地緣政治（或政治地理）的研究，最早可以回溯到距今2300年前亞里斯多德（Aristotle）的時代。亞里斯多德在研究城邦國（City-State）時提出攸關人口與領土的比例及品質問題，以及首都的必要、陸海軍的組成、邊疆及其它特質，都受到物質環境的本質所影響，尤其是氣候因素的決定。正因為亞里斯多德的基礎概念的提出，其後像是希臘羅馬時期的地理學者 Strabo、以及十八世紀的法國學者孟德斯鳩（Montesquieu）等，都深受到亞里斯多德關於國家規模大小及氣候因素所對統治問題帶來的影響。一直到了十九世紀中期時，古典的政治地理思想仍深受其影響[30]。

到了 19 世紀時期，德國學者 Carl Ritter 發展出一種「國家成長的循環論」，他在《比較地理原理》一書中指明一種類似「有機體」（organism）的觀點說明國家的成長，使他成為第一位當代在政治地理建立模式的學者，雖然他的研究涉及民族優越論與決定論的責難，但從他開始也建立了現代地理研究。受到 Carl Ritter 的影響，有「地緣政治之父」之稱的拉采爾（Friedrich Ratzel）結合亞里斯多德以降的概念與 Ritter 的方法論，開啟了政治地理學的新頁，也因為他的研究使得政治地理研究受到後來的地緣政治（geopolitics）所支配，而這個研究途徑的傳統至今仍然如此[31]。

大約與此同時，美國與歐洲等地也興起地緣政治的研究，例如門羅主義的提出就是美國對中美洲巴拿馬地區的重視。至於拉采爾的學說被介紹到美國則是透過他的學生 Ellen Churchill Semple，但 Semple 介紹人類地理學多過介紹拉采爾的政治地理學。幾乎同一時期，英國學者麥金德（Sir Halford Mackinder）的學說也越過大西洋受到美國方面的注意，特別是麥金德的學說在某種程度上補充了有「美國海軍之父」之稱的馬漢（Alfred Thayer Mahan）海權思想[32]。

---

30 例如 Strabo 作為羅馬帝國一員，他認為羅馬帝國做為一個政治單位的大小跟帝國所擁有的最「理想」氣候有關；而法人孟德斯鳩則認為領土與氣候在政府統治中扮演重要角色，他觀察到農業與人口的關連、政治系統與土地佔有、土壤肥沃與治理的重要性。這些研究都與當初亞里斯多德對自身所在地而做的國家觀察傳統有關。見 Martin Ira Glassner, *Poltical Geography*（New York:John Wiley& Sons,Inc., 1993）, pp. 4-5.

31 Martin Ira Glassner, *Poltical Geography*, p.5.; or Saul Bernard Cohen, *Geopolitics of the World System*（U.S. :Rowman& Littlefield Publishers, 2003）, p. 10.

32 Martin Ira Glassner, *Poltical Geography*, p. 5.

爾後，受到第一次世界大戰的影響，在戰後和平期間地緣政治的研究戲劇性的引發英國、法國、美國等地學院派的注意，其最初研究在於解決真實並困難的戰後問題。而美國巴黎和會代表成員鮑恩（Isaiah Bowman）則是將其研究關注於國家、區域及全球層次的實踐問題，因為他的學術與官方雙重身份，美國地緣政治研究在二十世紀逐漸熱絡。其後在一戰與二戰期間，美國學者惠特西（Derwent Whittlesey）、哈斯霍恩（Richard Hartshorne）與瓊斯（Stephen B. Jones），以及法國學者布漢斯（Jean Brunhes）等人繼續這樣的傳統，但其研究焦點則注重在政治領域，特別是國家研究。至於更多的研究者則多半服務於政府部門。爾後到了 1970 年代後，政治地理學發展出幾個更為寬廣的研究領域，包含主體與範疇研究、空間化與互動要素、政治權力、衝突解決、價值系統、領土化與公共政策等，透過新的方法論從而發展出許多分支[33]。例如在美國，所謂的「新地緣政治」（New Geopolitics）在國家安全顧問季辛吉（Henry kissinger）的帶領下進駐到美國外交政策領域，使地緣政治學進入到美國的政治學與國際關係研究的字典裡。而在法國則透過拉考斯特（Yves Lacoste）所創辦的「希羅多德」（Hérodote），使得地緣政治學重新獲得回到其學術上的政治用語詞彙[34]。

同樣的，把視野拉回到中國的研究上，中國這一古老的國家即便有著數千年的歷史，在每個不同的王朝時期面臨多次的疆域變動，卻依然存於地球的空間範疇上，而它在東亞的位置也是不變的。今日的中國有著許多問題，人口的、資源的、經濟發展的、衛生的、自然天災的，都顯示這個佔世界五分之一人口的大國一但陷入動亂，可能帶來對世界的災難影響。然而，試圖理解中國，也當從它所在的位置開始，正如惠特西（Derwent Whittlesey）所說：「政治地理學研究是對地球與國家的關係，因而國家本身之間的關係必然包含地理的方面。[35]」。

---

33 Martin Ira Glassner, *Poltical Geography*, p. 7.

34 Geoffrey Parker, *Geopolitics:Past,Present and Future*（London:Pinter Press, 1998）, p. 1.

35 但事實上，派克也批評惠特西的定義仍相當層度侷限於對國家的研究。

因此，若引用派克（Geoffrey Parker）的狹義與廣義的地緣政治研究觀點[36]，則從狹義的角度看，中國的地緣政治研究可以是在領土內國家的統治研究；但從廣義的角度看，對中國的地緣政治研究可以是對地理空間化的政治行動，則應包含了中國領土內的統治問題，以及其領土與國家之間的政治行動。亦即擴及到邊疆問題與國家利益之上，也就包含了陸地邊疆與海洋邊疆利益的探討。因此，對於中國政治地理空間的政治行動，須從中國主體解構，從而加入新疆的意涵，以及未來海洋疆域利益的研究。

是以本書原旨在解析中國地緣政治與新疆意涵，並延伸到海洋層面的探尋。但其涉及的知識論背景必然需要重新檢視地緣政治傳統與其批評者，特別是批判地緣政治論的論述。同時，就地緣政治學科的相關學科尋求方法論的補充，以為建立中國的地緣政治論述。

地緣政治（Geopolitics）一詞的最早是由德國自然科學家克傑倫（Rudolf Kjellén）在 1899 年提出，並將其定義為「國家作為地理有機體或空間現象的理論」。根據派克（Geoffrey Parker）的研究溯其根源，Geopolitics 在古希臘字根裡可以拆解成 *Ge* 或 *Gaia* 與 *polis*，前者指大地之母（the goddess of the earth），後者指古希臘的城邦國家（the city-state of classical Greece）[37]。

但德國傳統「地緣政治之父」實際上並非克傑倫（Rudolf Kjellén），而是同時期的瑞典政治學家拉采爾（Friedrich Ratzel）。由於 19 世紀歐洲國際政治的情勢，以及當時歐洲列強的帝國勢力擴張下，基於斯堪地納維亞地區的情勢益發緊張，使得拉采爾試圖透過地理學的

Geoffrey Parker, *Geopolitics:Past, Present and Future*, p. 7.

36 派克認為地緣政治被分析為三個階段，首先是對基本空間客體（地理）自身特徵的考察，其次是探視空間客體的相互作用及其空間模式，最後是將地緣政治空間作一整體的分析，從而加以判斷，而這就是世界政治地圖。因而狹義的地緣政治研究將國家視為一個政治單位，旨在分析政府的影響及疆域內的統治，而更為寬廣的地緣政治研究則將（地理）空間與政治行動作探究，再加上有關國家的研究。因此，空間化的問題應該先於國家問題探討，這也就是研究中國是必須討論新疆，而不僅止於中國而已。見 Geoffrey Parker, *Geopolitics:Past, Present and Future*, p. 7.

37 Geoffrey Parker, *Geopolitics:Past, Present and Future*, p. 10.

科學方法建立，以便投注到他的國家——瑞典的安全議題上。拉采爾認為在戰爭已經不可避免的情況下，國家最為重要的是它的存在是維持秩序和防止混亂的唯一保障，因為國家是領土組織的基本單位，所以它的安全是第一優先，他得出了這樣一個結論，「國家是凌駕於個體之上的人」（a person ranking higher than the individual）[38]。

受到十九世紀時期德國學者 Carl Ritter 的「有機體」（organism）影響，拉采爾也將國家視為一個有機體。拉采爾進一步的提出，國家就像個有機體，而人種與其生存空間（Lebensraum/Living space）[39]環境有關，一個國家則需根據它的能力適當地擴張或縮小其生存空間，而生存空間則是國家的權力基礎；國家必須不斷的追求這樣的權力，有能力擴張生存空間的國家會成為大國，並透過不斷的擴大領土，最後將只剩下一個大國存在於地球上，而全球戰爭的結束也即將到來[40]。拉采爾的最大貢獻在於提出國家觀點的地緣政治研究方法，從而建立了近代的地緣政治研究，但也因為其國家有機體與生存空間學說，以及對於國家必須持續擴張的論述，在日後卻變成了納粹黨獲得德國擴張領土的理論工具。

克傑倫最早意識到拉采爾將國家學說帶到一個新的途徑的重要性，他將拉采爾國家學說應用在他所新建立的理論思想方法，並於 1899 年將此國家與其行為的理論稱為「地緣政治」（Geopolitik/ Geopolitics）。最初，克傑倫將之定義為「國家作為空間範圍的科學」，但不久後，又改定義為「國家作為空間的地理有機體或現象的理論」[41]。

---

38 Geoffrey Parker, *Geopolitics:Past, Present and Future*, pp. 12-13.

39 根據沈默研究指出，最早採用「生存空間」（Lebensraum）一詞的是德國人特里斯齊基（Heinrich von Treitschke），並且主張透過戰爭手段取得之；而在拉采爾看來，國家有機體，以其領土為身體，首都是心臟，道路、鐵路及河川是血管，而外圍地帶是它的四肢、邊疆則是它的肌膚。參見沈默，《現代地緣政治——理論與實踐》，（台北：三民初版，1979 年，再版），頁 17-18。尹者江，《冷戰前後的台灣地緣政治》，（台北：政治大學外交學系戰略與國際事務碩士在職專班論文，2004 年 1 月），頁 13。

40 許介鱗等著，《台灣的亞太戰略》，（台北：業強出版，1996 年），頁 11。

41 Geoffrey Parker, *Geopolitics:Past, Present and Future*, p. 17.

克傑倫如同拉采爾的觀點一般，他將國家作為一個地理統一實體，並且將國家當做唯一合法性權威，正因為國家作為地理空間的統一體性質，使國家轉化為某種根本的存在，而不僅僅是它自身組成的總體而已。克傑倫認為，通過全面認識國家與其行為，諸如地理區域、自然資源、生態狀況、領土面積與人口數量等空間因素及其重要。並且在受社會達爾文思想氛圍下，國家如同人類般面臨成長，從青年到成年，而國家與其他國家間的關係則構成理解國家自身和整體系統間如何運轉的基本考量。拉采爾與克傑倫的地緣政治學的學科建立，使其在二次大戰前深受納粹德國的重視，主要是透過豪斯霍夫（Karl Haushofer）的引介，並將克傑倫的地緣政治研究概念提升為地理與全球政治的總體途徑。比起先前的國家研究，由於豪斯霍夫的軍職身分及擔任幕尼黑大學地理與歷史教職，從而有機會接觸希特勒，因此，豪斯霍夫進一步地將地緣政治研究當作德國在凡爾賽合約後重新尋求回強權地位的廣泛空間渴望[42]。

麥金德（Sir Halford Mackinder）是最早建立一個全球觀點的英國地理學家，正如同他所出生的維多利亞年代晚期，麥金德所關心的是大英帝國海軍強權可能衰退的危機意識。而在當時大英帝國強權在海外殖民同時，俄羅斯帝國向西伯利亞地區進展已經得到相當成果，藉由西伯利亞鐵路的便利，俄羅斯帝國在歐亞大陸的崛起儼然形成對大英帝國的世界霸權威脅[43]。

1904 年間，他在英國皇家地理學院發表一篇名為“The Geographical Pivot of History”的文章指出，「自 1500 年哥倫布時代至 1900 年代的四百年以來，地理的探險已經近於完成，世界地圖的繪製也大底完成，但隨著現代社會的歷史開端，除了文明國家或半文明國家間的戰爭外，幾乎沒有一塊確切的主權領土。過去歐洲的擴張並未遭遇太多的抵抗，但在哥倫布以後的時代，我們不得不再次對封閉的地理打交道，而且這是一個世界範疇內的問題。[44]」。

[42] Geoffrey Parker, *Geopolitics:Past, Present and Future*, pp. 17-18.
[43] Saul Bernard Cohen, *Geopolitics of the World System*, p. 13.
[44] Sir Halford Mackinder,“The Geographical Pivot of History,” *The Geographical*

麥金德認為在過去歐洲歷史的擴張裡，英國的建立是來自於法國諾曼地區的入侵，而整個歐洲文明的變動則是反抗來自於亞洲入侵者的影響所致。在這個整體觀點的世界歷史裡，許多世界的發生有它的因素，但是真正的關鍵點在於歐亞大陸所處的位置與它的地理特質，而人類歷史就如同生活在此一世界的有機組成。他指出，在歐亞大陸中有一塊地區是一大片由沙漠、草原、平原建立的地帶，即便有些山區但不影響這地帶的出入；但在過去千年的歷史裡，在馬與駱駝的機動性下，蒙古人與阿提拉等游牧民族透過這地區穿越烏拉山和裏海之間寬闊地帶，踏過俄羅斯東方與南部草原「Great Lowland」，進而取得了匈牙利地區，造成歐洲民族的遷徙。他稱這地帶為「歷史的地理軸心[45]」（The Geographical Pivot of History）。也因為從蒙古人所帶來的震撼，在相當長的時間裡歐洲人激起了對外在地理的認識，直到地理大發現以後的哥倫布時代來臨，開始掀起歐洲成為新的海上強權歷史一頁，從此陸權時代開始衰微。但是，歷史走到二十世紀的開始，麥金德提醒英國人必須注意到俄羅斯帝國在歐亞大陸的向遠東擴張，透過現代的鐵路與西伯利亞鐵路的完成，使得俄羅斯帝國取代蒙古成為在歷史上橫跨歐亞大陸的新興陸地強權[46]。

Journal, Vol.170,No.4, 2004, pp. 298-321.

45 根據麥金德的看法，心臟地帶是一個適合游牧民族利用馬匹與駱駝進行歐亞大陸間來往交通地區，除掉心臟地帶的北面的西伯利亞極地與森林沼澤區不利於行走外，它的東、南、西面草原構成麥金德所說的「Great Lowland」，而在「Great Lowland」外圍則呈現巨大的新月邊緣地區，如果透過海陸可以到達；新月地區是呈現沙漠的地形與氣候，它兼有歐亞大陸邊緣地帶與某些遊牧文化中心區的特徵，但由於它可能鄰近某些海岸地區，也使它暴露在海上威脅的可能。但是心臟地帶卻是海洋威脅不可及的地區，身處這裡文明具有成為陸上強權的潛力。Sir Halford Mackinder, "The Geographical Pivot of History," pp. 300-307. Sir Halford Mackinder 著，林爾蔚、陳江譯，《歷史的地理樞軸》（The Geographical Pivot of History），（北京：商務書局，2007 年），頁 62-63；Halford Mackinder, *Democratic Ideals and Reality:A Study in the Politics of Reconstruction*（Washington DC: National Defense University Press,1942）, p. 55.

46 麥金德認為，由於俄羅斯帝國處於心臟地帶的優勢，使它有可能朝向歐亞

1919年，麥金德在所著的 *Democratic Ideals and Reality：A Study in the Politics of Reconstruction* 一書中指出，由於第一次世界大戰的結束，國際政治情勢的轉變下，他將之前「軸心地區」（Pivot Area）擴大修正為「心臟地帶」（Heartland），除了以往的「軸心地區」外，尚且包括從波羅的海（Baltic Sea）地區到黑海（Black Sea）之間的東歐地區，以作為內陸歐亞大陸的吞併策略（Inner Eurasia's strategic annex）[47]。

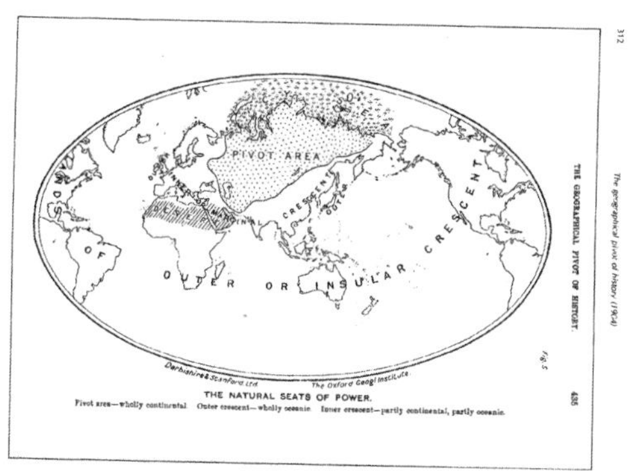

圖　導-1　麥金德的歷史的地理軸心

資料來源：Sir Halford Mackinder, "The Geographical Pivot of History," *The Geographical Journal,* Vol.170, No.4, 2004, pp. 298-321.

大陸邊緣地區擴張，屆時它將更有能力建立海軍與英國對抗，如果再加上俄國與德國結盟，則世界帝國的產生就更具威脅了。但是很弔詭的是，麥金德認為心臟地帶國家可以是強大的，但與大英帝國所支配的新月邊緣地區外圍海軍力量相比，只有局部的機動能力，但他也語帶保留的表示，如果日本佔領中國並對俄羅斯進行征服，那麼結合海島強權與陸地強權的帝國將帶來新的黃禍，這觀點反映了當時日俄戰爭後的強權發展趨勢。Sir Halford Mackinder, *Democratic Ideals and Reality*, pp. 310-314.；或可參見 Sir Halford Mackinder 著，林爾蔚、陳江譯，《歷史的地理樞軸》，頁 67-71。

47 Saul Bernard Cohen, *Geopolitics of the World System*（U.S.:Rowman & Littlefield Publishers, 2003）, p. 13.

由於「心臟地帶」的擴大修正，麥金德提出了讓後人尊奉如教條的結論，那就是「誰統治東歐就控制心臟地帶，誰統治心臟地帶就控制世界島，誰統治世界島就控制世界」，而這個來自西方的聲明清晰的點出統治世界的關鍵，就在控制德意志或斯拉夫國家地區，或是帕奇（Joseph Partsch）稱為廣泛「中歐」(Mitteleurope 或 Central Europe)，而麥金德將之稱為「東歐」(Eastern Europe）的地區[48]。麥金德指出，當英國在對南非進行「英布戰爭」(或譯布爾戰爭）(The Anglo-Boer War：1899-1902）的同時，俄羅斯為了離開寒冷的極地環境，向溫暖的氣候地區發展，在過去一百年來，它的東向擴張直達中國滿州地區，而向西及南向擴張則從波羅的海（Baltic Sea）地區到黑海（Black Sea）之間的「東歐」地區，這個發展趨勢到了 19 世紀結束前，俄羅斯實際上已成為控制此東歐區域百萬人口的大國[49]。

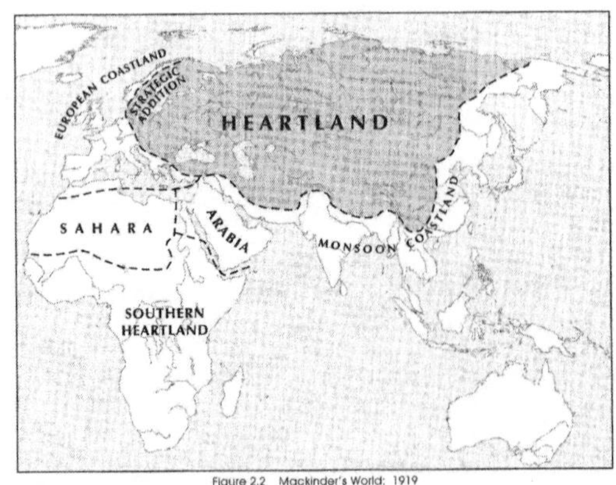

Figure 2.2 Mackinder's World: 1919

圖 導-2 麥金德的心臟地帶（1919）（Mapped by Saul Bernard Cohen）

資料來源：Saul Bernard Cohen, *Geopolitics of the World System*, p. 15.

---

48 Geoffrey Parker, *Geopolitics:Past, Present and Future*, p.20.；also see Saul Bernard Cohen, *Geopolitics of the World System*, p. 13.

49 Sir Halford Mackinder, "The Geographical Pivot of History," pp. 298-321

再加上俄羅斯積極發展橫跨歐亞大陸的鐵路系統，如同一個強大的歐亞大陸陸地強權（Land-power）向海洋強權（Sea-power）積極地進行挑戰；因為一個擁有心臟地帶與阿拉伯國家週緣地區的強權，是可以輕易的掌握蘇伊士運河的交通命脈的，除非有潛艇駐守在黑海，而恰巧這正是海上強權國家（英國）所不願發生的事情。所以，麥金德才會認為，未來陸上強權（俄羅斯）與海上強權在地中海到黑海之間的巴爾幹（Balkan）、達達尼爾海峽（Dardanelles）與北阿拉伯沿岸等地區，彼此之間極可能交戰。此外，英國與德國的貿易衝突也可能升高為帝國間的競爭[50]。

在 1943 年間，麥金德於美國《外交事務》（*Foreign Affairs*）雜誌上發表了一篇名為"The Round World and the Winning of the Peace"的文章，他指出在過去文章裡提到蘇聯的陸權威脅著大英帝國的海權，但在第一次大戰後的發展歷程，德國與美國的崛起儼然成為新的強權。而德國積極的與英國競爭就像美國與蘇聯的對抗一樣，由於德國發展足夠的海上能力以及蘇聯延續俄羅斯東向發展的結果，使得蘇聯成為東歐心臟地帶地區可能的強權，至於法國則侷限於海岸線的綿長與有限的武力，而未能成為對東歐的威脅。在這篇文章中，麥金德提到美國正在積極參與強權間的競賽，他認為在美國實施「大戰略」（Grand Strategy）的同時，空權（Air-power）的興起起了相當的作用，一些地區如阿拉伯、伊朗、西藏、蒙古甚至北極圈地區，都在全球視野的地理特質下，顯出相當的重要性[51]。

---

50 事實上，除了巴爾幹地區外，在中東地區，俄羅斯與大英帝國的強權爭霸關係也甚緊張，因為俄羅斯向中東地區擴張，直接影響大英帝國在波斯地區利益，甚至俄羅斯向裏海以東至中國新疆之間的侵略，更直接危及英屬印度殖民地北部旁遮普省的安全，所以在俄、英大競局（The Great Game）下，19 世紀中葉的新疆阿古柏政權與東突厥斯坦運動的興衰，就深受此二強權的影響。麥欽德（Sir Halford Mackinder）著，陳民耿譯，《民主的理想與實際》，（*Democratic Ideals and Reality*）（台北：中華文化出版事業委員會，1957 年），頁 71-101。

51 Sir Halford Mackinder,（1943）" The Round World and the Winning of the Peace," *Foreign Affairs,an American Quarterly Review,* Vol.21,No.4, 2002, pp. 595-605.

麥金德學說的影響層面甚廣，尤其是二次大戰前德國地緣政治家豪斯霍夫（Karl Haushofer）讀了麥金德的書後，評譽其為「最偉大的地理學家」，並將麥金德的「世界島」（World-Island）與「心臟地帶」（Heartland）等陸權思想學說引用，成為他日後推動納粹德國擴張的理論工具，並促成德國併吞波蘭、捷克的開端。至於英國方面則有印度總督寇松（Lord Curzon）將其應用到南亞與南俄羅斯地區的大英帝國中東政策上；而二戰後冷戰時期的西方國家圍堵政策，也同樣的深受麥金德理論的影響，啟發了史派克曼（Spykman）日後的論點[52]。

豪斯霍夫在 1928 年為地緣政治（Geopolitik）下了定義，他說：「地緣政治是地球政治化過程的調整科學，它建立在廣泛的地理功能，特別是政治地理，如同政治空間組織與結構的科學……地緣政治將要且必須成為國家的地理良知[53]。」。因此，他在一篇 1942 年的演講中再度重申：「德國必須跳脫她狹隘的現有生存空間，進入到自由世界，我們必須準備去嘗試（地緣政治）知識與訓練，我們必須讓自己習慣於在地球上重要空間移民遷徙，我們必須研究疆域問題，並視為地緣政治最重要的問題，我們應當獻身關注於國民自身決心，人口壓力、生存空間、鄉村與都市，我們必須緊跟隨世界政治權力的轉變。[54]」

另一方面，豪斯霍夫受到麥金德（Sir Halford Mackinder）的影響，認為地緣政治中的陸權與海權對立一直是歷史的問題，豪斯霍夫認為德國未來係於陸權的發展，並希望德國以東進姿態成為連結中東、俄羅斯與東亞的「東方大國」，統治整個「泛歐洲」[55]。

---

[52] Saul Bernard Cohen, *Geopolitics of the World System* , pp. 15-22.

[53] GearÓid Ótuathail, "Introdution to Part Two," in *The Geopolitics Reader.* Edited by GearÓid Ótuathail, Simon Dalby and Paul Routledge（New York: Routledge, 2006）, p. 47.

[54] Karl Haushofer,"Why Geopolitik? ", in *The Geopolitics Reader.* Edited by GearÓid Ótuathail, Simon Dalby and Paul Routledge（New York: Routledge,2006,second edition）, pp. 40-42.

[55] 按豪斯霍夫當時的看法，他認為德國與日本未來將是新的強權，將分別統治「泛歐洲」與「泛亞洲」，所以德國與日本的結盟攸關陸權在歐亞大

但是在後來的歷史發展下，隨著二次世界大戰德國的戰敗，日爾曼傳統的陸權思想地緣政治研究也因此蒙上「偽科學」的污名。

做為論述未來世界海權與陸權的爭鬥，麥金德著重於陸權國家的未來威脅，然而馬漢（A. T. Mahan）卻與他站在相反的觀點，認為未來對世界的控制裡海權將優於陸權[56]。正如馬漢在他所著的 *The Influence of Sea Power upon History：1660-1783* 一書指出：「從政治與社會來看，最明顯的觀點就是，海洋本身就是一條高速公路。[57]」。

馬漢（A. T. Mahan）在考察古代軍事歷史與諸多戰役中得出結論，認為海軍的力量攸關強權的興衰，從漢尼拔大軍到英法戰爭，一直到美國獨立戰爭的歷史中，海軍的力量不在船艦的多寡，在於對關鍵位置與氣候的掌握。對馬漢來說，海權（Sea-power）的定義為「使用海洋和控制海洋」[58]。

因此，基於對歷史的考證，馬漢認為能稱霸海洋者必能稱霸世界，然而任何國家不可能同時兼為海洋或陸地軍事強國，所以大國必需積極擴張海上力量，但並非任何國家都能成為海權國家，它必須具備相當的客觀條件[59]。

運用大戰略的觀點，馬漢把海權看作一個由生產、海運、殖民貿易三個環節構成的海上安全系統，而一個國家是否有能力成為海上霸權在於六個客觀的自然條件，即：地理位置（Geographical Position）、物質構成（Physical Conformation）、領土廣泛程度（Extent of Territory）、

陸的發展，此外，尚有「泛美洲」、「泛非洲」、「泛澳洲」等區，而這所有地區最終都會被德國統一。見 Geoffrey Parker, *Geopolitics:Past, Present and Future*, pp.32-33.；許介鱗等著，《台灣的亞太戰略》，頁 12。

56 科恩指出，馬漢先於麥金德提出海權的觀念，而這一點也影響了麥金德，然而麥金德與馬漢兩人用同樣的概念，卻分別得出不同的結論，即麥金德把焦點放在歐亞大陸的陸權發展，而馬漢則重視海權優勢。Saul Bernard Cohen, *Geopolitics of the World System*, p. 19.；also see Geoffrey Parker, *Geopolitics:Past, Present and Future*, p. 21.

57 A. T. Mahan, *The Influence of Sea Power upon History：1660-1783*.（Boston:Little, Brown and Company, 1890）, p. 25.

58 A. T. Mahan, *The Influence of Sea Power upon History：1660-1783*, preface.

59 許介鱗等著，《台灣的亞太戰略》，頁 6。

人口數量（Number of Population）、人口性質（Character of the People）、政府特質（Character of the Government）等。[60]

馬漢指出，首先，就地理位置來說，一個國家要強大海權，它必須能輕易的進出公海，並且能控制世界航運的海上咽喉要道；其次，就物質構成而言，除了海岸就是國家的邊疆，也要確保國家擁有良好的港口，因為沒有港口就沒有自身的海上貿易，沒辦法發展船業，當然沒有海軍了；第三，以領土的廣泛程度，它並非指國土的面積，而是指國家有可以發展海洋事業的海岸線與良好的港灣，良好的地理與物質條件可以決定國家海軍的強弱；第四，以人口數量來說，也就是指有足夠人口專職於發展上述事業；第五，人口性質，則是指從事海洋事業的國民性格；最後，政府特質則是指政府需積極的鼓勵與投入海洋事業並建立強大的海上力量[61]。

作為美國海軍將領與海軍軍事學院的主席，馬漢進一步指出美國深受海外（歐洲）貿易與資源的依賴，然而在廣大的東岸地區各個港岸裡，卻沒有足夠的海軍力量保護，在獨立戰爭歷史中證明，首都紐約的地理位置暴露其可能遭遇他國海軍的威脅[62]。因此馬漢認為，美國必須建立其強大的海軍力量，並把防衛線從自港口延伸到更遠的地方，從而直接面對敵人的攻擊。這個防衛線觀念的突破，馬漢直言美國必須建立其北半球的強權，在東岸與英國聯盟防衛歐洲同時，更要積極取得巴拿馬運河的控制權；而在太平洋地區則是它積極殖民地區，務必將菲律賓、關島、夏威夷置於其控制下[63]。

在馬漢的影響下，美國海軍積極揮軍西進太平洋地區，並於 1898 年合併夏威夷群島，隨後策劃古巴獨立並取得關達那港，並併吞波多黎各進而控制加勒比海；跟著奪取中途島、威克島、關島、菲律賓，進而全面掌握太平洋地區。另外，在 1903 年至 1914 年期間，由於取得巴拿馬運河地區控制權的重大突破，使得美國海軍能經由

---

60 A. T. Mahan, *The Influence of Sea Power upon History：1660-1783*, pp. 28-89.

61 A. T. Mahan, *The Influence of Sea Power upon History：1660-1783*, pp. 28-89.

62 A. T. Mahan, *The Influence of Sea Power upon History：1660-1783*, pp. 83-89.

63 Saul Bernard Cohen, *Geopolitics of the World System*, p. 19.

該地區交通並橫跨於太平洋與大西洋區域之間，成為美國本土最佳的防衛[64]。

科恩（Saul Bernard Cohen）指出，馬漢的著作使美國結束了「孤立主義」（isolationism）並深深影響從麥金利總統（Mckinley）開始，到羅斯福總統（Theodore Roosevelt）期間的美國政府外交政策，而且羅斯福更讚譽馬漢建立了美國強大的海軍，如同他宏大的地緣政治概念一樣[65]。

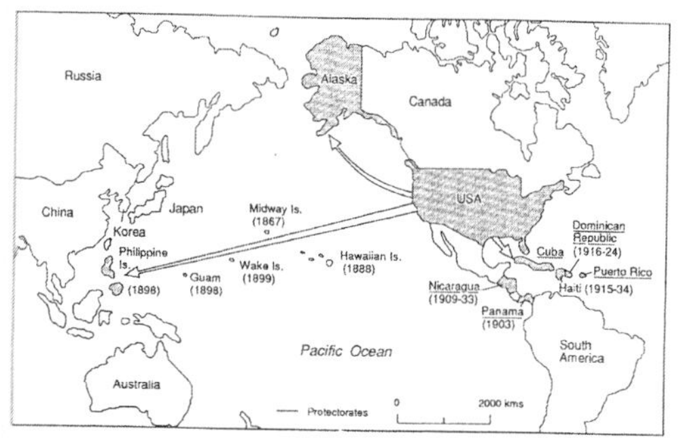

Figure 2.1 Early US expansionism

圖　導-3　早期美國擴張主義

資料來源：John Rennie Short, *An Introdution to Political Geography,*（New York: Routledge, 1993）, p. 37.

---

64 John Rennie Short, *An Introdution to Political Geography.*（New York: Routledge, 1993）, pp. 35-38. 許介鱗等著，《台灣的亞太戰略》，頁 6。

65 Saul Bernard Cohen, *Geopolitics of the World System*, p.19.；在 1823 年代，美國深受「門羅主義」(Monroe Doctrin) 影響，堅持四個「孤立主義」(isolationism) 原則，即一、美國絕不介入歐洲事務，二、尊重歐洲強權既有的殖民地，三、對南美共和國家予以承認及不讓其被殖民化，四、任何試圖對南美洲干預的事務都將視為對美國的不友善行為。在此宣言下，美國進行部份防禦措施，卻也代表其對美洲事務的擴張，使得美國將其國家安全擺在美洲大陸的防禦體下，直到馬漢海權思想所帶來的轉變，並且積極的對亞洲事務的中國與俄羅斯的擴張採取進一步的「門戶開放」(Open Door) 政策的情況下，美國外交政策與海軍力量的提升，在通過兩次大戰的洗禮下，才使其逐漸成為全球強權。見 John Rennie Short, *An Introdution to Political Geography*, pp. 36-38.

在二次大戰結束之後，由於先前納粹德國將地緣政治當作其擴張侵略的工具，因此使得大多數美國學院的地理學家不願進行地緣政治的研究，而在 1942 年到 1944 年間，在少數研究地緣政治的美國學者中，史派克曼（Nicholas John Spykman）堪稱為第一人。在受到麥金德的理論影響下，史派克曼提出了「邊緣地帶」（Rimland）的概念，來作為應對「心臟地帶」（Heartland）國家擴張的解毒劑，而這個概念的基礎其實就是原本麥金德所說的「新月形地區」（Inner or Marginal Crescent，Marginal Lands），而史派克曼將擴大它向西延伸到斯堪地納維亞、向東延伸到西伯利亞遠東區[66]。

史派克認為，麥金德宣稱「心臟地帶」（Heartland）是整個世界政治的中心，但他卻認為以「心臟地帶」的雨量少、人口少、天氣冷、沙漠多的特性，實屬不易開發；反倒是「邊緣地帶」（Rimland）溫度與緯度相對適宜人居，且資源與文化等相對成熟、適合開發[67]。

所以，史派克曼依循麥金德的全球思考觀點，但他並不贊成麥金德的陸權立論，因此，他改寫了麥金德的「誰統治東歐就控制心臟地帶，誰統治心臟地帶就控制世界島，誰統治世界島就控制世界」（Who rules Eastern Europe commands the Heartland；Who rules the Heartland commands World-Island；Who rules World-Island commands the World.）的名句，代之以自己所創的新地緣政治密碼，亦即：「誰控制邊緣地帶便統治歐亞大陸，誰統治歐亞大陸便控制世界命運」（Who controls the Rimland rules Eurasia；Who Rules the Eurasia controls the destinies of the World）[68]。

對於如何控制「邊緣地帶」，受到馬漢思想的影響，史派克認為海軍力量才是關鍵。

---

66 Saul Bernard Cohen, *Geopolitics of the World System*, p. 22.

67 根據史派克曼所說，「邊緣地帶」包含地中海、北非、中東、沙哈拉沙漠、南亞與東亞等海岸沿線區，見 Saul Bernard Cohen, *Geopolitics of the World System*, pp.22-23. 許介鱗等著，《台灣的亞太戰略》，頁 9。

68 Saul Bernard Cohen, *Geopolitics of the World System*, p.22. 許介鱗等著，《台灣的亞太戰略》，頁 9。

但是他在 *America's Strategy in World Politics: The United State and the Balance of Power* 一書中也指出：「國家的權力位置，不僅在於它的軍事力量，也在於那些潛在的威脅……它代表自身戰爭的武裝，也直接來自其他國家的力量大小。[69]」。因此，他認為德國將成世界主要的威脅，因此鼓勵美國與英國組成海權國家聯盟，並透過與蘇聯陸權結盟，以防止德國控制歐亞大陸海岸線並因此支配世界島[70]。

但事實上，由於過去英美國家各自分據「邊緣地帶」的一部份，使得「邊緣地帶」的有效控制變的不可能，所以史派克曼提出，倘若英美海權國家聯盟，不僅可以向北控制「心臟地帶」，也可以同時控制南方的「海洋大陸與海島」（Offshore Continents and Islands）地區，亦即麥金德所說的「外新月形」地區（Outer Crescent），所以史派克曼認為「邊緣地帶」才是決定世界衝突政治的關鍵位置[71]。科恩（Saul Bernard Cohen）指出，史派克曼的「邊緣地帶」理論之特殊在於，它日後影響了美國駐蘇聯大使肯楠（George F. Kennan），也使得美國在冷戰時期外交政策進入到「圍堵政策」（containment）年代[72]。

---

69 Nicholas John Spykman, *America's Strategy in World Politics: The United State and the Balance of Power.*（New York: Harcourt, Brace and Company,1942）, p. 19.

70 史派克曼認為，在沒有一個世界政府的國際社會裡充滿權力的衝突，國家並非存於主權的認可而是基於領土管理的事實，領土的防衛事實上就是邊疆的防衛，更精確的說就是在於保護自身邊疆以及那些弱小的「緩衝國」（Buffer state），一些在強國領土邊界的週遭小國，例如波斯（中東）、阿富汗、西藏、蒙古、滿洲、瑞士、比利時、波蘭等，而這些緩衝國剛好都在「邊緣地帶」上，因此，史派克曼主張美國與英國組成海權國家聯盟，並透過與蘇聯陸權結盟，來阻止德國與日本聯盟的侵略。見 Nicholas John Spykman, "Frontier, Security, and International Organization", *Geographical Review*,Vol.32, No.3, June, 1942, pp. 436-447.; Saul Bernard Cohen, *Geopolitics of the World System*, pp. 22-23.

71 Saul Bernard Cohen, *Geopolitics of the World System*, pp. 22-23.

72 事實上，在肯楠（George F. Kennan）之前，邱吉爾（Winston Churchill）曾提出「鐵幕」（Iron Curtain）一說，但肯楠將其親身駐蘇聯的觀察，以密電的方式回報華府，指出蘇聯向歐亞大陸擴張的野心將危及美國的安全，並處請美國反共。在肯楠的「圍堵政策」（containment）裡使用了麥金德的「心臟地帶」（Heartland）與史派克曼的「邊緣地帶」（Rimland），而形成（Heartland- Rimland）理論，尤其是邊緣地帶論的影響，自肯楠正如同科恩所說的世界政治的變化使得地緣政治研究的全球觀點，必須注重到地理與政治權力的動態變化；受到冷戰後蘇聯崩解的影響，許多東歐（高加索地區）、中亞、中東地區的權力真空呈現，讓此間地區變成「破碎地帶」（Shatterbelts）。塞爾維亞戰事的變化，讓聯合國以人道干預的理由介入科索夫獨立事件，而喬治亞對內部北奧賽梯亞的獨立採取用兵處置，換來俄羅斯直接的入侵，主權國家內部與主權國家之間的戰爭，點明了現代主權國家對其疆域（領土）控制的有限性，也直接證明了主權國家內部分離主義問題與外在強權主導的兩難困境。因而，自 1648 年以降的主權國家體系對領土內最高統治權的實踐，顯現出其命題上的先天不足，即在於一個主權國家宣稱對領土內部的最高統治與不受外力干預的教條原則，在現實政治地理的發展中，受到來自於其對地理空間的統治能力的強弱的決定。

因此，20 世紀結束前的十年內，傳統地緣政治的研究基礎，從對主權國家的強權競逐中心，面臨變動中的人權、性別、移民、邊界（border）、邊疆（borderland）、民族、國家認同（identify）諸多議題的反思。如同歐圖阿塞爾（GearÓid Ótuathail）在 *Critical Geopolitics: The Politics of Writing Global Space.* 一書所說，「地理關乎於權力（Geography is about power），雖然有時並非如此，但世界地理並非產出於自然，而是源於競逐強權在於其權力展現於組織、佔據地與支配空間的歷史衝突。……在 16 世紀的歐洲開始，新的獨裁專制集權國家在它們的絕對君主原則下進行空間的組織……在此之下，製圖學與地理學的『知識』使得早期現代性的主權概念呈現其政治的傾向。……即便 500 年後，這個（服務於帝國都市的領土擴張的『知識』）」與它

第一個提出「圍堵政策」開始，歷經季辛吉（Henry Kissinger）、尼克森（Richard Nixon）、布魯辛斯基（Zbigniew Brzezinski）、海格（Alexander Haig）多位美國政府高層之後，「圍堵政策」成了美國外交政策的基石。Saul Bernard Cohen, *Geopolitics of the World System*, pp. 24-25.GearÓid Ótuathail, “Introdution to Part Two,” pp. 59-62.；or George F. Kennan, ”The Source of Soviet Conduct”,in *The Geopolitics Reader.*, pp. 78-81.

的反對者的衝突仍然存在，……一邊是集權國家與權威中心，而一邊則是造反者與唱反調的文化。[73]」

歐圖阿塞爾（GearÓid Ótuathail）指出，早期現代性起緣的世界地圖是建立在中世紀末的宗教地圖上，當時的地圖是以神的國度作為世界的秩序圖像，在神的國度以下是世俗的領土，天地之間的區分顯出神與世人的空間不同；到了絕對君主的專制國家出現，君主主權的確立提供現代領土被放置於一個水平空間的劃分，而這種廣泛的空間包含地球任一個角落的原則在 1648 年的西伐利亞條約下被承認。從伊莉莎白年代開始，這種地理空間的擴張現象使得地理知識的「現代性格」隨著征服、界定與空間支配而確定下來，就像愛爾蘭被英格蘭征服後，而從此被包含在大不列顛國度，沒有地圖知識的聯繫，愛爾蘭只是地理與一些零碎的存在，而不在英格蘭統治的領土，很諷刺的，愛爾蘭在英格蘭地圖出現之前就已經存在[74]。

然而，歐圖阿塞爾也指出，面對英格蘭將愛爾蘭劃入其地圖的舉動，愛爾蘭蓋爾人酋長與叛亂軍在 16 世紀末仍然持續對英國方面反抗，使得愛爾蘭地區的英政府統治狀態受到限制，也使得愛爾蘭地區如同野蠻人的鄉域。因此，歐圖阿塞爾認為主權國家所呈現的「現代性」（modernity），在於其國家治理機關的所產出的「空間的領土化」（territorialization of space）與「領土的空間化」（spatialization of territory）。而統治的實踐與統治的技巧暗示他們所見與各個不同的力量及理由，去強迫空間呈現秩序，並將領土與地理建立在矛盾複雜的陸地、地形與文化上[75]。

歐圖阿塞爾進一步指出，基於這樣一個系譜學的謎題，他以為可以用「地理——權力」（geo-power）的知識論觀點說明這個問題的；即地理知識並非全然無關政治，反而是權力科技的綜合體併在治理生產與領土空間的管理，而這個地理——權力（geo-power）關乎 16 世紀以降的現代地理的統治分化（the modern governmentalization of

[73] GearÓid Ótuathail, "Introdution to Part Two," pp. 1-3.
[74] GearÓid Ótuathail, "Introdution to Part Two," pp. 4-5.
[75] GearÓid Ótuathail, "Introdution to Part Two," pp. 4-7.

geography)。歐圖阿塞爾引用傅柯所說，當政府變成公眾與知識份子思潮的普遍問題需求，形同它自身術語所關聯與意涵的推翻。他並且認為現代性地理權力所呈現的知識論謎題可以在傅柯的「統治性」(governmentality；或譯政治性)的概念中得出答案[76]。

在傅柯(Michel Foucault)的 *Security, Territory and Population: Lectures at the Collège de France ,1977-1978.*中提到，「(中世紀)統治的問題並非在於君王如何統治他的國家，而是在於如何讓人民順從並統治其心靈與生活……是人民希望政府先管理好它自己，並且提供更好的家庭生活」，在這樣的國家知識脈洛發展下，正是透過這樣的統治發展出 16 世紀以降的領土統治與權力特質；而人口統計知識的建立就是一種國家的科學，最後，統治的行動使得行政國家(administrative state)出現，而對人口的管理因素讓 18 世紀的國家變成治理性的國家(governmental state)，而國家知識(治理)的發展則提供地理——權力(geo-power)的架構，如同國家形成的歷史問題[77]。

另外，傅柯認為從「統治性」(governmentality)來看，主權行使於領土的邊界之內，懲戒(法律)行使於個人身上，安全行使於全體人口。所以傅柯認為，從十八世紀國家的都市與鄉村的空間配置例證，顯現出中世紀國家以降的三個組成元素，首先是主權者與其官僚居住的首都(城市)，其次是向外延伸的居住於城外並提供成內建設的工匠，以及最後居住於更外圍並對都市提供生活物資所需的農人；雖然城外人員的流動帶來了經濟生活與科技的發展，但是對於這人口流通的問題，國家主權者尤須注意提防無賴與遊民進城，所以整個城鎮(都市或首都)的具體問題是人員的流動性管理[78]。

---

[76] GearÓid Ótuathail, “Introdution to Part Two,” p. 7.

[77] Michel Foucault, edited by Michel Senellart. *Security, Territory and Population: Lectures at the Collège de France,1977-1978.*(New York: Picador press, 2007.), pp. 87-134.；or see GearÓid Ótuathail, “Introdution to Part Two,” pp. 7-10.

[78] Michel Foucault, *Security, Territory and Population: Lectures at the Collège de France,1977-1978,* pp. 11-23.

因此，傅柯認為，主權者可能是個人或集體的，但是它必須在領土內有良好的治安與順服，基於安全問題，領土的空間良善佈局，與空間問題延伸到主權、懲戒、安全的三個角度來看，中世紀至十八世紀的國家主權是建立在君主對城市擴及其領土內的人民的懲戒與保護上，使得主權的行使對象應為對領土上的人民，而不是對領土本身。[79]

而關於最早在英國提出「地理——權力」(geo-power) 的是伊莉莎白時期的克隆威爾 (Thomas Cromwell)，歐圖阿塞爾指出，克隆威爾是第一個因為他的地理專業而被其國家所殺的地理學者，但他所建立的地理與權力之間關係的方法論點值得深思。歐圖阿塞爾指出，首先，克隆威爾提到「地理並非自然給定，而是權力與知識的關係」(geography is not a natural given but a power- knowledge relationship)，這看法如同傅柯所提「沒有一個權力關係不是在知識領域的相互建構上，也沒有任何知識不需預先假定與建構於權力關係發生之時」[80]。

正因如此，基於方法論的原則，歐圖阿塞爾認為地理學知識並不能單單從歷史的形式中取得知識，而應該瞭解知識主體的情境，包含他可能是地理學家、製圖學家或是地緣政治家，以及他們所整理、呈現、計畫地整體權力與知識關係。而第二個值得思考的是，歐圖阿塞爾認為基於「普遍的權力關係使得現代地理知識，呈現出自 16 世紀後現代歐洲國家系統的集中化與帝國主義擴張，直到今日的全球化[81]。

最後的方法論問題是歐圖阿塞爾所提到的「尋求與排列空間的制度化途徑」(institutionalized ways of seeing and displaying space)。也就是路克 (Thomas Luke) 所說的「國家將其權力擺在空間的中心位置，並透過製圖方法將自己的安全放在對領土的全知與描述上，並以自身所在為中心點作空間的平均測繪，而這個中心點讓人可以

[79] Michel Foucault, *Security, Territory and Population: Lectures at the Collège de France,1977-1978,* pp. 11-23.

[80] GearÓid Ótuathail, "Introdution to Part Two," pp. 10-15.

[81] GearÓid Ótuathail, "Introdution to Part Two," pp. 10-15.

從全景的角度上來建構官方的領土全貌。」。由於早期地圖反映出官方的立場居多，即便今日製圖科技發達，衛星資訊充沛，但今日的地圖仍然維持這樣的傳統，並且最終地圖權力仍然在繪圖者的權力與知識關係所產出的詮釋上，如同薩伊德（Edward Said）所抱怨：「沒有人可以完全自由地避開地理的衝突」（none of us is completely free from the struggle over geography）。因為這些地理的衝突存在於人們的想像，從而劃分出我們與他人[82]。

從另一方面，阿格紐（John Agnew）也指出製圖學的發展，在忘卻歷史衝突同時，某些國家試圖尋求國際法的合法性認同，在空間化（空間的組織化）時將其領土推測到一個理想化，但這樣的區分「內」與「外」的世界，卻可能掉入「領土的陷阱」（territorial trap），換句話說，國家把自己的人民與對地理的認識，鎖在自己想像的領土範圍裡。而對於這樣的一個「領土的陷阱」，受到過去 19 世紀末傳統地緣政治發展的激勵，傳統地緣政治呈現出以國家為中心的本體認識，也使得所謂「現代地緣政治論述」在現代性的空間化的整體觀點下，透過主權領土的切割，將世界地圖切割成「我們的」與「他們的」空間[83]。

而隨著後冷戰與全球化的發展，傳統地緣政治的世界想像就變得與我們所認識的世界脫節了，無法認知、無法解釋。跨界民族、人權議題、地球生態環境、民族認同等，逐漸的打破傳統的國家疆域與邊界的藩籬，人的流動成為世界政治的主體，而傳統國家的畫地自限，使得主權與領土之間的關係發生了微妙的變化。阿格紐（John Agnew）即認為問題出在我們對世界的地緣政治自身的認識，是否能滿足「現代」與「地緣政治」二者的想像，亦即他認為從歷史的脈絡重新出發，包含對現代世界的財務、空間、邊界議題的思考，而一切思考都必須兼具「當代」的條件，而尋求一個「新的」（new）地緣政治[84]。

---

[82] GearÓid Ótuathail, “Introdution to Part Two,” pp. 10-15.

[83] GearÓid Ótuathail, “Introdution to Part Two,” pp. 15-20.

[84] John Agnew, *Geopolitics: re-visioning world politics.*（New York: Routledge,1998）, pp. 1-31.& pp. 125-127.

歐圖阿塞爾指出，受到冷戰結束的影響，以及全球化的深化與領土化解構現象，直接衝擊到地緣政治的核心。如同 1989 年柏林圍牆的瓦解，傳統地緣政治的知識對於全球政治空間的普遍解釋已然破碎。過去的敵對雙方面臨了彼此新的際遇，有些人高喊歷史終結、文明衝突或即將到來的無政府狀態，但他卻認為，此時必須提出一套批評方法，去解決地理與政治的問題，套用阿格紐的話，他認為比起接受地緣政治的中立與全球空間的客觀繪測，地緣政治更須整合地理的再現與世界政治的空間實踐，透過地緣政治自身的地理與政治的形式，進行文本的解析，以及它在權力的社會再製與政治經濟。而他宣稱這就是批判地緣政治的實踐[85]。

然而本書所在意的是，根據古典地緣政理論所展現的特性與其盲點，以及批判地緣政治理論學者所提出的質疑，在今日 21 世紀的國際局勢下有了新的發展，主要還是因為世界動態的歷程與發展，以及科技進步下的地理疆界突破，對於傳統地理空間的海權與陸權對抗的基本二分法有了新的作用。因此在世界政治變動與科技進步之下，也就對古典地緣政治理論發生改變。

如同李義虎認為，古典地緣政治理論從麥金德、馬漢、史派克曼以降到布魯辛斯基、科恩等人，基本上都延續了深厚理論知識與顯著學術特徵下的高度簡約和集中的概括，因而使二分論成為實際的地緣政治理論內構，使其具有很強烈的辨證統一性，並隱含海洋與大陸、海權與陸權、心臟地帶與邊緣地帶的二分結構。同時，二分法具有很強烈的政治工具性，使之與國際強權的發展及權力平衡觀念綁在一起，而成為陸地空間與海上空間的國際格局規律性，以及地緣政治中樞地區經常在陸地與海洋的交匯處等。但是，這樣的地緣政治傳統也存在著「地理決定論」的危機。因此，麥金德、史派克曼等人都在其生涯中不斷的「修正」其理論以適應國際時局的變化[86]。

---

[85] GearÓid Ótuathail, "Introdution:Rethinking Geopolitic—Toward a Critical Geopolitics ", in edites by GearÓid Ótuathail and Simon Dalby, *Rethinking Geopolitic*（New York: Routledge,1998）, pp. 1-15.

[86] 李義虎，《地緣政治學：二分論及其超越——兼論地緣整合中的中國選擇》

尤其 1980 年代以後受到全球化浪潮的影響，舉凡政治、經濟、軍事、社會與文化等層面都有了前所未有的改變，人類對於地球三維空間的認識也突破到第四維空間的太空，不僅經濟互賴在大國之間日益增加，在軍事發展上，導彈對於地理空間的跨越大陸能力，也使得傳統海權與陸權的對抗分野必須面臨不同的戰略選擇。從前海上勢力無法到達的亞洲內陸地區或是心臟地帶，在今日的戰爭科技與國際政治結盟下，美國的海上勢力也正式進入到中亞、中東與東歐地區。

因而使得傳統上馬漢所說的「誰控制海權，就能控制世界」、麥金德所說的「誰控制東歐，誰就控制歐亞大陸」，以及史派克曼所說的「誰控制邊緣地帶，誰就控制世界」的地理咒語，在實際的國際政治運作下與地緣空間的戰略思考改變下，逐漸的從對抗性思為轉變為融合性思維。由於全球化發展下的軍事與政治等改變，使得大國之間的相互依賴越深，尤其展現在經濟的全球化過程中。使得傳統陸權與海權國家的對抗，不再限於軍事領域，而朝向更為廣泛的國家安全利益著眼，包含了經濟、能源、文明、民族和社會各個領域的需求，因此，海權國家也可能與陸權國家尋求合作。

事實上，雖然受到全球化的發展影響，但我們並非要揚棄古典地緣政治理論中的陸權與海權所建構的二元論，而是將之應用在全球範疇下的地緣政治實踐。誠如麥金德曾說過，「我承認，我只能達到真理的一個方面，也無意踏上極端唯物主義的歧途。起主動作用的是人類而不是自然，但是自然在很大程度上占支配地位。[87]」。因此，作為一個理論嚴謹的學科，古典地緣政治的思維在今日研究國際政治的問題時仍不可能迴避，但仍必須同時思考到個別國家地理環境特異性以及其國家戰略選擇的差異性。

就像法國、德國甚至於俄國都擁有海洋與陸地發展的地理條件，使它們過去在 19 世紀末到二次大戰前都想要同時發展海權與陸

（北京：北京大學出版社，2007 年），頁 184-218。

[87] H. J. Mackinder, "The Geographical Pivot of History, （1904） ," p. 299.

權。但是，因為個別國家不同的戰略選擇，也就造就了不同的結果。當然，也因為時空背景與國家能力的不同差距，在今天若要說德國與法國還是不能同時發展海權與陸權有些自我限定的隱喻，但地理的特質展現在德國與法國之間，還是有其內涵邏輯與戰略思考時必須先設的前提考量。在此，絕不是說藉由德國與法國的地理位置就表明了它們的「地理決定論」的宿命，但是，德國與法國身處歐洲的中心位置，以及它們緊密相鄰的邊界議題，卻不得不使我們必須對其地緣政治的戰略選擇中，發掘出其基於地理位置而延伸的關鍵因素。

因此，中國作為一個東亞地區的陸上強權已是事實，但中國在尋求海權發展是否能達到它所期望的目標？從地理特質來看，中國的地理兼具陸地與海洋的面向，尤其東部廣大的海岸線與城市化集中發展，使得中國尋求海上力量以保衛沿海安全及海上經濟資源與交通線有了迫切的需要。但是，張文木卻認為，中國特殊的地緣政治條件決定了中國海權屬於有限海權的特點，正因為中國幅員廣大同時兼俱海陸邊疆的特色，使得它必須向法國一樣，優先注重在大陸的發展，而將海權置於陸權優先的國家利益之下[88]。而葉自成也指出，以發展海權作為中國主要地緣政治戰略的基本取向，可能會將中國帶入一個不適合中國國情的發展道路，因而要在新陸權觀念上來發展中國地緣政治戰略[89]。

而且，中國自 1990 年代開始謹慎的與俄羅斯、越南、緬甸、中亞地區等國家處理邊界議題，並透過上海合作組織與東南亞國協等國際組織發揮睦鄰外交的成果，使其陸地邊疆有了空前的安全情境。因此，中國自身的地理特質已經完成大陸面向的完整統一，在這種情況下，中國的陸地「生存空間」已經獲得整合，而海洋的「生存空間」也就隨之擴張，因而向海洋領土主權宣示的動機也就隨之而展開。

[88] 張文木，《世界地緣政治中的中國國家安全利益分析》，頁 233。

[89] 葉自成，《陸權發展與大國興衰：地緣政治環境與中國和平發展的地緣戰略選擇》，頁 7。

綜言之，中國的地理位置與其地緣政治的海陸兩面向發展，以及在經濟推動下的軍事現代化，已經使中國成為東亞地區的強權。但由於受到美國海上武力的壓制，短期內將使中國可能被迫接受尋求建造一個東亞海軍聯盟，而限定為東亞的區域霸權。但長遠來看，未來如果中國經濟與軍事能力不斷提升，則美國成為西半球霸權，則中國成為東半球霸權也可能發生[90]。但是，若真的中國挑戰美國的海上勢力，就必須加強海上力量，尤其是遠洋投射能力，從而保障海上資源與海洋能源運輸線[91]。相反的，若中國因此陷入軍備競賽的安全困局，或者與美國、日本發生海上衝突，那麼東亞地區的安全也就可能失去平衡，而超出中國發展海權所能預期的風險。

因此，對研究中國的地緣政治來說，除了傳統上海權與陸權的觀點外，一國的戰略選擇也牽動著中國的地緣政治發展，特別是在中國歷史上所形成的地緣政治特質中，包含著心臟地帶與邊疆地帶的二元結構，使得中國歷朝歷代對於邊疆安全的認定，同時包含了對敵人的認識，因而在國家安全行為上有不同的地緣戰略考量。而這些相關的諸多議題，也就形成後續的研究發展，並將在結論中提出。

關於本書章節，安排如下：

第一章、中國的邊疆形式與防衛。主要說明古代中國邊疆形成的過程，以及歷代中國邊疆防衛與對外關係，並說明當代中國對外關係的演變與原則，最後則是論述中國邊疆形成的內在邏輯與少數民族議題。

第二章、新疆與中國國家安全。主要說明新疆的歷史地理背景與跨界民族議題，以及中共治下的少數民族政策，包含民族政策、新疆生產建設兵團所發揮的功能，以及西部大開發的影響。另外，分析新疆與中亞的關係，包含東突議題與中亞的關聯、上海合作組織與中亞的關係，以及中亞新一波的大競局發展。最後分析中國在反恐活動上的實踐與意涵。

---

90 Robert D. Kaplan,"The Geography of Chinese Power," *Foreign Affairs,* Vol. 89, No. 3, May/June 2010, pp. 22-41.

91 武曉迪，《中國地緣政治的轉型》，頁 195。

第三章、東亞安全體系與中國國家安全。主要說明後冷戰時期東亞安全體系的建立過程，以及東亞地區能源政治與安全的新議題，另外則探討中國崛起中的海權發展與中國發展地區海軍對東亞地區的影響。

第四章、地緣政治理論的整合與中國國家大戰略。主要說明地緣政治理論關於海權與陸權二分論的理論內容及其限制，並藉由德法實例與中國進行所謂「兼具海陸大國」發展的比較，佐證中國在同時發展海權與陸權能夠兼顧，在於其硬實力與軟實力的同步戰略。另外進行中國國家戰略與地緣政治密碼的解析。

最後是結論。主要於回顧總結，並且分析研究發現與限制，做出具體的建議，以佐證中國地緣政治理論的鋪陳中，對傳統地緣政治理論限制的反思。同時，在結論中提出當前中國的地緣政治，已經走出陸權與海權不可兼得的「地理魔咒」，從而在戰略選擇下走出一個第三條道路，進而走向今日陸地週邊邊界安全下邁向海洋的發展。

第一章　中國的邊疆形成與防衛

一、古代中國邊疆與邊界的形成

歷史是人類的產物，中國歷史相傳自黃帝傳說以來約四千六百餘年，然而有文字記載以來實約三千七百餘年。儘管此去相差千年，但中國作為世界上歷史最完備之國家，錢穆以為其特點有三：一者「悠久」，二者「無間斷」，三者「詳密」。其「悠久」者在於年代長遠近四千年；而「無間斷」者在於自周代行共和制度以下，有《史記》〈十二諸侯年表〉可尋，而自魯隱公元年以下，則有《春秋》編年可證；至於「詳密」者在於史書體裁凡舉《春秋》編年、《史記》紀傳、《尚書》記事本末、四書及其他等等，皆有各朝各代詳加考證之記載[1]。是以，中國為一古老文明國家，歷經夏、商、周三代直至今日共產中國，莫不共享傳統文明，此與歷史上諸多古文明帝國經歷興衰而至今無存者不同。

（一）中原「華夏」文明的起源

關於中國文明之起源，可從史前遺跡的考掘發現與傳統神話之考訂。除古書記載外，拜 19 世紀末中國考古工作的成就，陸續出土了舊石器、新石器時代的遺址發現。其中，舊石器時代的河北房山周口店的古代猿人（北京人）與陝西藍田陳家窩的古代猿人（藍田人）以及廣東曲江馬壩村的古代猿人（馬壩人），則證實早在 50 萬年前中華民族先祖已經遍佈華北、華南地區。而新石器時代在黃河

1　根據錢穆研究，自《古竹書記年》載夏朝以來，中國歷史可推至三千七百年前，故夏代實為中國信史之最初。見錢穆，《國史大綱》（台北：台灣商務印書館，1995 年，修訂三版，上冊），頁 1。

中下游地區則發現距今五千年前之仰韶「彩陶文化」與龍山「黑陶文化」，其陶器開始使用外，並已有城堡建築，以牛、羊、豬之肩胛骨為卜。綜合考古學家意見，舊石器與新石器兩時代之遺址發現，大多認為中國文化最早開始應在今日山西、陝西省一帶之黃土高原，其東至太行山脈，南至秦嶺山脈，東南至河南西北山地，西北至河套地區，自此後向東南發展。到了新石器時代則以渭水盆地及黃河大平原為中心，由仰韶文化向東傳播形成龍山文化，更向西傳播至黃河上游抵達西北高原[2]。此即中國近代考古工作之佐證。

而根據古代傳說與典籍中記載，則仍可得古代中國民族活動的大致情形，此類活動主要是文化狀態與地理區域的特質而現。如錢穆引《史記》〈黃帝本紀〉:「東至海，西至空桐，南至江，登熊湘，北逐葷粥，合符釜山，而邑於涿鹿之阿」，並言古代空桐（崆峒）在今日河南境內，與《莊子》所言襄城、縣茨、廣成、地望等地相近，而熊湘（即熊耳山）則與崆峒同在河南一省；釜山者，又名覆釜山，別稱荊山，據唐書地理志考證與華、潼兩地相近，是以黃帝「采首山銅，鑄鼎荊山」；又黃帝與神農「戰於阪泉之野」，而阪泉在今日山西解縣鹽池上源處，相近有蚩尤城，別名涿池，即涿鹿[3]。因此，姑不論黃帝是否「采首山銅，鑄鼎荊山」或與神農「戰於阪泉之野」，則以《史記》與《唐書》記載，自黃帝傳說以來，中國古代文化發祥地應在今日河南、山西兩省，與黃河西部一地，大致與《尚書》中堯禹故事所載地區不相遠。

雖然堯、禹之禪讓實為古代君位推選，而經後人傳述美化，但唐、虞兩部落位處今日山西南部與夏代起於今日河南中部有所不同。唐、虞兩代為傳說時代，而夏代則為傳說時代結束，半信史時代的開始，自此夏、商、周三個王朝相銜，史稱「三代」，起自公元前約 2300 年，終於公元前約 800 年，共約 1500 年[4]。但顯然的「三代」文明卻也是彼此發展，並非完全直線性的。夏人起於今日河南

---

2 錢穆，《國史大綱》上冊，頁 1-7。

3 錢穆，《國史大綱》上冊，頁 10-11。

4 柏楊，《中國人史綱》(台北：遠流出版，2002 年，初版，上冊)，頁 123-124。

中部地區，正是所謂中原華夏之地，錢穆引《山海經》記載「南望禪渚，禹父之所化」指出，禪渚在河南陸渾，禹都陽城在河南登封嵩山下，而《國語》中載「前華後河，右洛左濟」，「華」者為嵩山山脈古代別稱，雖然夏代有遊牧民習，夏朝都邑亦有多處，但大抵皆在嵩山山脈一地，界於今河南、山西、陝西三省相交環處黃河西部之處，此所以「華夏」所稱，則為中原華夏文化發祥之地[5]。

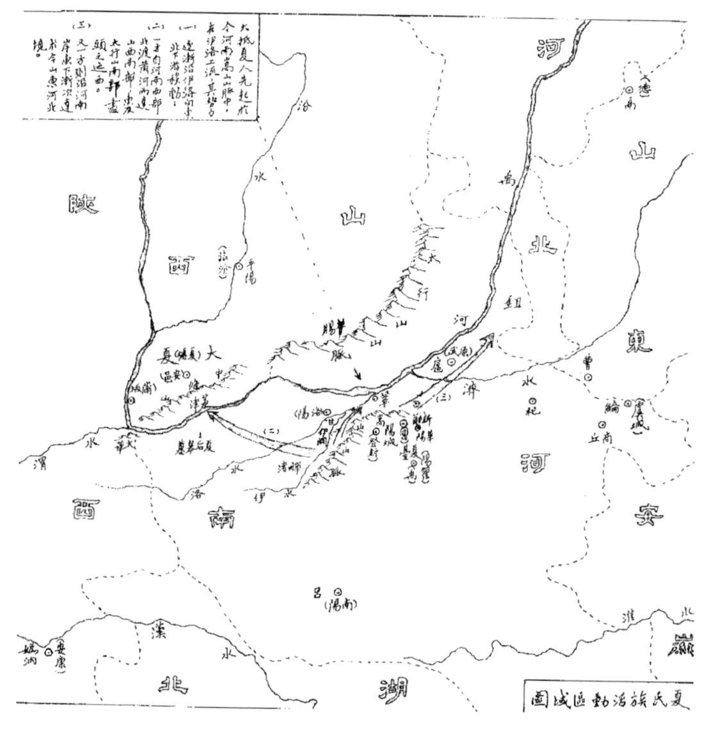

圖 1-1　夏民族活動區域圖

資料來源：錢穆，《國史大綱》上冊，頁 17。

5　錢穆，《國史大綱》上冊，頁 12。

夏王朝建於黃河上游，處高地；而商王朝則建於黃河之下游，位於低地。夏人居於高地，氣候土壤均較惡劣，生活文化較低但居民剽悍、尚武，因而夏王朝逐次東擴至下游地區，卻漸習驕奢淫逸風氣。殷人自商湯滅夏後，代夏而成規模較大國家，後有周人起於西方，尋夏朝之勢力往東侵征服殷人，而逐漸移民於黃河下游之大平原，因此集黃河上、中、下游地區而成王國，為周代所拓殖。綜觀夏、商、周三代並非獨斷發展，實自夏代時已有中央共主與四方諸侯之國際關係，而此等共主與諸侯關係之政治演進至少有八百年以上，夏代為共主時，殷人與之文化早在黃河東西交通，而周人滅殷前，兩國亦曾為共主與侯國，故而夏商周三代實為古代中國在黃河流域擴張的文明發端[6]。

然而新石器時代早有「仰韶文化」、「龍山文化」為開端，何以夏人之「二里頭文化」成為中原地區文明中心的地位？大陸學者高江濤指出，如果從「文明化進程」來看，夏王朝從中多小國林立局面中脫穎而出與當時環境因素和環境變化有極密切的關係。所謂「文明化進程」的背景是指文明起源、形成與早期發展的舞台或基本條件，或是這一演變過程的「土壤」，亦即環境背景和生產背景。以夏朝而言，其生產背景主要是農業生產的不斷發展，由於農業與畜牧業的產生使得生活資料得以保障，夏朝人開始其文明化進程。而夏朝位處中原文明中心，自然地理條件以嵩山山脈的穎河上游和伊洛河流域為主，此間被稱為「天下之中」或「國中」，因而成為周圍地區文化的輻軸地帶[7]。

---

6 錢穆，《國史大綱》上冊，頁 21-35。

7 高江濤，《中原地區文明化進程的考古學研究》（北京：社會科學文獻出版社，2009 年），頁 433-513。

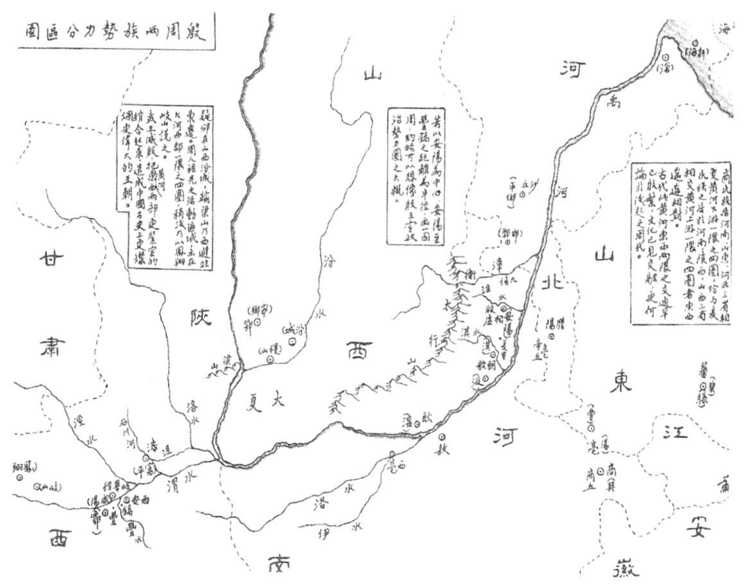

圖 1-2　殷周兩族勢力分區圖

資料來源：錢穆，《國史大綱》上冊，頁 33。

又夏人居於中原地區，集地貌過渡帶、氣候過渡帶、植被過渡帶三者，區內地勢高低起落，地貌多樣化，且有肥沃土壤之平原，又有中山、低山、丘陵、台地等；加上黃河流域及其支流構成豐沛的水域，黃土高原在多年沖刷間形成有利於原始農業生產的堆積，不僅土壤肥沃，也有良好的排水作用，更利於原始的農業工具耕作[8]。至於氣候方面，由於夏季季風可達古代中原地區，而所謂「15 吋等雨線」也經過這裡[9]，故而此區沒有出現過寒冷乾燥的惡劣環境，提供了農業生長的季風與雨量條件。同樣的受到夏季季風影響，中原地區呈現亞熱帶闊葉林與針葉林交錯的植物生產區，提供了植物生長與動物棲息的場域[10]。

[8] 高江濤，《中原地區文明化進程的考古學研究》，頁 458-459。

[9] 黃仁宇，《中國大歷史》（台北：聯經文化，1993 年），頁 29-31。

[10] 高江濤，《中原地區文明化進程的考古學研究》，頁 458-459。

然而中原文明化進程的動力為何？高江濤認為文化和社會發展的連續性和務實性是中原地區文明不斷推進的根本原因。中原文化從「仰韶文化」至夏朝的「二里頭文化」的社會與經濟發展表現出連續的進程，農業產值與畜牧業的加強提供了手工業的發端，乃至於官營手工業的最終出現並加以強化。從器物製作涵蓋日常生活的陶、石器等，另外大型建築與棺槨也體現了社會等級，並兼採中原地區外圍的文化的器械文明並加以改造，從而刺激了中原文化的不斷發展[11]。

另一個中原地區文明化進程的動力是戰爭的催化，根據錢穆研究指出，虞、夏兩代大事最為要者為舜、禹與苗族的爭鬥。在《尚書》、《戰國策》、《墨子》、《荀子》、《韓非子》、《鹽鐵論》等書中皆有所載。傳說三苗與虞、夏為同族相爭，《史記》記載：「昌意取蜀山氏女兒生顓頊。」蜀山殆即涿鹿之山，涿鹿為蚩尤故國，因此虞、夏二朝與三苗之爭，如同黃帝與蚩尤之爭，都發生在今日河南西境與山西兩省間黃河中游地區。因此，古三苗疆域實與虞、夏二朝屬地雜處，舜、禹擊退三苗並使之西遷，而成為日後之「西戎」。另外，禹、啟均曾與有扈作戰，《尚書》中載：「啟伐有扈」，《莊子》亦載：「禹攻有扈」，因此禹時夏之勢力已經東侵至黃河下游的有扈，即河南之武原。因而舜、禹、啟以來，虞、夏二朝透過戰爭驅逐苗族從而擴大其西陲，又攻佔有扈以擴大其東土，足見中原文明已為沿黃河流域之東西方向地理擴張，是以夏代國家規模已頗擴大，而有共主、屬邑、分國、敵國等關係，而不能僅以遊牧部落來看待[12]。

至於殷商民族早期亦在夏之東方，為黃河下游地區居民，初期曾屬於夏人勢力，後因商湯革命取代夏王朝，而錢穆以為夏、殷兩族實為同源，不應以兩民族看待，因此殷商取夏朝實為上古史之延續[13]。然而許倬雲則認為，商人取代諸夏，本屬渤海沖積扇平原的「他者」，既非諸夏民族，亦非東方的「夷人」，然而商人卻在「諸夏」的基礎上建立了核心的「中原」，並由於其完整的文字書寫系統與複

---

11 高江濤，《中原地區文明化進程的考古學研究》，頁468-469。

12 錢穆，《國史大綱》上冊，頁15-20。

13 錢穆，《國史大綱》上冊，頁20。

雜的國家組織而成為中國古代真正的霸權，爾後由周代藉由紀錄與詮釋中國歷史的權力，奠定了「中原」為中國核心的正統地位[14]。

比較錢穆與許倬雲兩方見解，則筆者以為許倬雲從文字書寫與國家組織認為殷商不同於夏，而認為殷、夏二代並非同源，但錢穆所提出已有國家規模擴大，而有共主、屬邑、分國、敵國等關係，此與殷商的大邑、分地、四方（人方、鬼方）格局相近。故而古代中國應為如錢穆所說，在西周以降、春秋以前，中國本為一種華、夷雜處的局勢，而非舊說東夷、南蠻、西戎、北狄各居四方，而諸夏處於中原；而蠻、夷、戎、狄也並非不同民族，故蠻夷可為通稱，而諸夏與戎狄亦多種姓相同、互為通婚，例如晉獻公娶大戎狐姬，生重耳，即為日後的晉文公；又申侯協助太子宜臼殺父，故聯合犬戎殺死幽王，從此周平王東遷，因此華夷通婚、聯盟之事實為常態。是以，所謂諸夏與戎狄之分，實為文化生活上的分野，諸夏者採耕稼、築城廓，而戎狄者以遊牧維生，而有文物、飲食、衣服之差異[15]。

然而，自周平王東遷第四十九年開始（即魯隱公元年），亦即史稱春秋開始，中原地區的概念也有了新的轉變與詮釋。因此，早期夏、商、周三代的「中原地區」，先是由夏朝從黃河中游地區向東西兩方擴展，並隨殷商進入黃河下游地區，爾後由周朝擴大至黃河上游乃至下游平原地區。但到了春秋、戰國時期的會盟、征伐等兵事，則使長江、淮河流域也成了廣義上的「中原地區」的一部份[16]，此實與周天子天下共主地位示威，戎狄、蠻夷相繼入侵諸夏中原地區（如魯隱公九年，北戎侵鄭；魯僖公元年，狄勢力鼎盛，先滅溫、後征伐齊、魯、鄭、晉，並且踐踏東周王室），然後才有齊桓公、晉桓公「尊王、攘夷」之霸業[17]。

---

14 許倬雲，《我者與他者：中國歷史上的內外分際》（台北：時報文化，2009年），頁 33。

15 錢穆，《國史大綱》上冊，頁 55-57。

16 樓耀亮，《地緣政治與中國國防戰略》（天津：天津人民出版社，2002 年），頁 72。

17 錢穆，《國史大綱》上冊，頁 58。

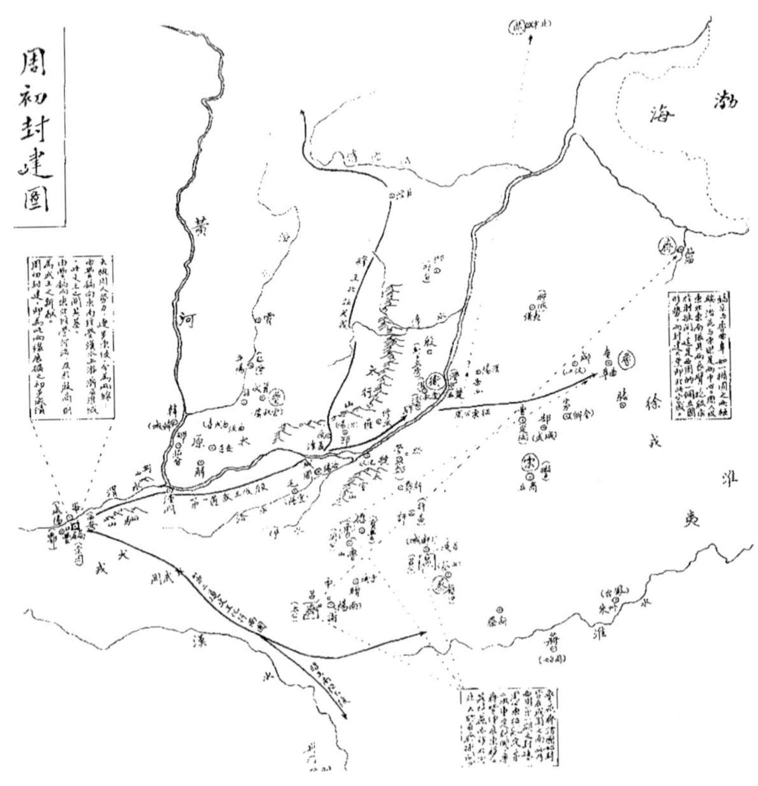

圖 1-3　周初封建圖

資料來源：錢穆，《國史大綱》上冊，頁 43。

爾後天下大勢概為文化先進諸國逐次結合，而為文化後進諸國逐次所征服，同時文化後進諸國雖征服先進者，卻也為文化先進諸國文化所同化，則至此使諸夏結合團體逐步擴大[18]，直至戰國時代更併吞春秋二百國為七國，使夏、商、周「三代」中原地區，擴大其地理範疇而涵蓋黃河、長江流域地區，東至山東魯境，西至陝西關

[18] 錢穆，《國史大綱》上冊，頁 64-66。

中秦境而成為廣義的中原地區，為日後秦朝統一「天下」提供了先決的帝國疆域之範疇。

（二）「中國」與「天下」

西周封建開創了中國歷史上的一大進展，透過宗法與封建制度，西周歷經兩時期的擴張，其一在武王滅紂後封紂子祿父（即武庚）於殷，並設管叔、霍叔、蔡叔三監以監視武庚，其他設魯、燕、齊諸國於成周（東都洛邑）南方；後周公因管叔等聯殷叛變，因之東征殺管叔，重定封國而封周公子伯禽於魯、太公子丁公於齊、康叔於衛、殷人後代微子啟於宋、唐叔於晉、蔡仲於蔡以及自營東都洛邑，因此開創封國之事。而夏、殷之時雖有共主、諸侯名分，但尚不及西周封建的建國形勢，所以西周確實透過武力征伐繼而擴張其疆域，並以分封列國護衛天子都邑[19]。

然而西周初期封建之「國」，原先只是城池的範圍，《周禮》記載：「惟王建國」、「以佐王治邦國」、「大曰邦，小曰國」，因此「國」指城池，而城池周圍為郊，郊更外圍為鄙，古人有「國人」、「郊人」、「野人」就是指這種以居住地理來區分的文化治理。但西周初期列國人口及少，以衛國而言，曾為狄滅而僅剩 730 人，後來遷來居民也不過 5000 人，但隨著日後春秋時期人口漸增，「國」的規模不斷擴大，或透過吞併小國、新建城築，因此到了春秋 242 年時，魯國成為有 24 邑的大型國家，因而春秋列國無不分封其大夫，並賜姓氏，也就造成日後大夫亂政的局面，而成戰國之根源[20]。

許倬雲指出，西周分封將親源關係以維持封建制度，使宗法與王權相疊，即將血統與政治結合，此獨特的雙重權力結構位中華文化傳統留下深刻影響，而後來之漢朝也大致以此發展。但是這樣的結果將使諸侯到了封地時，必須與當地的勢力結合、族群聯姻等，勢必造成諸侯的「本土化」而逐漸與中央疏遠，而可能反過來瓦解

[19] 錢穆，《國史大綱》上冊，頁 39-46。
[20] 錢穆，《國史大綱》上冊，頁 65-68。

中央的統治權力，所以分封越多，宗周越弱，列國越盛[21]。然而西周分封列國，在於「以佐王治邦國」，根據林恩顯研究，「中國」一詞，最早於西周之初，《詩經》〈大雅勞民〉中載：「惠此中國，以綏四方」，而《毛公傳》中載：「中國，京師也」。但在殷周時代，有東土、西土、南土、北土或鬼方的記載，所以「中國」也可能是一方，但卻以「中土」而稱，而於春秋戰國時期形成東夷、西戎、南蠻、北狄的概念。因此，林恩顯認為「中國」乃先秦國家對於「蠻夷戎狄」四方的對稱，是地理與文化的概念，當時中原諸夏尚不以之為國號，而是到了近代才成為國家意涵的正式名稱[22]。

但是錢穆以為「中國」在西周與春秋是不同的地理區，而在不同的古籍中也有不同的解讀，例如《詩經》〈六月〉中載：「尹吉輔伐玁狁至太原」，而《穀梁傳》中云：「中國曰太原」，太原在今山西南部黃河北方；而《史記》〈楚世家〉中載，周平王 31 年楚武王立，自稱：「我蠻夷也。今諸侯皆為叛，相侵，或相殺，我有敝甲，欲以觀中國之政」，此與《公羊傳》中載：「南夷與北狄交，中國不絕若線」大致符合，即從西周到春秋時期，「中國」的地域概念逐漸擴大，從京師而到諸夏文化地理區[23]，此即甘懷真所說「中國」或「中域」這個概念表現在西周時期是一個籠統與不精確的概念，中國作為中原王朝的自稱也並未在此時期突顯，一直要到戰國時期列國爭奪天下共主的新王地位時，才進一步確立了「中國」的政治論述。[24]

可是，在戰國時期「中國」（中域）的引用，常常被列國們當作自己是殷王朝或周王朝承繼者的政治論述，藉以提升大夫世家滅諸侯的權力正當性詮釋。平勢隆郎引用《春秋》三傳指出，在《公羊傳》中常提到一些國家被承認為「中國」，而一些則不被認同是「中

---

21 許倬雲，《我者與他者：中國歷史上的內外分際》，頁 38-39。

22 林恩顯，〈中國邊疆研究有關理論與方法〉，林恩顯編，《中國邊疆研究有關理論與方法》（台北：渤海堂，1992 年），頁 223-224。

23 錢穆，《國史大綱》上冊，頁 46-58。

24 甘懷真，〈導論：重新思考東亞王權與世界觀〉，甘懷真編，《東亞歷史上的天下與中國概念》（台北：台大出版中心，2007 年），頁 13。

國」，如圖 1-4 顯示「中國」是指包含「齊」在內的特定地區，在其外圍有「諸夏」，其他則是「夷狄」，這樣的區分無疑是突顯當時「齊國」田氏的統治正當性，也隱含大夫可以滅其他諸夏諸侯的邏輯[25]。

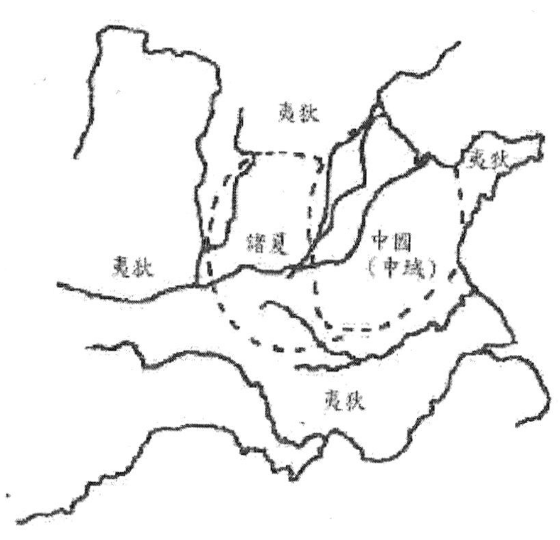

圖 1-4　齊《公羊傳》的特別地域：中國（中域）、次等的諸夏與野蠻地方

資料來源：平勢隆郎，〈戰國時代的天下與其下的中國、夏等特別領域〉，頁 85。

而《左傳》所示則用「夏」和「東夏」來稱呼自己所在的地域，如圖 1-5 所示這一大片地則是商王朝的故有地，原周王朝所在則變成了「中域」或「中國」，這其間的意涵實為突顯夏與殷商故民在當時韓氏大夫（韓宣子）的德治下，承繼夏、商之遺風，而比對周王朝之衰敗。至於圖 1-6 的《穀梁傳》中則否定「齊國」田氏與「晉國」之魏氏、趙氏大夫的統治正當性，而尊「鮮虞」（中山國）為「中國」，

25　平勢隆郎，〈戰國時代的天下與其下的中國、夏等特別領域〉，甘懷真編，《東亞歷史上的天下與中國概念》（台北：台大出版中心，2007 年），頁 53-91。

而稱「晉國」為「狄」，此恰與《左傳》中稱「鮮虞」為「白狄」，而稱「晉國」為「夏」之見解相反[26]。

圖 1-5　韓《左傳》的特別地域：「夏」、「東夏」與野蠻地方

資料來源：平勢隆郎，〈戰國時代的天下與其下的中國、夏等特別領域〉，頁 86。

圖 1-6　中山《穀梁傳》的特別地域：中國（中域）與周圍的野蠻地方

資料來源：平勢隆郎，〈戰國時代的天下與其下的中國、夏等特別領域〉，頁 87。

---

[26] 平勢隆郎，〈戰國時代的天下與其下的中國、夏等特別領域〉，頁 64-91。

所以，戰國時期諸大夫透過傳記的書寫權力，除了在兼併諸國的同時，亦不忘尋求以政治論述的詮釋力來化解其「名不正，言不順」的尷尬與大夫亂國的正當性危機，因此此一階段「中國」概念雖常見《春秋》三傳，卻也是見解因人而異而成曖昧與語意模糊的現象。如此「中國」概念在戰國時期尚不能算是朝代或諸國年號，而須待近代時期才有「中國」為我國疆域統稱之國號。因此，戰國後期之秦國統一六國，所稱霸者不是「中國」，實為「天下」。

「天下」一詞，表面上可看作「天之下」，甘懷真認為最早出現在《詩經》〈皇矣〉篇中記載：「皇矣上帝，臨下有赫，監觀四方，求民之莫……密人不恭，敢距大邦。侵阮徂共，王赫斯怒。爰整其旅，以按徂旅，以篤於周祜，以對于天下。……萬邦之方，下民之王。」。大意是指上天棄商紂而成就周文王，而此「上帝、臨下」應當就指天下，居天下之人為「民」，故而周文王成為新的統治者，實際上就是受這「上帝」之「天命」。同樣的《詩經》〈北山〉中亦載：「溥天之下，莫非王土」，也當把「天下」當作在此「上帝」監視下的地域，而不是泛指「全世界」。因此，如果《詩經》所載可信，則至少在西周初年之前，「天下」之出現應與周文王受「天命」而代商之「天命」有關，或者可推至更早的殷商祭祀禮中的鬼神與宇宙觀[27]。

在春秋時期，「天下」觀念也曾被孔子提及過，例如孔子曰：「天下有道，丘不與易」，可見孔子也以「天下」為其遊歷的空間；而《左傳》記載：「武王克商，光有天下，其兄弟之國者十有五人，姬姓之國者四十人」，《荀子》則曰：「周公兼制天下，立七十一國，姬姓獨居五十三人」[28]，倘偌《左傳》與《荀子》所述確實，則西周初期，或許「天下」可當作其中原地區以及更廣泛的「諸夏世界」空間。

---

27 「天命」在《尚書》〈湯誓〉中也出現，其「天命惟唯，其命革新」就是指商湯伐夏桀，而商湯也以夏桀無道，違逆「天命」，而「天命」現已站在商湯這裡而膽敢革命，倘〈湯誓〉裡的故事屬實，則周文王伐商紂，或可視為夏商周三代「天命觀」的延續。見甘懷真，〈秦漢的「天下」政體：以祭祀禮改革為中心〉，甘懷真編，《東亞歷史上的天下與中國概念》（台北：台大出版中心，2007 年），頁 93-148。

28 錢穆，《國史大綱》上冊，頁 42-43、99。

但真正作為學說，主要是受到戰國時期諸子百家學說的影響，尤其《孟子》學說對於「天子治天下」的制度確立有很大的影響，例如《孟子》〈梁惠王〉中記載孟子引《書經》曰：「書曰：『天降下民，作之君，作之師。惟曰：其助上帝，寵之四方；有罪無罪，惟我在，天下曷敢有越厥志？一人衡行於天下，武王恥之，此武王之勇也。而武王亦一怒而安天下之民。今王亦一怒而安天下之民，民惟恐王之不好勇也。』」。甘懷真以為這段話說明孟子引《書經》再次建構天（上帝）、君（天子）、「下民」與「天下」的特殊關連，即「天——天下——天子——民」的關係架構，也鋪陳出「天子治天下」的統治正當性來源，並向上尋求夏商周三代的文章，以為戰國時期東周宗法制度衰敗下尋求新王權的合法性政治論述[29]。春秋列國只敢稱霸尚不敢稱王，言必談「尊王攘夷」；但戰國時期受「天子治天下」思想影響，周宗室制度徹底失敗，不僅戰國群雄各自稱王征伐，也為日後秦統一「天下」醞釀了「皇帝」制度的思想背景，及衍生出漢代儒家政治學說的王權思想。

錢穆指出，秦統一天下，有四事對中國歷史未來至關重要，其一為中國版圖之確立，其二為中國民族之整合，其三是中國政治制度之創建，其四為中國學術思想之奠定。關於中國版圖之確立與為中國民族之整合者，主要是因為在夏商周時期，華夷雜處為常見之事，尤其西周時期更是戎狄鼎盛，周幽王見殺便是因申侯引狄人入京師，在都邑毀壞後才使平王東遷。爾後春秋時期亦經常有北方山戎、狄與南方蠻夷入侵，是以戰國七雄在兼併之際尚不忘築建長城以抵禦諸戎，而秦、趙、燕三國更加廣拓邊境，其中燕國開漁陽、右北平、上古、遼西、遼東等地；趙滅中山國（白狄），開雁門、代、雲中等地；秦則開九原、隴西、北地等地。迨至秦統一天下，則東至遼東、北至長城、西至巴蜀、南至安南象郡，其版圖之大未曾有之，而後世多以此為基礎[30]。

---

29 甘懷真，〈秦漢的「天下」政體：以祭祀禮改革為中心〉，頁 94-108。
30 錢穆，《國史大綱》上冊，頁 116-119。

而關於中國學術思想之奠定，則是拜先秦諸子百家之賜而使中國學術思想在理想與現實中取得微妙之平衡，而不致陳義過高。此外，秦併六國、建四十二郡，行「車同軌、書同文」以及建立全國驛道、統一度量衡等，都是夏商周三代以來未曾有之事。不僅承襲了戰國以來的「天下」思想，也以「天子」自居，認定其「始皇帝」功績超越「三皇」、「五帝」。所以秉「天子」之尊登泰山封禪，或「親巡天下」、廣建神祠等，都顯示其將「天命」與王權結於一身的政治制度開創。因此，秦始皇統一天下同時，也創造了「皇帝制度」，而秦始皇死後，漢高祖劉邦也完全繼承了皇帝號與神祠制度，也就是從漢高祖劉邦開始的未來二千年裡，歷朝歷代的「皇帝」們也完全繼承了秦始皇的「天下」了[31]。

（三）從「萬國」到「國家」

自秦統一「天下」以來，歷經漢唐盛世而後有宋明元清各代，凡二千年歷史其中有盛世也有亂世，「天下」的概念始終與「皇帝制度」緊密的結合。秦朝雖滅，但漢朝也承繼了秦的「天下」觀，因而漢朝的「天下」也是在秦朝的基礎上被限定在一個地理的空間範疇，例如漢朝的成立，也被《漢書》載為：「天下初定」，而《史記》記載漢武帝詔曰：「朕臨天下二十八年……」等。但漢朝其實並非全然遵照秦時期的「天下」觀，而是透過儒家思想的論述而改變，從而建立其「帝國的想像」，主要原因還是西漢後期的「氣化宇宙論」下的「天」，而與國家「郊祀禮」的結合[32]。

「氣化宇宙論」盛行於漢唐，此種宇宙觀是主張整個宇宙以至個人都是由「氣」所化成，在原始的「一氣」之下可分為「天、地、人」三者，再下分天地萬物及所有人；而前述之「人」實為「聖人」（有德者），故與「天」、「地」同列。透過國家郊祀禮使皇帝作為「天子」同時兼為「聖人」的角色與職能，從而以禮儀與天地溝通，安

---

31 甘懷真，〈秦漢的「天下」政體：以祭祀禮改革為中心〉，頁 108-112。錢穆，《國史大綱》上冊，頁 117-118。

32 甘懷真，〈「天下」觀念的再檢討〉，吳展良編，《東亞近世世界觀的形成》（台北：台灣大學出版中心，2007 年），頁 85-109。

定宇宙[33]。西漢的「氣化宇宙論」最初的涵義是希望使「皇帝」作為「天子」同時也是「聖人」，因此西漢的皇帝不需像秦始皇一樣「親巡天下」到各郡縣的「神祠」祭祀，而是透過西漢皇帝最為最高宗教統治者「天子」同時也是受「天命」的「聖人」身分與職能，直接與天地溝通。故此西漢皇帝只需在京師所在建立祭祀所以祭祀天地，將諸神同於一殿，以此為「天下」的中心，也就是「中國」的所在，然後再根據這個中心（中國）向外世界延伸，配合「五服」之說以治理「天下」。所以「天下」在此是一種「中心理論」，不是「領土理論」，而「天下」的邊界究竟在哪裡，其實不甚重要，重要的是確立「中心」，並上溯皇帝「天子」與「聖人」的角色與職能，從而確立「皇權」的最高統治與中心[34]。

究其西漢「天下」思想的轉變，實深受兩派儒者的觀念影響。其一是戰國晚期陰陽家鄒衍「五德終始論」與西漢董仲舒「天人三策」學說，大抵主張「天人相應」，政治教化需與時相進，而不認為有萬世一統之王朝；並且根據過去歷史主張「聖人受命」、「天降符瑞」、「推德定制」、「封禪告功」、「王朝德衰，天降災異」、「禪國讓賢」、「新聖人受命」等，所以漢武帝以後，漢儒們逐漸鼓吹「讓國」，而有日後王莽受禪之出現。其二是賈誼等的「禮樂」和「教化」論，大抵主張興禮樂、講教化，使民有所依據，從而遵循一種有秩序、意義的生活[35]。而漢唐以降的大一統的原理，就是在「禮」的觀念下，以皇帝「天子」（政治）與「聖人」（道德）合而為一的威光普照四方，並擴大其影響力（教化）等而構成的天下宇宙秩序[36]。

---

33 甘懷真，〈「天下」觀念的再檢討〉，吳展良編，《東亞近世世界觀的形成》，頁 94-95。

34 甘懷真，〈「天下」觀念的再檢討〉，吳展良編，《東亞近世世界觀的形成》，頁 94-95。孫隆基，《中國文化的深層結構》（台北：唐山出版，1993 年），295-299。

35 錢穆，《國史大綱》上冊，頁 150-152。蕭公權，《中國政治思想史》（台北：聯經出版社，1982 年，上冊），頁 314-330。

36 濱下武志著，朱蔭貴、歐陽菲譯，《近代中國的國際契機：朝貢貿易體制與近代亞洲經濟圈》（北京：中國社會科學出版社，2004 年），頁 31。黃俊傑《儒學傳統與文化創新》（台北：東大圖書，1986 年），頁 17。

但傳統秦漢以來中國的「天子」沒有也不希望統治全天下，因為在他的客觀認識裡「天下」應當是「普天之下，莫非王土；率土之濱，莫非王臣」，然而事實是中國天子只是實際支配其郡縣的中國，即化外之地。甘懷真認為這是一個合乎理性選擇的協調結果，因為對一個農業王國來說，過度擴張領土，尤其是到非農業區是無利可圖的。儘管漢武帝驅逐匈奴、征伐西域、武功蓋世，但其連年動武終究導致國庫空虛，而後繼者也無力維持疆域；因此，漢代的皇帝尋求一個平衡方法就是將支配「天下」的方法，以「內部」、「外部」與「化外之地」的分野來建構，而其內涵是皇帝的「聖人」（德治）透過「禮」的傳播來「教化」[37]。

在漢朝皇帝直接支配下的「天下」實際上是其「內部」郡縣，透過中央集權傳達至地方，並由廣大的儒家文官制度來執行，構成一個「中央皇帝（天子）——地方官吏與儒者」的「德治」系統；而與「外部」政權（藩國、外國）則以「朝貢」與「冊封」之禮，反過來向「內部」子民宣稱皇帝（天子、聖人）有能力安排「外部」的秩序，從而加強對「內部」的控制；至於那些不願接受朝貢與冊封或未知的領域，則解釋為「非人」居住的絕域，即「政教不及」的「化外之地」[38]。

綜觀從漢朝到清朝，中國的郡縣或行省區域有所變動，但大體而言帝國「內部」的變化不大，而這一「朝貢」與「冊封」系統也就成了東漢已來，中國皇帝運用對「內部」宣稱皇權已經掌握了「外部」世界秩序，完成「天下」的教化與支配，而這正是甘懷真所強調：「冊封的重點不在於實際支配或藉此徵收域外國家的資源，而是要宣告中國的外部世界已為中國皇帝所掌控，並可納入以中國天子為頂點的君臣關係的秩序中。冊封體制對於中國皇權的重要性在於它是用來對內證明皇帝可以支配天下，而這項事實是皇權正當性的由來。」。由於「冊封」系統牽涉到中國皇帝對域外政權的認可，其間往往透過漢字公文書聯繫並授予諸周邊國家君王以正其「名分」，

37 甘懷真，〈導論：重新思考東亞王權與世界觀〉，甘懷真編，《東亞歷史上的天下與中國概念》，頁 32。

38 甘懷真，〈導論：重新思考東亞王權與世界觀〉，甘懷真編，《東亞歷史上的天下與中國概念》，頁 32。

例如「漢倭奴國王印」的出土。所以中國的天下也可以說是「漢字文化圈」，一種將皇帝的「德」及於「民」，從而透過「禮」的實踐對域外政權進行「朝貢」與「冊封」系統的文化與政治制度傳播[39]。

除了「漢字文化圈」對「天下」觀有重要的影響外，在中國的古代地圖裡也可以找到若干「天下」與「華夷」秩序的概念隱含，例如南宋《禹跡圖》刻於石上，就是一種將華夏世界的概念教化於民，使其明白華夷分野與防務[40]。

姜道章指出，傳統中國地圖是極具「中國式」的，其第一個特徵是(天圓)地方是中國地圖學的基礎，即地表是平坦的而不是彎曲的，此與古希臘的球體觀念不同；第二是計里劃方的應用；第三是詳於畫水，少於畫山；第四是地圖呈現出繪圖者的思想概念；第五是其方位不以北方為定，而是使用人的考量使具有多方向性；第六是以行政區的變動為繪圖的歷史主流；第七是以政府機關為最主要繪圖者；第八是地圖中有許多文字註記；第九是以手繪稿居主流；第十是高山與丘陵多以側面形狀表示，而非等高線、分層塗色方法。此一發展多因為古代的繪圖者多半是「通儒」，而非專家，因此為使閱讀方便讀圖人們看懂，所以藉由山水畫的技巧，並且此一方法甚至流傳到明清兩代，直到歐洲人的測繪方法逐漸取代中國的傳統地圖學[41]。

---

39 甘懷真，〈「天下」觀念的再檢討〉，吳展良編，《東亞近世世界觀的形成》，頁 97-98。平勢隆郎，〈戰國時代的天下與其下的中國、夏等特別領域〉，頁 73。劉青峰、金觀濤，〈19 世紀中日韓的天下觀及甲午戰爭的爆發〉，錢永祥主編，《天下、東亞、台灣》(台北：聯經出版，2006 年)，頁 107-128。

40 Benjamin A. Elman,"Ming-Qing Border Defence, the Inward Turn of Chinese Cartography, and Qing Expansion in Central Asia in the Eighteenth Century ," in Diana Lary, ed.,*The Chinese state at the borders*（Canada：UBC press, 2007）, pp. 29-56.

41 姜道章也指出，實際上我國古人早在公元前第二世紀就知道地球是球型的，如張衡等人就認為宇宙像個雞蛋，地球是蛋黃，不過這樣的觀點在後來對中國地圖學的影響不大，可能是因為華北大平原的平坦地勢影響後世的思想發展。見姜道章，〈論中國傳統地圖學的特徵〉，《中國文化大學地理學系地理研究報告》，第 10 期，1997 年 5 月，頁 1-16。姜道章，〈中國的歷史地理學〉，《華崗理科學報》，第 21 期，2004 年 5 月，頁 103-126。

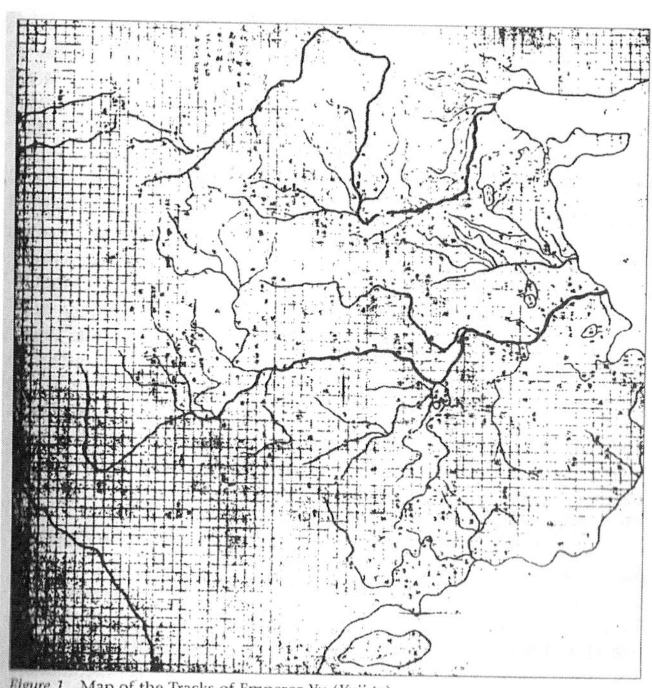
Figure 1 Map of the Tracks of Emperor Yu (Yuji tu).
Source: Reprinted from Joseph Needham, Science and Civilisation in China, vol. 3, Cambridge University Press, 1959. Copyright © 1959. Reprinted with the permission of Cambridge University Press.

圖 1-7　南宋《禹跡圖》

資料來源：Benjamin A. Elman,"Ming-Qing Border Defence, the Inward Turn of Chinese Cartography, and Qing Expansion in Central Asia in the Eighteenth Century ," in Diana Lary, ed.,*The Chinese state at the borders*（Canada：UBC press, 2007）, p. 31.

在葛兆光的文章中提到，在古代中國的地圖裡常隱含「天下」的概念是一種「天圓地方」的特殊空間，此與另一學者姜道章說法一致。他指出，「天圓地方」的地圖概念在中國形成相當早，在近來考古發現的濮陽蚌堆龍虎、曾侯乙墓漆箱蓋頂上就有星宿北斗與龍虎圖案、司南，以及古代典籍《禹貢》、《周禮》文本中所想像的「五

服」、「九服」、「九州」大地的方形描述，都顯示「天圓地方」觀念確實普遍存在。所以，在中國古代人的心中，地圖裡的天地格局所表達的是自己所在是世界的中心，大地彷彿是一個四方棋盤，而由自我中心向外延伸到四邊，呈現至少三個等級文化圈的配置，最中心圈是王權所在的京師，第二圈是華夏或諸夏，第三圈是夷狄所居處；這樣的文化圈概念同時也顯示，從中心向四方輻射，越是外圍就越荒蕪、野蠻、文明低落，而稱之南蠻、北狄、西戎、東夷[42]。

地圖空間的劃分與描述是政治、歷史與文化的結合，但相反的，地理空間又是身分認同與文化認同的標的，人們通過地圖上的空間設定來進行自我的國家與歷史的認同，也藉此劃分「中心」與「邊緣」的等級差距[43]，因而中國古代地圖往往是在古代王朝思想文化背景下創作出來的特殊「文本」，結合地理知識與思想的載體，但其中卻隱含著繪圖者眼中的世界觀，包含世界的大小、上下、遠近、防衛、比例等，使得世界不是「真實」的世界，而是繪圖者站在自己立場與感覺所建構的世界，從而具有了思想，一種地圖的地理想像（geographical imagination）[44]。

葛兆光引用明代所刻《福建沿海圖》為例來說明這種地理想像的隱含概念。他指出，海防對中國傳統不是主要問題，但到了明清兩代卻因為倭寇或洋人從海上侵襲，使得沿海防衛成為當時軍事重心，因而明代開始便有許多海防地圖。例如，嘉靖年間的胡宗憲《籌海圖編》、萬曆年間的李化龍《全海圖注》、謝傑《萬里海圖》等。這些圖都有一個共同特點，就是把大多數中國大陸繪於圖的下方，以貼近讀圖人的自身而為「內」、「下」分，而把倭寇所在日本或大海繪於圖的

---

42 葛兆光指出，中國古代地圖位常故意將中國的「天下」劃的很大，而把周邊國家蠻夷們劃的很小，為的就是要突顯漢文明是世界的中心，而這種觀念一直延續到明代。葛兆光，〈作為思想史的古輿圖〉，甘懷真編，《東亞歷史上的天下與中國概念》，頁 232-234。

43 葛兆光，〈作為思想史的古輿圖〉，甘懷真編，《東亞歷史上的天下與中國概念》，頁 217-254。

44 葛兆光，〈作為思想史的古輿圖〉，甘懷真編，《東亞歷史上的天下與中國概念》，頁 228-231。

上方而為「外」、「上」分，並在中國沿岸繪製密密麻麻的旗幟和營寨，以當作「華」、「夷」之防線。此畫法有異於今日地圖畫法（中國大陸在西，而海岸與倭寇在東），反與《公羊傳》的「內其國而外諸侯，內諸夏而外四夷」相符，而有「內」、「外」、「親疏遠近」文化等級差異。因此，在明朝的海防圖裡所呈現的不只是單純的繪製地圖方向選擇，而是關係到當時人心目中「內」、「外」、「上」、「下」乃至「華夷之別」，即對民族、國家認同與確立自我、他者的問題[45]

同樣的，明清兩朝的「天下」觀開始發生微妙的變化，主要原因在於西方世界的來臨，包含傳教士地圖的震撼與西方船艦來襲。傳教士來華的影響，主要為明末時期耶穌會會士利瑪竇（Matteo Ricci′ Mappa Mundi）等人帶來了當時歐洲的科學知識。正因為透過基督教團傳教下，各項新奇事物變成具有雙重不同含義，從歷史長遠看似乎可視為對社會進步的活化，但對當時中國社會的安樂也可能造成相當程度的文明文化破壞[46]，例如，明朝的皇帝與士人都與傳教士維持良好的互動，但康熙晚年一場冤獄與禁教，清朝一直要到道光年間鴉片戰爭後才重新開放教禁[47]，或許從傳教士所帶來世界地圖與新製的中國地圖裡可以看出一些倪端。

---

45 明代儒者鄭若曾在《鄭開陽雜卷》指出中國海防地圖畫法應為「中國在內，近也，四夷在外，遠也，古今畫法皆以遠景為上，近景為下，外境為上，內境為下……」，此即深受中國古代人「天下」思想的影響。見葛兆光，〈作為思想史的古輿圖〉，甘懷真編，《東亞歷史上的天下與中國概念》，頁 239-243。

46 費正清（John King Fairbank）著，薛絢譯，《費正清論中國》（*China：A New History*）（台北：正中書局，1994 年），頁 203。

47 許倬雲，《萬古江河：中國歷史文化的轉折與開展》（台北：漢聲出版，2006 年），頁 379-384。

圖 1-8　明刻《福建沿海圖》（海為上，岸為下）

資料來源：葛兆光，〈作為思想史的古輿圖〉，甘懷真編，《東亞歷史上的天下與中國概念》，頁 253。

西元 1573 年到 1620 年間是中國明朝萬曆皇帝的統治時期，利瑪竇在中國生活與傳教，他結識了當時明朝的一些官員並影響了他們對科學知識的興趣，例如瞿汝夔之於化學、李之藻之於製圖、徐光啟之於幾何[48]。而利瑪竇在華的貢獻最為突出者，應當是他 1584 到 1608 年間八次編修的世界地圖《輿地山海全圖》，而在 1602 年第

[48] 史景遷（Jonathan D. Spence）著，陳恆、梅義征譯，《利瑪竇的記憶宮殿》（*The memory palace of Matteo Ricci*）（台北：麥田文化，2007 年），頁 117、200。

三次編修時，利瑪竇將之改稱為《坤輿萬國全圖》。利瑪竇的世界地圖給中國官員與地理學者的震撼教育有幾個特點，第一、世界是球體，不再是中國傳統的「天圓地方」；第二、世界包含五大洲，還有環繞著的廣大海洋，中國不是唯一的世界，只是「萬國」中的一個國家；第三、它以中國為中心，並描繪出地球的邊際；第四、它用中文具體標示歐洲、亞洲、美洲及非洲，並透過圖像化來說明「萬國」有一定文明，並非蠻夷之地，且隱含著中國可能是外國眼裡的「蠻夷」；第五、承認世界文明的平等、共通性等[49]。

另外，清聖祖康熙二十八年（西元 1689 年），為了中俄邊境劃界問題，傳教士張誠參加談判工作，使得康熙認識到地圖的重要性；到了康熙四十七年（西元 1708 年），傳教士白晉等人與中國人員開始著手全國實測，並在十年後完成繪製《皇輿全覽圖》。《皇輿全覽圖》涵蓋滿州、蒙古與內部諸省，是第一部中國經過實際測量的地圖，後來歷經雍正、乾隆兩朝增繪了西部地區。而乾隆時繪製的《乾隆內府輿圖》更涵蓋歐亞大陸大部分地區，遠遠超過中國古代傳統地圖的「天下」，因此，清代康雍乾三世的兩幅世界地圖以及為自己界定疆域的觀念，實為空前大事，亦為中國「天下」傳統觀念加入「萬國」觀念的現實轉化，也確立了中國在世界列強之間的定義與國族定位，但這其中「天下」觀念還是中國文化思想深層之基礎[50]，而中國從認識到「萬國」進而邁向其中一「國家」觀念，則是來自殘酷的西方列強靠著「船堅炮利」打開了中國門戶，也逼使中國必須成為「西伐利亞」條約體系中的一個戰敗「國家」。

---

49 Benjamin A. Elman,"Ming-Qing Border Defence, the Inward Turn of Chinese Cartography, and Qing Expansion in Central Asia in the Eighteenth Century ," in Diana Lary, ed.,*The Chinese state at the borders*（Canada：UBC press, 2007）, pp. 34-39。葛兆光，〈作為思想史的古輿圖〉，甘懷真編，《東亞歷史上的天下與中國概念》，頁 234。

50 許倬雲，《萬古江河：中國歷史文化的轉折與開展》（台北：漢聲出版，2006 年），頁 382。

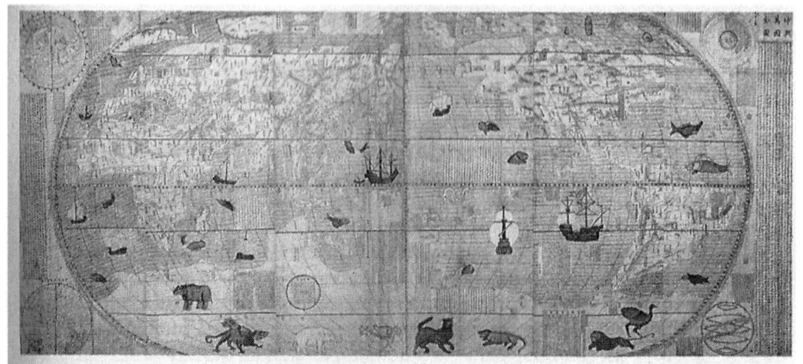

Figure 2 Complete Map of the Myriad Countries on the Earth (Kunyu wan'guo quantu).
Source: http://geog.hkbu.edu.hk/GEOG1150/Chinese/Catalog_main_11.htm.

圖 1-9 利瑪竇的《坤輿萬國全圖》

資料來源：Benjamin A. Elman,"Ming-Qing Border Defence, the Inward Turn of Chinese Cartography, and Qing Expansion in Central Asia in the Eighteenth Century ," in Diana Lary, ed.,*The Chinese state at the borders*（Canada：UBC press, 2007）, p. 35.

18 世紀末起，歐洲歷經了霍布斯邦所說的「產業革命」與「政治革命」的「雙重革命」（dual revolution），於是資本主義興起並展開向世界的擴張[51]，所謂「西歐的衝擊」相繼影響著中國與日本；從北邊而來的俄國，東邊來的美國，南邊來的法國與英國，分別向中國與日本要求打開門戶（開港、開市），不僅激出了中國的「同治中興」，也使日本進入「明治維新」的年代。早在 1793 年間，英國特使馬戈爾尼（George Macartney）就曾以大清乾隆皇帝八十大壽為由前來中國，提出增開通商港口、給予租借、派使駐京等要求，但遭到天朝嚴斥，一度造成「兩國」之間的緊張。但真正造成日後天朝「開國」的則是因禁鴉片而起的戰爭，史稱「鴉片戰爭」[52]。

---

[51] Eric Hobsbawn, *The Age of revolution :1789-1848*（New York：Vintage Books, 1996）, Preface, p. ix.

[52] 信夫清三郎著，周啟乾譯，《日本近代政治史：第一卷，西歐的衝擊與開

事實上，早在 19 世紀末起，中國就面臨全面性的邊界危機，受到俄羅斯帝國東擴的影響，中國西北地區（新疆）多次爆發戰亂，表面上是受到阿古柏政權入疆建立政權所致，但背後則是俄羅斯一手策劃的戰事，因此迫使清朝與俄羅斯分別在 1862、1864、1871 年簽訂一系列不平等條約，以交換新疆地區的穩定。而在西南與南方邊疆地區則受到英國與法國帝國主義擴張脅迫，英國在 1876、1890 年脅迫清朝簽定〈煙台條約〉與〈印藏條約〉，而法國則在 1885 年逼使清朝簽訂〈中法會定越南條約十款〉。至於東南海疆則有日本藉台灣番民殺害琉球漁民問題（牡丹社事件）於 1874 年逼迫清朝簽訂〈中日北京專約〉，後更藉對清朝藩屬朝鮮問題之清朝戰敗，於 1895 年簽訂〈馬關條約〉割讓台灣。種種不平等條約的簽訂，反映出清朝的統治危機與「天下」中心大國的崩解，西方國家透過「西伐利亞條約體系」，以「民族國家秩序」對「天下秩序」進行鯨吞或蠶食，使中國不得不發展出經世致用的天下觀來融入西方國際社會，這就是以中國為中心的「萬國觀」的出現。這種以中國為中心的「萬國觀」，一方面引進歐洲思想制度與國際法概念，作為與歐洲國家談判溝通的工具，另一方面又為了維護天朝天威而不惜與西方發生戰爭[53]。

在黃仁宇的文章中指出，林則徐在鴉片戰爭發生前，曾抄寫書信請英籍商船轉達女王伊莉莎白，希望英國自動停止販賣鴉片；他曾一方面也查詢華特爾（Emerie de Vattel）所寫的《國際公法》（Law of Nations），卻另一方面卻又以中國官僚習慣嚴厲對待洋商[54]。表面上清朝「被迫」接受了西方條約體系而加入國際社會，但實際上其仍然以傳統「天下觀」來維持僅存的臉面，因此當清朝處理對外關係時，國際法的條約體系與中國傳統的朝貢體系如何平衡，正是清朝轉向成為近代「國家」的關鍵[55]。

國》（台北：桂冠出版，1990 年），自序頁 1-9。

[53] 劉青峰、金觀濤，〈19 世紀中日韓的天下觀及甲午戰爭的爆發〉，錢永祥主編，《天下、東亞、台灣》（台北：聯經出版，2006 年），頁 118-121。

[54] 黃仁宇，《中國大歷史》（台北：聯經文化，1993 年），頁 280。

[55] 周平指出，如果說清朝最早的尼布楚條約直接挑戰了中國的邊疆觀，而

劉青峰與金觀濤引用大清名臣曾紀澤的例子指出，1879 年間曾紀澤與日本特使談及琉球和朝鮮問題時表明必須遵照國際公法的規定來給予此二地自立之權，表面上如此，但實際上則是希望透過國際公法的工具來抑制日本入侵大清屬國，而不是真的相信國際法能帶來亞洲秩序的穩定；因為，在曾紀澤心裡，處理中西關係可以引用國際法的內容，但關於東亞則必須維持在「天朝」的「朝貢制度」基礎上，國際法並不能取代中國傳統的「天下」視野，而只是一種維護「朝貢制度」的工具。然而，正因為這樣的經世致用下的儒家思維仍在清朝末年存續，也就使得甲午戰爭不可避免[56]。

唐德剛文章指出，秦漢王朝建立是中國歷史上的第一次轉型期，從西周封建到中央集權帝國的建立，影響之深達二千年之久，故而毛澤東曾言：「千載猶行秦法政」；而鴉片戰爭後，中國文明被迫做出第二次的轉型，過去「天下」觀念下的藩屬國「外交」其實都是「內交」，但到了這時期以後，中國的外交機制出現了中央特設的「總理各國通商事務衙門」（簡稱總理事務衙門），而到了 1901 年間更因與八國聯軍敗戰，設了中國歷史上第一個「外交部」，其對清朝從「天下觀」轉變到「萬國觀」影響甚鉅，甚至使清朝因敗戰而不得不向使傳統「天下」轉向為當時西方條約體系中的「國家」角色，也激發了民族主義與「民國」的建立[57]。

自此清朝終於成為西歐強權國家體系（國際社會）一員，從擁有「天下」，轉變成「國家」。透過一連串不平等條約承認的間接影響，

以劃界來界定，《乾隆內府輿圖》的出現則象徵國家機關的轉變，但進一步的強化清王朝接受現代國家邊界與邊疆觀念，則是鴉片戰爭的被迫接受之結果。見周平，〈我國邊疆概念的歷史轉變〉，《雲南行政學報》，第 4 期，2008 年，頁 86-91。

56 劉青峰、金觀濤，〈19 世紀中日韓的天下觀及甲午戰爭的爆發〉，錢永祥主編，《天下、東亞、台灣》（台北：聯經出版，2006 年），頁 118-121。

57 唐德剛提出大清「帝國」是兩千多年來的中國文化產品，而孫中山的「民國」則是不折不扣的西歐文明產物，而這變動過程，也就成了他所說的「後封建時代」，是東西文化接觸的產物。見唐德剛，《晚清七十年：第一卷，中國社會文化轉型綜論》（台北：遠流文化，1998 年），頁 64-67、139-141。

竟也確立了除大清帝國外，歷史上沒有一個政權曾經統治如此廣大的「領土」[58]，此即為「中國」疆域的大致底定。爾後，新建立的民國、人民共和國都被侷限在這地理範疇上，實現統一「天下」夢想。

二、秦漢以降中國邊疆防衛與對外關係

自黃帝傳說時期以來，與蚩尤及其後之三苗戰爭即揭示古代中原防衛的重心，同時也為中原文化帶來擴展。夏商周三代時期，中原逐步由黃河流域全境擴張到長江流域，靠的也是武力向蠻夷征伐，東周春秋時期所謂「尊王」者，其實也是為了「攘夷」，此突顯出其時期前華夷共處中原的獨特情境，是以東周春秋以前諸夏與戎狄實為文化生活的一種分野，乃耕種城廓與游牧民族之不同[59]。但到了戰國以後，及至秦漢時期，邊疆防衛因為匈奴的出現而有了不同的意涵。

（一）華夷之辨

夏商周三代的華夷共生，本來就與華戎生活區域相連有關，而其間差異在於耕種與遊牧生活之不同，在夏商周時期政權的替換也與戎夷的支持與否有關。在段連勤的文章中曾指出，歷史上中原王朝對邊疆民族推行的和親、羈縻政策以及戰爭行為等，早在夏商周時期就作為統治王朝處理其境內外關係的政策而廣泛施行[60]。因此，古代中國在其「天下」之下由「天子」代天而治，在處理其外部關係時，往往以內部統治原理，即由其「天下」而擴展到「華夷秩序」的分際，以求其「天子」權威涵蓋已知的世界[61]。

---

58 葛劍雄、華林甫，〈五十年來中國歷史地理學的發展（1950-2000）〉，《漢學研究通訊》，總 84 期，2002 年 11 月，頁 16-27。

59 錢穆，《國史大綱》上冊，頁 55-65。

60 段連勤，〈夏商周的邊疆問題與民族關係〉，馬大正編《中國古代邊疆政策研究》（北京：中國社會科學出版社），頁 5。彭建英，《中國古代羈縻政策的演變》（北京：中國社會科學出版社，2004 年），頁 1-14。

61 John King Fairbank,"A preliminaey framework",in John King Fairbank, ed., *The Chineses World Order*（Cambridge：Harvard University Press,1968）, pp. 1-19.

在夏朝時期，其境內主要少數民族為南方的三苗族和東方的夷族，而背後世稱為西戎、北狄的西方民族當時尚未進入歷史舞台；傳說三苗被禹征服後即消失，爾後未有資料提及，但東夷與夏朝的關係則是相當密切，並且關係到夏朝的覆亡。原本夏人未建立王朝前就在族長鯀率領下東遷黃河中游，並與東夷大姓有莘氏、涂山氏聯姻，鯀娶有莘氏女志，禹娶涂山氏女嬌等，都顯示鯀禹父子與游牧民族通婚的紀錄，甚至夏朝的建立在很大程度上受到此二氏大力支持結果。爾後「太康失國」是因為太康暴虐，故東夷后羿取而代之，而「少康中興」則是在東夷中的有仍氏、有鬲氏支持下重新奪回政權，到了夏朝末年則帝桀更加暴虐，不僅內政淫亂、更大肆擄掠東夷地區，引發東夷人民叛變，並且在商湯聯合勢力滅了夏朝。這段歷史可見《後漢書》〈東夷傳〉中所記：「夏后氏太康失國，夷人始叛。自少康以后，世服王化，遂賓於王門，獻其樂舞。桀為暴虐，諸夷內侵，湯革夏命，伐而定之。」[62]。因而，夏朝之際，諸夏與東夷不僅互通婚姻，其生活區域也相當接鄰，因而夏商二朝興衰常與東夷部落依附與否關聯，此則為華夷共生的特殊情境，主要還是因為先秦三代之前，「華夷之別」尚未有具體的釐清之故。

夏朝與邊疆東夷關係，主要是通過賜爵與賜物來加強他們同夏王朝的關係，已達到羈縻目的。若根據《尚書‧禹貢篇》中記載「五服制」，以夏朝都邑向四方算起，「甸服」、「侯服」、「綏服」、「要服」、「荒服」，夏朝以其近要服者用羈縻，以其遠離要服者則「任其來去」。但根據顧頡剛的考證《尚書‧禹貢篇》應為公元前三世紀前期作品，有將西周五服制中內容偽托為夏朝早有，所以夏朝五服制與邊疆民族關係尚有待考究[63]。

因此，「五服之制」實則是受西周制度建立影響，周穆王時祭公謀父云：「先王之制，邦內甸服，邦外侯服，侯衛賓服（顧頡剛考據

62 《左傳》記載，哀公七年間，「禹會諸侯於涂山，執玉帛者萬國」，可知禹將會盟地選在涂山，應是為取涂山氏的就近支持。見段連勤，〈夏商周的邊疆問題與民族關係〉，頁 5-18。

63 段連勤，〈夏商周的邊疆問題與民族關係〉，頁 12-13。平勢隆郎，〈戰國時代的天下與其下的中國、夏等特別領域〉，頁 79-81

同綏服），蠻夷要服，戎狄荒服。甸服者祭，侯服者祀，賓服者亨，要服者貢，荒服者王，日祭，月祀，時亨，歲貢，終王」。大意是指西周時期王畿以外 500 里為「甸服」，居住的天子每日祭天，而「甸服」500 里外為「侯服」，為諸侯所住並每月祭祀與保衛王畿，而「侯服」外 500 里為「賓服」（綏服），住的是一般人民，由諸侯護衛並使人民納賦稅等，「賓服」外 500 里為「要服」，居住蠻夷族人並每年向天子進貢，最外圍是「荒服」為戎狄之地，不易教化只需終生來見天子一次即可。倘若夷狄之君未能照周天子指定的「要服」、「荒服」來覲見，則周天子就需「修名」或「修德」使其來貢，然後才是「修刑」來發動戰爭。「用夏變夷」則是運用華夏文化去改變夷狄，使其化夷為夏。其內容可為武力征服、守在四夷、以夷制夷等。[64]。所以「五服之制」反映出古代諸夏對領土的認識，是由自身所處位置向外輻射擴散，此為「天下觀」的實踐。

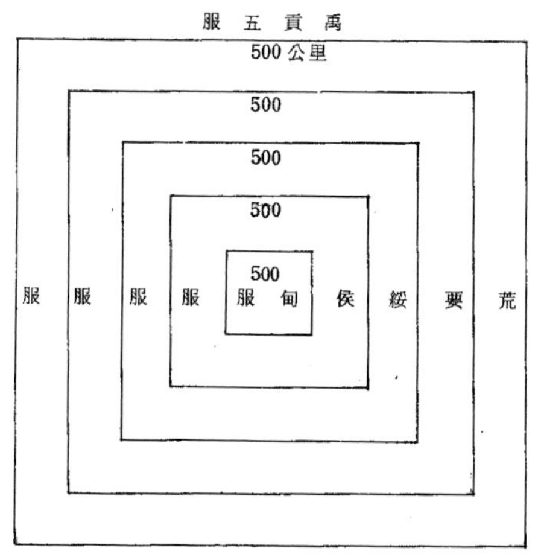

圖 1-10　禹貢五服圖

資料來源：林恩顯，《邊政通論》（台北：國立編譯館，1989 年），頁 150。

[64] 陳力、陳先蕾，〈論中國邊疆思想之「華夷之辨」觀〉，頁 115。

至於商朝與邊疆民族的關係，同樣是透過爵服制度來推行。惟殷商時期除王畿之外尚有四土，即東土、北土、西土、南土，尤其北方與西北方少數民族開始活動頻繁，其最大者為鬼方、周方。因此《史記・殷本紀》中載有商朝時特別以高官厚祿收買方國酋長，甚至通婚已增強彼此關係，而鬼方、周方酋長亦封鬼侯、周侯，可見商朝羈縻政策已攏絡邊疆方國酋長為主，但已因為商朝是一奴隸社會，為滿足奴隸主隊奴隸的需求，所以商朝自武丁以後也不乏對方國動武，因而種下周人聯合方國酋長滅商的機會[65]。到了周朝，西戎部落（犬戎、玁狁）與諸夏民族發生更頻繁的軍事、經濟與文化關係，甚至有些西戎部落內遷中原地區，或為通婚、或為建國，而使春秋戰國時期逐漸形成「華夷之辨」的思想。

「華夷之辨」是中國古代極具影響的政治思想，是當時人以所處不同區域的角度來考察問題，同時華夷觀也是一種邊疆觀，在便於處理「四夷」問題。因此，中國古代傳統治邊思想是以大一統理念與華夷思想為基礎的政治思想，反映出對不同地區施以不同統治的作用[66]。錢穆指出，先秦時期華夷通婚尤為習見，所謂諸夏與戎狄其實是文化生活的界線，乃游牧與農耕生活部落之不同，彼此只要不相侵擾就可相安無事；而諸夏所謂蠻夷者也可能因慕夏而自稱諸夏，如楚國在西周時自稱「蠻國」，但到了春秋就以「諸夏」自居，春秋末期則大多中原諸小國皆以華夏化了[67]。然而到了戰國時代，諸夏地區諸國兼併，高牆競築，加上秦與楚本為狄、蠻者，因為慕夏之故，而自稱諸夏國家，所以中原諸夏地區遂逐漸擴大，而本為游牧民族者或為同化或者北遷至長城以外，自此與中原諸夏相比，東夷、西戎、北狄、南蠻與華夏之防觀念才逐漸成型。

陳力等認為，「華夷之辨」的內容主要有「諸夏一體意識」、「貴華賤夷思想」、「五服之制」、「用夏變夷」四者。「諸夏一體意識」是

---

65 段連勤，〈夏商周的邊疆問題與民族關係〉，頁 19-32。

66 陳力、陳先蕾，〈論中國邊疆思想之「華夷之辨」觀〉，《信陽師範學院學報（哲學社會科學版）》，第 26 卷第 3 期，2006 年 6 月，頁 113-117。

67 錢穆，《國史大綱》上冊，頁 55-65。

指西周以來至春秋時期夷狄勢力壯大，使得諸夏國家必須團結以對抗夷狄，是以齊桓公、晉文公稱霸皆舉「尊王攘夷」，並在多次的交戰中確立代周天子以諸夏盟主的地位領導諸夏侯國，故而隱含「天下」一統的觀念。而「貴華賤夷思想」則是諸夏國家以「禮」為祭祀「天」，四夷雖有祭祀但並無青銅禮器，所以諸夏之禮與四夷之禮有「文」、「野」之分，故諸夏國家常以四夷無「禮」而故意貶低之，以尊貴華夏文明行「天下」之教化，到了秦漢皇帝制度的確立更加上「天子」的「聖人德治」思想，進一步強調「天子」代天而治的華夏優越地位[68]。

而至秦始皇帝統一天下，行郡縣、車同軌、書同文、征安南後，長城以南不見戎狄，而僅有北方匈奴而已。漢代繼承秦之天下，匈奴勢力漸大。故秦漢兩代大患，因地勢與氣候故，實為北方之匈奴[69]。秦漢以後建立華夏帝國，幅員廣大，「中國」遂成統一王朝之全部疆域，而華夷問題就變成華夏帝國與匈奴的戰爭，至兩晉南北朝時，東晉人將十六國看做夷狄，而南北朝互稱對方為「索虜」、「島夷」。至於隋唐統一後則沒有這種分野，宋朝則把遼、金、西夏看做夷狄，而元朝則將宋、遼、金、西夏看作中國。明朝將蒙古、女真視為韃虜、建虜，而清朝則將邊疆民族均視為中國之一部分[70]。可見歷朝歷代都有自身民族考量與地域視角，而有「華夷之防」或根本沒有「華夷之防」，因此，「華夷之防」實則深受「漢族本位主義」與儒家思想的深刻影響。

東漢末年，因中原連年戰事兵力匱乏，曹操等招募大漠南遷之南匈奴、烏丸、鮮卑等部至并州朱俊及河套地區，造成大批邊疆少數民族內徙；而至西晉時期，匈奴投晉不下 20 萬人，乃種下日後五胡十六國紛紛建於中原之局面，而後統一北方之北魏政權則實為原邊疆民族鮮卑之拓拔氏[71]。隋唐兩代，因華夷通婚頻繁，故華夷之防

68　陳力、陳先蕾，〈論中國邊疆思想之「華夷之辨」觀〉，頁 114。
69　錢穆，《國史大綱》上冊，頁 199-200。
70　陳力、陳先蕾，〈論中國邊疆思想之「華夷之辨」觀〉，頁 114。
71　周偉洲，〈三國兩晉南北朝的邊疆形勢與邊疆政策〉，馬大正編《中國古

不似秦漢重視，尤其唐太宗被奉為「天可汗」，唐都長安中外人士通商來往，西域文化東傳鼎盛，不僅諸夏與邊疆民族互動頻繁，更有邊民擔任邊疆大吏刺史、節度使者，然過度開闢邊疆結果，卻因此埋下藩鎮割據前因[72]。五代十國除後周外，後梁、後唐、後晉、後漢都是南下的沙陀人建立的政權，除此之外，尚有新興的契丹遼朝、黨項西夏與東北金人及西北回鶻諸部[73]；至北宋建立以後則形成北方游牧民族包圍之勢，宋人不再是東亞世界的中心，相對北方遼朝、金朝、元朝建立，宋人居於弱者地位，北方之患為歷朝之最[74]。

元朝為蒙古族所建立，從蒙古族的角度看，南方漢人成為外族，更為四人種（蒙古人、色目人、北漢人、南漢人）之最底層，其帝國版圖為歷史之最，所向披靡之處，無有華夷問題；直到明太祖建國後，漢人帝國才又再次有華夷之防的觀念，但此後的明朝帝國邊患不僅北方蒙古，還有來自海岸的倭寇與西洋夷人，是以中國傳統歷朝的北方威脅之外，明朝是我民族首次感到來自海上威脅的時期。至清朝建立初期，清聖祖康熙皇帝則將蒙古與回族視為兄弟之邦，互通婚姻，因而清朝雖多次用兵邊疆，但其真正外患實為清中葉以後來自海上的洋夷，此一轉變，誠與西方海上列強東來有關。因此，傳統中國歷代邊防之政策，不僅與華夷秩序有關，有與各朝代如何看待自身與「夷狄」的定位與認同有關，此不僅作為傳統「天下秩序」的內部實踐，也攸關外部威脅的防治。

（二）匈奴與長城防衛

秦漢帝國建立是華夏世界的大一統，但不代表「天下」已經定於一君，綜觀秦漢大敵，則實為匈奴而已。錢穆指出，中國史上的

代邊疆政策研究》（北京：中國社會科學出版社），頁 84-141。

72 錢穆，《國史大綱》上冊，頁 440-492。包慧卿，《唐代對西域之經營》（台北：文史哲出版社，1987 年），1-8。

73 陳佳華，〈宋朝的周邊形勢與治邊政策〉，馬大正編《中國古代邊疆政策研究》（北京：中國社會科學出版社），頁 215-250。

74 許倬雲，《萬古江河：中國歷史文化的轉折與開展》，頁 212。

大患，主要來自於北方少數民族，蓋北方氣候地理高寒苦瘠因素，加上大草原適於游牧維生，所以游牧民族易於團結且民風剽悍，所以每當有物資缺乏時便大舉南侵，以取得糧草物資等。《史記》〈匈奴傳〉中載：「匈奴，夏后之苗裔……唐、虞以上有山戎、獫狁、葷粥，隨畜牧而轉移」，姑且不論匈奴是否夏之後裔，但可知的是先秦時期的華夷雜處已是常態。到了戰國時期，各國已經進行城廓化，所以居於國內者多已漢化農耕，而其他遊牧者則為北遷，所以此時也產生了「胡人」。等到秦統一天下，北方民族也逐次統一於匈奴，因而形成南北對峙局面[75]。

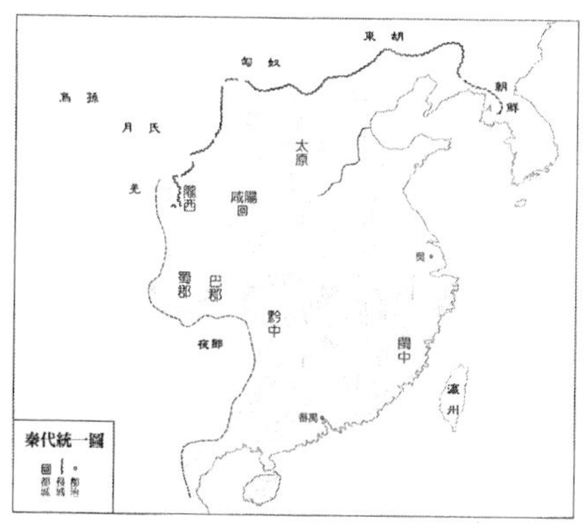

圖 1-11　秦代統一圖

資料來源：許倬雲，《我者與他者：中國歷史上的內外分際》，頁 62。

---

75 「胡人」名詞何來，未有定論，許倬雲以為一般都以遺傳體質與語言系統為判定，但歐亞草原民族常遠距遷徙並部落經常分合重組，血統與語言不斷雜混，所以難辨其始源。許倬雲、錢穆等則認為匈奴統一於秦代，但柏楊則認為統一於西漢，儘管二者有不同，但匈奴統一應就秦至西漢年間無誤。見許倬雲，《我者與他者：中國歷史上的內外分際》，頁 54。錢穆，《國史大綱》上冊，頁 199-200。柏楊，《中國人史綱》，頁 333-335。王宗維，〈秦漢的邊疆政策〉，馬大正主編，《中國古代邊疆政策研究》（北京：中國社會科學出版社，1990 年），頁 49-83。

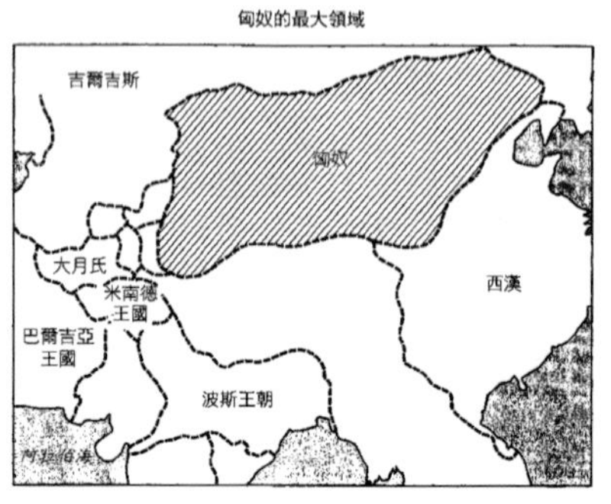

圖 1-12　西漢時期匈奴最大領域

資料來源：武光誠著，蕭志強譯，《從地圖看世界歷史》(*Reading the history from maps*)（台北：世潮出版，2003 年），頁 39。

匈奴人之所以成為秦漢大患，實與其飄忽不定且機動作戰有關，最大原因還是因為馬匹進入了人類戰爭的歷史。大約在西元前二千年前後，在今日「內亞」地區的人類馴服了馬匹，經過一千多年後人類不僅利用馬匹駕車，還發明了騎射的能力，在我國春秋戰國時代就有以馬匹駕馭的戰車作戰[76]，而西方古希臘時期有同樣有馬匹牽拉的戰車情形。但是做為個人化騎兵作戰的開端，在亞洲地區還是以匈奴民族最為擅長，此實與游牧民族蓄養動物並駕御管理有關，因而發展了有別於南方漢族農耕不同的草原文化。麥金德更以前哥倫布時期的馬匹機動性來說明亞洲游牧民族（匈奴、蒙古）是如何利用其駕馭馬匹作戰的優勢，在廣闊的歐亞大陸草原地區移動，從而導致歐洲其他民族的遷徙，並建立龐大的草原民族帝國；而此間游牧民族所移動的歐亞大陸草原地區空間，正是麥金德最早所說的歐亞大陸心臟地帶[77]，而草原就像是一個高速公路般，這與漢人中國所處西方、西南方、南方地區盡是高山峻嶺的邊界有所不同。

---

[76] 許倬雲，《我者與他者：中國歷史上的內外分際》，頁 54-55。

[77] Halford.J.Mackinder,“The Geographical Pivot of History（1904）”, *The*

另外，匈奴人除了擅於管理馬匹以及駕馭騎射外，尚與馬匹的品種特質有關。匈奴與後來蒙古人所騎乘馬匹根據考證應為原種之蒙古馬，其耐寒且善於長途遷徙而與南方之馬不同，因此，漢武帝為求西域汗血寶馬不惜千里遠征西域[78]，同時在國內大行養馬以伐匈奴，其實也是基於漢朝初期少有騎兵而不敵於匈奴之事實。錢穆指出，漢初天子所乘馬車尚無法四匹均為同色，將相則多以牛車代步，馬匹在當時值百金之多，而直到漢武帝時期漢朝已經休養生息七十年，才有較多的馬匹可為軍隊與人民所用，至此騎兵訓練才比較正規。但雖然漢武帝日後大破匈奴，但也因為國力耗弱與折損馬匹過多，而使日後漢朝再也無力遠征。因而，馬匹的數量與騎兵的武力多寡，深深影響中原王朝打擊匈奴與邊防的能力，此點與唐朝強盛與宋朝敗弱有很大之關連[79]。

秦始皇對付匈奴是以大軍驅逐為主，但同時卻又廣修長城以為防禦。漢高祖初得天下也伐兵匈奴，但卻因步兵作戰缺乏機動性，一時輕敵而在大軍未至下被匈奴四十萬兵馬圍於白登，所以開始和親政策，並且也以長城為界，以區分游牧民族與中原王朝邊界。

長城出現在中國歷史應與最初的原始農業社會有關，因而長城是農業王國的一種防禦設施，一條國防線。根據考證大約在龍山文化時期的中原地區，擁有房屋者常將房子四周築牆以保衛安全，後來「夯土」的技術逐漸傳開，以黃土加雜其他物的土牆就逐漸的增加並擴大到城池的興建。戰國時期秦、趙、燕分別競開邊地與修築各段長城以阻擋戎狄，但最早的長城則由秦統一天下後，始皇帝的大將蒙恬與公子扶蘇命人以「夯土」方式修造[80]，大多已經崩壞，是以今日所存磚造長城多半是明朝所留下來的遺產[81]。中國的外患多半

Geographical Journal, Vol. 170, No. 4, Dec. 2004, pp. 298-321.

[78] 自張騫西域返來後，漢武帝得知西域大宛國有「汗血寶馬」，其汗如血、日行千里，因此派使節攜帶黃金二十萬兩欲為購馬，但為大宛國所拒；劉徹竟因此命將軍李廣利率兵遠征，其傷亡十萬，只為三千餘汗血馬，可見劉徹知汗血馬是對抗當時匈奴必要工具。見柏楊，《中國人史綱》，頁 353-354。

[79] 錢穆，《國史大綱》上冊，頁 202-204。

[80] 黃麟書，《秦皇長城考》（台北：造陽文學社，1972 年），頁 9-68、179-184。

[81] Arthur Waldron,*The Great Wall of China：From History to Myth*（U.S.：

在長城邊境，而要到了明朝時期西方海上勢力來臨後，海上的威脅才逐漸形成，滿清入關後，長城的邊疆作用起伏不定且日漸沒落。

根據地理的性質，長城之所以建立在今日內蒙古邊界，實與長城以外的河流多為內陸河有關，或為乾枯、或流入鹹水湖泊而不入海；長城邊緣則有夏季季風帶來的濕潤空氣蘊含水氣，也使得草原的邊緣在此間形成，長城以內則有定期雨水流到河裡，因此農業發達而形成人口眾多的中原地區[82]。所以從長城的地理位置看，這剛好與胡煥庸所說的「15 吋降雨線」（璦琿——騰衝）決定了中國農業與游牧、人口分割與氣候降雨、地貌區域分割、文化轉換分野及民族界線的某種程度的重合。黃仁宇亦指出，「15 吋降雨線」不僅大致與長城大致符合，也使得游牧民族與農業社會分別發展的局勢下，中原王朝更需要在國防上強調中央集權與官僚機構的建立，以方便調動人力、物資去修築與駐防[83]。

因此，拉鐵摩爾指出，雖然公元前三世紀時秦始皇建造長城只是將戰國時期秦、趙、燕三國長城線連接起來，但在歷史發展的過程中，長城與中國的關係必須區別天然環境與加到這環境上的人類社會作用與對社會的影響[84]。

Cambridge University Press,1990）, pp. 13-29.。Cheng Dalin,"The Great Wall of China,"in Paul Ganster and David E. Lorey, ed., *Borders and Border Politics in a Globalizing World*（U.K.：SR Books,2005）, pp. 11-20.

82 拉鐵摩爾（Owen Lattimore）著，唐曉峰譯，《中國的亞洲內陸邊疆》（*Inner Asian Frontier of China*）（江蘇：江蘇人民出版社，2005 年），頁 4-18。

83 Shan Zhiqiang, "A Tale of Two Countries?：Hu Huanyong's Line of Discontinuity,"*The Geographic Magazine on China*, Vol.2 Issue ,March 2010, pp. 46-61.。或見黃仁宇，《中國大歷史》，頁 29-32。

84 拉鐵摩爾（Owen Lattimore）著，唐曉峰譯，《中國的亞洲內陸邊疆》，頁 4-18。

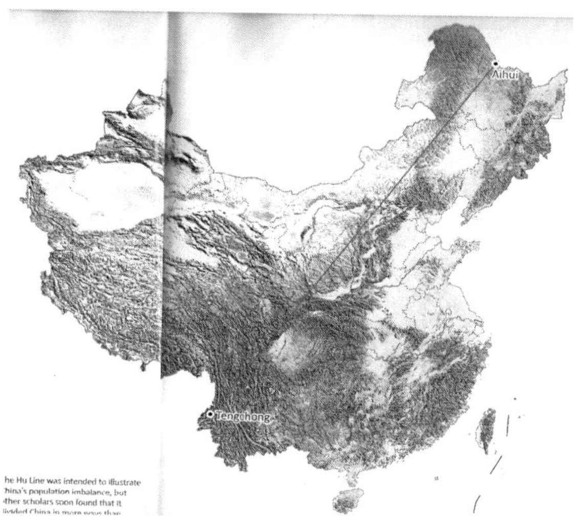

圖 1-13　胡煥庸的 15 吋等雨線

資料來源：Shan Zhiqiang,"A Tale of Two Countries?：Hu Huanyong's Line of Discontinuity,"*The Geographic Magazine on China*, Vol. 2 Issue ,March 2010, pp. 58-59.

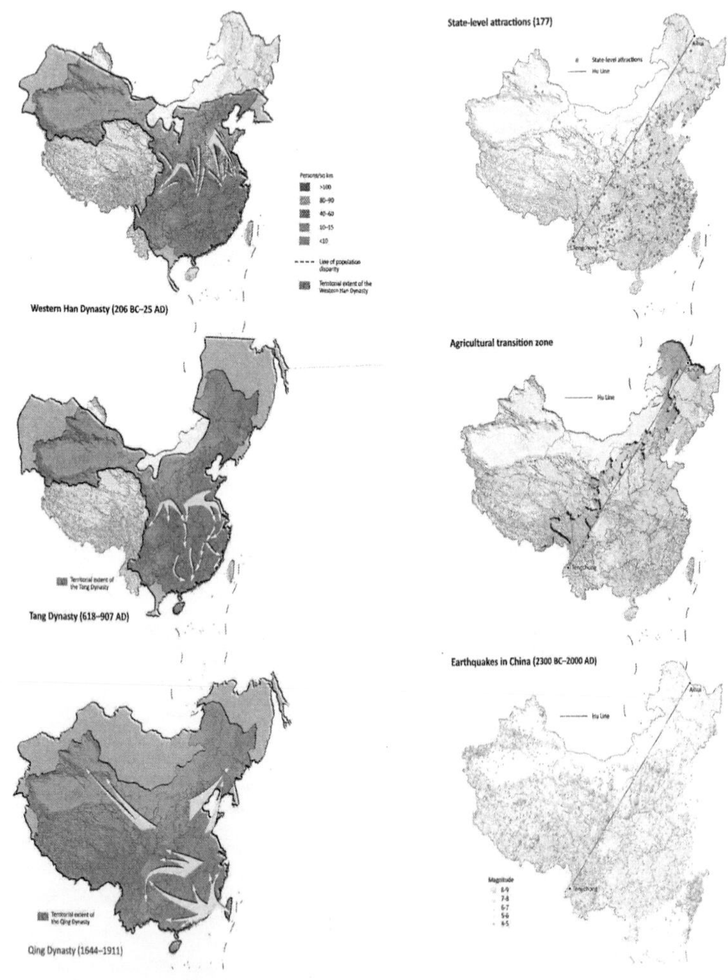

圖 1-14　（左）西漢、唐、清人口差異與領土範圍（箭頭指人口移動路線）
（右）城市、農業轉換、地震分佈

資料來源：Shan Zhiqiang,"A Tale of Two Countries?：Hu Huanyong's Line of Discontinuity," The Geographic Magazine on China, Vol. 2 Issue ,March 2010, pp. 54-58.

自東漢以後，並無北方大患可懼，但東漢卻受西羌侵擾，但漢兵多次屯邊卻不得功效，實與東漢王朝的政策失誤有關，因而導致東漢末年宦官內亂而外將擁兵割據，終因涼州董卓帶兵入京而亡。而三國兩晉南北朝時，中原地區作戰頻繁，自曹操招來關外匈奴定居，或為兵源稱為「保塞」開始，每一個政權都吸收了異族的成分[85]。終究到底，胡人遷往中原內地雜居，還是始自於兩漢[86]。後繼五胡十六國時代則開創胡人王朝在中原地區的局面，更有北朝魏孝文帝的胡漢通婚與文化融合後進一步使後繼隋唐兩代統治者身兼胡漢血統，而形成「我者」與「他者」的大混合。因此，也就造成日後兩宋朝代被日漸內遷中原地區的北方少數民族（遼、西夏、金、蒙古）所圍困的情勢，加上這個漢人王朝「強幹弱枝」的錯誤軍事政策，註定了它積弱不振的宿命。而除了明朝以外，元清兩朝也同是草原民族所建立，更因而開創了中國歷史上的極大疆域；對此二王朝而言，北方的少數民族是「我者」，而「他者」卻變成了南方的漢人了。

總之，北方邊患實為歷代中原王朝的大敵，也隨著中國朝代的遞換與草原民族的重整，使得北方的「胡人」也有不同的名稱出現，如東胡、匈奴、鮮卑、突厥、回紇、契丹、女真、蒙古、滿州等等。雖然族群各有淵源、血統與原居地不同，但這些族群在中國歷史上有不可抹滅的影響力，一次次的趁中原王朝弱敗時入侵，甚至入主中國統治，也因而受到中國文化影響而融入了中國王朝歷史。自秦漢以降二千多年來，北方的游牧民族扮演了重要的中國邊防之敵人，一直到麥金德所說的後哥倫布時期來臨，才逐漸因海上進來的「倭寇」與「洋夷」而突顯出另一個「他者」的挑戰[87]。也因為倭寇在明洪武二年到萬曆十年（1369-1582）的 200 多年間不斷襲擾，東南沿海海岸線自明朝開始成為新的「長城」防線，並在此間佈下重兵。縱然戚繼光積極抵抗倭寇並因此東南沿岸兵營林立，然而明朝對於北邊的防務卻未能相對降低；也由於明朝防務力量需同時兼顧

[85] 許倬雲，《我者與他者：中國歷史上的內外分際》，頁 85。
[86] 錢穆，《國史大綱》上冊，頁 231-234。
[87] 許倬雲，《我者與他者：中國歷史上的內外分際》，頁 56-57。

北方陸地與東南沿海地區外患，加上內亂頻起狀況下，最終導致了清兵入關。而長城也因為滿清入關逐漸失去其北方防衛的重要意涵。

綜言之，除了歷史上南北分裂諸朝的北方少數民族越過了長城邊界以內，以及唐朝、元朝的中國超越了長城以北之外，秦漢兩朝邊患雖然主要來自北方匈奴，但是秦漢的積極國防與主動出戰所呈現的長城邊塞卻是開放、有缺口、方便出兵的。至於明朝的邊防局勢與歷朝不同而且最危險要，就是因為同時出現來自陸地與海上的威脅，所以明朝的長城是磚牆構成卻又將自我世界加以設限且封閉的，不是主動出擊的[88]。至於滿清入關初期，因為出身少數民族並與其他草原民族聯姻、結盟等關係，使得其陸上威脅並非緊迫，爾後除了沙俄以外，大多以海上威脅為主，從鴉片戰爭以後的近代史發展就可看出來自海上的「他者」影響之巨大。

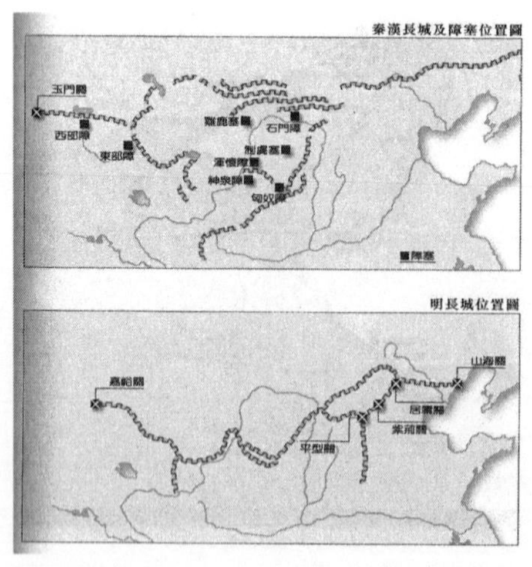

圖 1-15　秦、漢長城及障塞位置圖

資料來源：許倬雲，《萬古江河：中國歷史文化的轉折與開展》，頁 267。

---

88 許倬雲，《萬古江河：中國歷史文化的轉折與開展》，頁 265-268。

（三）明清朝貢體系

自秦統一天下後，歷代中央王朝都在「文化的天下觀」指導下奉行以羈縻政策為核心的一整套對外關係思想，蓋「普天之下，莫非王土，率土之濱，莫非王臣」，在「天子」的宇宙觀與「皇帝制度」的內在社會秩序下[89]，傳統中國天子的「代天而治天下」使得他們將所有的「四夷」都列入諸侯國與藩國的地位，自西周以來的「五服制」可為此一思想的實踐。對天子而言，這種「禮治」的標準與天子的「德」有關，如前所述，倘若夷狄之君未能照周天子指定的「要服」、「荒服」來覲見，則周天子就需「修名」或「修德」使其來貢，然後才是「修刑」來發動戰爭。因此，為了體現「天朝」大度而表現出的「厚往薄來」的家長式氣概，天子除了冊封諸蠻夷侯國外，尚以「朝貢」與「回賜」這種特殊官方貿易來實踐「五服」或「九服」天下的華夷秩序[90]。

事實上，朝貢制度是結合中國傳統儒家思想和封建宗法觀念在對外關係的表現，根據喻常森的研究，朝貢起源於先秦的分封制，所以也可叫封貢制度；最初商代開始分封諸侯，而西周則將之與宗法制度結合，故分封諸侯對天子有服從、進貢和提供軍力軍賦的責任，後來更把這種關係透過「服制」擴大分封與朝貢到處理中國與周邊蠻夷國家的關係上。從先秦到唐朝為止，為朝貢制度的初創期，自漢朝開始有海外朝貢紀錄，而唐朝則是有四方來貢，廣開東疆西域[91]。

宋元時期則為朝貢制度完善時期，宋朝時期，海外朝貢不絕，但也朝貢回賜頻繁造成宋朝國力的衰退。特別是南宋以後，中國經濟重心南移江南一帶，使中國東南沿海貿易與東南亞國家交通更為

89 John King Fairbank,"A preliminaey framework," pp. 1-3。

90 陳廷湘、周鼎，《天下、世界、國家：近代中國對外關係演變史論》（上海：上海三聯書局，2008 年），頁 3-4

91 喻常森，〈試論朝貢制度的演變〉，《南洋問題研究》，總第 101 期，2000 年第 1 期，頁 55-65。

發達。在此之前歷代尚未有專司朝貢制度機關，而元朝拜蒙古帝國橫跨歐亞大陸所賜，使元世祖積極向海外招來入貢並設市舶司以佐理，與宋朝不同的是元朝外使供品甚多奇珍異獸，而元朝除回贈中國特產外，還大量授與外國貢使及國王各種金符、銀符、虎符以示冊封，顯示元朝皇帝更加重視朝貢的政治意義與好大喜功的性格。因此至元十三年元朝御史即曾建言反對朝貢以避免勞民傷財、得不償失[92]。

陳廷湘引用美國學者石約翰（John E. Schrecker）所說認為，朝貢制度在形式上假定每個人都是中華文明秩序的一部份，並以此假定以不同方式對待外族人，從當時來看或能避免紛爭、穩定中國社會，但長期來看天朝目的在於使外夷不再對中國威脅[93]。從實踐上，朝貢制是一種程序，通過外國「進貢」中國皇帝，再獲得中國皇帝「冊封」以授與其統治權力，並以「回賜」作為實際利益回報，故而濱下武志認為，「朝貢」的根本特徵在於它是以商業貿易進行的活動[94]。然而柏楊指出，「進貢」的意義，在藩屬國看來是定期向宗主國的獻禮，但在中國看來卻是一種榮耀，中國自西周王朝以來便習於這樣的奉承，並給予豐沛的回報以表達「天子」氣度[95]，故而不僅經濟上的貿易活動，也兼具一種滿足中國政治思想上的作用。

朝貢與貿易看似相似，卻有所不同，貿易可因朝貢關係而發生，但貿易卻不一定跟朝貢有關係，在明清兩代都是以前往北京覲見中國皇帝後獲回賜報酬。朝貢和貿易都可能發生在北京，但沒有中國官方允許是不能朝貢的，朝貢需要中國皇帝與其機關的許可。同樣的，貿易可以在邊疆地方設貿易站，不與朝貢有關聯[96]。

---

92 喻常森，〈試論朝貢制度的演變〉，頁 59。

93 陳廷湘、周鼎，《天下、世界、國家：近代中國對外關係演變史論》，頁 4。

94 濱下武志著，朱蔭貴、歐陽菲譯，《近代中國的國際契機：朝貢貿易體系與近代亞洲經濟圈》（北京：中國社會科學出版社，2004 年），頁 27-43。翟意安，〈濱下武志的朝貢貿易體系理論述評〉，《江西師範大學學報（哲學社會科學版）》，第 38 卷第 3 期，2005 年 5 月，頁 70-75。

95 柏楊，《中國人史綱》（台北：遠流出版，2002 年，初版，下冊），頁 1055-1056。

96 Mark Mancall, “The Ch´ing Tribute System：An Interpretive Essay”, in John

明清時期，朝貢制度發展縝密而後轉入衰敗。明太祖登基時，北方邊患未除，因而對外政策以海外與東南亞為主。其中，明朝的東南亞政策有三個特色，一是強調自己是封建王朝正統，二是倡導和平外交，三是大力強化朝貢制度。尤其在強化朝貢制度上，明朝統治者將古代朝貢制度推至高峰，其主要表現在幾個方面：一、朝貢成為官方壟斷海外貿易的手段，二、朝貢成為政府對海外國家羈縻外交的工具，三、朝貢被當作向海外國家推廣中華傳統封建禮制的實踐體。所以明朝相當重視朝貢體制，並更加看重禮儀問題，整個朝貢過程都必須以外使到北京進行三跪九拜大禮，然後接受冊封、宴請、回賜等儀式，因而明朝的華夷秩序觀與朝貢制度可謂上承古代天下觀之精隨[97]。

到了清朝，其朝貢制度基本上延續明朝作為，而沒有太大改變，但受到幾個原因影響，使清朝的朝貢制度受到挑戰並且終至崩潰。首先，清朝朝貢國僅得明朝 15 個國家的三分之一，更明顯比宋朝 26 個、元朝 36 個要少許多；其次，西方殖民者入侵並與原屬中國之藩國貿易，使清朝以朝貢壟斷海外貿易的政策受阻；第三，朝貢的經濟意義上升，使各藩屬國廣增名目朝貢卻只為貿易；第四，西方殖民者藉船堅炮利優勢，強迫中國開放市場，出讓主權，更甚者藉戰事要求清朝簽訂不平等條約與割地賠款等。因此，朝貢制度的終結實與清朝時期亞洲政治與經濟格局的重大轉變有關，不僅在政治上改變東亞朝貢體制進入到西方帝國秩序（國際社會），在經濟上更是被捲入了西方資本主義的國際大市場中[98]。

King Fairbank, ed., *The Chineses World Order*（Cambridge : Harvard University Press,1968）, pp. 63-89。

97 喻常森，〈試論朝貢制度的演變〉，頁 59-61。

98 喻常森，〈試論朝貢制度的演變〉，頁 59-65。Takeshi Hamashita, “The Tribute Trade System and Modern Asia,” in Linda Grove& Mark Selden, ed., *China, East Asia and the Global Economy: Regional and historical perspectives*（U.S.: Routledge Press, 2008）, pp. 12-26.

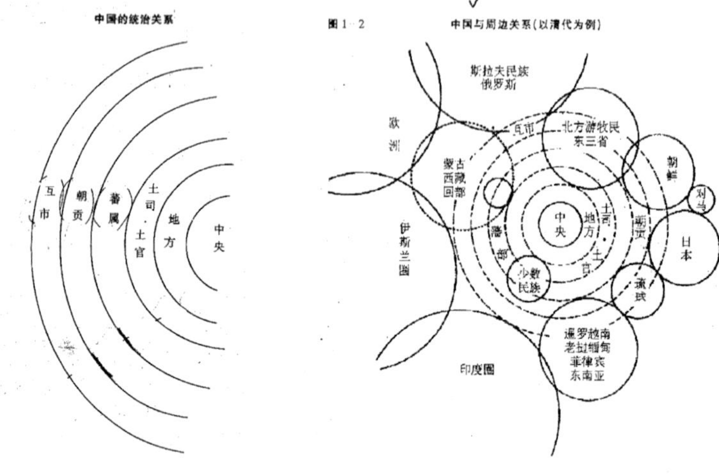

圖 1-16 朝貢體系圖

資料來源：濱下武志著，朱蔭貴、歐陽菲譯，《近代中國的國際契機：朝貢貿易體系與近代亞洲經濟圈》（北京：中國社會科學出版社，2004 年），頁 35、37。

在此，我們再談到西方國家體系的擴張與鴉片戰爭的影響。西方國家體系又稱「西伐利亞條約體系」，主要是受到西歐 1618-1648 三十年戰爭結果的影響；三十年戰爭的導火線原本是波士米亞的宗教問題，但隨著戰事的擴大，神聖羅馬帝國的繼承者哈布斯家族無法弭平來自新興強國的挑戰，進而促成其帝國的瓦解與主權國家的誕生。三十年戰爭的影響是全面性的，包含宗教、政治、主權與軍事，然而湯恩比指出，1648 年以後是歐洲文明的一個轉型點，西伐利亞條約結束了宗教狂熱的年代，同時為將來 19 世紀的民族主義狂熱提供背景，特別是戰爭的形勢轉變使歐洲各國逐漸由意識形態的同盟，轉向權力考量的結合[99]。正因為西伐利亞條約是依靠戰爭武力

[99] Stephen J. Lee 著，王瓊淑譯，《三十年戰爭》（*The Thirty Years War*）（台北：麥田文化，1999 年），頁 34-65、162-190。

的裁決結果，哈布斯家族與西班牙王國等逐漸淡出歐洲強權歷史舞台，並出現了包含奧地利、俄羅斯、普魯士、英格蘭、法蘭西、荷蘭六個強權實際支配歐洲，更在未來擴張到全世界[100]。

然而，就在近代西歐主權國家體系席捲全球之前，世界各地早有多元的國際體系，例如東亞的朝貢體系（華夷秩序）、伊斯蘭世界體系等，因此，近代國際政治史也可視為西歐國家體系的向外擴張與其它國際體系逐步崩解的過程[101]。信夫清三郎從「開國」的觀點比對中國與日本的案例指出：「如果說，使日本走上開國這條道路的是『黑船』的威力，那麼使中國開國的則是鴉片戰爭和亞羅戰爭（第二次鴉片戰爭：1858 年）這樣實際的戰爭。如果說，日本是通過〈親善條約〉和〈通商條約〉這兩個劃時代的條約而實現開國的，那麼中國則是由結束鴉片戰爭而簽訂的〈南京條約〉而一舉開國，並由結束亞羅戰爭而簽定的〈天津條約〉使這一開國更為充分和完善。[102]」。

然而，信夫清三郎也引徐中約的觀點指出，依照徐中約所認為，當中國面臨此一西歐主權國家體系時，其結果就是中國的秩序被相繼入侵的西歐秩序所吞食；反過來卻是中國由過去「儒教的世界帝國」(Confucian universal empire)變為「近代民族國家」的發展過程。由於「儒教的世界帝國」是「天下」與「華夷秩序」，有其歷史的深層思想傳統，不同於同時期日本「大君外交秩序」下的「鎖國」，與發展出福澤諭吉等「脫亞入歐」思想而主動「開國」；因此，大清的加入「國際社會」是「被迫」於漫長的列強戰爭所引發之折磨[103]。

---

100 TorbjØrn L. Knutsen, *A History of International Relations theory*（U.K.：Manchester Universty Press, 1997）, pp.83-93.。Joshua S. Goldstein& Jon C. Pevehouse 著，歐信宏、胡祖慶譯，《國際關係》(*International Relations*)（台北：雙葉書廊，2007 年）頁 28。Benno Teschke,*The Myth of 1648*（NewYork：Verso press, 2003）, p. 2.

101 張錫模，《聖戰與文明：伊斯蘭與世界政治首部曲(610A.D-1914A.D)》(台北：玉山社，2003 年)，頁 148。余家哲，《近代東亞體系：模式、變遷與動力》(高雄：國立中山大學中國與亞太區域研究所博士論文，2010 年)，頁 65。

102 信夫清三郎著，周啟乾譯，《日本近代政治史：第一卷，西歐的衝擊與開國》(台北：桂冠出版，1990 年)，自序頁 3-4。

103 「大君」原指天皇，但在日本幕府政治下則為德川將軍。所謂「大君外是以，余家哲也指出，雖然鴉片戰爭與〈南京條約〉（南京古稱江寧，故亦稱江寧條約）的簽訂，是東亞體系從大清「朝貢體制」轉向大英帝國霸權的分界點，但整個「朝貢制度」的崩解仍拖遲到 1860 年的英法聯軍攻破北京後，大清帝國才承認新的東亞體系誕生；後來因為大清帝國 1883-1885 年間相繼與法國、日本作戰，從而失去安南、朝鮮後，整個朝貢體系包含冊封系統才正式瓦解[104]。

三、當代中國的邊疆與對外關係

19 世紀中葉以來是清朝末年最多內亂外患的年代，繼鴉片戰爭以降中國內部有許多動亂，包含太平天國建立與捻亂等無不侵蝕著清朝的內部統治危機，然而最大的威脅實與西方列強與東亞新興強權日本有關。在列強侵蝕下，清朝的北方承受來自俄羅斯帝國的陸地威脅，直接逼近中國滿州地區，並屢次滲透新疆地區扶植獨立政權；而甲午戰爭戰敗後，清朝失去了對朝鮮半島的宗主國地位，並且割讓台灣給予日本，從而壯大了日本海外殖民地的帝國實力。而在西南邊界地區，特別是西藏地區更在大英帝國的扶植下逐漸脫離清朝的控制，同時，法國在安南地區（越南）建立殖民地也同樣衝擊到清朝對東南藩屬國的控制。更甚者，中國內部也同樣受西方殖民國家滲入並建立根據地的危機下，如山東半島、遼寧半島都暴露在德國與俄國的控制下。這一連串的列強侵蝕中國的情勢，道出了清朝作為「天下秩序」的朝貢體制崩潰，也說明了中國內部存在列強瓜分的包圍態勢。因而，從清末到民國時期的中國，所呈現的是一種分裂的局面，卻也因此帶向日後中國統治者尋求重新「統一」中國的道路。

交秩序」則是由大君代表、獨立於華夷秩序和西歐國家秩序之外的，由日本獨自形成的國際秩序，其內容為對外鎖國、對內壟斷貿易情報，這正是山鹿素行等人所認為只有日本才是「中央之國」的獨特國際秩序觀。見信夫清三郎著，周啟乾譯，《日本近代政治史：第一卷，西歐的衝擊與開國》，自序頁 1-9、49-59。

104 余家哲，《近代東亞體系：模式、變遷與動力》（高雄：國立中山大學中國與亞太區域研究所博士論文，2010 年），頁 88。

（一）清末到民國時期的邊疆情勢

清朝末年是中國分裂的年代，無論內亂、外患之鉅都深刻撼動著大清王朝的統治能力，不僅在中國內部有列強假領事裁判權與租界地區而建立的眾多「殖民地」，在中國邊疆地區更有列強環視、企圖併吞的險峻情勢，因而毛澤東曾指出：「自 1840 年的鴉片戰爭後，中國一步一步地變成了一個半殖民地半封建社會[105]。」，而 1870 年代開始，中國更出現了全國性的邊疆危機[106]。

蔡東杰認為，清代的盛世到高宗時已經結束，而嘉慶中葉以降，中國再度面臨了循環式的朝代末期動亂，在傳統史家的角度看「治亂、分合」是中國歷代王朝的循環，而到了清朝中葉以降，自 1806 年到 1865 年間，中國各地內亂高達 4154 次，其中軍隊平定的達 2321 次，騷亂之處遍及全國，顯示清朝在 19 世紀時期早已呈現疲憊無力的統治危機。也因為滿人的統治面臨了無上的挑戰，致使清末時期的政府實際大權落於以李鴻章為首的漢人身上，而滿清末年的許多實務外交工作，也多半與漢人官員的參與有關，而清末的軍事結構變遷也出現了以漢人為主的趨勢，甚至還一度擔起「同治中興」與「洋務運動」的主要角色，其中更以李鴻章為清季負責對外事務的最重要官員[107]。

在同治十一年（1872）年間，李鴻章對當時的國際情勢與中國地位曾經表示：「竊維歐洲諸國，百十年來，由印度而南洋，由南洋而東北，闖入中國邊界腹地，……合地球東西南朔九萬里之遙，胥聚於中國，此三千餘年一大變局也。」兩年後他再度探討中國情勢指出：「歷代備邊，多在西北，其強弱形勢，主客之形，皆適相埒，且猶有中外界限。今則東南疆萬餘里，各國通商傳教，來往自如，聚集京師及各省腹地；陽託和好之名，陰懷吞噬之計；一國生事，諸國構煽；實為數千

---

[105] 轉引自張植榮，《中國邊疆與民族問題：當代中國的挑戰及其歷史的由來》（北京：北京大學出版，2005 年），頁 33。

[106] 張植榮，《中國邊疆與民族問題：當代中國的挑戰及其歷史的由來》頁 34。

[107] 蔡東杰，《李鴻章與清季中國外交》（台北：文津出版，2001 年），頁 20-45。唐德剛，《晚清七十年：第一卷，中國社會文化轉型綜論》，頁 153-155。

年來未有之大變局。輪船電報之速，瞬息萬里；軍械機事之精，工力百倍；砲彈所到之處無所不懼，水陸關隘不足限制，又為千年來未有有之強敵。[108]」。從李鴻章所言可看出，當時中國外患之多實與國際情勢發展變局有關，而中國身逢其害之鉅，也是歷朝歷代未有的現象。

李鴻章並非清朝第一個注意到日本的中國人，但卻是第一個願意放下天朝大國身段提倡向日本學習的政府大員。早在同治二年(1863)間，李鴻章在寫給曾國藩的書信中便提及:「日本從前不知炮法，國日以弱，自其國之君臣，卑禮下人，求得英法祕巧，鎗炮輪船漸能製用，遂與英法相為雄長，中土若於此加意，百年之後，長可自立」[109]。因此，日本「明治維新」的成功在當時已為大清朝士大夫所察覺，但滿清中央皇權卻無法接受全面新制度的轉變，終究使「自強運動」在一片地方上曇花一現而已。然則當時清朝邊疆各地早已暴露在列強的環視狼吞之中。

1860 年可說是清末中國近代化與現代化的里程碑，然而這個民族意識體現在國家外患的覺醒卻是出自於被迫的現實情境。與此同時，日本進入了「明治維新」的開端，而清朝的「自強運動」也如火如荼的展開中，然而當日本進入福澤諭吉所說的「脫亞入歐」的全面政治軍事轉型同時，清廷的士大夫階級與知識份子卻沉浸在「中學為體、西用」、「以夷之技以制夷」的爭論之中。蔡東杰認為，清季的「自強運動」是一種「分散式的工業化學習」，但事實上，這一種片面的學習卻也是中國近代化過程中的另一項阻力所在，誠如 1860 年「總理事務衙門」的建立，是邁向外交機制的里程碑，但其工作兼具外交、經貿、中外疆界戡定、文書往來、貨幣等繁重工作，卻顯得清廷在面對外在世界變局多端下的變應不足[110]。

以中俄問題為例，沙俄早在 1689 年便與清朝簽訂《尼布楚條約》並奪得以額爾古納河、格爾必齊河和外興安嶺至海為界的廣大領土，這是清朝為了求得東北邊疆安寧而讓步的第一個中俄東段邊界條約；爾後分別在 1727 間年簽訂的《布連斯奇條約》與《恰克圖條

[108] 轉引自蔡東杰，《李鴻章與清季中國外交》，頁 10。
[109] 蔡東杰，《李鴻章與清季中國外交》，頁 71-72。
[110] 蔡東杰，《李鴻章與清季中國外交》，頁 13-14。

約》等，更確立了中俄中段邊界的位置。到了 1858、1860 年間，沙俄趁英法聯軍進攻北京時逼迫清朝簽訂《璦琿條約》與《北京條約》，中俄東段邊界重新劃定在黑龍江與烏蘇里江畔，致使清朝損失了東北部 40 多萬平方公里的廣大疆土[111]。如圖 1-17。

此外，1911 年的中俄《滿州里界約》則開啟了沙俄藉由西伯利亞鐵路進入滿州境內勢力；而在「總理事務衙門」設立後的 1864 年間，沙俄更強迫清朝政府簽訂中俄《勘分西北界約記》，藉此割佔了中國西部 44 萬多平方公里的領土，並在日後計畫併吞整個新疆南下印度與大英帝國爭霸。1865 年在沙俄扶持下，中亞浩罕國阿古柏將軍趁新疆回亂事件進入南疆，自立為汗並成立哲德沙爾國，1870 年阿古柏勢力控制了南疆全部與北疆一部份，爾後阿古柏政權與大英帝國合作，使中國西北邊患與中國東部沿海邊患同為清朝最大之外患，而在清朝內部引發了「海防塞防之爭」，即李鴻章與左宗棠的棄新疆以保海屏與保新疆以衛京師的大辯論[112]。

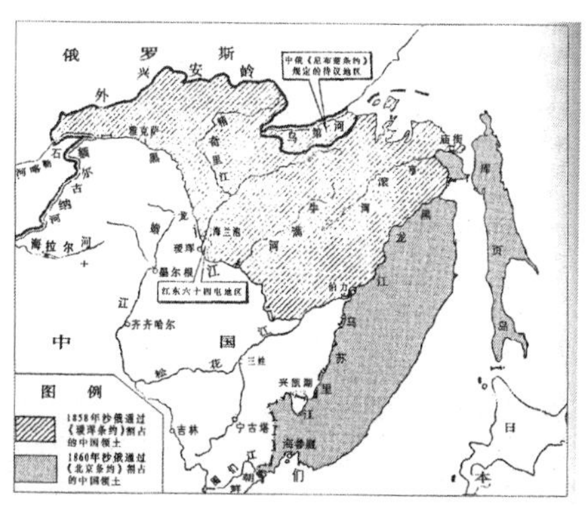

圖 1-17　沙俄割佔中國黑龍江以北、烏蘇里江以東領土示意圖

資料來源：呂一燃主編，《中國近代邊疆史：上卷》，頁 168。

---

[111] 呂一燃主編，《中國近代邊疆史：上卷》（成都：四川人民出版社，2007 年），頁 71-169。

[112] 張植榮，《中國邊疆與民族問題：當代中國的挑戰及其歷史的由來》，頁 36。

另一個嚴重威脅中國邊疆的是大英帝國，其不僅威脅中國沿海與京師，更在中國西南邊疆地區多次試圖併吞雲南、西藏與新疆地區，以為建立印度殖民地的北方「緩衝國」，並與沙俄在中亞地區競逐。早在1842鴉片戰爭清朝戰敗後，大英帝國便與清朝簽訂《南京條約》，除了開放五口通商外，還把香港給割讓了；後來1858-1860年間清朝再次戰敗而簽訂《天津條約》與《北京條約》後，清朝才接受了從進貢關係轉變為條約關係的事實，而由英國所開啟的「條約世紀」從1842年起到1943年英美正式放棄對華的不平等條約為止，英國勢力對中國的影響甚為遠鉅[113]。

除了與清廷簽立的各項不平等條約外，大英帝國更積極試圖併吞中國邊疆地區。在1868年間英國第一次派出探險隊從緬甸（當時英國保護國）進入中國雲南境內大理未果，1874、1875年間亦多次派遣武裝部隊從緬甸進入雲南地區探勘，這些都與1866年間法國組成探勘隊從越南上溯湄公河進入中國邊境的事件有所關聯，因為英國希望搶在法國之前侵入中國雲南。另外，英國在1876年遣炮艦來華逼迫清朝派李鴻章與之簽訂中英《煙台條約》，在議定賠款同時，英國還提出進入西藏地區「探險」的要求，允許英軍可從北京經由中國內部至西藏，或由印度進入西藏，顯見英國當時對西藏與雲南邊疆地區的企圖[114]。1888、1904年間，英國二次發動入藏戰爭，並藉此與清朝簽訂條約，同時與沙俄分享新疆利益，以換取沙俄承認大英帝國擁有「地理位置」特殊性下的對西藏之特殊利益。1904年英國印度總督寇松更派兵進入西藏並簽訂《拉薩條約》，藉此逼迫清朝承認西藏是一個「獨立國家」，到了1911年中華民國成立後，英國以外交手段威脅袁世凱派員於印度西拉姆簽定分割中國邊疆的條約，從而希望在中國西南邊疆地區建立其「緩衝國」，以維護其印度殖民地與中東地區統治的大戰略[115]。

---

113 費正清（John King Fairbank）著，薛絢譯，《費正清論中國》，頁216-225。
114 張植榮，《中國邊疆與民族問題：當代中國的挑戰及其歷史的由來》，頁35-36。
115 呂昭義，《英帝國與中國西南邊疆：1911-1947》（北京：中國藏學出版社，2002年），頁16-136。

最後一個清朝外患是日本帝國，一個曾經臣服於天朝的國家，卻在歷經三十年的明治維新後，在 1895 年的甲午戰爭中擊敗清朝的北洋艦隊，並透過簽訂《馬關條約》取得台灣、澎湖與遼東半島，同時逼迫清朝承認朝鮮的獨立，為日後日本帝國侵占朝鮮提供了國際背景。事實上，日本帝國在 1873 年時就有進攻朝鮮的決定，但受到伊藤博文的反對，主要是伊藤博文認為當時的國際局勢與日本軍力尚未成熟；隔年（1874）日本藉琉球漁民遭牡丹社原住民殺害一事出兵台灣，從而挑起台灣內山主權的爭論以及台灣建省的出現。

到了 1885 年間，日本國內反對入侵朝鮮的立場開始缺乏說服力，同時，也因為朝鮮內部的動亂使得清朝與日本終究不免一戰。甲午戰爭的結果為日本開創了一個新的時代，因為它在（日本）國內政治與經濟的發展以及外交事務上都有重大的影響。勝利的熱情與三大國干涉（還遼）的屈辱感，正好透過新條約的簽訂使日本的民族主義帶來新動力，並使日本積極參與遠東國際事務，從此向外擴張[116]。信夫清三郎指出，1905 年是日本成為世界強權的關鍵時刻，「日俄戰爭」的結果讓日本在中國領土上戰勝了俄羅斯，並與美、英、法、俄、德、奧、義等七個歐洲大國，同列地球上「八大強國」，而且日本在 1905 到 1906 年間將其駐外象徵「二等國」的「公使館」改為象徵「一等國」的「大使館」，日本就這樣一躍為「一等國」的世界強權[117]。

是以清末時期有中國有所謂「海防塞防之爭」的辯論，蔡東杰即認為李鴻章與左宗棠所爭都是以保衛京師為目的，左宗棠強調收復新疆以阻絕沙俄的入侵，但李鴻章指出：「……泰西雖強，尚在七萬里以外，日本則近在戶限，伺我虛實，誠為中國永遠大患。」，因而李鴻章堅持海防實與日本對中國造成重大威脅的考量[118]。誠如李鴻章所先憂慮，日本不僅在清末時期即有侵華之心，更在民國時期軍

[116] 欣斯利（F. H. Hinsley）編，中國社科院世界史研究所組譯，《新編劍橋世界近代史：第 11 卷》（*The New Cambridge Modern History*）（北京：中國社會科學出版社，1999 年），頁 627-628。

[117] 信夫清三郎著，周啟乾譯，《日本近代政治史：第四卷，走向大東亞戰爭的道路》（台北：桂冠出版，1990 年），頁 1-71。

[118] 蔡東杰，《李鴻章與清季中國外交》，頁 90-97。

閥割據局面下直接入侵中國東北滿州，以及發動日後長達八年的全面侵華戰爭。更在偷襲珍珠港後，同步向東南亞國家發動戰爭，試圖建立其大東亞共榮圈，而終究以戰敗而收場。

呂昭義指出，早在 1907 年 12 月，德國駐華公使雷克斯（von Rex）致電首相布洛夫（Bernhard BÜlow）時就強調：「如果中國國內仍是和平的話，那末，上述列強（英、法、日）也許缺乏一個暴力干涉的口實。……我認為日、法、英等國以必須保護其僑民與商業的藉口，並根據已經協議的計畫，將攫取中國的廣大地區。……」。除了俄國取代法國外，其他都被雷克斯所說命中。因此，在辛亥革命前，英、俄、日三國聯手瓜分中國之態勢已然形成，他們只是等待時機與制訂原則、確立行動方式而已。例如，除英俄積怨已深之外，日俄雙方早在 1910 年簽定《日俄協定》與《日俄密約》以便瓜分中國。[119]。

綜言之，從清末到民國時期的中國邊疆情勢，追根究底，主要還是因為當時在英、俄、日三大強權的鯨吞蠶食下，而形成列強包圍中國之局勢。但整體而言，英、俄帝國對中國邊疆的侵蝕，早有百年以上之謀略，雖然屢次以巧取豪奪中國領土，但終究造成傷害多在邊疆地帶。而日本帝國主義侵略，不過 50 年間卻深入中國全境，使得中國軍民死傷慘烈、國家經濟動亂，這正是中國自鴉片戰爭以來百年衰敗的一大主因。因此，即使從國共內戰到中共建政的政權轉變，新的中國統治者仍不忘擺脫過去民族屈辱，以及對國家主權獨立、自主的渴望與追求。

（二）中共建政後的邊疆情勢

1949 年 10 月 1 日，中華人民共和國成立，但歷史所留下的邊疆問題卻依然未懸，從北到南諸如中俄邊界尚有新疆一部份未定，而同蘇聯附庸蒙古人民共和國間亦有未訂邊界；其它東南半島越南、緬甸等，而中印、中巴之間與阿富汗等也有未定邊界，顯現出中國自清末天朝崩潰後，歷經內戰而未能有邊疆穩定的現實情勢。而中共建國初期，由於忙於處理「三反五反」與「朝鮮戰爭」等國內外大事，自然

[119] 呂昭義，《英帝國與中國西南邊疆：1911-1947》，頁 102-104。

也就沒能顧及邊疆問題，一切則要到了「朝鮮戰爭」結束後，基於中緬邊界衝突的發生，才讓中共政府體認到這一邊疆問題亟需解決[120]。

早在國共內戰期間，中共領導人便認識到中國國內經濟社會衰敗與國際環境，而有與美國交往的需要，但是受到毛澤東「一面倒」與蘇聯的關係建立，而中止了與美國的外交關係；到了「朝鮮戰爭」發生後，史達林迫使毛澤東接受協助金日成的統一計劃，更使中美友好的關係成為幻影，使得中國只能延續「一面倒」的外交政策，與蘇聯結盟。但王丹也指出，對毛澤東而言，他深知一但與蘇聯的關係陷入僵局時，與美國建立外交關係會是中國主要的目標[121]。

在毛澤東的戰略構圖裡，中國建政初期的國際情勢是由美國、蘇聯所建立的兩極世界，一邊是資本主義、另一邊則是社會主義，新生中國夾處於兩大強權之中，只能選擇向社會主義靠攏，這就是「一面倒」的緣故，況且新中國百廢待舉，民生工業與重工業都亟需蘇聯這個工業強國支援，所以與蘇聯建立友好關係是必須的。但是，毛澤東也體認到在美蘇強權之間隔著一些由歐、亞、非三洲許多資本主義國家和殖民地、半殖民地國家所構成的遼闊「中間地帶」，尤其是那些前大英帝國與法國等殖民國家所撤退遺留下來而新生的國家，中國必須同他們進行交往，以避免在美蘇兩大強權之間被擠壓，但又必須在美國與蘇聯之間選擇向蘇聯「一面倒」來換取中國在強權支持下的「表面上」獨立自主性[122]。

1957 年是中國外交史上的一大轉變，一方面由於毛澤東批判蘇聯總書記克魯雪夫與西方國家改善關係的「修正主義」，而使得中蘇兩國紛紛招回大使，雙方外交關係交惡，直到蘇聯瓦解後的俄羅斯時期才重新建交。在蘇聯修正主義下，中共提出國際共產主義運動來反制，號召「全世界無產階級聯合起來，反對帝國主義和各國反

120 張植榮，《中國邊疆與民族問題：當代中國的挑戰及其歷史的由來》，頁 42-43。

121 國共內戰期間，中共高層曾指示黃華與美國駐華大使司徒雷登會面，並尋求雙方建立外交關係，但因為毛澤東後來發表「一面倒」的外交政策，才使司徒雷登黯然返回美國。見王丹，《中華人民共和國 15 講》（台北：聯經出版，2012 年），頁 148。

122 蔡東杰，《當代中國外交政策》（台北：五南出版，2008 年），頁 18-19。

動派，爭取世界和平，民族解放，人民民主和社會主義，鞏固和壯大社會主義陣營，逐步實現無產階級世界革命的完全勝利，建立一個沒有帝國主義，沒有資本主義，沒有剝削制度的新世界。[123]」。這種國際革命的路線，其實反映出毛澤東等中共高層在國際現實環境下，與美國為敵同時，失去了蘇聯老大哥的支持，只能尋求其他可能的盟友組成國際共產社會陣營來換取中國外交上的孤立，正是這種受到美蘇兩國夾擊與近乎「鎖國」的路線，使得中國經濟飽受壓迫，也帶來了「文化大革命」的產生。

1964 年中共發表九篇文章批評蘇共，史稱「九評」，而蘇共也發表不下兩千篇文章反擊，中蘇關係破裂，甚至在 1966 年以後蘇聯屯兵百萬於中蘇、中蒙邊界，使中國國家安全發生重大威脅；而中蘇邊境的武裝衝突也為加劇，更在 1969 年發生珍寶島事件，雙方發生戰鬥死傷百人。但王丹認為，毛澤東積極主導中蘇論戰的一個重要原因，是他在國內經濟決策失敗後，為了重新建立個人在黨內的權威而將國際共產黨運動與外交領域當作他的新的戰場，為「文革」的發生提供氣候。同時，中蘇論戰的結果也導致日後 1972 年尼克森訪華與中美建交的發生，這是當初所未能料想的，卻對未來世界戰格局發生了重大轉變[124]。

另一方面，中國總理周恩來開始試圖與周邊國家進行邊界問題談判，來換取中國國家邊疆與領土的完整性。在 1955 年間中緬發生黃果園邊界衝突事件，主要是因為當時中國境內仍有國民黨殘餘軍隊，解放軍追擊國民黨部隊越過緬甸邊界，在中緬雙方爆發邊界衝突後，緬甸領導人吳努首先向中國政府提出解決邊界衝突問題，這使得中國政府領導人開始認識到應當著手解決邊界問題了，而中國政府也希望以中緬邊界問題為解決，創立中國的邊疆戰略與劃分邊界的基本原則[125]。

1957 年 7 月 9 日周恩來在全國人民代表大會中宣達〈關於中緬邊界問題的報告〉中指出：「中緬問題是我國在國際關係方面的一個重要問題，……在我國和許多鄰國之間，都存在著歷史遺留下來的

---

[123] 王丹，《中華人民共和國 15 講》，頁 145-147。

[124] 王丹，《中華人民共和國 15 講》，頁 145-147。

[125] 張植榮，《中國邊疆與民族問題：當代中國的挑戰及其歷史的由來》，頁 42-43。

未定界問題，而中緬兩國之間的未定界問題特別引起人們的注意。這是由於英國在過去統治緬甸的時期在中緬邊界問題上製造了長期的糾紛，……在我們國家成立的最初幾年，政府需要把全部力量用來處理國內國外一系列重大而迫切的事務，因此不可能同時對中緬邊界問題的解決進行全面的和有系統的準備工作。但是，自從中緬兩國總理在 1954 年 12 月 12 日的會談中提出『在適當時機內，通過正常的外交途徑』解決中緬未定邊界問題以後，政府就為解決這個問題進行必要的準備。……1955 年 11 月，……在兩國的邊境上，雙方的前哨部隊由於誤會曾經發生一次不幸的武裝衝突事件。……也讓中緬兩國政府體會到及早解決中緬邊界問題的必要。……中國在封建王朝統治時期，……四至疆界是不十分明確的。……在處理中緬邊界問題的時候，必須認真對待歷史的資料，……更要注意到中緬兩國已經發生的具有歷史意義的根本，那就是，中國和緬甸已經發生分別擺脫原來的半殖民地和殖民地的地位，成為獨立和互相友好的國家[126]」。

周恩來的話，說明了在 1960 年代的中國在當時的國際局勢下，除了需將全部力量與美蘇兩強在國際冷戰架構下進行意識型態的鬥爭，尚需要考略自身國家週邊的地緣政治問題，而最大的衝突點就在自清朝以降未能解決的邊界問題。因此，如何有效的解決與周邊國家的邊界議題，不僅是基於地緣現實的政治考量，更是攸關中國在週邊國家之間的利益所在。中國的鄰國太多，不是美蘇強國而已，如何有效的善用周邊國家邊界議題的衝突性，加以「和平共處五原則」的外交政策來實踐，成為中國將邊界危機轉變為與諸多週邊國家和平相處、建立友好關係的契機。

根據 Hensel 的研究指出，在 1960 年代至 1970 年代之間，一個國家擁有越多鄰國往往越容易發生邊界戰爭，比起殖民地來說，直接地理接鄰的國家之間最容易發生，而且領土訴求經常是邊界戰爭的重點。這種地理接觸而產生的議題，除了軍事衝突外，也可能是農業、

126 中共中央文獻編輯委員會，《周恩來文選》，下冊（北京：人民出版社，1980 年），頁 239-246。

貿易、石油、民族、歷史與國家認同所引起，但卻最常使用武力解決[127]。然而，Fravel 在研究中國的邊界衝突時卻提出不同的見解，他認為中國在邊界議題上不會輕易的啟動戰爭武力，反而是透過合作、甚至退讓的方式來解決，只有在領土重大議題上才有可能啟發戰爭，例如台灣問題。根據 Fravel 統計，中共建國後的領土爭議共 23 次，其中發生衝突有 17 次，而衝突升級到戰爭層次共 6 次，包含對印度、蘇聯、越南、台灣、西沙群島、南沙群島等，而大多數的領土爭議中國都先採取折衝妥協方式，甚至以損失部分領土來交換與周邊國家的友好關係[128]。

表 1-1　中國領土爭議綜纜（1949-2005）

Table 1.3
Overview of China's Territorial Disputes (1949–2005)

Disputed area	*Size (km²)*	*Salience score*[a]	*Agreements*	*Compromise*[b]	*Force*
		Frontier Disputes			
Burma border	1,909	6	1960: BA 1960: BT 1961: BP	Y (82%)	—
Nepal border	2,476 Mt. Everest	3	1960: BA 1961: BT 1963: BP	Y (94%)	—
India border	~125,000	7	1993: MTA 1996: CBM 2005: PriA	Y (74%)	Y
North Korea border	1,165	6	1962: BT 1964: BP	Y (60%)	—
Mongolia border	16,808	4	1962: BT 1964: BP	Y (65%)	—
Pakistan border	8,806 K2 Mt.	6	1963: BA 1965: BP	Y (40%)	—
Afghanistan border	~7,381	2	1963: BT 1965: BP	Y (100%)	—
Russia border (eastern)	~1,000	5	1991: BA 1999: BP	Y (48%)	Y
Bhutan border	1,128	3	1998: MTA	Y (76%)	—
Laos border	18	4	1991: BT 1993: BP	Y (50%)	—
Vietnam border	227	4	1993: PriA 1999: BT	Y (50%)	Y

Key: BA (boundary agreement), BP (boundary protocol), BT (boundary treaty), CBM (confidence-building measures), JD (joint declaration), MTA (maintenance of tranquility agreement), PriA (principles agreement) and SA (supplemental agreement).

a Based on Hensel and Mitchell, "Issue Indivisibility."

b Compromise refers to the proportion of disputed territory China relinquished.

Table 1.3 (*cont'd*)
Overview of China's Territorial Disputes (1949–2005)

Disputed area	*Size (km²)*	*Salience score*[a]	*Agreements*	*Compromise*[b]	*Force*
		Frontier Disputes			
Russia border (western)	N/A	3	1994: BA 1999: BP	Y (No data)	—
Kazakhstan border	2,420	5	1994: BA 1997: SA 1998: SA 2002: BP	Y (66%)	—
Kyrgyzstan border	3,656	5	1996: BA 1998: SA 2004: BP	Y (68%)	—
Tajikistan border	28,430	3	1999: BA 2002: SA	Y (96%)	—
Abagaitu and Heixiazi along Russian border	408	6	2004: SA	Y (50%)	—
		Homeland Disputes			
Hong Kong	1,092	11	1984: JD	—	—
Macao	28	11	1987: JD	—	—
Taiwan	35,980	12	—	—	Y
		Offshore Island Disputes			
White Dragon Tail Island	~5	9	n.d.	Y (100%)	—
Paracel Islands	~10	8	—	—	Y
Spratly Islands	~5	8	—	—	Y
Senkaku Islands	~7	7	—	—	—

Key: BA (boundary agreement), BP (boundary protocol), BT (boundary treaty), CBM (confidence-building measures), JD (joint declaration), MTA (maintenance of tranquility agreement), PriA (principles agreement) and SA (supplemental agreement).

a Based on Hensel and Mitchell, "Issue Indivisibility."

b Compromise refers to the proportion of disputed territory China relinquished.

資料來源：M.Taylor Fravel, Strong Borders, Secure Nation：Cooperation and Conflict in China's Territorial Disputes（U.S.：Princeton University Press,2008）, pp. 46-47.

---

127 Paul R. Hensel, "Territorial Claims and Armed Conflict between Neighbors," paper presented at the Lineae Terrarum International Borders Conference（U.S.:University of Texas, 9March 2006）, pp. 1-27. final version see<http://garnet.acns.fsu.edu/~phensel>.

128 M.Taylor Fravel, Strong Borders,Secure Nation:Cooperation and Conflict in China's Territorial Disputes（U.S.:Princeton University Press, 2008）, pp. 1-69.；M.Taylor Fravel,"Regime Insecurity and International Cooperation: Explaining China's Compromise in Terriorial Disputes,"*International Security*, Vol. 30, No. 2, Fall/2005, pp. 46-83.; M.Taylor Fravel,"Power Shifts and Escalation:Explaining China's Use of Force in Terriorial Disputes,"*International Security*, Vol. 32, No. 3, Winter/2007/08, pp. 44-83.;

因此，從 Fravel 統計中發現，中國在建國以後與周邊國家發生多次領土爭議、衝突，但並非都採取武力方式解決，只有在國內內部感受到領土爭議的重大議題性時，中共政府才有可能將衝突升級到戰爭層面，這顯示出中共對於國家主權的獨立自主，在面對與周邊接鄰國家外交關係的和協與合作建立上，存在一定的彈性處理與盡可能以合作替代戰爭，為中國國家領土與邊界的穩定創造有利的空間，此與周恩來強調以「和平共處五原則」與周邊國家建立互利關係不謀而合。同時，也說明中國建國以來一貫與周邊國家維繫有好穩定關係的企圖，實與其地緣政治上身處亞洲大國且有眾多接鄰國家之考量有重大關聯。

但是，中國領導人更在乎國際大環境可能產生對中國獨立自主主權的影響。蔡東杰認為，毛澤東自 1960 年開始到 1976 年死亡前為止，都不斷運用「中間地帶」或「中等國家」與「第三世界」的名詞，儘管不同場合與時間的運用有所修正，但大抵上其意涵是一致的，即希望中國能擺脫冷戰體系的枷鎖，從而運用美蘇兩強以外的國際資源空間，爭取更多盟友以保障中國外交上的真正獨立自主[129]。趙全勝則指出，自 1949 年起，毛澤東確立了中國外交政策上的三個基本原則，第一個是「另起爐灶」，即新中國在新的基礎上與外國建立新的關係，第二個是「打掃乾淨屋子再請客」，即先鞏固國內政權再發展對外關係，第三個是「一邊倒」，即在毛澤東領導下倒向蘇聯共產主義集團[130]。

因而可以看出，從中國建政開始即飽受國際上冷戰格局的影響，使得中國建國初期在美蘇兩強之間選擇向蘇聯「一邊倒」的外交政策，其實正反映出中共與蘇共的歷史關係外，也是中共基於現實考量下與蘇聯的地緣政治中的經濟互惠與安全互利的多重考量。中蘇關係的破裂，也突顯出中國北方邊界安全深受蘇聯重兵的威脅，因此，中國在 1970 年代尋求與美國建立友好關係，其實是為了

129 蔡東杰，《當代中國外交政策》，頁 19。

130 趙全勝，《解讀中國外交政策：微觀、宏觀相結合的研究方法》（台北：月旦出版，1999 年），頁 90。

避免蘇聯與美國的兩面夾擊；而美國與中國的建交，則是進一步將其「圍堵」共產主義的防線，往中蘇邊界推進，以達到對蘇聯這個歐亞大陸「心臟地帶」國家的向外擴張的反制。中美建交此一地緣戰略上的結盟，對後來美國介入中東政策的轉向有深遠的影響，因為中美建交的結果，使美國得以將其軍力與影響力抽出東亞，而在 1980 年代開始更加積極的介入中東政局，營造美國在中東石油掌握的有利環境。爾後，更由於蘇聯國內經濟的嚴重問題，加上在東歐與中亞失去大片的控制區域，最終導致蘇聯的崩潰，而由新興的俄羅斯與獨立國協繼承。

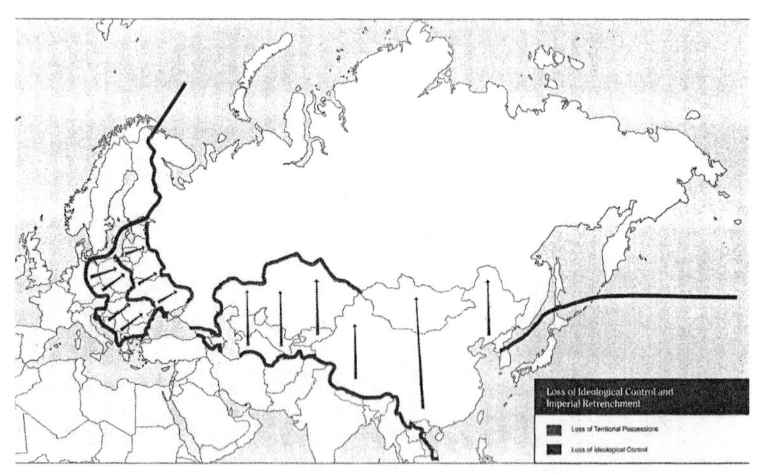

圖 1-18　蘇聯意識形態控制範圍與帝國淪陷

資料來源：Zbigniew Brzezinski, *The grand Chessboard*（N.Y.: Basic Books, 1997）, p. 94.

從冷戰時期的全球戰略來看，王丹指出：「中美破冰，雙方都是為了制衡蘇聯，中美之間的矛盾和不同之處仍然遠遠大於相同之處。但是從與美國在朝鮮大打出手，到邀請美國總統訪華，中間不過二十年時間，也反映了中共作為一個實用主義的政黨，其切身利益高於意識形態的特性。[131]」。而 1979 年中國與美國的建交，重新打開了中共與蘇聯分裂後長達二十多年的「鎖國」狀態，也為中國改革開放時代創造了融入資本主義市場的有利環境，一個「開國」的契機。另一方面，與周邊國家保持良好的外交關係，也是中國作為亞洲國家不可避免的事實，因此，鄧小平時代的來臨，強調「大國外交」與「周邊外交」等多層次外交思考，其務實外交實踐也將中國對外關係帶入一個新局面。

（三）改革開放後的對外關係

毛澤東在世時，意識形態之爭在中國內部與對外關係上有著重大的影響，對中國內部而言，三反五反、大躍進與人民公社運動讓中國的社會與經濟結構飽受摧殘，而文化大革命更是導致國家機關整個陷入失能的狀態，除了毛澤東一人的至高權威外，政府官員都處在朝不夕保的地位。而在中國對外關係上，由於毛澤東的「盲目排外主義」與「三個世界理論」企圖為中國創造出獨立於美蘇兩強之外的獨立自主外交空間[132]，直到毛澤東去世前仍堅持中國必須「繼續革命」的信念，並且相信只要人民動員起來，世上沒有什麼困難的事；也因為他的信念指導下，毛澤東通過了大量政治運動向國內權威結構挑戰，也同時向國際舞台的權威結構挑戰。趙全勝認為毛澤東這些思想來源明顯受到他青年時期的理想主義和空想主義信念的影響，因而他晚年的激進思想實際上反映了對青年時代的「懷舊」心理[133]。

因此，在毛澤東晚年時期，政治與戰略的考量左右了中國外交政策，而北京當局的對外關係呈現出一種「威懾」的原則。包含：一、中國必須對邊境安全或領土威脅有所感覺，並且採主動積極的戰爭方式；二、中國的外部形勢反映了其國內的形勢，鄰近的強國將利用中國內部問題夾擊中國，中國必須做最壞的打算與最好的希望，最有效的威懾方式表現出好戰，讓人相信中國將使用武力，光

131 王丹，《中華人民共和國 15 講》，頁 155。
132 蔡東杰，《當代中國外交政策》，頁 21。
133 趙全勝，《解讀中國外交政策》，頁 90-102。

靠警告是不能解決問題的；三、在外交上保留給敵人「面子」的空間，不帶恥辱的出路；四、最後是中國必須控制自己的行動，而不是根據敵人的選擇作反應。儘管毛澤東在世時努力於中國外交政策上的戰略考量，但相對卻使中國外交在國際社會上處於「鎖國」的局面。中美建交打開了中國與西方資本主義國家接觸的大門，但真正要落實到與西方資本主義國家的全面接觸，重新「開國」則要從鄧小平時代的出現而開啟[134]。

與毛澤東相比，鄧小平把「現代化」列為中國主要國家目標。這並不是說鄧小平就此放棄了自毛澤東以降的尋求中國獨立自主的外交策略，而是在國家內部經濟敗壞下所做的總體政治經濟考量，唯有將中國置於追尋現代化的過程中，才有實現強國獨立自主外交的可能。因此，在 1978 年鄧小平重新掌權的一次談話中，他指出只有「把我們的國家建設成為社會主義的現代化強國，才能更有效的鞏固社會主義制度，對付外國侵略者的侵略和顛覆。」因此，自 1980 年代開始，鄧小平開始為中國未來十年提出三項任務，包含反對「霸權主義」和「維護世界和平」，「台灣回歸祖國，實現祖國統一」及「加緊四個現代化建設」[135]。鄧小平的宏觀政治與經濟政策的轉變，尤其在現代化建設的部份，更在中國內部產生討論，但隨著「黑貓白貓」的定調，鄧小平的對外關係也發生顯著的中共思想與政策的轉變[136]。

---

[134] 趙全勝指出，1967 年文革高潮時，中國甚至召回所有駐外大使，只是為了要他們參加國內的政治運動，北京側重政治運動使得對外經濟失色，實際上仍是一個「封閉」國家。見趙全勝，《解讀中國外交政策》，頁 95。唐德剛指出，毛澤東決定與美國建交之前，擔心黨內有人以「裏通外國」罪名威脅，故借周恩來名義召集葉劍英、陳毅、聶榮臻、徐向前四位老帥座談，討論中國與美蘇兩強的關係，會議中決定兩權相害取其輕，中國將利用美蘇關係矛盾，遠交近攻、以夷制夷，此後尼克森來華就是一種外交策略上的權謀考量。但真正的中國在當時仍不脫「鎖國」的狀態，一切要到鄧小平時代才有改革開放政策，其時也是某種程度的「開國」。參見唐德剛，《毛澤東專政始末：1949-1976》（台北：遠流出版，2005 年），頁 236-241。

[135] 轉引自趙全勝，《解讀中國外交政策》，頁 97。

[136] 陳家輝，《當代中國馬克思主義發展趨勢之研究》（高雄：國立中山大學中山學術研究所博士論文，2008 年），頁 119-131。

在鄧小平的「改革開放」政策向國際社會打開國門同時，一種中國對外重新「開國」的態勢也已展現，趙全勝認為主要還是因為四個根本原因的可以解釋此一急劇變化。首先，國內局勢逐漸穩定，使以鄧小平為首的中國領導必須把精力集中在經濟建設，避免過去文革的全面政治浩劫，並打開「國門」吸引有能力幫助中國建設經濟的資本主義大國投資。其次，中國自 1970 年代加入聯合國後，不僅取得會籍也成為安全理事會一國，加上 1979 年中美建交後，中國的邦交國增加到 87 個，是中國的國際地位發生顯著的改變。而過去當作中、美、蘇三角戰略的一環，自從 1990 年代蘇聯崩潰後，中國在東亞戰略重要性提升，更獲得國際社會的廣泛認可。第三，國內意識形態之爭逐漸讓位於經濟議題的優先性。第四，中國周邊國家與亞洲四小龍的經濟實力，使中國領導人必須從根本上面對世界舞台上的國家生存問題的解釋，並開始意識到經濟問題不亞於政治和軍事問題[137]。

1989 年天安門後，鄧小平的新外交政策進一步整理為「二十八字方針」，即「冷靜觀察、穩住陣角、沉著應付、韜光養晦、善於守拙、絕不當頭、有所作為。」。這主要是因為天安門事件後，中國再度飽受國際經濟制裁，為了持續集中精力發展經濟現代化，鄧小平認為中國應當保持在國際事務中的低姿態，以便在下個世紀五十年代前完成中國社會主義的現代化建設。大陸學者趙全勝歸納出中國外交政策的轉變，從毛澤東時代到鄧小平時代的五個關鍵特徵，分別為：一、從倡導世界革命變為追求和平的國際環境；二、從敵視現存國際規則變為國際秩序中的成員；三、從強調政治和軍事發展變為把精力集中在經濟現代化；四，從教條的共產主義變為實用主義政黨；五，從「武力解放」台灣變為「和平統一」與「一國兩制」[138]。

但是，趙全勝也強調，儘管從毛澤東時代結束後中國外交政策發生重大轉變，但在四個重要領域裡，中國的外交政策依然延續建國以來的一貫性。即一、中國繼續反對建立地區霸權的行動，包含對蘇聯、印度、越南、美國（朝鮮問題）發動戰爭。二、中國持續與第

[137] 趙全勝，《解讀中國外交政策》，頁 98-99。
[138] 趙全勝，《解讀中國外交政策》，頁 102-125。

三國家交往並支持其國家利益。三、中國領導人對主權與領土議題仍然保持高度敏感，而不惜以武力來捍衛國家主權。第四、中國外交政策仍保持高度的集權，只有少數最高領導班子才能掌握。而這以上四個領域則以最後一個攸關國家政權維繫最為重要，而成為國家對外關係的優先考慮[139]。

例如，1982 年 8 月 21 日，鄧小平會見聯合國秘書長德奎利亞爾時談到：「中國是聯合國安全理事會的常任理事國，中國理解自己的責任。……中國的對外政策是一貫的，有三句話，第一句是反對霸權主義，第二句話是維護世界和平，第三句話是加強同第三世界的團結和合作。……[140]」。而在 1990 年 7 月 11 日，鄧小平在會見加拿大前總理特魯多時亦表示：「中國永遠不能接受別人干涉內政。我們的社會制度是根據自己的情況決定，人民擁護，怎麼能接受外國干涉加以改變呢？……所以……需要以和平共處五原則作為新的國際政治、經濟秩序的準則。現在出現的新霸權主義、強權政治，是不能長久維持的。[141]」

如同 David C. Kang 所說，由於中國外交觀念的轉變，東亞地區自 1979 年開始有更多的和平與穩定，這是從鴉片戰爭後所罕見，只有台灣與北韓有安全威脅，但大多數東亞國家都相對趨於安全穩定。改革開放使得中國每年維持 9%以上的經濟成長，使得週邊國家也因此受惠。因此，自 1979 年以來東亞區域逐漸呈現和平與穩定局勢，主要因為兩個原因。首先，東亞國家並不對中國採取權力平衡對策，相反的卻是順從中國，這是基於東亞歷史裡中國的傳統大國影響力。其次，東亞國家對中國的順從，主要是由於中國能提供更多的利益與信念，一種不同於美國霸權的「認同」軟實力。這不是說東亞國家不害怕中國崛起的威脅性，只是兩權相較取其輕之下，東亞國家普遍相信強大的中國能帶來區域的穩定與周邊的利益，而

139 趙全勝，《解讀中國外交政策》，頁 102-125。

140 鄧小平〈中國的對外政策〉，中共中央文獻研究室編，《鄧小平文選》（香港：三聯書局，1996 年），頁 233-235。

141 鄧小平〈中國永遠不允許別國干涉內政〉，中共中央文獻研究室編，《鄧小平文選》（香港：三聯書局，1996 年），頁 471-473。

弱勢的中國則可能使其他國家（美國、歐洲強權）有新控制東亞地區。而 David C. Kang 認為，這些東亞國家對中國的順從趨勢，也正符合中國所宣稱「和平崛起」與扮演一個「負責任大國」的國家安全外交新思維，也是傳統東亞秩序的再現[142]。

自鄧小平時期開始，中國積極對外進行關係的改善，除了傳統的「獨立自主外交」、「南南外交」與「周邊外交」外，更結合經濟發展需要與國際和平訴求的外交戰略，彈性運用「經濟外交」、「大國外交」、「柔性外交」與「新型外交」等務實路線，中國為重新「開國」並進入國際社會取得重大的勝利[143]。而後 911 時期的國際社會環境，更提供中國「新安全外交」的全新機會與實踐其新階段的「獨立自主外交」，透過與美國的反恐結盟，中國積極參與國際反恐事務，更利用全球反恐議題有效壓制國內分離主義運動，如新疆東突運動等。因此，黎安友（Andrew J. Nathan）與陸伯彬（Robert S. Ross）便認為，中國正處於一個百年來難得的最為「安全」的國內與國際環境之中，這個百年難得的機遇出現，也使中國的國家安全戰略呈現出新的轉變，只要中國與美國、日本、俄羅斯能保有一定程度的巧妙平衡，在中國周圍的四個鄰國地區（中亞、東北亞、東南亞與南亞）就不會受到威脅，而中國也不會對這些鄰國造成巨大威脅，這正是中國強調其「新安全外交」的目標[144]。

四、結語——中國邊疆形成的內在邏輯與其挑戰

中國的邊疆自夏商周三代開始即不斷的向外擴張，從最早的黃土高原及渭河、汾水流域所形成的中央地帶，隨著歷朝歷代的開闊

---

142 David C. Kang, *China Rising:Peace,Power,and Order in East Asia* , pp. 1-17.

143 蔡東杰，《當代中國外交政策》，頁 7-9。

144 Andrew J. Nathan& Robert S. Ross, *The Great Wall and the Empty Frotress: China's Search for Security*（NewYork：W.W.Norton& Company, 1997）, pp. 123-124.；also see Michael D. Swaine& Ashley Tellis, *Interpreting China's Grand Strategy:Past, Present, and Future*（U.S. :RAND-Project AIR FORCE, 2000）, pp. 78-79.

疆域，中原與邊陲地帶的內在形成地域便深刻影響中國人的世界觀。古老中國的「天下秩序」觀，從周代發端到秦始皇帝「統一天下」時，中國即深刻受到「普天之下，莫非王土，率土之濱，莫非王臣」的大一統思想影響。秦代皇帝制度的建立與帝國郡縣制度的高度中央集權，使得皇權與德治的鏈結，將世界一體併入到帝國的想像之中。而這一從秦朝開始的皇帝制度與「天下」觀，由各種統治現實而實踐出來的「羈縻制度」與「冊封」及「朝貢制度」來作為中原與邊疆地帶的聯繫，直到清朝末年為止，二千年來的中國內部與外部邊疆的統治邏輯便這般透過帝國內部的世界認知與對外的掌控程度而決定帝國的衰敗。

（一）中國本部與邊陲構成

中國這個古老的國家，其建立的內在邏輯從根本上就是兩個世界的構成。如同「中國」此一名詞的出現，從最早的夏商周三代開始便意味著與「四方」邊疆民族的不同，所以「中國」者，有深切的民族認同與文化優越傾向，乃為用以區別內外民族的分際。因此，細心觀察中國，從古老時代到今日的共產統治，其內部與外部的分際，不僅攸關政權的歷史正當性延續，尚包含了對外部民族的有效統治程度。

一直以來，中國政體便不斷改變其核心區（中原）與邊疆地區定義的分界，因此，從中國的周代開始，即有不斷向東與向南進行擴張的傾向，直至清朝成立本部十八省為止，這個趨勢大致沒有改變。尤其在十九與二十世紀受到現代西方國際社會體系的衝擊，中國的邊界形成有了具體而明顯的變化[145]，從而從「天下」觀轉變為「國家」，然而中原核心區與邊疆地區的分野構成，卻仍舊體現在清朝以降的統治結構裡。

---

145 蔡裕明，《中國南方邊界與邊疆變動之研究》（高雄：國立中山大學大陸研究所博士論文，2006 年），頁 1-3。

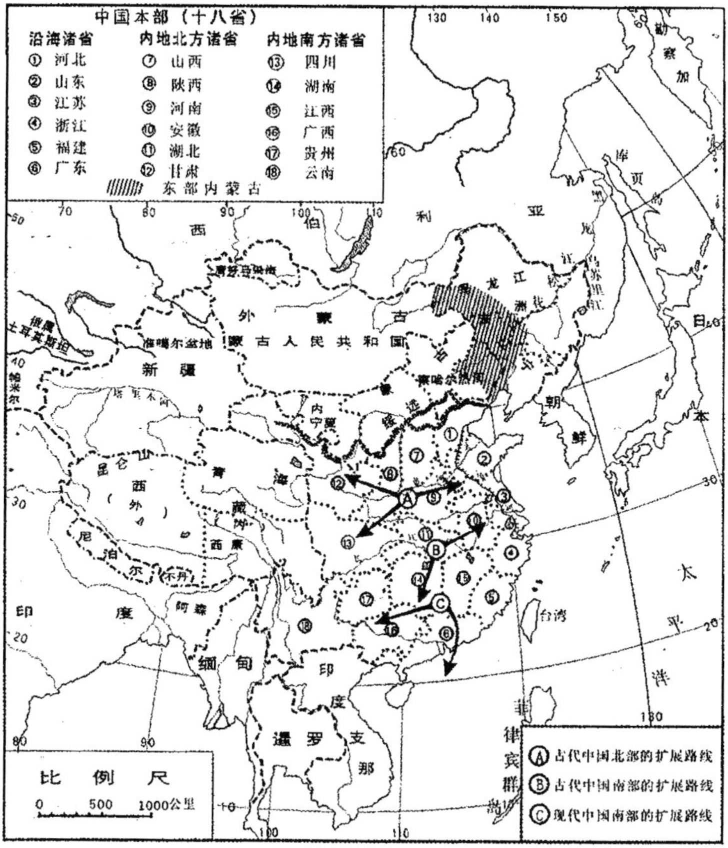

圖 1-19　中國內地及臨近區域：早期擴展路線與中國本部十八省

資料來源：拉鐵摩爾（Owen Lattimore）著，唐曉峰譯，《中國的亞洲內陸邊疆》，頁 1。

不同的朝代，有不同的世界觀，但中原（核心區）與邊陲（邊疆）地帶的分野卻巧妙的延續下來，在柏楊的研究裡，中原的擴張與各時代的形成範圍，便是一個帝國內部基本控制幅度的成型。根據蔡裕明參考柏楊的研究指出，從秦帝國到清朝為止，中原本部（核心區）一

直在變化，在強盛的朝代甚至包含了河套與核心走廊地區，如秦、漢、唐等，而在其他年代則可能包含雲貴兩省地區，如清朝等。因此，除了傳統上的中原外，尚有其它幾個小區可以視為中原的對外延伸。在邊疆的部份，自周朝開始的「五服制」中揭櫫的「要服」與「荒服」，與後來朝代的「內藩」與「外藩」等，都顯示出根據漢族主義文字圈的影響程度，而區分的「德化區」與「化外之地」的分界，而蔡裕明也指出柏楊大致將中國邊疆地區蓋分為八個地理分區[146]。

表 1-2　中國本部地區

名稱	地理位置	地理上之意義
中原	北到長城，南到淮河，西到函谷關，東到東中國海。	平原，漢民族發展核心區，為軍事上會戰區。
河東	太行山與黃河之間	可對河北與關中構成威脅，為軍事上會戰區。
關中	秦嶺以北與長城以南地區，東有函谷關，西有蕭關，南有大散關與武關，北有金鎖關與秦關。	在地理形勢上，以關中為基地，可以攻擊中原的背面，會戰區
隴西	河西走廊與關中區之間	關中之屏障，會戰區
江淮	長江與黃河之間狹長地帶	中國統一時可做糧倉，南北分裂時則作為拉鋸的戰場，會戰區與決戰區
巴蜀	今日四川盆地	四面高山，可作獨立作戰單元，國防中心區
江南	長江以南與越南以北地區	稻米區與農業社會特徵， 會戰區、游擊區與決戰區

資料來源：柏楊，《中國人史綱》，頁 44-45。蔡裕明，《中國南方邊界與邊疆變動之研究》，頁 4。

---

[146] 柏楊，《中國人史綱：上冊》，頁 44-46。蔡裕明，《中國南方邊界與邊疆變動之研究》，頁 4-5。

表 1-3　中國邊疆地區

名稱	地理位置	地理上之意義
河西走廊	位於中國中西部，北面為許多小沙漠，以及稱為「北山」的山系，南面為祁連山脈。	古代時中國通往西域的要道，在公元 7-8 世紀時曾被稱為「塞外江南」。
西域	今日新疆、中亞及喀什米爾地區	古代中國西部的邊防區
河套	黃河上、中游地區呈現几字地區	黃河流域主要灌溉區
塞北（塞外）	長城以北，廣義的塞外應包含「漠北」，從長城以北至貝加爾湖地區，狹義的塞外只包含「漠南」，從長城到外蒙古邊界。	中國歷史上外患生存地帶
漠北	瀚海沙漠群的北部，也即狹義的塞北之北，包含外蒙古至貝加爾湖地區	北方游牧民族對中國發動侵略之地（生存之地），只有當漠北與中國合為統一版圖帝國時，此威脅才會解除；反之，則為中國傳統威脅來源地區
東北（遼東、滿州）	山海關以北	完整經濟與軍事單元，可獨立防禦與進攻中原
雲貴高原	包含雲南與貴州地區	中國西北方的軍事建設區、國防路線區
青藏高原	包含青海與西藏地區等高原地	中國的邊防與移民區

資料來源：柏楊，《中國人史綱》，頁 44-45。蔡裕明，《中國南方邊界與邊疆變動之研究》，頁 5。

當然，除了清朝末年的條約體系影響下有具體的國界以區別對外國家關係，但大體上，邊疆在古老中國文化傳統裡，可以視為將內部統治邏輯體現於外部世界的實踐與轉變。另外，派克（Geoffrey Parker）所著的 *Geopolitics：past,present and future* 一書中提到，東亞地區主要核心在中國，而中國的中原發自渭河流域，歷來中國漢王朝受到邊疆民族的侵擾，當漢族王朝強大時可能將今日西藏、新疆、蒙古、滿洲等遊牧民族置於其文化下，但其邊疆仍保有其獨特地理位置屏障下的自身文化，也正因為漢族王朝長期與西面與北面的游牧民對抗，所以發展出強烈的大陸偏向，使得其海洋活動與外交不甚積極，而當 19 世紀海上日本逐漸強大時，就形成中國沿海地區乃至內陸的侵入[147]。

然而 Parker 其實想藉由中國的例子來說明地緣政治傳統理論中經常出現的海權與陸權的對抗，但卻也點出了中國傳統王朝在地緣政治上的領土兩種特質，即以地理區分（Geographical divide）成一部份面向亞太的中國（中原的擴散區），以及一部份面向的中亞的另一個中國（邊疆的區域）。

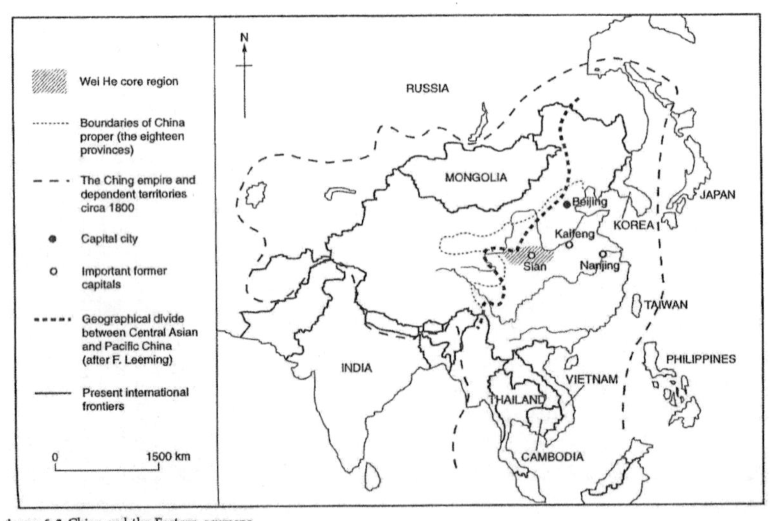

igure 6.3 China and the Eastern ecumene

圖 1-20　中國與東方

資料來源：Geoffrey Parker, *Geopolitics:Past,Present and Future*（London:Pinter Press,1998）, p. 88.

而黎安友（Andrew J. Nathan）與陸伯彬（Robert S. Ross）於合著的 *The Great Wall and the Empty Fortress*（中譯：長城與空城計）一書

147 Geoffrey Parker, *Geopolitics:Past,Present and Future*（London:Pinter Press,1998）, pp. 87-89.

中指出，中國位於亞洲的中心，其陸地邊界僅次於俄國達 2 萬 2 千多公里，週鄰眾多國家，而其邊界無論海陸方向都難守易攻，原因在海疆邊界甚長達 1 萬 4 千公里，海岸線多無天然屏障可言，而陸地邊界則多崇山高嶺，加之嚴冬難以駐防，所以無論海陸邊界均難有「緩衝區」。至於中國人口眾多卻有將近七成人口居於大約佔國土 22%左右的東部「心臟地區」，因而在近代海權興起後便面臨嚴重的海上入侵，而相對於「心臟地帶」的是另一個中國（邊陲區），佔全國近八成的土地上，卻只住了不到四成的人口，雖然歷代以來這裡的人民對中原王朝的忠誠順服與否有不同的程度，但這廣大地區領土卻形成中國在周邊國家緊密接鄰下，作為「中原地區」（Heartland；心臟地帶）抵擋直接在中亞或其外的政治風暴入侵者，而由「邊陲地區」（Periphery）扮演一個相當重要的「緩衝區」（Buffer Zone）；反過來，如果入侵者由海上來，則此「緩衝區」又變成中國內陸的「防衛縱深區」[148]，例如日本侵華時期，我方戰略之「前方」與「大後方」的概念。

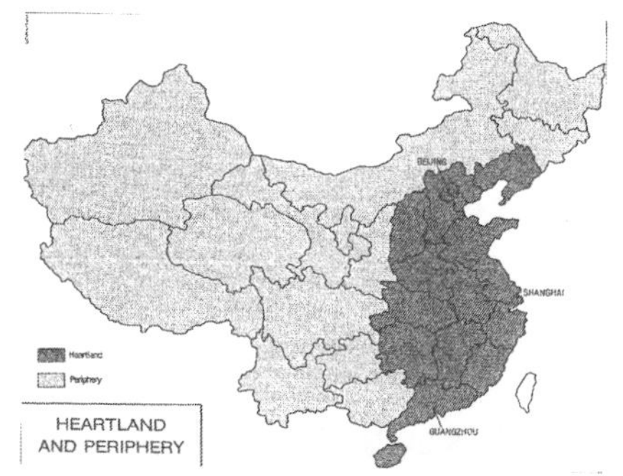

圖 1-21　黎安友與陸伯彬的心臟地帶與邊陲地帶

資料來源：Andrew J. Nathan& Robert S. Ross, *The Great Wall and the Empty Fortress*（New York: Norton& Company, 1998）, p. 12.

---

[148] Andrew J. Nathan& Robert S. Ross, *The Great Wall and the Empty Fortress*（New York: Norton& Company, 1998）, pp. 11-18.；黎安友（Andrew J. Nathan）與陸伯彬（Robert S. Ross），何大明譯，《長城與空城計：中國尋求安全的戰略》（*The Great Wall and the Empty Fortress*）（台北：麥田出版，1998 年），頁 39-59。

黎安友（Andrew J. Nathan）等點出了中國地緣政治中的人口多且高密度集中向東、而向西疆域廣大，以及其居亞洲中心位置的三個關鍵特質，更甚者，在他書中不僅提出兩個中國觀點，更提出了邊疆地區作為中國本部（中原區）安全的「緩衝區」與「防衛縱深區」的雙重意涵。

另一個觀點則是喬治·傅利曼（George Friedman）在 *The Next 100 Years* 一書中指出，中國的地理位置特殊，因此要成為危險地震帶的機率甚微，就算發生衝突也可能是其他國家的主動侵犯，而中國主動侵犯他國可能的代價相對提高。因為中國是一個島（如圖 1-22），四周是難以通行的天然障礙或荒地，長期來除了人口眾多的東部地區，邊疆人口稀少地帶佔了國土的三分之二，受近代歷史來自海上之威脅所致長期處於鎖國局勢，但向外貿易的結果，造成沿海地區富裕而邊疆地區貧窮的差距，因此在毛澤東時期，中國相當貧窮而封閉[149]。

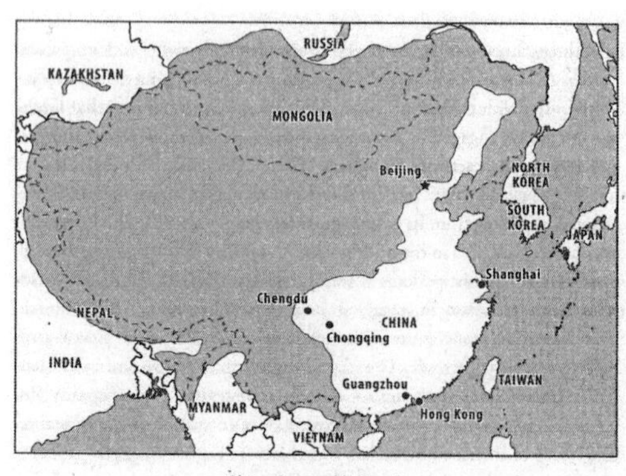

China: Impassable Terrain

圖 1-22　中國：難以穿越的地形

資料來源：George Friedman, *The Next 100 Years*（New York:Anchor Books,2009）, p. 89.

149 George Friedman, *The Next 100 Years*（New York:Anchor Books, 2009）, pp. 88-99.

但是傅利曼並未提到鄧小平以後的發展，尤其是中國改革開放以來經濟發展快速，更積極發展交通系統，透過公路與鐵路及空運的建設，現代中國的交通網為內地古代中原地區（鄭州等）甚至邊疆地帶已提供相當的經濟動脈，從而加大其對新疆、西藏地區的社會控制。

最後則是史溫尼（Michael D. Swaine）與泰利（Ashley Tellis）在 *Interpreting China's Grand Strategy：Past, Present, and Future* 一書中所附的「中國心臟地帶」與「中國邊陲地帶」兩個圖。史溫尼與泰利指出「兩個中國」的特質，並且特別強調歷代中國王朝或時期的國力強弱，往往表現在是否能有效的穩定「心臟地帶」內部秩序，以及同時取得對外「邊陲地帶」的控制。因此，中國歷代王朝的強盛與否，也實與能否掌控邊疆少數民族有關。但他們也指出，在今日中國統治下，中國安全環境的外部威脅已經降低，主要因為中國加入國際社會並發揮其影響力所致；但相對於大多傳統中國時期，中共治下的領土幅員廣大，並且把原本少數民族的邊陲地帶，強加於其國家機器的集權統治之下。因此，未來中國的安全威脅不在外部國際環境，而是在內部邊疆地帶的分裂[150]。

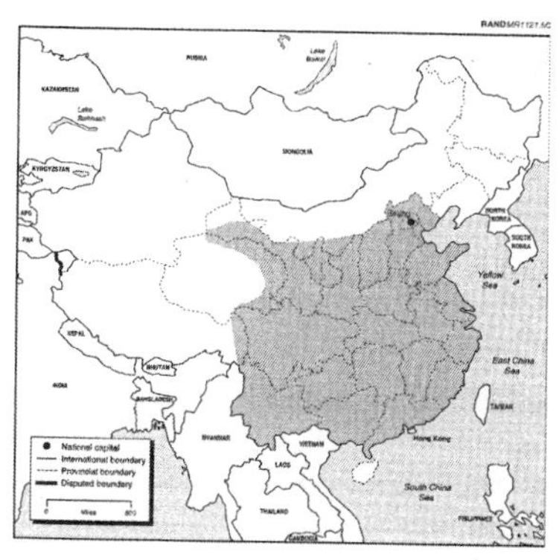

圖 1-23　中國的心臟地帶

資料來源：Michael D. Swaine& Ashley Tellis, Interpreting China's Grand Strategy: Past, Present, and Future, p. 23.

150 Michael D. Swaine& Ashley Tellis, *Interpreting China's Grand Strategy*: *Past, Present, and Future*（U.S. : RAND-Project AIR FORCE, 2000）, pp. 1-95.

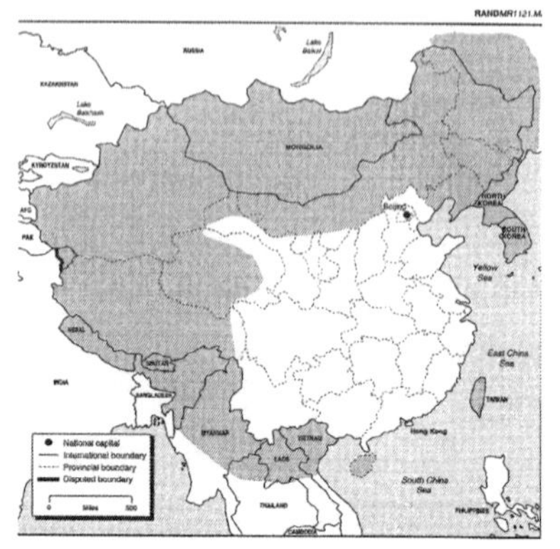

圖 1-24　中國的邊陲地帶

資料來源：Michael D. Swaine& Ashley Tellis, Interpreting China's Grand Strategy: Past, Present, and Future, p. 26.

（二）少數民族問題

傳統上，除了明清兩代時期，由於中國中原的地理特性呈現出開放性，主要還是因為多丘陵、較低的高山、平原、水文等緣故，有利於人類移動，所以歷代中國王朝容易受到北方、東北方與南方外族的侵略[151]，尤其以北方少數民族，雖然在各朝代有不同淵流、名稱出現，但其對中國中原地區的影響最為劇烈，有些北方少數民族甚至入主中原，成為新的王朝統治者。但如同錢穆所說，歷代王朝循環，經常是少數民族入侵中原，甚至統治中原，但最終少數民族接受了漢族文化，甚至融入了漢族的歷史與族群之中。

近代中國，特別是共產中國建立初期，或多或少受到這樣的思維影響，使得中國對於少數民族與邊陲地區的想像，仍然停留在「非我族類」的歷史遺緒之中，而這正是今日中國共產政權所面臨的最大統治危機。拉鐵摩爾曾經指出，中國的邊疆地帶主要為滿州、蒙

[151] 蔡裕明，《中國南方邊界與邊疆變動之研究》，頁 6-7。

古、新疆與西藏，但隨著 1930 年代中國發生大規模的漢族人口遷徙至滿州與蒙古後，基本上這兩個地區已經漢化[152]。而西藏地區由於佛教文化影響，以及達賴喇嘛願意接受「高度自治」的和平主張等，西藏地區所傳出的反抗中共政權事件並不太多。

但是相較之下，中國新疆的維吾爾少數民族地區卻顯得不太安寧，這主要是因為自 19 世紀近代以來，新疆地區的獨立運動未曾稍減，即便是在中共建國後的 1950 年代開始，新疆地區的政局仍然顯得不太穩定，例如 1962 年代中蘇新疆邊境就曾因為發生「伊塔事件」，致使當時有 5.6 萬維族出走蘇聯；而 1969 年中蘇發生「珍寶島事件」後，蘇聯又在新疆塔城山地地區製造軍事衝突，這主要還是受到中蘇關係破裂的影響，因此蘇聯不斷透過中國新疆地區的「東突厥斯坦」歷史問題，試圖侵蝕並扶植新疆回族政權，以作為蘇聯中亞地區的控制區並向中國西部壓迫，迫使中國面臨中蘇友好關係破局後的惡果，而這樣的狀況一直要到 1982 年中蘇關係改善後才稍加紓緩[153]。

1989 年 2 月蘇聯撤軍阿富汗後，阿富汗隨即陷入軍閥割據，而在 1991 年 12 月蘇聯的崩解，中亞地區出現五個新興主權獨立國家，即哈薩克、吉爾吉斯、塔吉克、烏茲別克與土庫曼，其中塔吉克、烏茲別克、土庫曼與阿富汗接壤，而哈薩克、塔吉克、吉爾吉斯與阿富汗則與中國新疆接壤。因此，整個 1990 年代蘇聯勢力退出中亞，使得中亞與中東的國際局勢也同時面臨重大轉變，而當美國面向中東政策並積極出兵伊拉克、伊朗等國同時，伊斯蘭聖戰組織與伊斯蘭復興運動也在中東地區蔓延。其中最為顯著的便是阿富汗的塔利班政權以及其盟友，由賓拉登所一手建構的「基地組織」(蓋達)。也因為賓拉登以阿富汗為據點，以及阿富汗反抗軍十年對蘇聯戰爭的勝利，使得賓拉登與一些「基地組織」成員相信，美國無法壓制伊斯蘭世界的聖戰烈火[154]。

---

152 拉鐵摩爾（Owen Lattimore）著，唐曉峰譯，《中國的亞洲內陸邊疆》(*Inner Asian Frotiers of China*)，頁 1-8。

153 潘志平等著，《「東突」的歷史與現狀》(北京：民族出版社，2008 年)，頁 91-146。

154 張錫模，《全球反恐戰爭》(台北：東觀國際文化，2006 年)，頁 44-66。

而大約就是在 1980 年開始，因為宗教信仰的緣故，新疆的伊斯蘭教便一直受到中東與中亞地區的遜尼教派教義影響，並且由於阿富汗塔利班神學士政權的「輸出伊斯蘭革命」(聖戰)，在 1985 年 12 月 12 日與 1988 年 6 月 15 日，新疆首府烏魯木齊發生兩起大規模民族宗教騷動，1990 年間在靠近巴基斯坦與阿富汗邊境的克孜勒蘇柯爾克孜自治州與喀什地區都曾發生嚴重武裝暴動，1992 年 2 月 5 日在首府烏魯木齊則發生公車爆炸案，1996 年 3 月，新疆分裂主義者在新疆醫學院召開秘密會議，企圖暗殺親中的宗教與政府高層，1997 年 2 月 5 日伊寧地區爆發嚴重動亂，1998 年烏魯木齊發生數十起縱火案，而 2009 年 7 月 5 日新疆首府烏魯木齊更發生嚴重的暴動事件，死亡人數將近 200 人，另外，根據新華社報導，直至 2013 年 6 月底為止，新疆地區仍持續有暴動發生，光 6 月 26 日的暴動當天便有 27 人死亡。[155]。

另根據中國官方資料統計，自 1990 年到 2001 年間，由「境外」「東突恐怖份子」在中國新疆境內製造了至少 200 多起恐怖暴力事件，造成各民族、政府官員、宗教人士等 162 人死亡、440 多人受傷，主要活動包括：製造炸彈、進行暗殺、襲擊警察與政府機關、投毒與縱火、建立秘密組織與訓練成員、策劃暴動與製造恐怖氛圍等。同時，中國官方資料並直指賓拉登為「東突恐怖份子」提供大量的活動經費與物資協助，更在 1999 年初會見了當時的「東突厥斯坦伊斯蘭運動」領導頭目，賓拉登並指示「東突恐怖份子」需與「烏茲別克斯坦伊斯蘭解放運動」與阿富汗塔利班政權協調。因此，新疆的北疆與南疆地區自 1990 年代開始發生一系列的恐怖事件，主要還是與這些組織有關[156]。

---

[155] 潘志平等著，《「東突」的歷史與現狀》，頁 147-174；BBC 中文網，〈英媒：「高壓政策是導致新疆騷亂的原因」〉，《BBC 中文網》，2013 年 6 月 27 日，〈http://www.bbc. co.uk/zhongwen/trad/press_review/2013/06/130627_press_xinjiang.shtml.〉。

[156] 中國國務院新聞辦公室，《新疆的歷史與進步、新疆的歷史與發展》(北京：人民出版社，2009 年)，頁 99-155。

然而，真的如中國官方資料所說，新疆的恐怖事件發生全是「境外」的「三股勢力」（恐怖主義、分裂主義、極端主義）所影響嗎？以及新疆邊陲地區對中國本部的國家安全有何影響？甚至於，新疆地區的不穩定，對中亞局勢與中、美、蘇等強權的地緣政治佈局有何影響？諸多問題，筆者將在後續章節繼續說明。

第二章　新疆與中國國家安全

一、新疆歷史、地理與跨界民族

新疆問題，比起西藏問題，尤其棘手，特別是在新疆逐年升溫的「東土耳其斯坦」分離運動上[1]。因為新疆是中國最大的省份，面積大小約同於伊朗，也是亞洲的地理軸心[2]；也因為這獨特的地理位置，決定了新疆在中國與中亞、南亞、西南亞以及與歐洲地理空間與歷史時間的聯繫[3]。是古代的絲路，也是今日的歐亞大陸橋[4]。

另外，若以中國與他國的領土與疆界區分來看，則中國的邊疆可分為海疆與陸疆，其中海疆有大陸海岸線達 18000 多公里，並包

---

1 王力雄，《我的西域，你的東土》（台北：大塊文化，2010 年），頁 13。

2 Owen Lattimore, *Pivot of Asia*（Boston: Little Brown and Company,1950）, p. 3；根據中國官方實測，亞洲的地理中心在中國新疆維吾爾自治區烏魯木齊市以西烏魯木齊永豐鄉包家槽子村，東經 87.20 度與北緯 43.41 度交會處，而新疆土地面積為 166.31 萬 Km^2，與中國總面積 959.6961 萬相比，約佔中國總面積的六分之一。請參見文云朝等箸，《中亞地緣政治與新疆開放開發》（北京：地質出版社，2002 年 2 月），頁 1-12。

3 文云朝等，《中亞地緣政治與新疆開放開發》（北京：地質出版社，2002 年），頁 12。

4 最早提出「絲路」（Silk Road）的是 19 世紀末幾位探險家所提出的，包括 Aurel Stein、Albert Van Le Coq、Sven Hedin 及日本王室 Otani 等，根據考證是指古代到中世航海年代開始前，歐亞大陸間自新疆地區經阿富汗到土耳其斯坦的一段商貿之路，由於中國絲織品製透過此間輾轉輸入歐洲貿易的盛行，所以稱為「絲路」。歐亞大陸橋（Eurasian Crossroads）則是因為 18 世紀到 19 世紀末，俄羅斯帝國對中亞地區擴張，並尋求新疆地區的棉花，通過巴基斯坦以及中亞地區的新國家到俄羅斯，因而見稱。見 James A. Millward& Peter C. Perdue,"Political and Cultural History of Xinjiang Region through the Late Nineteenth Century," In S. Frederick Starr ed., *Xinjiang: China's Muslim Borderland*（U.S.: M.E.Sharpe, 2004）, pp. 31-32。

含 500 平方米以上島嶼 6500 多個，島嶼面積達 8 萬多平方公里，島嶼岸線達 14200 多公里；至於陸疆則有 22800 多公里，北鄰蒙古、俄羅斯共 8362 多公里邊界線，西鄰哈薩克、吉爾吉斯坦、塔吉克斯坦、阿富汗、巴基斯坦共 3404 多公里邊界線，南鄰印度、尼泊爾、不丹、緬甸、寮國、越南共 8975 多公里邊界線，東鄰北韓 1400 多公里邊界線。中國陸地邊界鄰 14 國之眾，而其中光是新疆一省即達 5400 多公里，與八個國家接鄰，為中國各省區之最[5]。

因此，無論從邊疆的角度，亦或是國家領土統一的角度來看，新疆的地理特性深刻關聯著中國國家安全的需求，而民族分離運動、宗教極端主義與境外恐怖主義的事件屢增，更突顯中國在新疆治理與邁向中亞地緣政治上的連動性質。

（一）新疆歷史概要

在漫長的中國歷史裡，新疆地區（古稱西域）的動盪一直是中原王朝的隱患，遠在 4000 年前這裡就有「樓蘭古國」的建立。根據 James A. Millward 與 Peter C. Perdue 的說法，疑似為一採用印歐語系並夾雜高加索語的古老族群，包含後來生活在今日西喀什與帕米爾邊境地區、伊犁與天山南麓地區的莎卡（Saka）部落[6]。而大約在公元前 2 世紀，也就是中國歷史上的漢代時期，原在敦煌及河西走廊生活的月氏，受到漢朝張騫出使並尋求聯盟以對抗匈奴所致，西域諸部因而與中國王朝有了外交上的關係，同時也開啟了中國王朝與西域地區的貿易往來。爾後，月氏也因為匈奴一部受到漢朝追擊敗逃西域地區，連帶使月氏部族分別遷往青海、塔里木盆地以及伊犁河谷一帶，更甚者遠至中亞阿穆河（Amu（Oxus）River）流域。匈

---

5 中國國務院，〈中國概況〉，《中國國務院網站》，2003 年 1 月 19 日，<http://Big5.xinhuanet.com/gate/big5/news.xinhuanet.com/ziliao/2003-01/19/content_696…>。張植榮，《中國邊疆與民族問題：當代中國的挑戰及其歷史由來》（北京：北京大學，2005 年），頁 167；文云朝等，《中亞地緣政治與新疆開放開發》，頁 12。

6 James A. Millward& Peter C. Perdue,“Political and Cultural History of Xinjiang Region through the Late Nineteenth Century,” p. 33。

奴則在公元前 162 年到公元 150 年期間，控制了天山南麓的吐魯番與塔里木地區，並與烏孫部族同為遊牧兼採農耕生活[7]。

由於中原王朝的興衰輪替深刻影響西域民族的遷徙，因而漢朝初期月氏受匈奴逼迫而遷入中亞阿穆河流域。到了隋唐時期，突厥出現在大漠以北並建立政權，爾後分裂為東西突厥，東突厥先於公元 8 世紀滅亡，西突厥則遷徙至今日中亞地區阿富汗、北印度與西吐魯番盆地以及喀什地區。然而與漢朝的聯合西域部族藉以驅除匈奴政策不同，由於唐朝本身兼有突厥血統，對於西域各族親密對待，因此得以在公元 630 年到 640 年之間與居於塔里木、吐魯番盆的突厥聯盟，同時取得絲路的貿易以及對吐番新勢力的間接抵禦[8]。

公元 730 年至 751 年期間，唐朝對中亞的經略達到高峰，甚至派遣高麗將軍高仙芝遠征撒馬爾干（Samarkand；即今日巴格達 Bagada），直到公元 755 年安祿山叛亂直搗中原（唐朝首都長安）開始至清初平定準噶爾為止，在長達近千年的歷史裡，除去元朝汗國設立，新疆（西域地區）一直獨立於中國的中原王朝，其因素多與歷代漢族王朝的分裂與衰敗所致，而漢族與匈奴兩大強權的衝突也讓新疆（西域）地區的民族在政治與軍事上多受影響，甚至到達中

---

7 James A. Millward& Peter C. Perdue,"Political and Cultural History of Xinjiang Region through the Late Nineteenth Century," pp. 33-36。在中國歷史裡，最早記載居住於今日新疆地區的部落民族，應從漢代（公元前 206 年至公元 220 年）開始，當時主要有塞、月氏、烏孫、羌、匈奴人等。塞人原遊牧於伊犁河，西抵錫爾河地區，因被月氏排擠而西遷，一部分遷至錫爾河北岸，一部分南下帕米爾。月氏則於公元前 475 年至公元前 221 年間活耀於河西走廊到塔里木盆地的廣大區域，後於公元前 176 年受到匈奴的攻擊遷移至伊犁河流域並趕走塞人。烏孫則原本居於河西走廊，後受到月氏的攻擊而依附於匈奴之下。匈奴則在稍後取代月氏成為天山南北麓地區最主要的控制者，並開發了吐魯番與塔里木地區的綠洲農業基礎。見中國國務院新聞辦公室，〈新疆的發展與進步〉，《中國國務院新聞辦公室白皮書》（北京：人民出版社，2009 年 9 月），頁 52。

8 James A. Millward& Peter C. Perdue,"Political and Cultural History of Xinjiang Region through the Late Nineteenth Century," pp. 36-40。

亞內陸地區，反過來，匈奴勢力與西域各部聯合強大時，卻也對中原王朝與漢族造成極大的威脅[9]。

在 18 世紀中葉清朝統一新疆後，中亞地區長期處於汗國、土邦、部落之間的征伐，然新疆地區在清廷治下則相對穩定，境外哈薩克、布魯特各部、浩罕（烏茲別克）、博羅爾、喀什米爾、愛烏罕（阿富汗）等部亦時有遣使入貢稱臣。但到了 19 世紀中葉以後，英吉利帝國以印度作為亞洲最大殖民地北向中亞與新疆滲透，1846 年英軍攻克克什米爾，1849 年吞併旁遮普。同時俄羅斯帝國亦以武力侵入中亞，趁著中國清政府忙於鴉片戰爭之際，公元 1846-1847 年間，俄軍兵分兩路南下中亞直抵錫爾河口，1850 年俄軍深入伊犁河畔，繼而於 1868 年攻陷浩罕國，連帶影響了浩罕國將軍阿古柏率軍進入南疆，並在英軍支持下建立政權。爾後俄軍於 1871 年攻入北疆、佔據伊犁，新疆全境落入英俄帝國勢力掌控之下，直至 1877 年底方由左宗棠收復，並於 1884 年「建省」[10]。

然而新疆一地，從清末到中共建政前，地方政務軍令多受蘇聯滲透影響，雖至中共建政後，仍不能倖免。所以王震百萬大軍在 1954 年奉毛澤東令改制為「新疆建設兵團」，以其為守疆戊邊兼以發展邊疆的功能，而不設正式軍區於此地，即為避免蘇聯與中共政權友好關係因邊界事務而緊張[11]。但隨著蘇聯瓦解後，中亞情勢丕變，中共當局急與新建之哈薩克、吉爾吉斯、塔吉克等國修訂邊界並簽立條約。加上國際事務上的反恐議題合作有助於新疆境內分離主義崛起的壓制，中共當局在 1981 年恢復成立「新疆建設兵團」以作為安定邊疆的力量，結合「軍、警（武警）、兵（兵團）、民」四位一體的聯防體系。並自 2002 年起，凡 2003、2005、2006、2009、2010、2011、2012、2013 等年度，與吉爾吉斯、塔吉克、俄羅斯、巴基斯坦及上

---

9 James A. Millward& Peter C. Perdue,"Political and Cultural History of Xinjiang Region through the Late Nineteenth Century," pp. 36-40。

10 見潘志平主編，《中亞的地緣政治文化》（烏魯木齊：新疆人民出版社，2003 年 9 月），頁 108-112。

11 劉以雷等著，《新形勢下新疆兵團經濟改革發展大思路》（北京：社會科學文獻出版社，2010 年 11 月，1 版）頁 1-8。

海合作組織成員國共同聯合軍事演習（代號分別為「和平使命」或「天山演習」），地點多在新疆邊境，顯見新疆邊防受到境外國際因素變化的影響，而成為中國國家安全之重鎮[12]。

江澤民於 1998 年曾經表示：「新疆是我國西北一個具有重要戰略地位的地區，加快新疆的經濟發展和社會進步，是一件關係全局的大事，對我們實現跨世紀發展的目標，保障國家的安全與邊防鞏固，具有重要的意義。……要維護和加強全國各民族的大團結，就必須旗幟鮮明地反對民族分裂主義，維護祖國統一，這是國家最高利益之所在。」而在 2009 年 8 月 26 日新疆發生大規模暴動後，胡錦濤也發表了打擊「三股勢力」的談話，提及新疆維穩是國家安全的重要工作。及至 2013 年 11 月 4 日發生在北京天安門的爆炸案後，習近平更嚴斥新疆自治區書記張春賢，並撤換了新疆軍區司令彭勇的黨委常委職銜。[13]

尤其 911 事件後，國際反恐議題甚熱，反恐熱點更集中於中東、中亞地區，除賓拉登等蓋達組織活躍於阿富汗、巴基斯坦邊境外，更有從境外輸入自中國新疆境內地區，因而與中亞地區國家合作對於中國國家安全戰略的意義而言，攸關天然資源的開發、經貿關係的建立、周邊穩定與國土安全，以及聯合反美勢力以避免美國勢力藉反恐活動滲入亞洲內陸地區[14]。尤其以中國身處亞太海洋與歐亞內陸兩面地理位置，在亞太地區已受美日集團限制而不具海洋優勢，為了避免美方勢力從亞洲內陸滲入，以新疆接鄰亞洲內陸八國的獨特地理位置，也正是其作為「西部大開發」十年來，中共當局於國家「十二・五」建設計劃後新增的重點發展地區的主要因素之一。

---

12 劉以雷，《新形勢下新疆兵團經濟改革發展大思路》，頁 3。

13 新華社烏魯木齊，〈江澤民總書記在新疆考察〉，《新華網》，1998 年 7 月 10 日，<http://news.xinhuanet.com/ziliao/2000-12/31/content_478680.htm>；請見文匯報，〈劉雷任新疆黨委常委，新疆軍區司令彭勇被免自治區常委職〉，《文匯網》，2013 年 11 月 5 日，<http://www.wenweipo.com/2013/11/05/NN1311050002.htm>。

14 余苺苺，《911 震盪對中國中亞戰略的衝擊》（台北：淡江大學中國大陸研究所碩士專班論文，2003 年），頁 11-37。

（二）新疆地理概貌

新疆維吾爾自治區位於中國西北邊陲地區，它的東面與南面分別與甘肅、青海、西藏相鄰，東北面與蒙古共和國接鄰，而北面與西面則與俄羅斯、哈薩克、吉爾吉斯、塔吉克為界，西南面與阿富汗、巴基斯坦、印度相接。其四面位置中有三面為國境線環繞，總計接鄰 8 個國家，邊境長達 5400 多公里，土地面積達 166 萬平方公里，約為中國國土的六分之一，台灣的 45 倍之大。新疆的地理分布主要由「三山頭兩盆地」構成，三山頭指的是北邊的阿爾泰山、中間的天山與南邊的崑崙山，其中天山山脈將新疆隔成兩大盆地，分別是準噶爾盆地與塔里木盆地。習慣上稱天山以北地區為北疆，天山以南地區為南疆，而吐魯番、哈密一帶為東疆[15]。

阿爾泰山蒙古語原意為「金山」，因古時產金得名，海拔從 3000 米到最高友誼峰的 4374 米左右，長約 500 公里，呈北西——南東走向。天山山脈橫貫新疆中部，長 1700 公里，海拔從 4000 米到最高峰托木爾峰的 7443.8 米，由東西向的摺皺山和陷落盆地構成，南北分為準噶爾盆地與塔里木盆地。崑崙山脈屬西藏高原一部份，包括帕米爾高原、喀喇崑崙山和阿爾金山，平均海拔超過 6000 米。準噶爾盆地在阿爾泰山與天山山脈和田山之間，面積約為 38 萬平方公里，屬板封閉性內陸盆地，呈不等邊三角形向西傾斜，平均不到 500 米，最低處 189 米，盆地中有古爾班通古特沙漠及綠洲草原地帶。塔里木盆地在天山與昆崙山之間，面積約為 50 萬平方公里，是世界最大內陸盆地，平均海拔 1000 米，東面向甘肅河西走廊開口，為古絲路的要衝，羅布泊為塔里木盆地最低處，海拔約 780 米[16]。

整體新疆地形山地面積（含丘陵和高原）約 80 萬平方公里，平原面積（含準噶爾盆地、塔里木盆地、山間盆地）約 80 萬平方公里，

---

15 新疆新聞中心，〈新疆地理概貌〉，《新疆網》，2010 年 7 月 28 日，＜http://www.chinaxinjiang.cn/quqing/dl/1 /t20100728_629036.htm＞。

16 新疆新聞中心，〈新疆地理概貌〉，＜http://www.chinaxinjiang.cn/quqing/dl/1/t20100728_629036.htm＞。

因屬中高緯度與高海拔地區，平均年降雨量不到 150 毫米。年平均氣溫在北疆約為攝氏 6-7 度，最高溫達攝氏 49.7 度，最低溫則到攝氏零下 20 度。南疆年平均溫為攝氏 10 度以上，最高溫在攝氏 47.6 度，最低溫在攝氏零下 8-10 度之間。因而，新疆南北日夜溫差大，降雨量小，主要受西北季風影響，在遠離海洋和高山包圍下，氣候為典型乾旱特徵。至於新疆境內河流約有 320 條之多，包含最大的塔里木河、伊犁河等，但大多為內陸河易受高溫蒸發，而兼採以地底伏流為民生所用，另有兩條外流河如額爾齊斯河注入北冰洋、流入印度洋的奇普恰普河。整體而言，新疆的河流幾乎全為內陸河，來源主要靠山地降雨和三大山脈的積雪，尤其是冰川融水的部份約佔新疆河流年經流量 21%（約 170 億立方米），有「固體水庫」之稱。而新疆的天然湖泊則有大於 1 平方公里者 139 個，水域面積約 5500 平方公里，包含羅布泊、馬那斯湖、布倫托湖、博斯騰湖、天池等[17]。

在新疆地表資源中 60%是荒漠化土地、耕地 2.5%、草原約 30.5%、森林約 2%、綠洲面積約佔 5%，適宜人類居住地區僅 14.76 萬平方公里，約佔總面積 8.89%，人口約 2100 萬人。而農業土地面積約 5000 萬畝耕地及 1.4 億多畝可供開發地，可支應人口壓力需求，但水資源的嚴重缺乏，使得新疆在工業與民生用水的分配出現吃緊，因此，擴大開墾規模的關鍵在於水資源的條件。至於自然礦產方面，新疆已探礦產達 122 種，種類之多為中國各省區第二位，其中非金屬礦產 88 種，有工業開採儲量者 67 種。主要礦產居全國首位者有鈹、白雲母、納硝石、長石、陶土、蛇紋石、蛭石等[18]。

---

17 新疆新聞中心，〈新疆地理概貌〉，＜http://www.chinaxinjiang.cn/quqing/dl/1/t20100728_629036.htm＞。

18 馬媛等著，《從遊牧到定居》（北京：社會科學文獻出版社，2010 年），頁 4。新疆新聞中心，〈新疆地理概貌〉，＜http://www.chinaxinjiang.cn/quqing/dl/1/t20100728_629036.htm＞。宋岭、張磊，〈新疆礦產資源開發利用的綜合承載力研究〉，牛汝極主編，《中國西北邊疆》（北京：科學出版社，2009 年），頁 92-101。

而新疆所生產的能源中煤、石油、天然氣資源都很豐富，其中煤資源量大約 1325 億噸，三大盆地石油估計有 208 億噸，佔全國陸地資源量 30%，天然氣約 10.3 萬億立方米，佔全國總量 34%。此外，按中國國家統計局與新疆維吾爾自治區統計局所調查之 2009 年資料顯示，該年度新疆地區原煤生產達 7646 萬噸（全國 35.2 億噸）、原油達 2512.86 萬噸（全國 2.04 億噸）、天然氣達 245.36 億立方米（1030.6 億立方米），則分別達到全國年度生產量的 2.17%、12.31%、23.80%，可見新疆的石油與天然氣生產已經成為中國能源需求極重要的國內來源[19]。

另外，新疆自治區劃分為 13 個地區和自治州，以及 68 個縣（含自治縣）、3 個地級市（烏魯木齊、石河子、克拉瑪依）與 16 個縣級市；其中有 11 個地區與自治州和 33 個縣市位於邊境地區，即有半數行政區處於邊境開放地區。2011 年末全自治區人口約 2158.63 萬人，其中城鎮人口 860.21 萬人，鄉村人口 1298.42 萬人，城鎮居民人均可支配收入 12258 元人民幣，農村居民純收入 4005 元人民幣。顯示新疆人均收入明顯低於全國，部分地區人均低於 2300 元人民幣貧戶水平[20]。

---

[19] 文云朝等，《中亞地緣政治與新疆開放開發》，頁 3。中華人民共和國國家統計局，〈中華人民共和國 2011 年國民經濟和社會發展統計公報〉，《中華人民共和國國家統計局網站》，2012 年 2 月 22 日，＜http://www.stats.gov.cn/tjgb/ndtjgb/qgndtjgb/t20120222_402786440.htm＞。新疆維吾爾自治區統計局，〈國家統計局新彊調查總隊報告〉，《中國國家統計局網站》，2012 年 4 月 8 日，＜http://www.stats.gov.cn/tjgb/ndtjgb/dfndtjgb/t20120408_402641876.htm＞。

[20] 文云朝等，《中亞地緣政治與新疆開放開發》，頁 1-2。中華人民共和國國家統計局，〈中華人民共和國 2011 年國民經濟和社會發展統計公報〉，＜http://www.stats.gov.cn/tjgb/ndtjgb/qgndtjgb/t20120222_402786440.htm＞。新疆維吾爾自治區統計局，〈國家統計局新彊調查總隊報告〉，《中國國家統計局網站》，2012 年 4 月 8 日，＜http://www.stats.gov.cn/tjgb/ndtjgb/dfndtjgb/t20120408_402641876.htm＞。

圖 2-1　新疆維吾爾自治區行政圖

資料來源：文云朝等，《中亞地緣政治與新疆開放開發》，頁 2。

2009 年新疆全年地區生產總值（GDP）為 4273.57 億元人民幣，較前一年成長 8.1%，其中農業生產為 759.73 億元人民幣、工業類生產為 1951 億元人民幣、商業與服務業生產為 1561.97 億元人民幣，各佔 17.8%、45.7%、36.5%，顯示新疆地區工業生產領先的局面，特別是在石油與天然氣等能源生產，而商業與服務業則以房地產開發為主。

在交通運量方面，2009 年新疆鐵路完成貨運量 6413 萬噸，比前年增加 4.8%，公路營運車輛達 38657 萬噸，下降 3.5%，民航載運量 3.84 萬噸，增加 1.3%，鐵路載客量 1371 萬人次，公路載客量 28541 萬人次，民航載客量 435.13 萬人次。2011 年末鐵路營運總里程達 3180 公里，民航里程達 15.18 萬公里，公路里程達 15.07 萬公里，高速公路里程達 838 公里，民用車輛達 110.65 萬輛，顯示新疆地區交通網大致以鐵公路為主，而民航載運量也逐年增加[21]。

[21] 新疆維吾爾自治區統計局，〈國家統計局新疆調查總隊報告〉，《中國國家統計局網站》，2012 年 4 月 8 日，<http://www.stats.gov.cn/tjgb/ndtjgb/dfndtjgb/

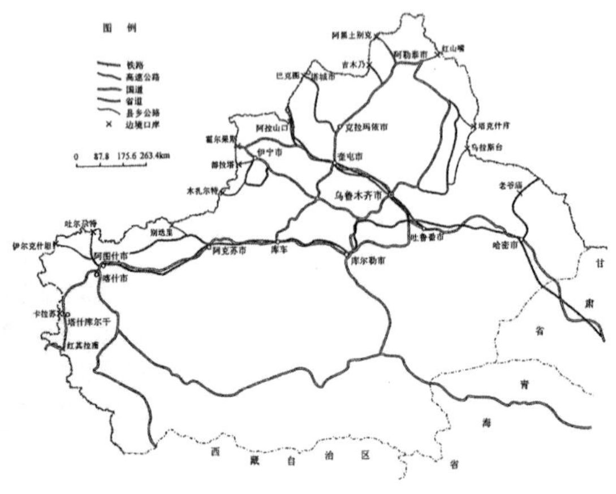

圖 2-2 新疆主要交通網及口岸公路

資料來源：轉引自文云朝等，《中亞地緣政治與新疆開放開發》，頁 56。

表 2-1 新疆口岸一覽表

	区位	对应国别	始建日期	开放时间	1996 年出入境人员/人次	1996 年进出过境货物/t
老爷庙	哈密地区巴里坤自治区	蒙古	1991.6.24	3,6,8,11 月,15～30 日	11501	11000
乌拉斯台	昌吉自治州奇台县	蒙古	1991.6.24	3,6,8,11 月,1～15 日	5272	1325
塔克什肯	阿勒泰地区青河县	蒙古	1989.7.20	4～12 月,20～30 日	34536	12048
红山嘴	阿勒泰地区福海县	蒙古	1991.6.24	7～9 月,1～10 日	8866	2587
阿黑土别克	阿勒泰地区哈巴河县	哈萨克	1992.8	临时过货		
吉木乃	阿勒泰地区吉木乃县	哈萨克	"一五"计划时期	全年开放	5471	4279
巴克图	塔城地区塔城市	哈萨克	1851	全年开放	47274	97816
阿拉山口	博尔塔拉自治州博乐市	哈萨克	1990.6.27	全年开放	14870	2120699
霍尔果斯	伊犁地区霍城县	哈萨克	1851	全年开放	280941	406760
都拉塔	伊犁地区察布查尔自治县	哈萨克	1992.8	临时过货		
木扎尔特	伊犁地区昭苏县	哈萨克	1992.8	临时过货		
吐尔尕特	克孜勒苏自治州乌恰县	吉尔吉斯	1881	全年开放	16279	81949
红其拉甫	喀什地区塔什库尔干自治县	巴基斯坦	1982.8.27	5 月 1 日～11 月 10 日	7402	8312
别迭里	阿克苏地区乌什县	吉尔吉斯				
伊尔克什坦	克孜勒苏自治州乌恰县	吉尔吉斯				
卡拉苏	喀什地区塔什库尔干自治县	塔吉克				
乌鲁木齐航空口岸	乌鲁木齐市西北		1939	全年开放	84600	
喀什航空口岸	喀什市北郊		1993.4.23	全年开放		

資料來源：轉引自文云朝等，《中亞地緣政治與新疆開放開發》，頁 43。

t20120408_402641876.htm>。

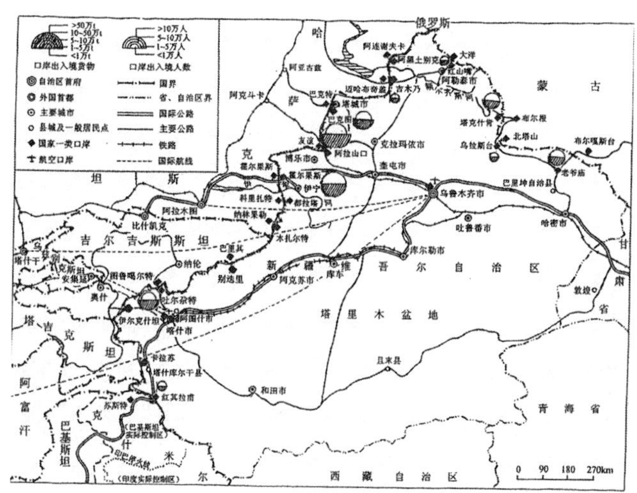

圖 2-3　新疆的對外開放口岸

資料來源：轉引自文云朝等，《中亞地緣政治與新疆開放開發》，頁 46。

最後，2009 年新疆貨物進出口總額為 138.28 億美元，比前年下降 37.8%，其中出口為 108.24 億美元，下降 43.9%，進口為 30.04 億美元，增加 3%，主要透過霍爾果斯、吐爾朵特、洪其拉甫、巴克圖、塔克什肯等 16 個陸地口岸與 2 個航空口岸進行對外貿易活動以及人員流動。因而，外向的經濟與人員交流，使新疆在改革開放後再次成為中國西向中亞地區的門戶，以及歐亞大陸的第二個「橋頭堡」[22]；也使得新疆地區的跨界民族特性與宗教外來因素的歷史遺緒，在 20 世紀末的今天，隨著新疆地區的對外經濟開發成長與中亞五國的相鄰地緣經濟網域的緊密來往，更加突顯中國政府對新疆人民加強控制的重要性，不僅在於反恐怖主義、反宗教極端主義、反少數民族分離主義「三股勢力」，也在於北京當局的地緣政治與能源安全之戰略考量。

[22] 文云朝等，《中亞地緣政治與新疆開放開發》，頁 66-81。任冰心，《中國新疆霍爾果斯口岸貿易發展史研究》（烏魯木齊：新疆大學碩士研究生學位論文，2003 年），頁 23-56。

（三）跨界民族與宗教生活

人類生活在地球，為了適應自然環境條件以及自給自足的需要，便發展出移動的能力；在漫長的人類遷徙歷程中，基於各種原因形成了民族，其中有些定居一地，而有些則選擇遊牧生活。選擇遊牧生活的民族，常受自然因素影響而經常性的移動生活場域，因而成為最早期跨區生活的民族特色。隨著現代國家體系的建立，在全球各地原本習於移居生活的民族，由於國家領土與邊界的政治劃定，而成為今日國際關係研究中的「跨界民族」（cross-border ethnics）或「跨國民族」（transnational ethnics）。也因為國家邊界與主權理論議題在全球化趨勢下有新的發展，1990 年起國際關係理論開始探討這些跨界（或跨國）民族的各種模式成因及其影響，包含了跨國婚姻、跨國人口轉運、跨邊境生活、以及跨界民族等議題[23]。而以下將對新疆維吾爾自治區邊界內外的跨界少數民族進行探討，特別是針對維吾爾少數民族部份。

Gila Menahem 指出，跨界民族（cross-border ethnics）或稱跨國民族（transnational ethnics）是一種政治現象，與現代國家對領土內控制能力及少數民族的認同有關。跨界民族民族的研究主要是受到全球化影響，而在 1990 年代開始在國際關係理論裡被廣泛討論。Basch 將跨界民族定義為：「一種移民過程，建立在社會起源與國家決定的虛構與真實之多重社會關係」，因此，原始跨界族群社會起源與國家因素決定了跨界民族生活的社會關係，例如庫德族、巴勒斯

---

[23] Gila Menahem,"Cross-border, cross-ethnic, and transnational networks of a trapped minority: Israeli Arab citizens in Tel Aviv-Jaffa,"*Global Networks,* Vol. 10, No. 4, 2010, pp. 529-546. ISSN 1470-2266. Sahana Ghosh, "Cross-border activities in everyday life: the Bengal borderland," *Contemporary South Asia,* Vol. 19, No. 1, March 2011, pp. 49-60. Sverre Molland,"The Perfect Business: Human Trafficking and Lao-Thai Cross-Border Migration," *Development and Change,* Vol. 41, No. 5, 2010, pp. 831-855. Eddie Chi Man Hui& Ka Huag Yu,"Second home in Chinese Mainland under 'one country, two systems': A Cross-border perspective," *Habitat International,* Vol. 33, 2009, pp. 106-113. Nicole Constable, *Cross-Border Marriages: Gender and Mobility in Transnational Asia*（Philadelphia: University of Pennsylvania Press, 2005）, pp. 1-20.

坦等便因為社會起源因素與國家主權因素而成為跨界而居的少數民族。而根據 Gila Menahem 的研究，跨界民族有許多因為今日的主權國家形成的政治事件因素，而形成不同的類型。包含邊界內／族群內、邊界內／跨族群、跨邊界／族群內、跨邊界／跨族群四種類型[24]。

邊界內／族群內類型，是一種在國內邊界的聯合族群，並且可能因為族群衰落而有被整合的可能，邊界內／跨族群類型則是在國內邊界的不同族群或宗教團體，但他們仍能維持一定的族群存在，跨邊界／族群內類型是跨邊界生活的聯合族群，但可能透過跨國主義而實行整合，跨邊界／跨族群類型則是不同族群或宗教團體在全球空間裡進行跨界生活，並且實踐其人權行動[25]。張新平則認為，跨界民族可以概分為三種類型，第一種是雙邊主體跨界民族，只原來民族被國家政治將界所分割，但在兩個國家裏仍是主體民族，例如南北韓的朝鮮民族。第二種是單邊主體跨界民族，即同樣受政治疆域分割影響，但該民族在一國裡為主體，而另一國裡為少數，例如中朝邊界的朝鮮民族。第三種為雙邊均非主體的跨界民族，例如中國新疆的維吾爾族、庫德族等[26]。因此，邊界內外、族群獨立與規模大小，使得跨界民族在分類上有所不同。

張新平指出，跨國民族在當前世界是一種普遍存在事實，而許多國家的民族問題其實有許多也是種跨界族群問題，由於跨界民族問題與各國政治、經濟、文化等因素有不同差別，而跨界族群自身的國家認同感也有所不同，因此，對含有跨界民族的多民族國家而言，跨界民族問題除了影響該國的民族關係和社會穩定外，也可能影響該國的對外關係，尤其是與相鄰國家的地緣政治合作或衝突議題上，跨界民族問題很可能因外部勢力加入而使國內穩定更加複雜化[27]。

---

24 Gila menahem,“Cross-border, cross-ethnic, and transnational networks of a trapped minority: Israeli Arab citizens in Tel Aviv-Jaffa,” pp. 529-546.

25 Gila menahem,“Cross-border, cross-ethnic, and transnational networks of a trapped minority: Israeli Arab citizens in Tel Aviv-Jaffa,” p. 533.

26 張新平，《地緣政治視野下的中亞民族關係》（北京：民族出版社，2006年），頁 182-183。

27 張新平，《地緣政治視野下的中亞民族關係》，頁 184-187。郭梅花，〈中中亞地區自古以來便是歐亞大陸的通道，尤其絲路貿易的發展，使中亞各國與中國維持相當密切的政治、經濟、社會、文化與宗教交流，因此，中國新疆與中亞地區的跨界民族生活方式一直普遍存在。目前在中國與中亞地區生活的跨界民族有 9 個，其中有 6 個與中國有相當密切關聯，分別為哈薩克族、烏茲別克族、吉爾吉斯族（中國稱柯爾克孜族）、塔吉克族、維吾爾族與東干族（中國稱回族）。這些民族在歷史裡都曾經在中國境內居住，特別是在 19 世紀末俄皇時期與 1918 年俄共革命後的政治壓迫下，造成大量跨界民族遷往中國定居，而目前哈薩克族在中國新疆維吾爾自治區大約有 148.4 萬人，烏茲別克族大約有 1.6 萬人，吉爾吉斯族大約有 18.2 萬人，塔吉克族大約有 4.5 萬人，東干族大約有 94.3 萬人，而維吾爾族則有 965.1 萬人，另外漢人則有 823.9 萬人[28]。

維吾爾族是中國實際最大的少數民族（除壯族外），也是新疆地區的主要民族，在歷史上便有游牧民族的特質，但由於清俄邊界在 19 世紀末簽訂《聖彼得堡條約》，以及兩國內部政治事件因素，例如阿古柏入侵與左宗棠平定伊犁等。1871 年開始便有第一波喀什蘭奇維吾爾族人遷往俄皇佔領下的今日哈薩克境內的錫米雷奇（Semirechye Valley）定居，1884 年俄國政府組織了 4.5 萬維吾爾人遷往俄國佔領下的伊犁河谷，建立了莎車（Yarkend）、阿克蘇（Aksu）等六個行政區，爾後，在 19 世紀末這六個行政區的維吾爾族人有部分便移往中亞今日的烏茲別克與吉爾吉斯境內的費爾干納河谷（Ferghana Valley）附近的卡拉地區（Kara Darya）、吉爾吉斯與中國邊境天山山脈的納爾因（Naryn rivers）以及土庫曼境內瑪莉（Mary region）附近拜拉姆－阿里河谷（Bairam-Ali Valley）[29]。

亞地緣政治及跨界民族問題對我國西部的影響〉，《青海民族學院學報（社會科學版）》，第 32 卷第 3 期，2006 年 7 月，頁 58-62。

28 中國國務院新聞辦公室，〈新疆的發展與進步〉，頁 31。張新平，《地緣政治視野下的中亞民族關係》，頁 193。James A. Millward, *Eurasian Crossroads: A History of Xinjiang.*（New York: Columbia University Press, 2007）, p. 307.

29 Ablet Kamalov,“Uyghurs in the Central Asian Republics: Past and Present,” in Colin Mackerras& Michael Clarke, ed., *China, Xinjiang and Central Asian: History, transition and crossborder interaction into the 21th century*（New

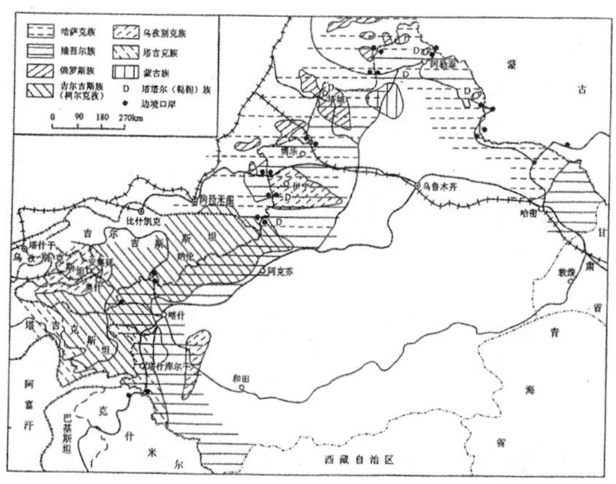

圖 2-4　新疆邊境地區跨界民族分布圖

資料來源：文云朝等，《中亞地緣政治與新疆開放開發》，頁 11。

到了 1918 年間，由於布爾什維克革命成功與蘇聯紅軍殘害少數民族，使得許多中亞地區的維吾爾人開始回流到中國新疆境內，同一時期，哈薩克境內有百萬人遭蘇聯軍隊屠殺。1930 年到 1931 年間中亞維吾爾人再次回流到中國新疆。1932 年盛世才主政下使新疆成為蘇聯的準殖民地區，在蘇聯指使下，一些在中亞境內擔任政府人員與顧問的維吾爾人與哈薩克人回到新疆，卻種下日後伊犁（Ili）、阿爾泰（Altai）、塔爾巴哈台（Tarbaghatai）的「三區革命」與中國共產黨對新疆的掌控。1950 年到 1962 年間，有將近 10 萬人左右的大規模移民從新疆到蘇聯中亞地區，其中維吾爾族人就超過 4 萬人以上。1962 年 5 月 29 日，新疆境內發生由蘇共策畫的「伊塔事件」，此後中蘇邊境武裝衝突不斷發生，並且從此中蘇邊界處於封閉的狀態，直到 1980 年代中國與蘇聯恢復友好關係後才開放邊境[30]。

York: Routledge Press, 2009）, pp. 115-132.

30 Ablet Kamalov,"Uyghurs in the Central Asian Republics: Past and Present," pp. 116-117.潘志平等，《"東突"的歷史與現狀》（北京：民族出版社，2008 年），頁 139-140

根據 Ablet Kamalov 資料顯示，1999 年維吾爾族人在哈薩克斯坦境內約有 210300 人，佔全國人口的 1.4%，為該國第 7 大族群；在吉爾吉斯坦則約有 46733 人，佔全國人口 1%左右；在烏茲別克斯坦約有 23000 人；土庫曼斯坦的非官方統計則約有 1400 人，而塔吉克斯坦則資料不全，但應有少數維吾爾族人居住在首都地區[31]。

除了跨界民族的因素外，另一個深刻影響著維吾爾族人的便是宗教信仰。自近代以來，南高加索與中亞地區有兩個共生的「主義」，一是「泛突厥主義」，一是「泛伊斯蘭主義」。這兩個「主義」因為千年來的歷史文化底蘊因素，普遍流傳在土耳其到中國新疆的帶狀區域，包含著亞塞拜然、韃靼斯坦、哈薩克斯坦、烏茲別克斯坦、土庫曼斯坦、吉爾吉斯坦等地[32]。在過去歷史裡，這些地區曾經出現過伊斯蘭教王朝，如奧斯曼、帖木耳帝國等，加上政教合一與積極向外傳教，使整個歐亞內陸地區成為伊斯蘭的世界。

最早傳入新疆的宗教是中國稱為祆教的瑣羅亞斯德教，大約在公元前 4 世紀左右。佛教則在公元前 1 世紀左右傳入新疆，並發展出極為深刻的社會影響力，而到了公元 5-7 世紀時，由於柔然、突厥等游牧民族戰亂騷擾，使新疆地區的佛寺、洞窟盡為破壞。此外還有一些道教、摩尼教（明教）、景教（基督教）也曾短暫的流行於該地，使得新疆自古來便成為多種宗教並存的格局。然而最為影響深遠並流傳自今為新疆主要宗教的是公元 9 世紀末左右傳入的伊斯蘭教，並且在 16 世紀左右將佛教勢力逐出新疆[33]。

現在伊斯蘭教仍是新疆地區人口信仰最多、分布最廣、影響最大的宗教，信仰者包括維吾爾族、哈薩克族、回族、柯爾克孜族（吉爾吉斯族）、烏茲別克族、塔吉克族、東鄉族、撒拉族、保安族等 10 個民族，總計人口超過 1000 萬人，佔新疆人口 50%以上。主要派別

---

31 Ablet Kamalov, "Uyghurs in the Central Asian Republics: Past and Present," p. 121.

32 潘志平主編，《中亞的地緣政治文化》（烏魯木齊：新疆人民出版社，2003 年），頁 18-20。

33 吳福環主編，《新疆的歷史及民族與宗教》（北京：民族出版社，2010 年），頁 134-143。馬品彥，《新疆宗教知識讀本》（北京：民族出版社，2009 年），頁 34-35。

除了塔吉克族與極少數的維吾爾族人信仰什葉教派外，將近 90%以上民族都是遜尼教派[34]。

自 1980 年以後，中國重新開放新疆邊境，使得新疆穆斯林與中國各地穆斯林得以經由新疆烏魯木齊、伊寧通往哈薩克與吉爾吉斯的鐵路或高速公路，以及新疆當地的航空站前往中東地區進行宗教朝聖。另外，從喀什邊界地區經由阿富汗與巴基斯坦到中東的朝聖路線也相當活絡。由於宗教活動與邊境貿易相互影響的效益下，新疆地區的邊境口岸也常年開放中國與外國旅客通往歐亞地區，例如霍爾果斯、阿拉山口以及吐爾朵特口岸。1987 年開始，跨邊界旅行逐漸放寬，1990 年從哈薩克到新疆的鐵路開始服務，分別來往哈薩克舊都阿拉木圖（Almaty）與新疆首府烏魯木齊（Urumchi）之間[35]。

開放新疆口岸為新疆地區帶來經濟活水與物資，但伊斯蘭教義從 1980 年開始自阿富汗與巴基斯坦地區傳入新疆卻又帶來另一個問題。最早穆斯林復興運動傳入新疆是在 1990 年代中期由巴基斯坦商人帶入一些宗教文本到新疆，因而將喀拉蚩（巴基斯坦舊都，位於印度河河口三角洲之西北，靠近阿拉伯海沿岸）到伊斯坦堡（巴基斯坦首都）之間帶狀地區所流行的泛伊斯蘭文化，以及泛突厥主義思想帶進新疆穆斯林社區，並且刺激了新疆維吾爾民族主義與東突厥獨立運動的思想。1994 年間，由於受到前蘇聯的崩潰與中亞新興國家的影響，新疆當地維吾爾社群興起一股建立「維吾爾斯坦」國家，並期待與哈薩克斯坦、吉爾吉斯坦、烏茲別克斯坦、土庫曼斯坦、塔吉克斯坦共同為伊斯蘭國家友好相助，但這些前蘇聯的中亞新國家卻選擇與中國政府合作。因此，新疆維吾爾社群開始向阿富汗塔利班政權與巴基斯坦宗教組織尋求支援，並且從這兩個國家邊界輾轉取得金錢與武器，甚至派員前往阿富汗境內接受蓋達組織的軍事訓練[36]。

---

34 馬品彥，《新疆宗教知識讀本》，頁 107-108。

35 Sean R. Roberts, "A 'Land of Borderlands: Implications of Xinjiang's Trans-border Interaction'," in S. Frede- rick Starr ed., *Xinjiang: China's Muslim Borderland*（U.S.: M.E.Sharpe,2004）, pp. 216-240.

36 Sean R. Roberts, "A 'Land of Borderlands: Implications of Xinjiang's Trans-border Interaction'," pp. 226-231.

目前新疆地區清真寺與宗教學院雖然眾多，但因為中共當局對於新疆地區宗教極端主義的控制，連帶限制了新疆穆斯林的集會、教學、傳教、朝聖活動，並禁止青少年出入清真寺，加上新疆維吾爾族長期處於經濟弱勢等因素，使得新疆穆斯林與漢族之間出現緊張關係。同時，中國改革開放與蘇聯瓦解後中亞五國的建立，也讓小規模邊境貿易為新疆帶來境外可觀的收益。但是，維吾爾族人與穆斯林們在中國——中亞之間的熱絡往返同時，也把泛伊斯蘭文化與泛突厥主義給帶進了新疆。特別是與阿富汗塔利班與巴基斯坦宗教組織以及蓋達組織等伊斯蘭激進組織的聯繫與支持，使得 1990 代中期以後，沉寂許久的新疆東突厥斯坦獨立運動死灰復燃，將新疆帶入一個多事年代。[37]

二、中共對新疆的控制

中共建政以前為了國共內戰需要極力拉攏少數民族，並許諾高度民族自決與建立蘇聯式聯邦制下的民族政策。但隨著國共內戰結束後中共建立新國家，對於少數民族政策的轉變即受到毛澤東思想影響，從而以建立民族自治區為主。然而，在短暫的蜜月期之後，中共中央發動一系列的政治運動，使得集體主義專制體制替代了少數民族自治區的政治發展。而到了 1980 年代開始，受到漢民族主義復興的影響，中共積極試圖建立「中華民族」國家，而使得少數民族自治的民族政策在本質上轉變為以漢族統治的民族主義主體下的有限自治權，從而使非漢民族必須融入漢族統治的壓迫下，或著遭遇分裂國家的罪名[38]。對於新疆地區的控制，中共主要採取多方面的策略，而本文以下所分析方面包含：政策與人事，戍邊，財政與經濟，以及軍事等方面。

---

[37] 郭梅花，〈中亞地緣政治及跨界民族問題對我國西部的影響〉，頁 58-62。

[38] 哈日巴拉，〈新疆的政治力學與中共的民族政策〉，《二十一世紀評論》，總第 109 期，2008 年 10 月，頁 26-35。李信成，《中共少數民族政策與國家整合》（台北：政治大學東亞研究所博士論文，2000 年），頁 134-182。

（一）政策與人事方面：民族自治區與少數民族政策

1949 年中共建政以來，由於其黨國體制的本質所致，在少數民族政策上傾向群體多元主義，以一種霸權交換式（hegemonic exchange）的中共主導方式進行對少數民族的控制[39]。儘管中共建政以前曾許諾少數民族有民族自決與發展蘇聯式共和聯邦制度的機會，但 1949 年開始中國確立了中央政府與少數民族自治區的關係必須在一個中華人民共和國的統治原則下。1949 年 9 月周恩來在中央人民政治協商會議中指出：「關於國家制度方面，還有一個問題就是我們的國家是不是多民族聯邦制。……但是今天帝國主義者又想分裂我們的西藏、台灣甚至新疆，在這種情況下，我們希望各民族不要聽帝國主義者的挑撥。為了這一點，我們的國家的名稱，叫中華人民共和國，而不叫聯邦。我們雖然不是聯邦，但卻主張民族區域自治，行使民族自治的權力。[40]」。因此，中共建政後的少數民族政策基本上是在中央政府主導下的少數民族自治區制度架構。

然而這個少數民族自治的架構卻與蘇聯式少數民族共和國聯邦制形式不同，在毛澤東的思想指導下，中共建政後的少數民族政策是馬克思主義中國化的實踐，因此直到 1980 年以前，馬克思思想中國化的中共集權行政體制便一直透過政治運動壓迫了民族自治區的發展。而中共的少數民族政策也就經歷幾個階段的發展，從 1949 年到 1957 年的蜜月期，到 1957 年至 1966 年的曲折中發展期，1966 年到 1976 年文革期間的強迫同化期，以及 1979 年改革開放後的民族工作恢復發展期。在蜜月期間，中共逐漸建立少數民族政策並對其採以較大寬容與尊重，先後頒佈一系列保障民族平等、禁止歧視的法令，同時加強民族教育政策與改善少數民族經濟。而在曲折中發展期，受到反右鬥爭影響，一些少數民族幹部受到整肅，導致少數民族地區發生一系列叛亂。在文革強迫同化期則擴大階級鬥爭，使

39 李信成，《中共少數民族政策與國家整合》，頁 134。

40 轉引自李信成，《中共少數民族政策與國家整合》，頁 139。

民族自治制度全面遭遇破壞。直到改革開放時其恢復民族工作並重新發展少數民族經濟，才從新在 1982 年憲法中強調對少數民族的保障[41]。

1979 年的中共十一屆三中全會後給予民族政策一些新的措施，其核心是承認少數民族自治權的擴大。1980 年 3 月中共中央召開西藏工作會議被視為對少數民族自治權擴大的開始，同年 7 月，中共中央召開新疆工作會談，從新疆內調漢族幹部並扶植少數民族幹部以安撫新疆地區反漢情勢，並著手擴大新疆地區自治權。但另一方面，中共中央同時於 1981 年批准了新疆生產建設兵團的恢復，並肯定其對新疆局勢穩定的獨特作用。但隨著 1980 年代開始新疆地區東突運動的分離主義風潮日漸上升，中共當局在新疆地區的控制便開始著重在「反分裂鬥爭」的重心上。1985 年新疆書記王恩茂提出「民族分裂主義是影響新疆穩定的主要威脅」論調，及 1996 年中共中央通過〈關於維護新疆穩定問題的會議紀要〉（即七號文件）後，以漢族主義統治為主體的民族政策便從早期的階級整合轉向民族整合的階段。哈日巴拉指出，1996 年以後中共將新疆各民族按支持或反對「民族分裂主義」的標準劃分少數民族的忠誠度，換言之，只要不是漢族便不排除有潛在分裂思想的可能[42]。

1990 年代開始，受到蘇聯瓦解後國際情勢發展與中國西部安全威脅的解除，以及國內改革開放在東部沿岸獲得經濟成就，為加強對西部少數民族的控制，中共中央認為要搞好民族工作，就必須解決少數民族地區的經濟發展，從改善當地的生活條件來降低分立主義的威脅。1992 年 2 月江澤民在中央民族工作會議上指出：「現階段的民族問題比較集中地表現在少數民族和民族地區迫切要求加快經

41 李信成，《中共少數民族政策與國家整合》，頁 141-146。哈日巴拉，〈新疆的政治力學與中共的民族政策〉，頁 26-28。李必粹，《中國大陸民族區域自治制度之研究：全球化時代國家中心主義觀點》（台北：文化大學大陸研究所碩士論文，2003 年），頁 46-51。

42 哈日巴拉，〈新疆的政治力學與中共的民族政策〉，頁 26-35。侍建宇，〈中國的反恐論述與新疆治理〉，《二十一世紀評論》，總第 117 期，2010 年 2 月，頁 14-20。

濟文化建設。[43]」。因此，積極推動西部大開發便成為中共因應全球化與民族政策的主要方向。

胡錦濤在 2009 年新疆「7.5 事件」後指示中共中央時即表示：「今年是新中國成立 60 周年，也是新疆和平解放暨人民解放軍進軍新疆第 60 周年，中央歷來關心新疆各族群眾，……以毛澤東同志、鄧小平同志、江澤民同志為核心的黨的三代中央領導集體對新疆工作作出一系列重大決策和部署工作……做好新疆工作決不僅僅是新疆的事情，而是整個國家的事情[44]。」。另外，2010 年中共中央新疆工作會談召開，會議裡中國總理溫家寶表示，將「舉全國之力」將新疆民生改善作為首要目標，並擴大推動「對口支援」新疆經濟[45]，並要求中國 19 個省和市的領導分批到新疆進行調研與考察工作，並透過中央規劃每年高達 100 億人民幣金額，持續 10 年對新疆的教育、醫療、住房、基礎建設和公共服務進行改善[46]。因此，6 月間中國中央政府新疆工作座談會批准在南疆喀什地區建立經濟特區，以期達到「東有深圳、西有喀什」的目標[47]。

然而新疆的問題也決不僅僅是經濟發展能改善的，其基本問題在於王力雄所說：「（新疆）民族問題的本質並非是經濟問題而是政治問題，企圖在經濟問領域尋求解決政治問題，本身就是一種倒錯，何況

---

43 轉引自李必粹，《中國大陸民族區域自治制度之研究：全球化時代國家中心主義觀點》，頁 52。

44 中國國務院，〈胡錦濤強調：加快建設繁榮富裕和諧社會主義新疆〉，《中華人民共和國中央人民政府網站》，2009 年 8 月 25 日，<http://big5.gov.cn/big5/www.gov.ccn/ldhd/2009-08/25/content_1401071.htm>。

45 BBC，〈中國新疆發展會議強調扶貧改善民生〉，《BBC 中文網》，2010 年 5 月 20 日，<www.bbc.co.uk/zhongwen/trad/china/2010/05/100520_china_xinjiang.shtml?pri…>。

46 BBC，〈中國將採取經濟措施穩定新疆局勢〉，《BBC 中文網》，2010 年 5 月 18 日，<www.bbc.co.uk/zhongwen/trad/china/2010/05/100518_xinjiang_economy.shtml?...>。

47 BBC，〈新疆喀什經濟特區優惠政策出台〉，《BBC 中文網》，2010 年 6 月 27 日，<www.bbc.co.uk/zho ngwen/trad/china/2010/06/100627_kashgar_economy_zone...>。王力雄，《我的西域，你的東土》，頁 452。

政治高壓還在繼續不斷地加強，民族問題怎麼可能獲得解決[48]？」。所以，新疆問題不僅僅是新疆問題，是北京的問題，也是中共政權攸關國家安全與邊防鞏固的問題。就像達賴喇嘛所說的：「中國政府在考慮不同民族和自治區時，總是僅從一個角度想問題，那就是如何保持、控制，只有這個角度。他們不在乎當地人的感受[49]。」。

然而「當地人」，它與「外來者」往往有著對立的呈現。它不僅反映民族的認同，也是對「當地」地理空間與歷史遺緒的認知。新疆是個與「中國」截然不同的地區，它有著異國的人種、膚色、文化、宗教信仰與空間建築，使得它既是「中國」的一部份，又呈現出另一個「中國」的面貌。即便到了中共建政後冠上「新疆維吾爾自治區」的名稱[50]，但經由北京方面近 60 年來刻意安排的 800 萬漢人移民的進駐，新疆還是新疆，卻不是「維吾爾自治區」，而成了北京所想像下的「一部分的中國」[51]。

這樣的情形，尤其反映在中共對新疆地區的黨、政、軍高層的配置上，仍然由漢人擔任主導的局面。目前新疆維吾爾自治區政府的高層人士結構，主要由努爾・白克力（維族）擔任自治區主席，並兼任新疆黨委副書記；但自治區常務副主席則由黃衛（漢族）擔

---

48 王力雄，《我的西域，你的東土》，頁 63。

49 BBC，〈達賴喇嘛接受 BBC 中文網專訪〉，《BBC 中文網》，2009 年 8 月 10 日，＜http://news.bbc.co.uk/go/pr/fr/-/Chinese/simp/hi/newsid_8190000/newsid_8193800/8193831.stm＞。

50 James A. Millward& Peter C. Perdue,“Political and Cultural History of Xinjiang Region through the Late Nineteenth Century,” In S. Frederick Starr ed., *Xinjiang: China's Muslim Borderland.*（U.S.: M.E.Sharpe, 2004）, pp. 27-30.

51 根據烏魯木齊市政府發言人表示，新疆烏魯木齊市區目前佈滿高達 40000 支高畫質安全用途攝影機於超過 4000 個地點，包含街道、巴士、學校與賣場，以防止暴力事件再次發生。另外，中國國務院新聞辦公室主任王晨發表講話說，中國將加強網路管理，禁止線上匿名發表言論，根據相關單位指示，中國新疆喀什地區公安局、檢察分院和中級人民法院聯合發表一份「關於依法嚴厲打擊利用互聯網、手機等進行犯罪活動的通告」，顯示中國當局在 2009 年的新疆「7.5 事件」後，對互聯網控制的立場主要針對維吾爾社群的「維吾爾在線」網站與手機使用的禁止。見 BBC，〈中國當局加強限制網路言論自由〉，《BBC 中文網》，2010 年 5 月 4 日，＜www.bbc.co.uk/zhongwen/simp/china/2010/05/100504_internet_freedom.Shtml?...＞。

任，並身兼新疆黨委常委。其它自治區委員包含副主席庫熱西・買合蘇提（維族）、副主席錢智（漢族）、副主席吉爾拉・依沙木丁（維族）、副主席田文（漢族）、副主席馬敖・賽依提哈木扎（維族）、副主席艾爾肯・吐尼亞孜（維族）、副主席史大剛（漢族）、副主席朱昌杰（漢族），秘書長阿力木江・買買提明（維族）等[52]。

其中新疆維吾爾自治區主席與副主席一共十位成員，分別由維族與漢族各五人擔任，表面上呈現出漢族群與維族的族群的人數平衡，但若以權力的比較性來看，則常務副主席黃衛（漢族）身兼黨委常委的職務則明顯比努爾・白克力的主席兼黨委副書記要來的大。尤其中共在新疆的第一把交椅，新疆黨委書記張春賢身兼新疆建設兵團黨委第一書記、第一政委的情況下，處於新疆地方安定關鍵的新疆建設兵團更是在十八位黨委（或身兼政委、司令員）中，只有阿布力孜・尼牙孜（兵團黨委兼副政委）一位維族人士[53]。

至於新疆軍區司令員則一向漢族擔任，目前新疆軍區司令員由彭勇中將（漢族）擔任，軍區政委由王建民（漢族）擔任，其軍區以下各主要職務亦多以漢族為主。因此，配合中共政治的「黨國體制」特色，則實際上新疆的黨政大權仍由漢人所主導，而維族人士則扮演自治區主席的例習則呈現族群合諧的政治樣板作用。而這也就形成新疆自治區黨、政、軍高層一向由漢人主導的局面，也因此張春賢才能以新疆黨委兼兵團黨委的身分，代表新疆黨委與人民政府發表「新疆軍區部隊要維護國家安全穩定」的談話[54]。

---

52 新疆維吾爾自治區人民政府，〈政府領導〉，2013 年 11 月 15 日，《新疆維吾爾自治區人民政府網站》，＜http://www.xinjiang.gov.cn/xxgk/zfjg/zfld/index.htm＞。

53 新疆生產建設兵團，〈兵團領導〉，2013 年 11 月 13 日，《新疆生產建設兵團網站》，＜http://www.xjbt.gov.cn/info/iList.jsp?node_id=GKxjjsbt8zcat_id=1830＞

54 拓展網，〈新疆軍區的歷史編制與歷任領導〉，2011 年 9 月 1 日，《拓展網》，＜ http://www.dongfangyi.org/tuozhanjunshi/houbeililiang/20110901/tuozhan3668.html＞。文匯報，〈張春賢：新疆軍區部隊要維護國家安全穩定〉，《香港文匯報》，2012 年 1 月 8 日，＜http://www.wenweipo.com/gb/www.wenweipo.com/news_print.phtml?news_id=IN120...＞。

侍建宇與傅仁坤指出：「語境的錯置與混淆衝擊中國在新疆的權威正當性，並暴露出現階段中國對邊疆治理與民族糾紛管理政策上的無所適從。『民族區域自治』原來本是共產主義意識形態結構下的產物，卻逐漸發展出『中國民族主義』與『維吾爾民族主義』運動交叉爭執光譜上的中間點。……這兩個相反的方向同時還與世界一些人權普世價值互相制肘，於是就會在實際語境論述上出現非常不一致的錯落表現。[55]」。

最後，在少數民族教育政策方面，新疆地區由於存在「三股勢力」的威脅，因此，中共當局對新疆地區教育採取漢化政策，並在各級學校推廣漢語教學。在中央政府推動漢語化教學部份，希望在 2010 年前達成各級學校 100%的落實目標，因此，原本新疆地區小學與中學的六種官方語言教學（維吾爾、普通話、哈薩克、蒙古、錫伯、吉爾吉斯），在漢語優勢的前提以及高等學校的「民考民」（少數民族升學考民族語）與「民考漢」（少數民族升學考漢語）的不對等升學資源下，越來越多少數民族（特別是維吾爾族）父母將孩子送往「漢－民」語言混合教學的學校，以為將來就業機會被漢語把持下的考慮。同時，中國新疆的高中及大學教育仍然走「民族學校」與漢語學校的分界，因而使從國小到大學的教育系統都因為中國有計畫的實施「漢語」與「母語」兩套教學，卻又逐步將學習母語的少數民族學生的升學道路給封閉[56]。

因此，在中共中央有計畫的推動下，透過漢語教學優勢的文化霸權展現，再次的呈現出中共對少數民族霸權控制的文化同化政策，目的在消滅少數民族語言與歷史文化，特別是針對日上塵囂的維吾爾族獨立運動的文化背景。例如，在新疆地區國小 4 年級課程

---

[55] 侍建宇、傅仁坤，〈烏魯木齊七五事件與當代中國治理新疆成效分析〉，《遠景基金會季刊》，第 11 卷第 4 期，2010 年 10 月，頁 149-190。

[56] Linda Benson, "Education and Social Mobility among Minority Populations in Xinjiang," In S. Frederick Starr ed., *Xinjiang: China's Muslim Borderland.*（U.S.: M.E.Sharpe, 2004）, pp. 190-215.Linda Tsung, *Minority Languages, Education and Communities in China*（NewYork: Palgrave Macmillan, 2009）, pp. 130-156.

讀本中有這樣的對話內容：「第一課：我們是中國人。A：我是中國人，B：我也是中國人。A：我們都是中國人，B：我們熱愛我們的祖國。A：我們祖國的首都是北京，B：我愛北京，我們祖國的首都。」以及「第四課：獻給國慶的禮物。A：10 月 1 日是國慶日，你有什麼計劃，B：我想要給祖國一個禮物。A：你想給什麼禮物，B：我決定好好學習，天天向上。」[57]。可見中共政府在新疆地區的民族教育已經從少數民族兒童開始實施，使其接受大漢族民族主義、愛國主義與對中國北京政府的認同，徹徹底底的將同化政策與文化霸權向下扎根，試圖剝離少數民族的母語與文化。

Ernest Gellner 指出，「現代社會秩序底層的不是行刑官而是教授，國家權力的主要工具不是斷頭台而是學位，正當教育被國家正當暴力壟斷。……他們接受教育時，其所屬的文化造成限制，同時也是對他們所能成就的世界限制，不論是道德還是專業上。[58]」。而 Benedict Anderson 更是指出，「民族就是用語言，而非血緣建構出來的（想像的共同體）[59]」。中國在新疆實施的教育政策，透過漢語優勢同化少數民族語言，同時限定少數民族學生升學管道，再加上漢族語言是主要官方依據，使得新疆維吾爾自治區內的少數民族將來可能出現文化失根的危機。而這也正是中共大漢民族主義與愛國主義教育推動下所希望的目標，同時還能將東突運動帶入歷史的灰燼裡。雖然新疆地區經濟因為中共中央發動十二五計畫對口援疆而有所成長，但相較於自我認同的族群失根，新疆維吾爾族的未來還是要建立在對自己文化的傳承之中。

---

57 Linda Tsung, *Minority Languages, Education and Communities in China*, pp. 138-139.

58 Ernest Gellner, *Nations and Nationalism*, pp. 34-37.

59 Benedict Anderson 著，吳叡人譯，《想像的共同體：民族主義的起源與散布》（*Imagined Communities: Reflections on the Origin and Spread of Nationalism*）（台北：時報出版，1999 年），頁 158。黃錦樹，〈幽靈的文字〉，廖炳惠等編，《重建想像共同體：國家、族群、敘述》（台北：行政院文建會出版，2004 年），頁 144。Eric J. Hobsbawm 著，李金梅譯，《民族與民族主義》（*Nations and Nationalism Since 1780*）（台北：麥田出版，1997 年），頁 63。

（二）戍邊方面：新疆生產建設兵團的歷史與功能

新疆生產建設兵團是世界獨有的產物，也是高度中央集權的中國歷史遺緒產物，自 1954 年中共設置開始至今，便是一個飽受爭議的角色。中國古代的屯墾戍邊思想與實踐直接提供了毛澤東屯墾戍邊思想的歷史淵源，自西漢時期在新疆屯墾戍邊開始，歷經東漢、魏晉南北朝、隋唐、元明清到中共建政以後，在邊疆地區屯墾戍邊的政治軍事實踐未曾斷歇，顯示出中原王朝對邊疆統治的主觀意志與客觀事實。基於中共根據地有限與軍隊自給自足的需要，中共建政前的井崗山時期成為毛澤東屯墾思想的第一次實踐，爾後中共建政後，仍本著毛澤東對軍隊是「戰鬥隊、生產隊、工作隊」的指導思想下，繼續實踐若干軍隊自給自足的屯墾原則[60]。

中共建政後，在國內實施多個生產建設兵團，包含黑龍江、內蒙古、雲南、新疆、廣東、廣西、西藏、安徽、福建、江蘇、湖北、山東等地。其中以 1954 年設立的新疆建設兵團最具規模也是目前僅存的單位，不僅在客觀的歷史因素需求下，也存在主觀因素的需求。例如，中國建政後有過多兵源需要裁減，尤其是前國民黨新疆陶峙岳軍隊與新疆「三區革命」時的維吾爾、哈薩克等民族兵源必須「消化」，但因為深恐就地解編軍隊可能引發兵亂，以及可能因此提供「泛突厥主義」或「泛伊斯蘭主義」武裝力量的機會，所以在淡化處理過多解放軍兵源同時，把軍隊留在新疆等邊陲地帶並令其自給自足以屯墾戍邊、保衛國防[61]。

關於新疆建設兵團的組建過程最早可追溯到 1949 年的中國國內局勢，因為新疆當地國民黨陶峙岳軍隊與包爾汗宣佈歸共起義後，解

---

60 包雅鈞，《新疆生產建設兵團體制研究》（北京：中央編譯出版社，2010 年），頁 41-46。

61 孟鴻，〈從屯墾戍邊到新疆生產建設兵團〉，《中國邊政》，第 176 期，2009 年，頁 17-35。陳耀明，《新疆生產建設兵團功能任務研究》（高雄：中山大學中國與亞太區域研究所博士論文，2010 年），頁 91-95。耶斯爾，《邊陲多民族和諧聚居村》（北京：社會科學文獻出版社，2010 年），頁 3。包雅鈞，《新疆生產建設兵團體制研究》，頁 55。

放軍第一野戰軍進入新疆南北，而陶峙岳軍隊被改編為解放軍 22 兵團，新疆民族軍隊被編入解放軍第 5 軍，它們共同構成了中共建政後的新疆軍區結構。然而當時新疆經濟與社會安定不足，毛澤東指示新疆軍區除了部分兵力維持國防外，將其餘約 11 萬人安排在天山南北就地屯墾，而形成新疆生產建設兵團的基礎。到了 1952 年 10 月，新疆軍區部隊重新進行整邊並分為國防部隊與生產部隊二結構，其中解放軍第一野戰軍第二軍、五軍、六軍與 22 兵團分別有若干師編入生產部隊，並組建建築工程獨立 4 團、汽車第 2 團等，使當時新疆生產部隊達 15 萬人之眾。1954 年，中共中央有計畫地推行生產兵團建設，並實施軍銜制度，同年經中央軍委會同意組成新疆生產建設兵團，所轄 10 個農業建設師、1 個建築工程師、1 個建築工程處、1 個運輸處以及若干職屬企業單位。此後，1958 年到 1966 年間新疆生產建設兵團大規模發展事業，但受到文革影響使 1966 年到 1975 年間的兵團發展受到牽連與破壞，因此，1975 年 3 月中共中央與軍事委員會決定撤除新疆生產建設兵團編制，並將其納入當地自治區農墾局[62]。

但另一方面，由於新疆生產建設兵團在歷史中扮演過相當重要的角色，例如 1962 年新疆發生「伊塔」事件，大規模維吾爾族人叛逃，使得農田無人耕種，於是新疆生產建設兵團執行「三代」(代耕、代種、代管）任務，組建團場以屯墾並保衛邊界。同年，在中印邊界戰爭中，新疆生產建設兵團又組織運輸物資工作，使軍隊後勤能充分補足。1968 年中蘇關係交惡，蘇聯軍隊入侵新疆巴爾魯克山時，兵團再次以民兵對抗而犧牲多人。1990 年阿克陶地區武裝民變與 1997 年伊犁暴動，新疆生產建設兵團都曾派民兵與武警協助鎮壓[63]。

---

62 陳耀明指出，中共治疆戰略所發展的新疆生產建設兵團有其背景因素，分別是國內政治穩定、當季經濟因素、國內社會與族群穩定以及國防戰略考量。尤其在國防戰略考量下，新疆生產建設兵團與解放軍、武警、民兵部隊，共同構成邊疆防衛的「四位一體」武裝力量。見陳耀明，《新疆生產建設兵團功能任務研究》，頁 91-95。包雅鈞，《新疆生產建設兵團體制研究》，頁 49-50。

63 包雅鈞，《新疆生產建設兵團體制研究》，頁 54-55。于闐，《明月天山：歷代中央政府與新疆的往事》(北京：世界知識出版社，2010 年)，頁 222。

因此，即使 1975 年以後新疆生產建設兵團受文革牽連而裁撤，但 1981 年 6 月王震向鄧小平提出恢復新疆生產建設兵團建置，同年在鄧小平視察新疆後做出指示，認為「新疆生產建設兵團是穩定新疆的核心」而指示恢復新疆生產建設兵團。同年 12 月 3 日，中共中央做出《關於恢復新疆生產建設兵團的決定》。包雅鈞指出，鄧小平認為新疆生產建設兵團的恢復是有必要的，但考量到新疆局勢，因此組織形式須與軍墾農場不同，任務還是黨、政、軍的結合，不再是原來新疆軍區下的生產建設兵團，而是要實行特殊的組織形式，發揮經濟、政治、軍事的功能。1997 年 10 月，在江澤民的指導下，中共中央與國務院為進一步擴大兵團功能，做了以新疆維吾爾黨委與人民政府近一步領導兵團，發展兵團為「黨、政、軍、企」合一組織，同時發展國營「中國新建集團」，與新疆生產建設兵團再國家計畫中單列，享有特殊地位。因此，今日新疆建設兵團已經成為「農、工、商、學、兵」組合的「黨、政、軍、企」一體特殊制度，除受新疆自治區領導外，又受蘭州軍區所轄的新疆軍區領導，並受國務院農墾部管轄農墾部門[64]

現今新疆生產建設兵團第一書記、第一政委由新疆維吾爾自治區黨委書記張春賢兼任，而生產建設兵團黨委書記則由新疆維吾爾自治區黨委副書記車俊兼任，生產建設兵團黨委副書記劉新齊則兼任兵團司令員，呈現「黨、政、軍」一體的領導核心[65]。故新疆建設兵團與新疆軍區、新疆維吾爾自治區人民政府有多重的領導合體，顯現出新疆當地軍政合一的獨特情形，此為中國各省區獨有的架構，也說明新疆局勢對中國治理邊疆安定的高度關聯。

目前新疆生產建設兵團已經發展為龐大的體系，在新疆建有石河子、五家渠、北屯、圖木舒克、阿拉爾五個兵團城市，並擁有 13 個建築師、1 個建築工程師、175 個農牧團場、1400 多家國有獨立事業、13 家控股上市公司、8 個國家級與 21 個兵團級農業示範企業、

---

[64] 陳耀明，《新疆生產建設兵團功能任務研究》，頁 101-109。包雅鈞，《新疆生產建設兵團體制研究》，頁 47。孟鴻，〈從屯墾戍邊到新疆生產建設兵團〉，頁 2、31。

[65] 新疆生產建設兵團，〈兵團領導〉，《新疆生產建設兵團網站》，2012 年 4 月 28 日，<http://www.xjbt.gov.cn/publish/porta10/tab206/info24679.htm>。

6 所普通高等學校與成人學校、775 所職業學校與中小學、1 個國家級技術園區、202 個廣播電視機構、33 家報紙期刊、648 個衛生醫療單位[66]，而成為新疆維吾爾自治區外的獨立王國，自給自足、一應俱全。根據新疆生產建設兵團統計局 2009 年資料顯示，兵團人口已達 257.31 萬人，全年出生人口 1.44 萬人，死亡人口 1.13 萬人，人口年度自然成長 1.2%。兵團從業人員 103.57 萬，在崗職工 67.2 萬人，兵團城鎮居民人均收入 12929 元人民幣，團場牧民家庭人均 7668 元人民幣。全年兵團生產總值達 610.69 億人民幣，其中第一產業值 204.73 億人民幣，第二類產業值 206.57 億人民幣，第三類產業值 199.39 億人民幣[67]，顯示兵團工業與商業服務業有明顯增長趨勢，主要還是與新疆地區經濟發展成長與國有企業投資獲利有關。

表 2-2　新疆生產建設兵團所轄團場及主要機構數量.

单位	团场	连队	工业企业	建筑企业	批、零、住宿与餐饮业	普通中学	医疗机构	医院
一师	16	225	218	22	29	29	212	21
二师	18	212	248	14	104	26	109	21
三师	18	172	139	15	28	26	84	18
四师	21	212	423	19	103	27	63	22
五师	12	115	208	10	27	15	79	13
六师	20	237	597	15	55	29	131	21
七师	10	177	414	17	71	14	185	14
八师	19	374	1 015	86	898	34	489	31
九师	11	96	163	9	16	13	78	13
十师	11	103	85	13	27	12	25	14
建工师			35	14	8	5	10	3
十二师	6	74	6	13	8	14	7	
十三师	11	92	117	9	20	12	37	13
十四师	4	36	64	2	17	3	8	3

数据来源：《兵团统计年鉴 2009》。

資料來源：轉引自包雅鈞，《新疆生產建設兵團體制研究》，頁 51。

66 包雅鈞，《新疆生產建設兵團體制研究》，頁 52。

67 新疆生產建設兵團統計局，〈國家統計局兵團調查總隊報告〉，《中國國家統計局網站》，2012 年 4 月 20 日，＜http://www.stats.gov.cn/tjgb/ndtjgb/dfndtjgb/t20100331_402641742.htm＞。

陳耀明指出，新疆生產建設兵團具有三大功能，即經濟功能、穩定新疆社會功能與軍事功能[68]。而包雅鈞則認為除了三大功能外，尚包括政治功能與生態功能。尤其在新疆地區沙漠化嚴重情況下，兵團對於西部環境造林工程、興建水利設施以及建立軍墾城市上起了極大發揮，因而呈現兵團承擔國家多功能的政策配合作用[69]。以2009年為例，新疆生產建設兵團共創造生產總值610.09億人民幣，上稅中央73億人民幣，其中農業生產434億人民幣，全年棉花生產量113.43萬噸，糧食生產211.73萬噸，油料生產18.63萬噸，甜菜生產145.33萬噸，水產品生產2.36萬噸，造林面積17.35千公頃，森林新懇面積5.13千公頃。其他工業生產年度增值148.7億人民幣，包含煤炭開採、農副食品加工、食品製造、飲料製造、紡織、化學製造、非金屬製造及電力熱力生產等範圍。另外，在固定資產投資方面，包括房地產投資24.32億人民幣、交通運輸投資32.27億人民幣以及對外貨物進出口達總額46.6億美元[70]。可見兵團業務已經超出軍墾範圍而邁向多用途經濟兼軍事、政治與社會功能。

最後，回到新疆生產建設兵團的軍事角色。在911事件後，2011年9月14日新疆地區舉行了多單位的天山實彈演習，除新疆軍區解放軍參與外，還包括新疆生產建設兵團的武警與民兵，顯示新疆國防「鋼鐵長城」中，生產建設兵團的任務始終與傳統戍邊及新增的反恐任務相連，並積極維持新疆邊區政治穩定[71]。包雅鈞指出，新疆生產建設兵團的重要軍事功能從它的地理分布中就可發現，兵團團場分布呈現出「二邊一線」的架構，分別在兩大沙漠邊緣沿著國境線分布，並佔據著地理要衝以防止境外勢力入侵。像是農五師駐守

---

68 陳耀明，《新疆生產建設兵團功能任務研究》，頁134-140。

69 包雅鈞，《新疆生產建設兵團體制研究》，頁64。

70 新疆生產建設兵團統計局，〈國家統計局兵團調查總隊報告〉，《中國國家統計局網站》，2012年4月20日，＜http://www.stats.gov.cn/tjgb/ndtjgb/dfndtjgb/t20100331_402641742.htm＞。

71 Yitzhak Shichor, "The Great Wall of Steel: Military and Strategy in Xinjiang," in Frederick Starr ed., *Xinjiang: China's Muslim Borderland.*（U.S.: M.E.Sharpe, 2004）, pp. 120-162.

哈密以扼住東疆大門，農二師進駐焉耆以扼守南北疆咽喉，農一師進駐阿克蘇以穩定南疆，農六師則兼任烏魯木齊警衛，農四師則部署伊犁重鎮，農七、八師則進駐馬納斯河流域[72]。顯見兵團的分布，都將各師進駐在各個軍事戰略要點上。

綜言之，新疆生產建設兵團的發展至今，雖然業務呈現多樣化，但作為穩定新疆的政治與軍事功能，卻是其自建立以來的核心價值。如同 2009 年 8 月 25 日胡錦濤視察新疆後表示，「烏魯木齊 7.5 事件是一起由境內外『三股勢力』精心策劃組織的打砸搶燒嚴重暴力事件，……在黨中央、國務院堅強領導下，自治區黨委和政府、中央和國家機關有關部門、部隊、生產建設兵團緊急行動起來，……恢復了烏魯木齊社會穩定。……」，並且胡錦濤在講話中要求新疆生產建設兵團努力為新疆發展和穩定做出最大的貢獻，……積極參加支持新疆開發建設。因此，新疆生產建設兵團絕不是一隻單純的隊伍，而是與新疆的穩定緊緊綁在一起，這背後的原因就在中共中央對新疆地區治理的內在憂慮，以及漢族民族主義下的霸權掌控少數民族原理。

（三）財政與經濟方面：西部大開發與對口援疆政策

1999 年底，中共中央總書記江澤民主持中央有關會議後，做出實施部大開發的決議，隔年 1 月中國國務院成立西部地區發領導小組並於 10 月間頒布〈關於實施西部大開發若干政策措施的通知〉，正式開啟了中國西部大開發的戰略實施。根據中國務院的〈關於實施西部大開發若干政策措施的通知〉，西部大開發的實施範圍包括四川、貴州、雲南、陝西、甘肅、青海六省，與西藏、寧夏、新疆、內蒙、廣西五自治區，以及重慶市，共計 12 省市與自治區，面積達 671 萬平方公里，佔全國陸地面積 72%，人口約 3.5 億，佔全國的 29%[73]。

---

[72] 包雅鈞，《新疆生產建設兵團體制研究》，頁 59-60。

[73] 中國西部開發領導小組，〈西部大開發及國務院西部開發辦工作大事記〉，《中國西部開發網》，2012 年 4 月 29 日，<http://www.chinawest.gov.cn/web/Column.asp?ColumnId=36>。曾春滿，〈中國大陸「西部大開發」政策分析〉，《復興崗學報》，第 88 期，2006 年，頁 181-206。姚慧琴等主編，《中國西部經濟開發報告》（北京：社會科學文獻出版社，2011 年），頁 2。

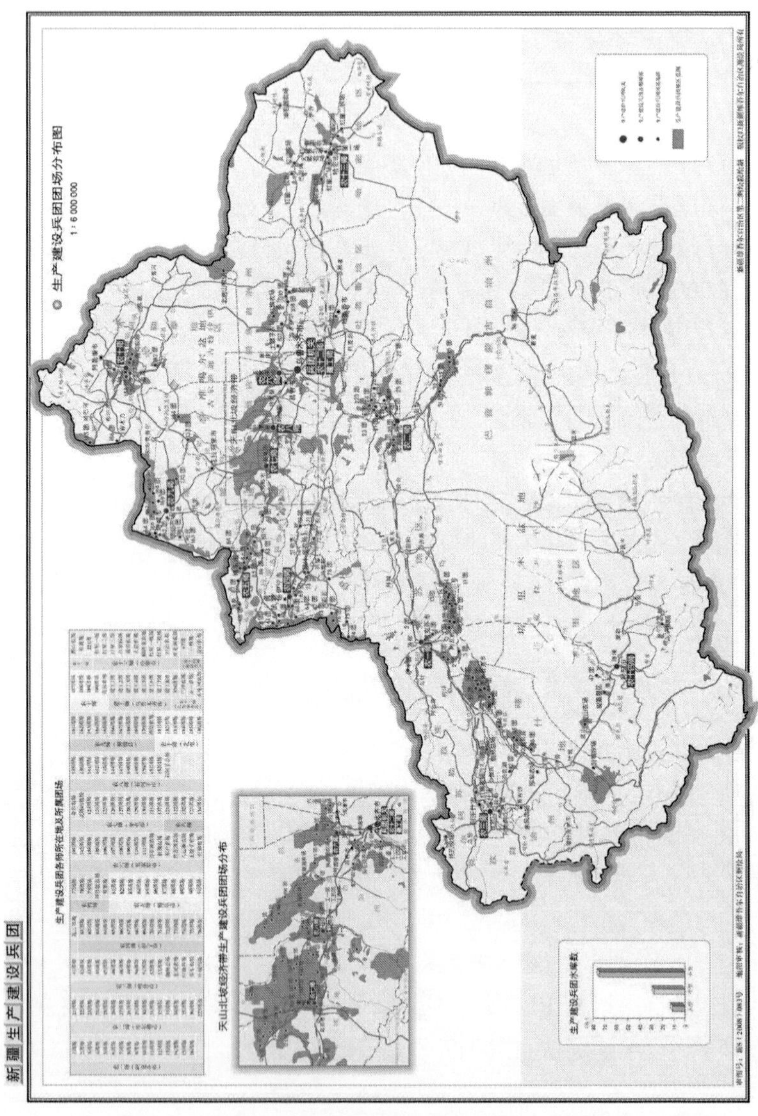

圖 2-5　新疆生產建設兵團團場分布圖

資料來源：悠游中國網，2012 年 4 月 28 日，<http://www.uuchina.com.cn/n60167c89.aspx>。

事實上，中共開發西部地區可以溯及到 1956 年 4 月 25 日毛澤東於中央政治局擴大會議中所提「論十大關係」的報告，毛澤東指出：「要正確處理沿海工業與內地工業的關係，沿海工業基地的利用，但是為了平衡工業發展的佈局，內地工業必須大力發展。」。因此，中共建政以後即採取「內地傾斜、均衡佈局」的策略，並利用「一五」到「五五」計畫期間積極發展西部地區，直到「六五」計畫以前西部發展在分配國家經費上始終保持超越東部與中部地區[74]。

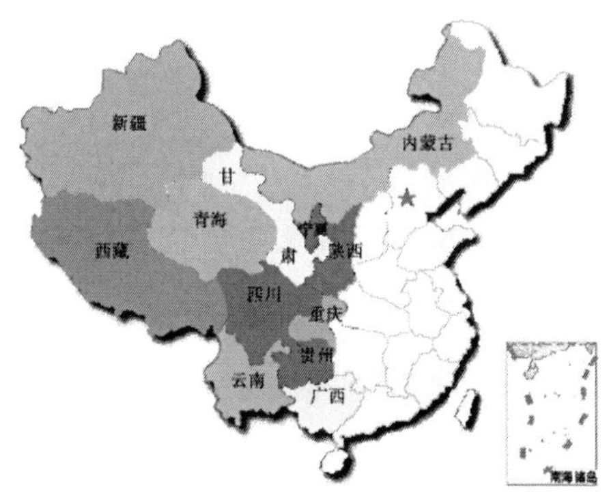

圖 2-6　中國西部大開發範圍

資料來源：中國國務院西部地區開發領導小組網站，＜http://www.chinawest.gov.cn/web/Column.asp?ColumnId=36＞。

[74] 耿曙，〈「三線」建設始末：大陸西部大開發的前驅〉，《中國大陸研究》，第 44 卷第 12 期，2001 年 2 月，頁 1-20。唐仁俊，〈中共西部大開發及其周邊安全之探討〉，《遠景基金會季刊》，第 4 卷第 3 期，2003 年，頁 105-143。

表 2-3　各地理區域之歷年國家投資比例

計劃時期	東部	中西部(內陸)	中部	西部
1953～1957（「一五」）	36.9	46.8	28.8	18.0
1958～1962（「二五」）	38.4	56.0	34.0	22.0
1966～1970（「三五」）	26.9	64.7	29.8	34.9
1971～1975（「四五」）	35.5	54.4	29.9	24.5
1976～1980（「五五」）	42.2	50.0	30.1	19.9
1981～1985（「六五」）	47.7	46.5	29.3	17.2
1986～1990（「七五」）	51.7	40.2	24.4	15.8
1991～1995（「八五」）	54.2	38.2	23.5	14.7
1996～2000（「九五」）	52.2	40.3	23.4	16.9

資料來源：轉引自耿曙，〈「三線」建設始末：大陸西部大開發的前驅〉，頁 9。

耿曙認為，毛澤東時期對於西部發的重視是一種基於「大會戰式」的動員高潮，目的在透過國家「三線建設」（沿海前線、中部二線、西部後線）來做為戰略基地，除了削弱沿海地區的舊勢力與穩固內陸農村及邊區外，隨著中蘇交惡與美軍在越南戰爭，還兼具防止美蘇入侵的戰略考量。但是，「三線建設」並不以國防工業為重點，而是以基礎工業為發展，所以早期中共的「三線建設」除了國防考量還兼具發展地方的政策佈局[75]。

1988 年 9 月，鄧小平在〈中央要有權威〉的講話中指出：「沿海地區要加快對外開放，使這個擁有 2 億人的地帶較快地發展起來，從而帶動內地更好地發展。這是一個事關大局的問題。內地要顧全這個大局。反過來一定的時候，又要沿海拿出更多的力量來幫助內地發展，這也是一個大局。那時沿海也要服從這個大局。[76]」。因此，在鄧小平的「兩個大局」指導下，受到改革開放政策的影響，中共自「六五」結

[75] 耿曙，〈「三線」建設始末：大陸西部大開發的前驅〉，《中國大陸研究》，第 44 卷第 12 期，2001 年 2 月，頁 1-20。中國西部開發領導小組，〈西部大開發及國務院西部開發辦工作大事記〉，＜http://www.china west.gov.cn/web/Column.asp?ColumnId=36＞。唐仁俊，〈中共西部大開發及其周邊安全之探討〉，《遠景基金會季刊》，第 4 卷第 3 期，2003 年，頁 105-143。

[76] 中國西部開發領導小組，〈西部大開發及國務院西部開發辦工作大事記〉，＜http://www.chinawest.gov.cn/web/Column.asp?ColumnId=36＞。

束後到『九五』之前的發展重心偏重在東部沿海地區，也使得東西經濟發展差距明顯拉大，而使日後江澤民重新考量西部開發的必要性。

1995 年 9 月，江澤民在〈正確處理社會主義現代化建設中的若干重大關係〉報告中指出：「要正確處理東部地區和中西部地區的關係。解決地區發展差距，堅持區域發展協調，是日後改革和發展的一項戰略任務。從『九五』開始，要更重視支持中西部地區經濟的發展，……積極朝著縮小差距的方向努力。」。1996 年 3 月，中國第八屆全國人大會議批准《國民經濟與社會發展「九五」計畫和 2010 年運動鋼要》，決議逐步縮小地區發展差異。到了 1998 年 9 月間，江澤民在中共的黨十五大報告中再次指出：「中西部地區要加快改革和發展，發揮資源優勢產業。國家要加大對中西部地區的支持力度。」。然而，最為關鍵的是 1999 年 9 月，江澤民在中共的黨十五大四中全會指出：「實施西部大開發和加快小城鎮建設關係到我國經濟和社會發展的重大戰略。」。因此，同年年底，江澤民在主持中央有關會議中近一步聽取國家計委關於實施西部大開發戰略的報告，做出實施西部大開發的重大戰略決定[77]。2000 年 10 月 11 日，中共黨第十五屆五中全會中通過《中共中央關於制定國民經濟和社會發展第十個五年計畫的決議》後，正式提出「實施西部大開發」的戰略並施行至今[78]。

根據中共國務院西部開發領導小組所做《十五西部開發總體規劃》中指出，「十五」時期中共西部大開發的主要目標包括：一、水利、交通、能源、通信等重大基礎設施建設，二、長江上游與三峽地區、黃河上中游、黑河、塔里木河等生態與環境建設，三、優勢農副產品、礦產資源產品、旅遊業市場等競爭力提升與傳統工業改

77 中國西部開發領導小組，〈西部大開發及國務院西部開發辦工作大事記〉，＜http://www.chinawest.gov.cn/web/Column.asp?ColumnId=36＞。阮文籲，《中國西部大開發戰略研究》（高雄：中山大學中山學術研究所碩士論文，2003 年），頁 18。

78 吳秀玲、周繼祥，〈中國西部大開發的社會發展模式〉，《國家發展研究》，第 3 卷第 2 期，2004 年 6 月，頁 55-86。唐仁俊，〈中共西部大開發及其周邊安全之探討〉，《遠景基金會季刊》，第 4 卷第 3 期，2003 年，頁 113。

造，四、先進技術應用、科技能力提升與人才素質提高，五、改善直轄市、省與自治區的各城鎮建設，六、建立國有大中型企業與提升外貿比重，七、解決農村人口溫飽基本問題併控制人口與人均差距等。至於「十五」時期中共西部大開發的主要任務，則要突出抓好基礎設施建設、生態建設和環境保護、產業結構調整、發展科技教育，同時集中在水利、交通、通信、能源、市政、生態、農業、科技、教育和農村基礎建設等重點工程[79]。

總計自 1999 年到 2009 年之間中國西部大開發實施以來，西部地區經濟成長快速、經濟結構日益優化。由於西部大開發的成效使其國內生產總值（GDP）從 1999 年的 15248.41 億元人民幣，提高到 2009 年的 66532.12 億元人民幣，平均每年增長 15.87%。而產業結構方面，在西部地區政府加大「三農支出」與推動城鎮化下，第一、二、三產業值從 1999 年的 23.7：41.1：35.1 變為 2009 年的 13.7：47.6：38.7，就業人數從 1999 年的 62.2：14.8：22 變成 2009 年的 48.9：19：32.1，顯示第三產業人數明顯增加，人民生活獲得改善。另外，固定資產投資大幅提升並且基礎建設明顯改善，全社會固定投資從 1999 年的 5367.75 億人民幣提升到 2009 年的 49308.06 億人民幣，更新增鐵路營運 5928.56 公里、公路 918037 公里、高速公路 15699 公里。對外出口額從 1999 年的 135.36 億美元成長到 2009 年的 912.7 億美元，城鎮居民人均收入也從 1999 年的 5342 元人民幣提升到 2009 年的 14213 元人民幣，農村居民則從 1672 元人民幣增加到 3816 元人民幣。教育投資則從 1999 年的 603.034 億人民幣提高到 2009 年的 3140.34 億人民幣。總體上，西部大開發戰略為中國西部地區明顯增加許多經濟效益。但是，偏遠地區仍然處於整體落後的局面[80]。

---

79 中國西部開發領導小組，〈十五西部開發總體規劃〉，《中國西部開發網》，2012 年 4 月 29 日，＜http://www.chinawest.gov.cn/web/NI?NI=35015＞。吳秀玲、周繼祥，〈中國西部大開發的社會發展模式〉，《國家發展研究》，第 3 卷第 2 期，2004 年 6 月，頁 64-86。

80 姚慧琴等主編，《中國西部經濟開發報告》（北京：社會科學文獻出版社，2011 年），頁 66-82。

然而，對中國而言，發展西部大開發的戰略除了經濟需求外，尚牽涉到政治、軍事、民族、生態、人力資源等因素。在經濟戰略方面，中共希望透過西部大開發來縮小東部、中部與西部地區的城鎮差距、建設基礎設施，調整產業結構與科技發展，同時保障資源的有效利用與中亞能源的引進，以及促進西部地區與周邊國家的經貿往來。在政治戰略方面，則希望藉由經濟成長來維持其政權的正當性，以及社會穩定支持。在軍事戰略方面則希望透過西部開發來鞏固邊防、強化國家邊疆，並加強中亞與南亞地區因共同經貿發展而衍生的軍事合作。在民族戰略方面則藉由西部大開發所帶來龐大利益以收攏少數民族，並且加強對少數民族教育以加強國家認同。在生態戰略方面則藉由造林、水利、排污等工程來建立國家生態平衡，已達到國土資源利用的最大效用與兼具人口環境壓力的改善。在人力資源戰略方面則透過提升勞動生活與素質，提供就業機會以減低失業、下崗所帶來的社會風險，並提升科技人才素質[81]。

整體而言，西部大開發是一個全面性發展的國家戰略，從國家安全的高度來看是為適應國家建設與國內外環境變化需求的通盤考量，因此，中共中央在 1999 年開始實施至今，顯示出西部大開發的具體成果與迫切須要。然而，西部大開發的效益仍與中國內部各級政府與民間企業的自身利益有所關聯，因而在一些邊疆或偏遠地區仍然獲益相當有限，尤其是在新疆地區連年發生暴動事件後，使得胡錦濤在 2011 年 12 月 30 日中共中央召開的新疆工作會談中強調，「做好新形勢下新疆工作，是搞高新疆各族群眾生活水平、實現全面小康社會目標的必然要求。加快建設繁榮富裕和諧穩定的社會主義新疆，是全黨全國各族人民的共同意志，是全體中華兒女的共同責任。……新疆在黨和國

---

81 Robert Bedeski,"Western China: Human Security and National Security," in Ding Lu& A. W. Neilson ed., *China's West Region Development: Domestic Strategies and Global Implications*（U.S.: World Scientific, 2004）, pp. 41-52. 阮文籲，《中國西部大開發戰略研究》，頁 58-83。鄒培基，《中共西部大開發戰略之研究》（台北：淡江大學大陸研究所碩士論文，2002 年），頁 2-4。林欣潔，《從中共「新安全觀」看西部大開發》，頁 24-28。

家工作全局中具有特殊重要的戰略地位。……努力把新疆打造成我國對外開放的重要門戶和基地。著力加強對口支援新疆工作，充分發揮我國社會主義的優越性。[82]」。

因此，2011 年 1 月 9 日，中國國務院總理溫家寶主持召開西部地區開發領導小組會議，討論通過《西部大開發「十二五」規劃》和《東北振興「十二五」規劃》。會議中並且指示，「十二五時期要堅持把深入實施西部大開發戰略放在區域發展戰略優先位置，……東中部地區在參與支援西部大開發時，要進一步提升對口支援、對口幫市的深度和水平。」。按會議後指示，中共中央開始啟動 2011 年對口援疆計畫，並在該年完成 100 億人民幣的投資，以及計畫在「十二五」期間由中央企業帶頭投資 1 兆元人民幣，同時分派東部、中部 19 省市對口攤派援助新疆工作[83]。

目前對口援疆的各省與分派地區包括：廣東省——喀什三縣與兵團農三師、天津市——和田地區三縣、深圳——喀什特殊經濟開發區（塔什庫爾干縣）、安徽——和田地區皮山縣、湖北——博爾塔拉蒙古自治州的博樂市、精河縣、溫泉縣與兵團農五獅、遼寧——塔城地區裕民縣、河北——巴州、山西——阜康市與兵團五家渠市、北京——和田地區、黑龍江——阿勒泰地區、河南——哈密地區、吉林——阿勒泰市、布爾津縣等、江蘇——伊犁地區、湖南——吐魯番地區、山東——喀什地區疏勒等縣、江西——阿克陶地區以及福建——昌吉市等[84]。截至 2011 年為止，新疆維吾爾自治區一共引進 19 個省市政府機構資金 1087 億人民幣，合作建設項目 1663 個，

82 新疆維吾爾自治區政府，〈中共中央國務院召開新疆工作會談〉，《新疆維吾爾自治區網站》，2011 年 12 月 30 日，＜http://www.xinjiang.gov.cn/rdzt/zwzt/gclszyxigzjs/2011/201203.htm＞。中國評論新聞，〈2011 年對口援疆全面啟動總投資百億元〉，《中國評論新聞網》，2011 年 1 月 4 日，＜http://www.chunareviewnews.com/doc/1015/5/9/8/101559894.html?coluid=7&kindid=...＞。

83 中國國務院，〈溫家寶主持召開國務院西部地區開發領導會議〉，《中國國務院網站》，2012 年 1 月 9 日，＜http://www.gov.cn/ldhd/2012-01/09/content_2040430.htm＞。

84 湖南省發展和改革委員會，〈19 省市對口援建助力新疆譜寫輝煌篇章〉，《湖南省發展和改革委員會網站》，2012 年 2 月 21 日，＜http://www.hnfgw.gov.cn/gmjj/dkzy/26841.html＞。

各省市民間企業資金超過 5600 億人民幣。2012 年預計中央企業將投資計劃 178 個，金額達 7243.15 億人民幣[85]。

至今為止，中共中央推動「十二五」西部大開發與對口援疆計劃已經取得成果，而 19 省市援疆活動也非常熱絡。然而，由於目前對口援疆的研究尚未完備，而且中共官方資料一向「報喜不報憂」，數字誇大歷來有之。因此，對口援疆是否成功尚有待觀察。另一方面，本來對口援疆政策的出現，就與 2009 年烏魯木齊「7.5 事件」有關，中共中央試圖利用西部大開發與對口援疆來提高新疆少數民族的經濟利益，以換取他們對大漢族主義與愛國主義的認同或屈服。這種顛倒因果的思維，未來動亂恐怕仍難平息。

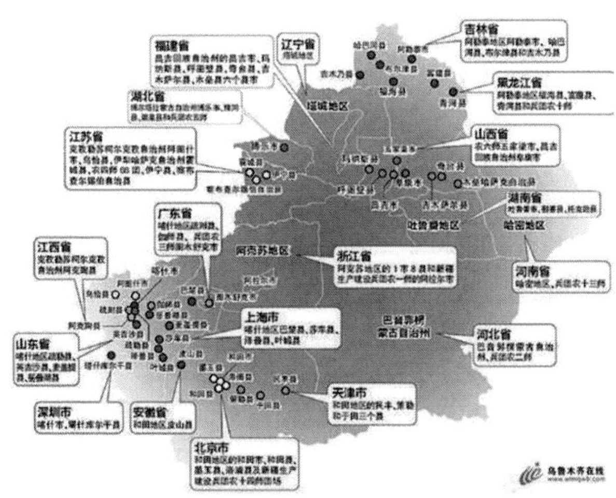

圖 2-7　19 省市對口援疆示意圖

資料來源：烏魯木齊在線，＜http:www.wlmgwb.com＞。轉引自湖南省發展和改革委員會網站，＜http:// www.hnfgw.gov.cn/gmjj/dkzy/26841.html＞。

---

85 新疆網，〈2011 年援疆省市產業援疆協議金額超過 5600 億〉，《中國新疆網》，2012 年 1 月 15 日，＜http://chinaxinjiang.cn/zt2010/09/6/t20120115_839444.htm＞。

（四）軍事方面：人民解放軍新疆軍區

中國人民解放軍（PLA）成立已近 80 年，從最早的江西瑞金根據地建立以來便擁有了所謂的第一個軍區，後來在「八路軍」與「新四軍」時期擴大到山東軍區、晉綏軍區、晉冀魯豫軍區與晉察冀軍區後便開始進行對日戰爭。爾後國共內戰時期，在人民解放軍形成第一、第二、第三、第四野戰軍與華北野戰軍的同時，也建立了東北、華北、西北、中原、華東與中南六大軍區，直到中共建政後的 1955 年才改為按城市和省區命名的瀋陽軍區、北京軍區、濟南軍區、南京軍區、廣州軍區、昆明軍區、武漢軍區、成都軍區、蘭州軍區、新疆軍區、西藏軍區、內蒙古軍區、福建軍區等 13 個大軍區，為歷史上中國人民解放軍大軍區數量最多的時期[86]。

到了 1967 年 5 月，中共軍委開始對軍區進行小規模調整，將內蒙古軍區改為省級（二級）隸屬於北京軍區，1967 年間將西藏改為省級隸屬於成都軍區，1979 年間將新疆改名為烏魯木齊軍區，而保有 11 個大軍區的數量。1985 年 6 月中共軍委再次將軍區整併，使人民解放軍大軍區維持在瀋陽、北京、濟南、南京、廣州、成都、蘭州七大軍區的規模。也因此使烏魯木齊軍區撤銷，而改以蘭州軍區管轄[87]。

新疆軍區（XMR / UMR）隸屬於蘭州軍區，其指揮總部在新疆首府烏魯木齊市，根據 Donald H. Mcmillen 指出，在 1982 年之前，中國人民解放軍依據地理、行政區域與族群條件，在分別下設 3 個次級軍區：北疆軍區駐在於烏魯木齊、南疆軍區駐在於喀什、東疆軍區駐在於吐魯番。同時在北疆（烏魯木齊）軍區下設烏魯木齊、伊犁、阿勒泰、塔城、博爾塔拉等 5 個次級軍區，在南疆（喀什）軍區下設巴音郭楞、阿克蘇、克孜勒蘇、和田、喀什等 5 個次級軍區、以及在東疆

[86] 中國共產黨新聞，〈中國人民解放軍七大軍區機構設置的發展演變〉，2012 年 5 月 20 日，《中國共產黨新聞網站》，<http://cpc.people.com.cn/BIG5/64162/64172/85037/5976827.html>。

[87] 中國共產黨新聞，〈中國人民解放軍七大軍區機構設置的發展演變〉，2012 年 5 月 20 日，《中國共產黨新聞網站》，<http://cpc.people.com.cn/BIG5/64162/64172/85037/5976827.html>。

（吐魯番）地區下設哈密、昌吉等 2 個次級區軍。基本上，新疆軍區與其所屬三大軍區以及 12 個次級軍區大抵都符合軍區地理位置與行政區域重疊的原則，但各軍區間聯繫仍然以烏魯木齊的總部為整合[88]。

若加上族群因素考量，顯見新疆軍區在當地具有邊境防衛與境內穩定的雙重功能，呈現地區防衛與國家安全結合的導向，這實與中國人民解放軍軍區設立的「在地化」與「自我防衛」的地區穩定性作用設計有關。例如，1980 年之後，由於蘇聯入侵阿富汗後導致中蘇邊境的危機情勢，中共新疆軍區著手配置了工程、通信、武裝、砲兵、空軍、人民防空等部隊，以及在各次軍區加強武裝警察與邊境防衛人數。此外，新疆軍區總部設於烏魯木齊，也反映出新疆維吾爾自治區的黨、政、軍大權都集結在少數黨政軍高層手裡。而北京對於新疆自治區的控制，也可在新疆軍區是中國唯一的省級軍區，但卻直接接受北京的中央軍事委員會管轄與控制的制度設計上[89]。

因此，目前的新疆（或烏魯木齊）軍區（Xinjiang Military Region；Urumqi Military Region）雖然成為省級次軍區，但卻與一般的省級軍區不同，直接接受中央軍委會的管轄而有一定的獨立性。尤其從目前下轄二個北疆與南疆次級軍區（東疆已撤除），同時轄有數個野戰部隊達 10 萬兵力來看，新疆軍區以往在中國邊界安全穩定的作用顯然不同於一般省級軍區，若加上新疆自治區內約 10 萬人的正規武警部隊與新疆生產建設兵團所轄 14 個師約 248 萬「民防」兵力，以及邊防部隊等，新疆軍區部隊人數可達近 300 萬之眾，超過人民解放軍的總兵力人數，因而有隱藏的「中國第八軍區」的稱號[90]。

根據 Yitzhak Shichor 的資料以及中國的機密文件指出，目前新疆軍區的直屬部隊計有：駐於北疆烏魯木齊的第 2 地炮旅、第 13 高砲

---

88 Donald H. Mcmillen, "The Urumqi Military Region: Defense and Security in China's West," *Asian Survey,* Vol. 22, No. 8, August 1982, pp. 705-731.

89 Donald H. Mcmillen, "The Urumqi Military Region: Defense and Security in China's West," pp. 711-722.

90 Yitzhak Shichor, "The Great Wall of Steel: Military and Strategy in Xinjiang," in S. Frederick Starr, ed., *Xin- jiang: China's Muslin Borderland*（U.S.: M.E.Sharpe, 2004）, pp. 120-160.

旅、工兵第 9 團（全摩托化部隊）、獨立第 1 團（適合城市作戰）、第 11 摩步師、第 7 師武警機動部隊、空軍烏魯木齊指揮所、戰鬥直升機部隊，駐於南疆的第 2 團、第 4 師野戰部隊、第 6 師機械化部隊、第 8 摩步師、空軍航空兵 37 師，以及邊防軍團與空軍和田指揮所。另外自 2002 年起，人民解放軍二砲部隊也開始進駐新疆地區，並且新疆生產建設兵團的預備部隊也配置了 5 個陸軍團、高砲團、砲兵團、工兵團等。新疆軍區內之所以部署如此「重兵」，其淵源可溯及到中共建政後的邊防安全情勢發展。1949 年 8 月 26 日，當中共人民解放軍第一野戰軍的兩個兵團（約 10 萬人）進入新疆時，所屬第 6 兵團便進駐北疆，而第 2 兵團則進駐南疆，並與約 2 萬 5 千人的維族民族軍隊、8 萬人的前國民黨軍隊合併為 20 萬人左右的部隊，以北疆與南疆地區為兩個省級軍區駐在地。然而 1954 年間新疆地區兵力開始裁減到 6 萬至 10 萬之間，而將其他兵力轉移至北方的中蘇邊界以防衛北京的安全[91]。

但是，到了 1960 年開始，由於中國核武測試基地設立於新疆地區，使得與新疆接壤邊界的蘇聯與印度都對中國產生不友善態度，因而北京方面一度將新疆地區軍力增加到 50 萬人之眾。爾後更由於中蘇關係交惡，在 1960 年到 1970 年之間，基於新疆地區的漫長中蘇邊界考量，北京方面逐漸將原本新疆軍區 14 個師的編制，擴增到 48 個師；1980 年間更在新疆地區擴增到 54 個師，而與蘇聯的 41 個師在邊界上對峙。另外，除了前蘇聯對於中國新疆省邊疆地區的軍事威脅外，自 1962 年起印度方面也因與美國中央情報局（CIA）合作，以 U2 高空偵察機對中國邊界地區與羅布泊所在的核武測試基地進行軍事拍照等，使得北京方面對於新疆軍區重要性改採以更積極的態度。因此，從 1960 年開始到 1990 年之前，新疆地區由於與前蘇聯與印度之間的外交情勢險峻，而成為中國西部邊疆地區佈下最多重兵的地區[92]。

---

91 Yitzhak Shichor, “The Great Wall of Steel: Military and Strategy in Xinjiang,” pp. 120-160.

92 Yitzhak Shichor, “The Great Wall of Steel: Military and Strategy in Xinjiang,” pp. 127-141.

到了 1990 年以後，由於前蘇聯的崩潰，使得新疆地區的邊防情勢有了戲劇性的變化，在戈巴契夫的訪華結果下，中蘇雙方開始在邊界上進行裁軍的措施，也連帶使新疆軍區邊界在前蘇聯撤離 20 萬兵力（約 12 個師），以及約 4000 輛坦克、350 架飛機與直升機的裝備後，暫時取得國防與邊疆安全的相對穩定[93]。然而隨著 911 事件的發生，人民解放軍新疆軍區的任務不僅對境外威脅作為去除對象，更加強了它對境內少數民族分離運動、宗教極端主義與暴力事件的控制[94]。

自 2001 年開始，中國在新疆地區進行了前所未有的大規模軍事演習，5 月間，新疆軍區人民解放軍實施了喀拉崑崙山脈的高地訓練。同年 8 月，新疆軍區人民解放軍在喀什以北地區實施為期 4 天的實彈演習，並動員了該地第 4 師野戰部隊與第 6 師機械化部隊大約 5 萬兵力。同年 9 月 14 日，更在天山山脈與戈壁沙漠的實彈演習中大量動員了新疆生產建設兵團的武裝部隊[95]。再加上後來美國對阿富汗塔利班政權用兵的影響，使得中國及上海合作組織（SCO）成員國對於中亞地區的情勢與反恐發展有了新的警惕。

2002 年 10 月間，中國與吉爾吉斯在兩國邊境上進行聯合反恐軍事演習，也是上海合作組織況架內的首次雙邊聯合軍事演習，而 2003 年 8 月更擴大到 5 國在哈薩克與中國邊境進行軍事演習。2005 年 8 月間，代號「和平使命 2005」的中俄兩國軍事演習，分別在俄羅斯符拉迪沃斯托克以及中國山東外海進行海軍操演，到了 2006 年 8 月，中國與哈薩克再次於天山山脈邊境舉行代號「天山 1 號」軍事演習。2007 年 8 月間，上海合作組織成員國全體派出精銳部隊在俄羅斯境內車里雅賓斯克舉行「和平使命 2007」軍事演習，為中國軍隊首次遠距離跨境軍事演習。2009 年 7 月間，中俄雙方舉行代號「和

93 Yitzhak Shichor, "The Great Wall of Steel: Military and Strategy in Xinjiang," pp. 155-160.

94 Richard D. Fisher JR., *China's Military Modernization:Building for Regional and Global Reach*, p. 69.

95 Yitzhak Shichor, "The Great Wall of Steel: Military and Strategy in Xinjiang," pp. 121-122.

平使命 2009」軍事演習，分別在俄羅斯巴羅夫斯克與中國東北洮南合同訓練，並派出機械化步兵、空降特種兵、裝甲部隊、武裝直升機與空軍等單位。2010 年 9 月間，「和平使命 2010」聯合軍事演習在哈薩克境內舉行，上海合作組織 5 個成員國投入約 5000 兵力以及裝甲戰車、火砲、戰機與直昇機多架，再次擴大以上海合作組織為框架的反恐軍事聯盟演習[96]。

由於以上海合作組織為架構的多國聯合反恐軍事演習，主要還是在新疆與俄羅斯以及中亞國家邊境上實行，因此，新疆軍區的重要性不僅在於邊境防務，也涉及對境內的反恐活動，甚至參與到跨國反恐軍事行動上。更重要的是，透過聯合軍事演習的功用，中國不僅阻斷來自境外的恐怖主義份子，同時也強化了對新疆境內的分離主義份子的打擊，因而新疆軍區的邊防與境內治安的維繫與穩定作用，也隨著 911 事件的後續發展，再次成為中國國家安全轉向西部新疆邊疆與中亞地區的當代安全戰略選項[97]。

三、新疆與中亞大競局

以中國地理而言，中國是一個陸地大國，也是一個海洋大國[98]，但在中國的歷史上，明朝以前對外防務僅限於長城邊境[99]，而清朝則由於游牧民族的背景，致力於領土邊疆戰爭，雖然為收復台灣在 1683 年建立一隻 20 萬人的數量龐大水師，然而面臨西方勢力的船堅炮

---

96 劉益彰，《中國反恐戰略之研究》（台北：淡江大學國際事務與戰略研究所碩士論文，2011 年），頁 82-83。

97 Kevin Sheives, “China Turns West: Beijing’s Contemporary Strategy Towards Central Asia,” *Pacific Affairs,* Vol. 79, No. 2, Summer 2006, pp.205-224；Michael Clarke, “China’s Strategy in Xinjiang and Central Asia: Toward Chinese Hegemony in the ‘Geographical Pivot of History’?,” *Issues& Studies,* Vol. 41, No. 2, June 2005, pp. 75-118. Chien-peng Chung,“China’s ‘War on Terror’: September 11 and Uighur Separatism,” *Foreign Affairs,* Vol. 81, No. 4, July/August 2002, pp. 8-12.

98 張植榮，《中國邊疆與民族問題：當代中國的挑戰及其歷史由來》，頁 167。

99 Owen Lattimore 著，唐曉峰譯，《中國的亞洲內陸邊疆》，頁 4。

利，清朝後期在海疆的防務上一敗塗地[100]，今日中共政權積極發展海權，但由於亞太地區形勢中的美日等強權競逐，加上南海地區的東南亞國家沿海爭議，使中國海洋地緣政治格局面臨十分嚴峻的形勢，包含中國與周邊國家存在嚴重的「重疊海域」，周邊國家積極開採海域上的油氣資源，美日韓國家在海疆爭端上的立場強硬，以及屢與中國利益嚴重對立等[101]。

但是，如同中國學者蔣新衛所說：「中國雖然是一個海陸兼備的戰略大國，但從現階段來看，中國在海權上不具備優勢，陸權是中國國家安全的基礎。就鞏固陸權而言，中國的西部尤其是新疆地緣地位和安全可謂是重中之重。因此，新疆的地緣安全直接決定中國西部乃至於中國整體地緣的安全[102]。」。然而，做為亞洲的歷史軸心與歐亞大陸橋的地理位置，使得新疆與中亞地區的關係遠大於新疆與北京的關係。從地理上來看，新疆最西邊喀什到喀布爾（阿富汗首都）只有 800 多公里，而到喀什到北京則有 4300 多公里，從這個角度來看就不難理解新疆與中亞歷史地理發展的密切性，也因此，新疆的未來與中亞的關係也將緊密的綁在一起。

（一）東突厥斯坦運動與中亞的關連性

2009 年 7 月 5 日發生的新疆維吾爾自治區烏魯木齊市的漢維衝突暴動，中國官方雖然指稱是境外恐怖主義勢力、分裂主義勢力、（宗教）極端主義勢力等「三股勢力」的打砸搶燒事件[103]，但事實上，中國的少數民族政策在新疆已然失控[104]。根據 BBC 報導，此暴動將近

---

[100] 吳楚克，《中國邊疆政治學》（北京：中央民族大學出版社，2005），頁 106-107。

[101] 張植榮，《中國邊疆與民族問題：當代中國的挑戰及其歷史由來》，頁 167。吳芳豪，《中國海權之發展——建構主義途徑分析》（高雄：國立中山大學大陸研究所碩士論文，2006 年），頁 96-99。

[102] 蔣新衛，《冷戰後中亞地緣政治格局變遷與新疆安全和發展》（北京：社會科學文獻出版社，2009 年），頁 127。

[103] 中國國務院新聞辦公室，〈新疆的發展與進步〉，頁 45-46。

[104] BBC，〈達賴喇嘛：中國民族政策是失敗的〉，《BBC 中文網》，2009 年 8 月 6 日，＜http://news.bbc.co.uk/go/pr/fr/-/Chinese/simp/hi/newsid_8180000/newsid_8188870/8188757.stm＞。

有 200 人死亡，而新華社引述中共新疆維吾爾自治區政府發言人侯漢敏發言表示，該事件造成 1700 多人受傷、197 人死亡，其中無辜死亡者 156 人當中包括漢族 134 人、回族 11 人、維吾爾族 10 人、滿族 1 人。另外，中國國家媒體在 2009 年 8 月 3 日宣稱，當局逮捕了 319 名參與 7 月 5 日新疆首府烏魯木齊市的暴力事件者，這使因此事件被捕者人數超過 1500 人，然而世界維吾爾大會發言人迪里夏向 BBC 中文網表示，他認為實際被捕人數遠遠超過中國官方公佈的數字，其中包括因案被捕的中央民族大學維吾爾籍教授伊力哈木・土赫提[105]。

對於這起事件的發生，中國政府方面表示起因於 6 月 26 日於廣東韶關一個玩具工廠內發生的謠言，盛傳該工廠兩名漢族女工遭一群維吾爾工人強暴，導致該工廠內漢族與維吾爾族勞工發生嚴重衝突，結果造成兩名維吾爾族青年死亡。同時政府方面亦指稱該起意外，是基於海外分裂主義勢力及其居於美國的領導人熱比婭的陰謀煽動，才導致 7 月 5 日的嚴重事件[106]。面對這一指控，熱比婭則透過美國媒體予以否認，並表示中國政府一向對於其人民的基本人權的刻意忽略，是造成此一事件的主因，對此，她進一步呼籲聯合國介入事件的調查[107]。

---

105 BBC，〈中國稱新疆騷亂有 156 名無辜者死亡〉，《BBC 中文網》，2009 年 8 月 6 日，＜http://news.bbc.co.uk/go/pr/fr/-/Chinese/simp/hi/newsid_8180000/newsid_8186700/8186777.stm＞。BBC，〈7.5 新疆事件被捕者超過一千五百〉，《BBC 中文網》，2009 年 8 月 3 日，＜http://wwwnews.live.bbc.co.uk/Chinese/trad/low/newsid_8180000/newsid_8185600/81...＞。Austin Ramzy, "Tensions Remain As Chinese Troop Take Control in Urumqi," *Time,* July 8, 2009,＜http://www.time.com./time/printout/0,8816, 1908969,00.html＞.BBC，〈中國稱新疆騷亂有 156 名無辜者死亡〉，2009 年 8 月 6 日，＜news.bbc.co.uk/go/pr/fr/-/Chinese/simp/hi/newsid_8180000/newsid_8186700/8186777.stm＞。

106 Austin Ramzy, "Tensions Remain As Chinese Troop Take Control in Urumqi," *Time,* July 8, 2009,＜http://www.time.com./time/printout/0,8816, 1908969,00.html＞.

107 Bobby Ghosh, "The Woman China Blames for the Urumqi Unrest," *Time,* July 8, 2009,＜http://www.time.com./time/printout/0,8816,1909109,00.html＞.

儘管中國外交部發言人秦剛 2009 年 7 月 14 日表示：「「7.5 事件」是一起旨在分裂中國何破壞民族團結，由「三股勢力」精心策劃和組織的暴力行為[108]。」。而中國民族事務委員會副主任吳仕民也在同年 7 月 21 日在國務院新聞發佈會表示：「中國的民族政策實質是促進各民族團結、各民族平等、各民族和諧的政策，所以它和暴力事件毫無關聯[109]。」。但西藏流亡政府精神領袖達賴喇嘛 2009 年 8 月 6 日接受 BBC 中文網訪問則表示：「新疆發生的暴動顯示中國政府近六十年來的民族政策的失敗，中國是這樣，當年的蘇聯也是這樣。[110]」。

事實上，從 2009 年的「7.5 事件」發生至今，北京方面對於新疆暴動的發生，一直保持高度的戒心，特別是暴動發生時人在義大利參加八大工業國會議（G8）的中國國家主席胡錦濤，在獲知新疆發生暴動後旋即取消議程回到北京[111]，並隨後在同年 8 月份親自前往新疆阿克蘇、昌吉、克拉瑪依、石河子、烏魯木齊等地考察，表示新疆的問題要「一手抓改革發展，一手抓團結穩定」，他並指出，新疆問題要靠經濟發展解決，並實施各民族共同繁榮發展，並承諾中國政府將大力支持新疆經濟社會發展，改善各族群生產生活條件[112]。

而 2010 年 4 月 23 日，中共中央政治局會議指出，新疆工作在黨和國家事業發展全局中具有特殊重要的戰略地位，推動新疆「跨

---

108 BBC，〈中國促土耳其收回「種族滅絕言論」〉，《BBC 中文網》，2009 年 7 月 14 日，<http://news.bbc.co.uk/go/pr/fr/-/Chinese/simp/hi/newsid_8150000/newsid_8150200/8150209.stm>。

109 BBC，〈中國：7.5 事件與民族政策無關〉，《BBC 中文網》，2009 年 7 月 21 日，<http://news.bbc.co.uk/go/pr/fr/-/Chinese/simp/hi/newsid_8160000/newsid_8160500/8160519.stm>。

110 BBC，〈達賴喇嘛接受 BBC 中文網專訪〉，《BBC 中文網》，2009 年 8 月 10 日，<http://news.bbc.co.uk/go/pr/fr/-/Chinese/simp/hi/newsid_8190000/newsid_8193800/8193831.stm>。

111 BBC，〈世界媒體看新疆騷亂〉，《BBC 中文網》，2009 年 7 月 7 日，<http://news.bbc.co.uk/go/pr/fr/-/Chinese/simp/hi/newsid_8130000/newsid_8139500/8139519.stm>。

112 BBC，〈7.5 事件后胡錦濤首次訪問新疆〉，《BBC 中文網》，2009 年 8 月 26 日，<http://news.bbc.co.uk/go/pr/fr/-/Chinese/simp/hi/newsid_8220000/newsid_8221800/8221830.stm>。

越式發展」和長治久安，對加強民族團結、維護祖國統一、保障國家安全，具有極重要的意義。隔日（24日），中共中央政治局會議更將新疆黨委書記王樂泉免職，其職務由湖南省委書記張春賢接替[113]。5月間，中共中央政治局再次召開新疆工作座談會，總書記兼國家主席胡錦濤在會議中做出指示，要新疆在2015年前人均GDP達全國平均水平，間接承認了新疆同中國東部地區的發展差距很大，而形成「社會主要矛盾」。同時胡錦濤亦說：「新疆還存在著分裂勢力分裂祖國的活動[114]。」。

一個新疆「7.5事件」有這麼大的影響，不僅涉及國家「十二五計畫」經濟發展，也牽動了社會穩定、民族團結與祖國統一的深刻思考，顯示出新疆／北京之間既複雜且矛盾的問題所在。這還要從新疆歷史上的東突厥獨立運動談起。

「東突厥斯坦」（Eastern Turkistan）一詞，最早於1805年由俄國人季姆科夫斯基提出。原本「突厥」一詞是金山（新疆阿爾泰山）一個部落的名字，最早出現在公元前5世紀左右，而「斯坦」是波斯語的「地方」或「地區」。歷史上突厥人曾是活耀於中國北方的游牧民族，大約在公元前60年的西漢時期，就有東西突厥部落分別歸降西漢朝，後來大約分別在公元7世紀到8世紀前後解體而併入到其他民族之中。而突厥文字消失了，但突厥語言卻保留下來。在公元8世紀的一些穆斯林歷

---

113 根據BBC新聞報導，在2009年7月5日發生烏魯木齊市暴動後，中共內部就有聲音要求長達15年擔任新疆黨委書記，人稱「新疆王」的王樂泉撤換，但當時中共中央僅於9月間將烏魯木齊市委書記慄智和新疆公安廳長柳耀華免職作為「替罪羔羊」，儘管2010年4月24日的中央政治局新疆工作會議上中國國家副主席兼政治局常委習近平讚揚王樂泉「政治堅定，對黨忠誠，為新疆的發展穩定做出了重要貢獻」，但外媒多解讀為中共中央當局對新疆問題的處理不當，將之歸責於王樂泉。BBC，〈新疆黨委書記王樂泉被免職〉，《BBC中文網》，2010年4月24日，<http://news.bbc.co.uk/zhongwen/trad/china/2010/04/100424_wanglequan_xinjiang.sht...>。王力雄，《我的西域，你的東土》（台北：大塊文化，2010年），頁95-96及頁114-116。

114 BBC，〈中國新疆發展會議強調扶貧改善民生〉，《BBC中文網》，2010年5月27日，<http://news.bbc.co.uk zhongwen/trad/china/2010/05/100520_china_xinjiang.shtml?pri...>。

史文獻中所用的就是突厥語，而 11 世紀以後「突厥」一詞逐漸的成為各種操用突厥語系的泛稱，也因此，「突厥」後來被當作突厥語系諸民族的統稱，而「突厥民族」與「突厥人」就成為歷史上的一種概念[115]。

「突厥斯坦」是地理名詞，意指「突厥人的地方」，大約在公元 9 到 11 世紀左右，一些阿拉伯地理學者將中亞錫爾河以北及以東地區稱為「突厥斯坦」，到了 13 世紀左右又有稱為「蒙兀爾斯坦」，15 世紀末則有稱「阿富汗斯坦」者，而真正近代意涵的「突厥斯坦」則是 19 世紀後世界列強重新將中亞地區以及新疆南部的塔里木盆地劃入而為其擴張需要，因此，1805 年俄國人季姆科夫斯基重新在出使報告中提到「突厥斯坦」，並鑑於中亞與新疆地區的歷史、語言、風俗和政治歸屬不同，而將中亞大部分稱為「突厥斯坦」，而「突厥斯坦」的東部與新疆塔里木盆地則另外稱為「東突厥斯坦」。而到了 19 世紀中期帝俄擴張分別併吞中亞希瓦、布哈拉、浩汗三個汗國後，並在中亞河中（transoxiana）地區設立了「突厥斯坦總督區」，於是一些西方學者便開始將俄屬中亞地區稱為「俄屬突厥斯坦」或「西突厥斯坦」，而將中國新疆南部塔里木盆地一帶稱為「中國突厥斯坦」或「東突厥斯坦」[116]。

新疆的「東突厥斯坦」運動是受到泛伊斯蘭運動與泛突厥運動的影響，在 19 世紀中葉時期，由於帝俄擴張併吞中亞，使得韃靼人開始號召伊斯蘭復興運動以對抗斯拉夫民族，同時希望以操突厥語的伊斯蘭回教徒共同建立一個「突厥帝國」，而在這樣的思想影響下，20 世紀初泛伊斯蘭運動與泛突厥運動思想開始傳入新疆地區，也使新疆地區穆斯林教徒開始有建立「東突厥斯坦」的獨立運動發展。1930 年代，中國內部軍閥割據，新疆地區爆發反抗軍閥金樹仁的武裝暴動，甘肅軍閥馬仲英乘機入侵新疆並使該地區陷入社會經

115 厲聲，《"東突厥斯坦"分裂主義的歷史由來》（烏魯木齊：新疆人民出版社，2007 年），頁 1-4。焦鬱鎏，《新疆之亂：沒有結束的衝突》（香港：明鏡出版社，2009），頁 155。張新平，《地緣政治視野下的中亞民族關係》，頁 195-196。

116 厲聲，《"東突厥斯坦"分裂主義的歷史由來》，頁 4-6。焦鬱鎏，《新疆之亂》，頁 155。

濟動盪，1933 年 1 月新疆地區人民起事，並在同年 11 月得到英國的支持下在喀什建立了「東突厥斯坦共和國」[117]。

1933 年的「東突厥斯坦伊斯蘭共和國」只維持了 3 個月，就由蘇聯支持的中國新疆軍閥盛世仁打敗馬仲英後進入喀什而消滅，但是這第一次提出的「東突厥斯坦伊斯蘭共和國」的結束，卻成了日後第二次共和國建立以及今日新疆獨立運動份子所尋求的歷史使命。特別是當「共和國」被消滅後，主要人物伊敏在流亡印度後寫了《東突厥斯坦史》一書，而成為新疆東突運動的聖經[118]。1944 年間，由於新疆軍閥盛世才為擴充軍隊強行加稅釀成新疆地區反彈，加上盛世才改與中國政府合作，因此，在蘇聯的支持下伊犁、塔城與阿爾泰地區發生所謂的「三區革命」，並成立了「東突厥斯坦共和國」，並由蘇聯領事館協助起草政府宣言。第二次的「東突厥共和國」一共維持了 1 年 8 個月，並且在 1945 年 8 月的《中蘇友好條約》下，原本「共和國」的領導高層都轉往中國的聯合政府擔任官員，直到中共解放新疆後才流亡海外[119]。

20 世紀初兩次「東突厥共和國」的出現與帝國主義在亞洲的擴張有相當的關連，尤其是在蘇聯與英國的中亞競局上，為了尋求對中亞的控制，英國與蘇聯分別趁中國軍閥內亂時期扶植了第一與第二時期的「東突厥共和國」，而使得 1930 到 1950 年代的新疆政局呈現在外國勢力的陰影之下。直到中共建政後的 1950 年到 1954 年期間，東突運動份子在新疆伊寧、烏魯木齊與南將諸多地區仍然有許多武裝反抗的行動。而 1960 年開始，由於中蘇兩國關係惡化，自 1962 年 4 月起，在

---

[117] James A. Millward, *Eurasian Crossroads: A History of Xinjiang.*, pp. 201-206. 厲聲，《"東突厥斯坦" 分裂主義的歷史由來》，頁 18-26。焦鬱鎏，《新疆之亂》，頁 156-157。

[118] James A. Millward& Nabijan Tursun,"Political Histiry and Strategies of Control,1884-1978," in S. Frede- rick Starr ed., *Xinjiang: China's Muslim Borderland*（U.S.: M.E.Sharpe,2004）, pp. 63-98.焦鬱鎏，《新疆之亂》，頁 156-157。

[119] James A. Millward, *Eurasian Crossroads: A History of Xinjiang.*, pp. 215-230. 厲聲，《"東突厥斯坦" 分裂主義的歷史由來》，頁 38-54。焦鬱鎏，《新疆之亂》，頁 156-157。

蘇聯的煽動下新疆伊犁和塔城地區出現了近 6 萬人大規模的出走與多起政治暴動。而在 1966 年到 1970 年的文化大革命期間，新疆多處仍有組織性武裝暴動事件，1980 年到 1990 年間，分別發生「阿克蘇 4・9 事件」(1980)、「葉城 1・13 事件」(1981)、「喀什 10・30 事件」(1981)、「烏魯木齊 12・12 事件」(1985)、「烏魯木齊 6・15 事件」(1988)、「烏魯木齊 5・19 事件」(1989) 幾件大規模暴動。整體而言，1980 年代到 1990 年間的暴力事件明顯與 1930 年到 1950 年代的「東突厥斯坦共和國」運動的武裝叛變事件不同，除了有組織的反抗份子外，更在反政府行動上新添了許多大學生，甚至包含新疆軍校學生，顯示在經歷了 50 年的歷史裡，新疆的東突運動發展已經在社會各層面中影響深遠[120]。

20 世紀末 90 年代是新疆分離運動的高峰，由於受到蘇聯瓦解與中亞情勢變遷，以及伊朗、阿富汗的伊斯蘭基本教義派復興的影響，新疆地區的各種分裂組織與政黨日漸增多，使新疆的東突運動進入到有組織的活動階段，並且發展出世界性的國際東突分離組織。在中國國內部份，光是在 1990 年到 1995 年期間，新疆公安部門便破獲 109 件，破獲組織包括「東突厥斯坦民族解放陣線」、「伊斯蘭改革者黨」、「天山民族拯救者黨」、「東突厥斯坦伊斯蘭改革者黨」、「東突厥斯坦民主伊斯蘭黨」、「東突厥斯坦正義黨」等。其中，「東突厥斯坦伊斯蘭黨」更主張建立「伊斯蘭王國」並且有打 10 年恐怖戰爭、10 年游擊戰爭、10 年正規戰爭的思想宣傳。到了 1998 年間，新疆分裂政黨和組織發展到了最高峰，根據中共官方統計，光是 1998 年間公安部門便破獲了 195 個分離運動組織，並逮捕了將近 1200 人，1999 年破獲 76 個分離運動組織，並逮捕了 1650 人[121]。

而在世界性組織發展部份，1992 年 12 月，東突主義者在土耳其的資助下於伊斯坦堡召開「東突厥斯坦民族大會」，與來自 30 個國家的分離組職頭目共同成立「東突厥斯坦國際民族陣線聯合委員

[120] 厲聲，《新中國時期分裂與反分裂鬥爭》(烏魯木齊：新疆人民出版社，2007 年)，頁 16-46。

[121] 潘志平等著，《"東突"的歷史與現狀》(北京：民族出版社，2008 年)，頁 147-156。厲聲，《新中國時期分裂與反分裂鬥爭》，頁 62-80。

會」，會中確定了國名為「東突厥斯坦國」以及國旗、國歌與國徽，並使中國境外的東突運動走向聯合陣線。1998 年 12 月，東突主義者在土耳其安卡拉召開第 3 屆「東突厥斯坦民族大會」並宣佈成立「全世界東突厥斯坦解放組織聯盟」，自命為中國境外唯一合法代表「東突」的革命組織。2000 年 11 月，東突主義者在愛沙尼亞舉行第三屆「世界維吾爾青年代表大會」，自命為「全世界維吾爾青年的最高領導機構」。另外，在 1996 年間，中國境內的東突份子在伊朗協助下成立了「伊斯蘭真主黨」。1999 年至 2001 年間，賓拉登與「東突厥斯坦伊斯蘭運動」（Eastern Turkistan Islamic Movement:ETIM）頭目艾山•買合蘇木多次在阿富汗會面，並允諾將由蓋達組織提供金援、武器與訓練給東突運動人士，及要求「一切行動與塔利班協調」。從此，東突運動便與國際恐怖主義做了聯繫，並在車臣、阿富汗等地參加實際戰鬥，然後潛入新疆地區進行暴力恐怖活動，對中國境內的政局與社會安定發生極大的影響[122]

21 世紀初期全球「東突」組織約有 60 多個，其背後國際勢力大致分為五類，即來自西亞的艾沙集團、中亞地區的「維吾爾跨國聯盟」等、南亞阿富汗等地國際恐怖主義與宗教極端主義（以「東突厥斯坦伊斯蘭黨」為主）、西方勢力（英、德、美 CIA）協助下的「世界維吾爾族青年代表大會」與「東突厥斯坦信息中心」以及俄羅斯、埃及等其它地區[123]。然而 911 事件的結果使得東突運動發生質量與型式的轉變，主要還是因為美國發動「全球反恐戰爭」與中國對境內東突份子實施嚴打的影響。

由於美國政府在2002年8月將「東突厥斯坦伊斯蘭運動」(ETIM）組織視為國際恐怖組織，使得中國得以在同年對境內東突份子實施嚴打，於是一些東突份子開始轉往德國慕尼黑籌組「世界維吾爾代表大會」，並於 2004 年 4 月取代「世界維吾爾青年代表大會」成為

---

[122] 厲聲，《新中國時期分裂與反分裂鬥爭》，頁 81-99。焦鬱鎏，《新疆之亂：沒有結束的衝突》，頁 158-159。

[123] 王維芳，〈從「七五」新疆事件談「東突」運動〉，《中國邊政》，第 179 期，2010 年，頁 85-97。

東突運動的最高領導機構。「世界維吾爾代表大會」與過去的「東突厥斯坦伊斯蘭運動」等組織不同，在於國際反恐局勢下為避免外界對東突運動的恐怖份子聯想，因此，「世界維吾爾代表大會」改採以西方價值觀宣傳人權、宗教自由與民族自決，並將總部設於美國，而「世界維吾爾代表大會」前主席熱比婭更曾多次在美國國會進行遊說與演講，公開呼籲重視維吾爾民族與婦女人權等議題，因而引發國際社會同情[124]。

從東突運動組織到「世界維吾爾代表大會」的轉變，是新疆獨立運動的一大轉型，雖然少了恐怖組織與武裝革命力量的使用，熱比亞等人的民主與人權宣傳恰巧擊中西方民主國家的核心價值，他們的柔性宣傳力量也使得中國政府承受比以往更大的國際視聽壓力。歸根到底，新疆的獨立運動從 20 世紀開始到 21 世紀初期，都是為了尋求更大的民族自治空間，也不排除走達賴喇嘛的「高度自治」路線。儘管中國政府宣稱他們是分裂主義份子，但新疆國族主義（nationalism）的出現又源於中共政權的合法性與正當性危機，尤其在異族統治下的不平等對待裡蘊釀。如同 Ernest Gellner 所說：「國族主義的必要性及其根源並不存在於人性，而是目前盛行的社會秩序。[125]」，然而中共建政以來對少數民族的霸權控制式治理，正是今日整個東突運動問題發生的關鍵。

（二）上海合作組織（SCO）的作用

中國陸地邊界中與俄羅斯、哈薩克、吉爾吉斯、塔吉克四國接壤達 7400 公里，尤其在蘇聯年代時期，中國與前蘇聯的邊界衝突即常發生，諸如珍寶島與鐵力克提事件。因此，在 1960 年代中蘇關係交惡時期，中共為了國家安全需要必須在東部與西部邊界設立重

[124] Graham E. Fuller& Jonathan N. Lipman,“Islam in Xinjiang,” in S. Frede- rick Starr ed., *Xinjiang: China's Muslim Borderland*(U.S.: M.E.Sharpe, 2004), pp. 320-352.焦鬱鎏，《新疆之亂：沒有結束的衝突》，頁 160-161。

[125] Ernest Gellner, *Nations and Nationalism*（U.S.: Blackwell Publishing, 2006）, pp. 33-34.

兵。直到 1982 年起，中蘇兩國關係開始和緩並恢復正常外交，到了 1989 年 11 月間，前蘇聯總蘇書記戈巴契夫應邀訪華，雙方達成互相尊重主權和領土完整以及互不侵犯、互不干涉、平等互利、和平共處五項原則決議。也因為此以邊境裁軍和加強軍事合作的初期協議，成為「上海合作組織」建構的前因[126]。

1991 年 5 月，中蘇兩國外交部長簽立《中蘇國界東段協議》，開始建立中蘇兩國邊界劃清議題。同年，蘇聯解體，中亞地區出現 5 個新興國家。1992 年 9 月 8 日，哈薩克、吉爾吉斯、塔吉克的全權代表在白俄羅斯首都明斯克舉行會議，會議中達成就中國邊界地區進行裁軍並將與中共進行聯合談判。1994 年 6 月中共外長錢其琛與俄羅斯外長共同簽署《中俄邊界西段協議》，使得中俄邊界劃堪得到確實，同時與哈薩克、塔吉克發表了關於國界議題的聯合聲明。由於邊界議題與裁軍談判的初步成功，繼而在 1996 年 4 月 25 日，中共與俄羅斯、塔吉克、哈薩克、吉爾吉斯五國元首共同在上海簽訂了《關於在邊境地區強軍事領域信任協定》，強化五國達 100 公里邊界安全地帶合作，而形成「上海五國」初步架構，作為有關裁減地區軍力和保持邊界安寧的談判性區域論壇[127]。

1997 年以後美國和北約勢力正式進入中亞地區，對俄羅斯與中國的中亞安全利益構成極大威脅，加上蘇聯解體後中亞地區新興國家內部長期以來的民族分裂主義、宗教極端主義與國際恐怖主義「三股勢力」迅速蔓延，同時國際販毒與武器走私猖獗，使得中亞地區與中俄兩國邊界地區的國家安全面臨極大挑戰[128]。

因此，1997 年 4 月 24 日，「上海五國」元首於莫斯科簽立《關於在邊境地區相互裁減軍事力量協定》，以及在 1998 年 7 月 3 日，

---

[126] 陳舜莉，《中共與中亞國家安全合作關係之研究：以「上海合作組織」為例之探討》（台東：東華大學公共行政研究所碩士論文，2004 年），頁 109。

[127] 陳舜莉，《中共與中亞國家安全合作關係之研究：以「上海合作組織」為例之探討》，頁 110。黃一哲，〈上海合作組織的現況與發展〉，《國防雜誌》，第 24 卷第 3 期，2009 年 6 月，頁 6-20。

[128] 蔣純華，《上海合作組織與中亞地區安全》（烏魯木齊：新疆大學碩士論文，2004 年），頁 1-12。

中國、塔吉克、吉爾吉斯、哈薩克四國元首與俄國特使在哈薩克阿拉木圖簽署《阿拉木圖聯合聲明》開始進行多邊對話與合作，針對個別邊界議題表明立場同時認為應建立安全與合作問題的常設機制，並確立磋商等級包含元首、總理、專家與部長晤談四層次。1999年8月24日，五國元首在吉爾吉比什克舉行第四次晤談，除了延續共同打擊「三股勢力」、走私犯毒與跨國犯罪等議題外，並同意進一步展開各層級多邊合作，以及宣示人權不得作為干涉他國內政理由與反對霸權主義，此舉顯然有將美國排除在該機制的用途。2000 年7月5日，五國元首於塔吉克首都杜尚別進行第五次會談，烏茲別克總統應邀以觀察國出席，會議中決議各國將深化政治、外交、經貿、軍事、科技等領域合作，同時為鞏固地區安全穩定將加強打擊「三股勢力」，定期召開五國執法、邊防、海關和安全部門部長會議，以及舉行共同反恐演習[129]。

在 2001 年 6 月 15 日的第六次六國元首會談後，共同宣布《上海合作組織成立宣言》與《打擊恐怖主義、分裂主義和極端主義上海公約》，並成立「上海合作組織」（The Shanghai Cooperation Organization, SCO）常設機構，作為六國發展政治、軍事、經貿、安全等議題的友好合作機制，並使此一機制成為跨越歐洲、中亞與東亞的區域合作組織。根據《上海合作組織成立宣言》中指出，成員國之間將加強相互信任與睦鄰友好與在政治、經貿、科技、文化、教育、能源、交通、環保及相關領域進行合作，維護地區和平與安全。同時每年舉辦一次元首會議、定期舉辦政府首腦會談與輪流在各國舉辦。並遵循《聯合國憲章》相互尊重獨立、主權和領土完整，互不干涉內政、互不使用或威脅使用武力，平等互利，通過相互協商解決所有問題。另外，奉行不結盟、不針對其他國家和地區及對外開放的原則，願與其他國家及有關國際和地區組織展開各種形式對話。並在比什凱克（後改設於烏茲別克首都塔什干）建立「上海

[129] 郭武平、劉蕭翔，〈上海合作組織與俄中在中亞競合關係〉，《問題與研究》，第 44 卷第 3 期，2005 年 6 月，頁 125-160。

合作組織反恐中心」以打擊恐怖主義、分裂主義和極端主義，同時遏制非法販賣武器、毒品、非法移民及其他犯罪活動。另外，參與各國也發表了支持 1972 年美蘇兩國簽立《反彈道導彈公約》的聯合聲明，被視為對美國小布希總統欲修改該公約而興設「國家導彈防禦系統」（NMD）的反制行動[130]。

目前「上海合作組織」（SCO）共有中國、俄羅斯、哈薩克、吉爾吉斯、塔吉克、烏茲別克六個成員國，印度、巴基斯坦、蒙古、伊朗、阿富汗五個觀察國以及白俄羅斯、斯里蘭卡、土耳其三個對話夥伴國家，因而使該組織成為跨越歐洲、中亞、中東、南亞以及東亞，並以中、俄兩國為主要領導國家的國際組織，分別在北京、塔什干設立秘書處與地區反恐怖機構，目前秘書長由俄羅斯籍德米特里·費多羅維奇·梅津采夫擔任，反恐怖機構執委會主任由中國籍的張新楓擔任，採三年一任由成員國輪流擔任。由於「上海合作組織」成員國總面積達 3018.9 萬平方公里，佔歐亞大陸面積的五分之三，人口約 15 億占世界的四分之一，因此其對歐亞大陸地緣政治與排除美國、歐盟等西方國家勢力起了相當大的影響力[131]。若加上聯合國經濟及社會理事會（ECOSOC）推動泛亞鐵路計畫，從中國新疆建設貫穿吉爾吉斯、烏茲別克、哈薩克到俄羅斯歐洲沿海地區，以及中亞油管舖設到中國將蘇連雲港計畫等因素，上海合作組織成員國儼然成為歐亞大陸地緣政治的中樞，若在連同觀察國伊朗、印度、巴基斯坦、蒙古等國，則上海合作組織的地緣政治重要性已涵蓋歐亞大陸大部分地區[132]。

---

130 上海合作組織，〈打擊恐怖主義、分裂主義和極端主義上海公約〉，《上海合作組織網站》，2001，6 月 15 日，＜http://www.sectsco.org/CN/show.asp?id=99＞。中國外交部，〈上海合作組織成立宣言〉，《中國外交部網站》，2001，6 月 15 日，＜http://big5.fmprc.gov.cn/big5/www.mfa.gov.cn/chn/pds/ziliao/1179/t4636.htm＞。文云朝等著，《中亞地緣政治與新疆開放開發》，頁 107。袁鶴齡，〈上海合作組織的戰略意義〉，《海峽評論》，第 127 期，2011 年，《海峽評論網站》，＜http://www.haixiainfo.com.tw/SRM/127-1711. html＞。

131 上海合作組織，〈組織簡介〉，《上海合作組織網站》，2013 年 11 月 13 日，＜http://www.sectsco.org/CN/brief.asp＞。

132 魏艾、林長青，《中國石油外交策略探索：兼論安全複合體系之理論與實

2004 年上海合作組織與阿富汗伊斯蘭共和國簽立《上海合作組織成員國和阿富汗伊斯蘭共和國關於打擊恐怖主義、毒品走私和有組織犯罪的聲明》，因此，上海合作組織的合作對象與影響範圍擴大到阿富汗地區。復旦大學趙華勝教授認為：「中亞處於急劇社會轉型和體制變遷時期，上海合作組織的協調和合作作為當地改革和發展提供了合諧的外部環境，以確保內部的順利轉型和實現共同利益與目標的一個重要平台。上海合作組織在中亞安全合作方面應形成機制，在處理中亞安全、能源、經濟等各類事務中，中亞各國應該也必須成為處理問題的當事方，……圍繞著阿富汗問題的國際合作，很可能引發歐亞地區地緣政治格局的又一次重大調整。[133]」。

另外，2009 年 6 月 16 日，上海合作組織成員國元首會議在葉卡捷琳堡簽立《上海合作組織成員國元首葉卡捷琳堡宣言》，宣言中特別強調：「本組織成員國支援恢復朝鮮半島無核化談判，呼籲保持克制。……本組織成員國認為，必須與本組織觀察員國、阿富汗和其他有關國家，以及地區和國際組織，首先是聯合國及其專門組織就此（毒品走私、恐怖主義和跨境有組織犯罪）加強合作。……本組織成員國認為，本組織已成為建構亞太地區安全與合作架構的重要因素。……歡迎白俄羅斯共和國和斯里蘭卡民主社會主義共和國在對話夥伴框架內與本組織合作。[134]」。

而在 2011 年 6 月 15 日，上海合作組織成員國元首會議在阿斯塔納簽署了《上海合作組織十周年阿斯塔納宣言》，會議中除依慣例加強政治、經貿、人文、軍事和反恐等合作外，更針對西亞北非政局

踐》（台北：生智出版，2008 年），頁 122。

133 中國外交部，〈上海合作組織成員國和阿富汗伊斯蘭共和國關於打擊恐怖主義、毒品走私和有組織犯罪行動計畫〉，《中國外交部網站》，2004 年 6 月 17 日，＜http://big5.fmprc.gov.cn/big5/www.mfa.gov.cn/chn/pds/ziliao/1179/t554797.htm＞。雷琳、王維然，〈「形成中的中亞權力均衡與上海合作組織的發展」國際學術研討會綜述〉，《新疆大學學報（哲學人文社會科學版）》，第 38 卷第 4 期，2010 年 7 月，頁 96-100。

134 中國外交部，〈上海合作組織成員國元首葉卡捷琳堡宣言〉，《中國外交部網站》，2009 年 6 月 16 日，＜http://big5.fmprc.gov.cn/big5/www.mfa.gov.cn/chn/pds/ziliao/1179/t568039.htm＞。

情勢提出關切。宣言中提到：「元首們對西亞北非局勢動盪深表關切，呼籲盡快穩定該地區局勢，支援該地區國家根據本國國情和歷史文化特點推動民主發展，認為各國內部衝突和危機只能通過政治對話和平解決，而在國際社會的行動應有助民族和解進程，嚴格遵循國際法準則，並充分尊重有關國家獨立、主權和領土完整，恪守不干涉內政原則。鑑此，上海合作組織成員國強調，必須停止利比亞境內的武裝衝突，有關各方應全面嚴格遵守聯合國安理會第 1970 和 1973 號決議。[135]」。

上海合作組織成立至今已邁入第 13 年，其涵蓋的影響層面也日益擴大，然而對個別國家而言都有其精心設計的考量。對俄羅斯而言，上海合作組織可以成為其內部建立能源俱樂部的契機，使之整合 2001 年 5 月推動的「歐亞共同體」（EurAsEc）架構與伊朗的能源政策，最終在建立其天然氣王國與重建國家安全的緩衝區（buffer zone）。並且尋求在上海合作組織成員力量來抵制美國對中亞地區的勢力擴張。對塔吉克而言，透過上海合作組織可以打擊國內分裂主義、穩固國內政權，以及在內陸國家經濟得以向境外尋求成長機會。對哈薩克而言，儲了國內政局穩定外，對外輸出石油與天然氣可以帶來經濟上的直接受益，而同樣是內陸國的哈薩克也必須透過中——哈油管來轉運俄羅斯原油，因此中俄兩國在該地區的能源投資直接影響哈薩克的油氣經濟命脈[136]。

對烏茲別克、土庫曼來說，同樣有國內政局因素與天然氣供應輸出的需求。而對塔吉克來說，強化其邊境防止阿富汗邊境的恐怖主義滲透，以及對外尋求中國經濟市場也是重要考量。對吉爾吉斯來說，與俄國簽署 25 年的能源合作協議，攸關能源生產與輸出環節。

---

[135] 中國外交部，〈上海合作組織十周年阿斯塔納宣言〉，《中國外交部網站》，2011 年 6 月 15 日，＜http://big5.fmprc.gov.cn/big5/www.mfa.gov.cn/chn/pds/ziliao/1179/t831003.htm＞。

[136] 魏艾、林長青，《中國石油外交策略探索：兼論安全複合體系之理論與實踐》，頁 122。封永平，〈地緣政治視野中的中亞及其對中國的影響〉，《國際問題研究》，第 2 期，2010 年，頁 56-61。張耀，〈中國與中亞國家的能源合作及中國的能源安全〉，《俄羅斯研究》，總第 160 期，2009 年，頁 116-128。

對伊朗、與巴基斯坦來說，中亞地區油氣出口經過該國可以帶來龐大轉運利益，並與中俄建立夥伴關係。對印度、蒙古來說都須爭取石油合作機會、開拓時油來源[137]。

而對中國而言，上海合作組織使其從建立軍事領域信任機制，成功解決邊界問題，並通過多邊合作，共同處理毒品走私、武器販賣、非法移民等問題，從而阻斷「三股勢力」的資金、人力來源，並且能夠透過合作機制長期致力於反恐任務，進而將新疆東突運動以多邊合作與邊境防制進行全面性的撲殺。另外，在經濟利益方面，透過上海合作組織可以使中國西部地區大開發獲得境外經貿機會以發展西部邊疆地區，同時中——哈油管的引進新疆，可以透過「西氣東進」運往中國東部沿海，以減低其國內能源安全的海外依賴，並且在中亞石油產區發揮其高度的戰略主導。更重要的是，由於中亞地區的石油資源豐富，若加上俄羅斯、裏海地區的原油轉運利益，有中國專家甚至指出，「誰控制了中亞石油，誰就能在全球能源戰略格局中掙得主動。」[138]。也因此，Michael Klare 指出，2003 年胡錦濤擔任中共領導人以來便把中亞與裏海的能源採購當成政府的首要任務，並親自處理中國與中亞地區的關係，顯見中亞能源的戰略重要性[139]。

---

137 郭武平、劉蕭翔，〈上海合作組織與俄中在中亞競合關係〉，頁 141-160。雷琳、王維然，〈「形成中的中亞權力均衡與上海合作組織的發展」國際學術研討會綜述〉，頁 97。

138 高飛，〈從上海合作組織看中國新外交的探索〉，《國際政治研究》，第 4 期，2011 年，頁 76-89。張耀，〈中國與中亞國家的能源合作及中國的能源安全〉，頁 125-128。封永平，〈地緣政治視野中的中亞及其對中國的影響〉，頁 58-60。祝輝，〈中亞的地區特點與中國的中亞能源外交〉，《新疆大學學報（哲學人文社會科學版）》，第 39 卷第 2 期，2011 年 3 月，頁 93-96。龔洪烈、木拉提・黑那亞提，〈國際反恐合作與新疆穩定〉，《新疆大學學報（哲學人文社會科學版）》，第 38 卷第 4 期，2010 年 7 月，頁 90-95。張新平，《地緣政治視野下的中亞民族關係》，頁 220-225。

139 Michael T. Klare, *Rising Powers, Shrinking Planet: The New Geopolitics of Energy*, pp. 132-137.

僅管中亞與裏海地區蘊藏豐沛石油與天然氣以及各種能源，但該地區國家受到蘇聯崩潰影響，內部的政局尚未穩定，尤其宗教極端主義、民族分裂主義與恐怖主義勢力仍有潛在的勢力存在，加上貪腐、走私販毒、有組織犯罪、能源壟斷問題嚴重，因此該地區普遍存在政權危機的風險。而中國與俄國以及美國都試圖擴大該地區的影響力，並且在中亞國家的權力平衡策略下極力拉攏並建立個別關係，使得中亞地區的地緣政治與能源政治的雙重關聯誘因下，新一波的中亞大競局儼然浮現[140]。

（三）新中亞大競局的浮現

1990 年代前蘇聯的崩潰，使得原本 15 個加盟國各自獨立，因而在中亞地區形成權力真空地帶，而這地區正是布魯辛斯基（Zbigniew Brzezinski）所說的「歐亞巴爾幹」（The Eurasian Balkans）[141]。由於「歐亞巴爾幹」地區普遍存在政治、經濟、族群、宗教與社會挑戰因素，也使得這個地區的動盪不安成為歐亞大陸內陸的潛在危機。從地緣上來看，這樣的動盪提供了伊朗與中國等鄰近國家擴大影響力的機會。但事實上，對該地區深具影響力的國家還可能包括了伊朗、印度、巴基斯坦、俄羅斯、中國、與美國。尤其是俄羅斯承繼了前蘇聯的地緣影響力，以及美國在 1990 年代對中東與中亞地區的干涉，還有改革開放後崛起的中國；這三個國家對泛中亞地帶的「歐亞巴爾幹」所進行的影響力擴張，使得該地區浮現了延續 19 世紀的中亞大競局，而成為「新中亞大競局」（The New Great Game）[142]。

受到 19 世紀末帝國主義在東方擴張的影響，中東與中亞地區的「大競局」（The Great Game）主要由帝俄與英帝國所掀起。1730 年到

---

[140] Michael T. Klare, *Rising Powers, Shrinking Planet: The New Geopolitics of Energy,* pp. 142-145.郭武平、劉蕭翔，〈上海合作組織與俄中在中亞競合關係〉，頁 141-160。姚勤華，〈中國與中亞地緣政治關係新析〉，《俄羅斯研究》，總 131 期，2004 年，頁 88-93。

[141] Zbigniew Brzezinski,*The Grand Chessboard,* p. 123.

[142] Dianne L. Smith,"Central Asia: A New Great Game?,"*Asian Affairs, an American Review,* Vol. 23, No. 3, Fall/ 1996, pp. 147-175.

1848 年之間，帝俄第一次向中亞地區挺進，建立了中亞部份地區的殖民地，到了 1864 年以後，帝俄已將今日哈薩克、塔吉克、烏茲別克等地作為殖民區，而到了 1917 年蘇聯成立後，雖然史達林（Stalin）曾經表示允許前帝俄時期的中亞民族獨立為共和國，但由於德國在第一次大戰期間扶持高加索地區國家獨立，使得蘇聯在 1920 年間在裏海與高加索地區進行鎮壓回教徒的行動，到了 1922 年底，土庫曼、烏茲別克、哈薩克、塔吉克、吉爾吉斯與裏海周邊的共和國，便正式加入了蘇維埃社會主義共和國，同年鄂圖曼帝國宣告瓦解[143]。

另一方面，1857 年間大英帝國入侵蒙兀兒帝國，並擁有印度與中東地區殖民地，同時，大英帝國開始執行印度總督寇松（Nathaniel Curzon）的北上計畫，因而掀起了 1930 年代西藏獨立戰事。此外，蘇聯與大英帝國也曾在中國軍閥內戰時期，介入新疆地區維吾爾東突厥斯坦獨立運動。對蘇聯而言，取得南高加索與中亞地區成為其進入波斯灣與印度洋的通道，而對大英帝國而言，取得新疆與西藏是其印度殖民地的緩衝區。因此，前蘇聯與大英帝國在中亞勢力的追逐，使其在 1970 年代開始，以阿富汗為前進基地繼續向波斯灣與阿拉伯海挺進。而美國在二次大戰後的中東政策，也就成為取代大英帝國而與蘇聯持續在中東與中亞以及南高加索地區的「大競局」續篇[144]。

---

[143] Svat Soucek, *A History of Inner Asia*（U.S.: Cambridge University Press, 2000）,pp. 195-224. Brian Crozier 著，林添貴譯，《蘇聯帝國興衰史：上冊》（*The Rise and Fall of the Soviet Empire*）（台北：智庫文化，2003 年），頁 30-55，頁 73-127。Akbar S. Ahmed 著，蔡百銓譯，《今日的伊斯蘭：穆斯林世界導論》（*Islam Today: A Short Introduction to the Mulim World*）（台北：商周出版，2003 年），頁 73-127。武光誠著，蕭志強譯，《從地圖看歷史》（*Reading the history from maps*）（台北：世潮出版，2003 年），頁 135-136。劉學銚，《中亞與中國關係史》（台北：知書房文化，2010 年），頁 302-303。

[144] 林孝庭，〈戰爭、權利與邊疆政治：對 1930 年代青、康、藏戰事之探討〉，《中央研究院近代史研究所集刊》，第 45 期，2004 年 9 月，頁 105-141。Akbar S. Ahmed 著，《今日的伊斯蘭：穆斯林世界導論》，頁 73-127。

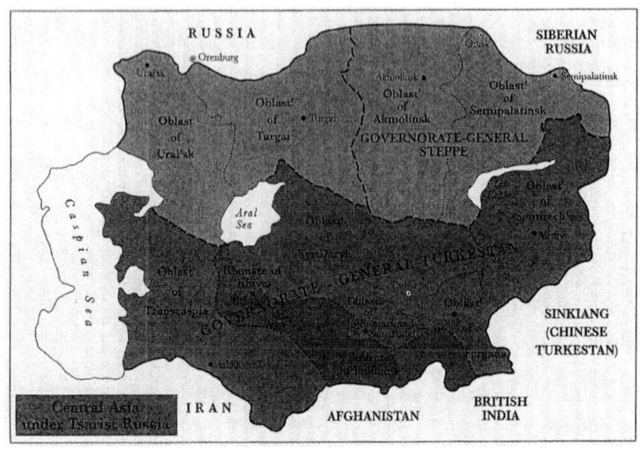

圖 2-8　帝俄時期統治下的中亞

資料來源：Svat Soucek, A History of Inner Asia, p.194.

由於史達林的民族分離政策所致，從蘇聯時期至今的的中亞地區有著多民族的特質，而跨界生活民族的政治忠誠度有因為中亞新興國家邊界的問題而成為新的議題。以哈薩克為例，1992 年哈薩克斯國內擁有哈薩克人 41.9%，並包括俄羅斯人 37%、烏克蘭人 5.2%、德國人 4.7%、烏茲別克人 2.1%、韃靼人 2%與其它民族 7%。同年吉爾吉斯坦則有吉爾吉斯人 52.4%，並包括俄羅斯人 21.5%、烏茲別克人 12.9%、烏克蘭人 2.5%、德國人 2.4%與其它民族 8.3%。而塔吉克斯坦國內則有塔吉克人佔 64.9%，並包含烏茲別克人 5%、俄羅斯人 3.5%與其它民族 6.6%。土庫曼斯坦中土庫曼人佔 73.3%，並包括俄羅斯人 9.8%、烏茲別克人 9%、哈薩克人 2%與其它民族 5.9%。烏茲別克斯坦則有烏茲別克人 68.8%，並包括俄羅斯人 8.3%、塔吉克人 4.7%、哈薩克人%、韃靼人 2.4%、克拉卡巴克人 2.1%與其它民族 7%（見表 2-4）[145]。

---

[145] Zbigniew Brzezinski, *The Grand Chessboard,* p.127. Dianne L. Smith, "Central Asia: A New Great Game?," pp.148-149.

因此，從中亞五國的民族分布來看，前蘇聯的民族政策刻意製造歐洲民族遷徙至中亞，以及就不同民族來劃分各共和國邊界，在今日已經使中亞新興國家面臨多民族的政治忠誠度議題[146]。尤其哈薩克與吉爾吉斯的主要民族都在全國人口半數左右，相較於其他少數民族則有政權相映的危機，而各國境內尚存在少數卻又有重大影響的俄羅斯民族，在地緣政治上提供了俄羅斯國家干預的機遇，例如 2008 年喬治亞共和國內的內戰，俄羅斯便以保護僑民為理由出兵南奧塞梯亞（South Ossetia）[147]，難保未來俄羅斯不會因為石油利益而再次出兵。

因為中亞國家的地理為內陸國家性質，使得其經濟出口市場必須依賴周邊臨海大國，因此，便造就了週邊大國介入其政局的機遇。尤其中亞地區的石油與天然氣資源蘊藏豐富，對周邊國家而言形同另一個「科威特」，因此，石油與天然氣管線的投資與興建成為中亞國家與俄羅斯、中國的最大經貿合作項目。而中亞國家居於亞洲內陸也同樣為其帶來地理位置的獨特性，使得俄羅斯與中國也與中亞地區國家合作共同建立歐亞大陸鐵路網絡。例如，俄羅斯在哈薩克與裏海地區投資興建兩條油管，一條從哈薩克阿特勞到俄羅斯境內，再到波羅的海出海。另一條從裏海西岸經過俄羅斯境內由黑海出海。俄羅斯油管位中亞國家帶來豐沛的轉運原油利益，甚至哈薩克最大的經濟來源就靠石油管線轉運[148]。因此，中亞國家與俄羅斯由管之間的利益糾葛可想一般。

另外，1992 年中國與與哈薩克共同興建條從阿拉木圖到烏魯木齊，再接中國境內系統到上海的歐亞鐵路，並在 1994 年間，中國與吉爾吉斯坦、土庫曼斯坦、烏茲別克斯坦、薩克斯坦共同簽署興建

---

146 Lutz Kleveman, *The Great Game: Blood and Oil in Central Asia*（New York: Grove Press, 2003）, pp.31-50.

147 BBC，〈普京指責格魯西亞種族滅絕〉，《BBC 中文網》，2008 年 8 月 10 日，<http://newsvote.bbc.co.uk/mpapps/pagetools/print/news.bbc.co.uk/Chinese/trad/hi/newsi...>。

148 Saul Bernard Cohen, *Geopolitics of the World System,* pp. 224-225.

表 2-4　中亞與裏海地區國家各民族比例

Population (Million, '95)	Afghanistan	Armenia	Azerbaijan	Georgia	Kazakstan	Kyrgyzstan	Tajikistan	Turkmenistan	Uzbekistan
	21.3	3.6	7.8	5.7	17.4	4.8	6.2	4.1	23.1
Life Expectancy	45.4	72.4	71.1	73.1	68.3	68.1	69.0	65.4	68.8
Ethnic Divisions ('95 est.)	Pashtun (38%) Tajik (25%) Hazara (19%) Uzbek (6%)	Armenian (93%) Azeri (3%) Russian (2%) Other (2%)	Azeri (90%) Dagestani (3.2%) Russian (2.5%) Armenian (2.3%) Other (2%)	Georgian (70.1%) Armenian (8.1%) Russian (6.3%) Azeri (5.7%) Ossetian (3%) Abkhaz (1.8%) Other (5%)	Kazak (41.9%) Russian (37%) Ukrainian (5.2%) German (4.7%) Uzbek (2.1%) Tatar (2%) Other (7%)	Kyrgyz (52.4%) Russian (21.5%) Uzbek (12.9%) Ukrainian (2.5%) German (2.4%) Other (8.3%)	Tajik (64.9%) Uzbek (25%) Russian (3.5%) Other (6.6%)	Turkmen (73.3%) Russian (9.8%) Uzbek (9%) Kazak (2%) Other (5.9%)	Uzbek (71.4%) Russian (8.3%) Tajik (4.7%) Kazak (4.1%) Tatar (2.4%) Karakalpak (2.1%) Other (7%)
GDP ($ billion)*	NA	8.1	13.8	6.0	55.2	8.4	8.5	13.1	54.5
Major Exports:	Wheat Livestock Fruits Carpets Wool Gems	Gold Aluminum Transport eq. Elec. eq.	Oil, Gas Chemicals Oilfield eq. Textiles Cotton	Citrus fruits Tea Wine Machinery Ferrous m. Non-ferrous m.	Oil Ferrous m. Non-ferrous m. Chemicals Grain Wool Meat Coal	Wool Chemicals Cotton Ferrous m. Non-ferrous m. Shoes Machinery Tobacco	Cotton Aluminum Fruits Vegetable oil Textiles	Natural gas Cotton** Petroleum prod.** Electricity Textiles Carpets	Cotton Gold Natural gas Mineral fertilizers Ferrous metals Textiles Food products

*Purchasing power parity: '94, as extrapolated from World Bank est. for 1992. **Turkmenistan is the world's tenth largest cotton producer, it has the world's fifth largest reserves of natural gas and significant oil reserves.

資料來源：轉引自 Zbigniew Brzezinski,*The Grand Chessboard,* p. 127.

穿越中亞的另一條歐亞鐵路，使得中國可以從上海利用鐵路將貨物運送到歐洲。同年間，中國也在中亞五國地區投資共 200 億美元興建一條通往中國新疆的石油管線，並且在近年內已經正式輸運[149]。

中亞與裏海地區豐沛的能源與獨特的歐亞內陸地理位置，使得它自近代以來便成為兵家必爭之地。對俄羅斯而言，要收復以往蘇聯時期的疆土已經不合時宜，但透過「歐亞共同體」的推動，俄羅斯試圖尋求持續該地區的影響力並建立影響網絡，以維護其高加索後花園的緩衝地帶。對美國而言，中亞與裏海地區是另一個「中東」，不僅能夠滿足美國石油消費大國的需要，也可建立一道俄羅斯與美國中東勢力範圍的緩衝地帶，從柯林頓政府開始便將裏海周邊地區視為美國的關鍵戰略與商業目標[150]。

對中國而言，穩定中亞情勢能夠為自己帶來新疆周邊的邊界安全，以及提供國家日漸需要的陸上能源管道，同時透過「上海合作

---

[149] Dianne L. Smith,"Central Asia: A New Great Game?," pp. 163-168.

[150] Saul Bernard Cohen, *Geopolitics of the World System,* p. 223.

組織」成員國之間的多重合作關係，來排除美國勢力在中亞的滲透。對歐盟來說，從土耳其東擴向中亞，可以滿足其對歐亞大陸的影響力。而對於土耳其、伊朗、印度、巴基斯坦等次級強權來說，中亞與裏海的能源前景與經濟利益，是其地緣政治周邊的主要發展對象。所以在中亞與裏海國家周圍，充斥著三大強國（俄美中）的「新大競局」，以及歐盟、伊朗、土耳其、印度、巴基斯坦等國家的多重利益[151]。

然而，對中亞與裏海國家而言，真正影響該地區的關鍵是經濟，為了尋求與大國之間的平衡，泛中亞地區國家普遍同時與美國、俄羅斯及中國發展互惠友好的經貿關係。例如，哈薩克、烏茲別克及塔吉克都分別與美國、俄羅斯及中國合作，並避免激怒任何一方。目前來看，俄羅斯在泛中亞地區的優勢有二，首先，裏海地區與哈薩克是其傳統勢力地區，其次，俄羅斯僑民廣泛分佈在哈薩克、吉爾吉斯等中亞五國。至於中國的優勢則在於其龐大的經濟商機，使得俄羅斯與中亞國家都尋求這一世界石油大戶的青睞。而美國的優勢則在中東與阿富汗，以及亞賽拜然與喬治亞的親美政策。當然，中亞地區普遍都擔心俄羅斯過去的歷史復燃，因而在美、俄、中強間尋求巧妙平衡，尤其哈薩克的獨特位置與中亞第一大國，以及豐沛的石油圍繞裏海東岸，而有中亞關鍵國家作用[152]。

布魯辛斯基指出，美國做為唯一霸權已然確定，隨著不對稱戰爭的提高、恐怖主義的盛行，美國更把霸權延續當作它維持世界和平的任務，而關鍵地區也將注重在中東及中亞事務，尤其是「伊斯蘭地區」（即歐亞巴爾幹）[153]。因此，隨著美國、俄羅斯、中國三個

[151] Dru Gladney, “China’s Interest in Central Asia: Energy and Ethnic Security,” in Robert Ebel& Rajan Menon. Ed., *Energy and Conflict in Central Asia and the Caucasus*（NewYork: Rowman& Littlefield Publishers, 2000）, pp. 209-224. Zbigniew Brzezinski, *The Grand Chessboard,* pp. 123-150. Dianne L. Smith,“Central Asia: A New Great Game?,” pp.158-168.

[152] Saul Bernard Cohen, *Geopolitics of the World System,* pp. 220-227..Dianne L. Smith,“Central Asia: A New Great Game?,” p. 168. Adam N. Stulberg,“Moving Beyond the Great Game: The Geoeconomics of Russia’s Influence in the Caspian Energy Bonanza,” *Geopolitics,*Vol. 10, 2005, pp. 1-25.

[153] Zbigniew Brzezinski, *The Grand Chessboard,* pp. 47-59.& pp. 213-230.

強權的「新大競局」掀起，中亞與裏海地區的能源政治與地緣政治的雙重特質，將繼續使該地區陷入外力與內部的雙重潛在危機。而中共最擔心中亞地區的不穩定，就在於新疆與中亞地區的地緣政治連動性，中亞亂、新疆就亂，新疆亂、中國就不安全[154]。

四、結語——新疆與中國國家安全的連動

恐怖主義的根源可追溯到 19 世紀，而其名詞更可回溯到法國大革命時期。然而，後冷戰時期的恐怖主義根源，卻與 1979 年蘇聯入侵阿富汗戰爭有相當大的關連。1979 年的蘇聯入侵阿富汗戰爭，使得阿拉伯世界興起一股「聖戰」（Holy War）的風潮，數以萬計的中東地區伊斯蘭人投入戰爭，進行對抗蘇聯軍隊的入侵。美國在此時亦夥同埃及、土耳其、沙烏地阿拉伯、巴基斯坦等國，透過美國中情局的物資與軍事訓練，將一批批的聖戰士送進阿富汗戰場，而賓拉登（Osama Binladen）當時就負責軍事據點（Al Qaeda）組織的訓練與調度工作[155]。

911 事件的發生，是賓拉登在恐怖活動上的一大勝利，也是一系列全球反恐活動開端。在面對 911 的攻擊後，布希政府（G.W. Bush Administration）立刻釋放了一段訊息，而美國學者稱為「布希主義」（Bush Doctrine）。即面對恐怖主義的戰爭，布希指出：「如果不是跟隨我們，就是與恐怖主義者為伴」（Either you are with us, or you are with the terrorist），並且同時出現使用「十字軍東征」（crusade）一詞。但很快的，布希政府發現使用這名詞將失去伊斯蘭的盟友，因此改用「反恐戰爭」（Anti-Terrorism War），後來更在對伊拉克戰爭後改為（Long War）[156]。

---

[154] Dianne L. Smith,"Central Asia: A New Great Game?," p. 162.

[155] 張錫模，《全球反恐戰爭》（台北：東觀出版，2006 年），頁 44-66。

[156] George W. Bush 的原文是（Every nation, in every region, now has a decision to make. Either you are with us, or you are with the terrorist.）見 Madeleine K. Albright,"Bridges, Bombs, or Bluster?,"*Foreign Affairs*, Sep./ Oct. 2003, Vo. l82,

杭士基（Noam Chomsky）認為：「911 的恐怖暴行在世界事務上可說是十足空前的，但並非空前在這行動的規模與性質，而是在目標（美國）[157]」。因此在 911 後，美國設立了「國土安全部」（Homeland Security Agen.），並進行國務院的外國恐怖組織報告計畫。因為從地緣政治上看，國土安全確立對於美國國家安全密碼來說，無疑是最根本的。

然而，當布希政府提出「布希主義」（Bush Doctrine）的同時，「邪惡軸心」（Axis of Evil）的立論則近一步的顯現出美國國家安全戰略在對地緣政治理論信仰上的修正。因為，若將恐怖主義變成文明間的衝突，其實是有損於與伊斯蘭國家的同盟關係。所以為了避免將反恐戰爭變成美國與伊斯蘭世界的衝突，布希的「邪惡軸心」論舉了幾個國家，卻是改以地緣政治的角度來思考，諸如北韓、伊朗、伊拉克、阿富汗。

中國在 911 事件後也加入了以美國領導的「全球反恐戰爭」，基於與美國利益的牽連攸關北京外交政策的優先考量，江澤民在 911 事件發生後的第一時間就與美國總統小布希、英國首相布萊爾、法國總統席哈克、巴基斯坦總統穆札拉夫等電話連線，並表達中國支持反恐聯盟的決心。對北京而言，與美國及歐盟站再同一個反恐陣線有其道理，首先可以與美國等大國就恐怖主義與分離主義打擊站在同一陣線，這是個對中國外交有利的條件。其次，可以利用原本的上海合作組織成員國間的關係，大打反宗教極端主義、反分離主義與反恐怖主義的大旗，以達到壓制境內外的東突運動。最後，可以就中亞伊斯蘭暴動議題來介入中亞地區的事務[158]。

No. 5, pp. 2-19. Hirsb 認為這段話跟（Either you stand with civilization and good（us）, or with barbarism and evil（them））是相當接近的。見 Michael Hirsb, "Bush and the World," *Foreign Affairs*, Sep./Oct. 2002, Vo. l81, No. 5, pp. 18-43.

[157] Noam Chomsky 著，王菲菲譯，《權力與恐怖：後 911 演講與訪談錄》（Power and Terror: Post-911 Talk and Interviews）（台北：城邦文化，2004 年），頁 1-25。

[158] Denny Roy, "China and the War on Terrorism," by Elsevier Limited ed.（U.S.: Behalf of Foreign Policy Research Insitute, 2002）, pp. 511-521.

但是，更重要的是北京最關注還是在它自己的「反恐戰爭」，全心投入於打擊境內的新疆維吾爾分離主義，或被稱為「東突厥斯坦」的建國運動。由於受到境外勢力的影響，新疆的「東突厥斯坦運動」與國際伊斯蘭恐怖主義有所聯繫，包含來自中東的基本教義、巴基斯坦邊境的蓋達組織訓練以及來自車臣與阿富汗的實戰經驗。根據中國官方資料報告，東突厥斯坦獨立運動在 1990 年到 2000 年之間已經在新疆地區發生超過 200 起暴力事件，而中國也在該地區致力嚴打（Strike hard）不遺餘力[159]。

如同前面章節所言，新疆的東突獨立運動有其歷史發展的背景，而且都與境外勢力有關，從 1860 年代的阿古伯政權開始，到 1930 年代、1940 年代的兩次「東突厥斯坦共和國」建立，都有帝俄、蘇聯和英國的影子。所以中共政權建立以後所面臨的新疆東突運動的延續活動，不僅事關邊疆安全議題、國家領土完整議題，也包含了對境外勢力的處理問題，此三者無一不牽連著中國的國家安全。也由於後蘇聯時期在中亞地區出現了新興五國，而這中亞五國不僅要擔心國內政治與經濟議題，還要與它們強大的鄰國維持友好關係，特別是與俄羅斯及中國[160]。

因此，在 2001 年 6 月 15 日第六次的俄羅斯、中國、塔吉克、哈薩克、吉爾吉斯、烏茲別克六國元首會談後，共同宣布《上海合作組織成立宣言》與《打擊恐怖主義、分裂主義和極端主義上海公約》，並成立「上海合作組織」（The Shanghai Cooperation Organization, SCO）常設機構。上海合作組織的出現給了這些成員國家之間舉凡政治、經濟、軍事、安全等多項交流合作，也進一步在 911 事件後共同組成涵蓋歐亞大陸的五分之三，達 15 億人口地廣大地區的反恐聯盟勢力[161]。

---

[159] Chien-peng Chung,"China's 'War on Terror': September 11 and Uighur Separatism," pp. 8-12.

[160] Kevin Sheives,"China Turns West: Beijing's Contemporary Strategy Towards Central Asia," *Pacific Affairs,* Vol.79, No.2, Summer 2006, pp. 205-224.

[161] Kevin Sheives,"China Turns West: Beijing's Contemporary Strategy Towards

然而，「上海合作組織」(SCO) 成立的目的，並非只是強調國際反恐作為而已。誠如張錫模教授指出，「在 2005 年間，『全球反恐戰爭』對世界政治的意義已經改變，……更多的強權與次強權都趁機尋求主導國際體系的議程，藉以牽制美國霸權的海外擴張。……2005 年 7 月，這樣的跡象已經出現，中國與俄羅斯連手運用『上海合作組織』排擠駐屯中亞的美軍，並和伊朗構成戰略三角，在伊朗核能開發議題上牽制美國等。[162]」。

「全球反恐戰爭」一方面給了北京在聯合國與華盛頓結為盟友的機會，而另一方面，也給了北京在上海合作組織與俄羅斯成為共同戰略伙伴的地位。然而對北京來說，「全球反恐戰爭」給了它最大的利益則是可以正大光明的鎮壓新疆維吾爾族的東突厥運動。也由於美國方面需要中國的支持，在 2002 年美國國會報告中首次將「東突厥斯坦運動」組織列為國際恐怖主義組織，這對於中國鎮壓新疆的東突運動給了極大的鼓勵。而美國在之後入侵阿富汗，雖然有威脅中國邊界安全的可能，但中國仍然選擇支持美軍的行動，可見中國仍希望美國消除阿富汗塔利班政權，來降低新疆地區來自境外恐怖主義勢力的外援[163]。

因而，在選擇與美國為伍、支持反恐活動，甚至在美軍入侵阿富汗行動可能對中國邊界安全有所影響的情況下，中國還是選擇了站在美國的反恐聯盟陣線。因為，先對新疆地區的境外東突勢力進行阻絕，消滅了塔利班政權，再同時進行國內的鎮壓活動，後來被證實了新疆的東突暴力組織已因塔利班瓦解而開始流竄，並改以新的海外「世界維吾爾大會」的「人權」與「民族自治」議題來延續其政治運動[164]。

Central Asia," pp. 205-224. Jing-Dong Yuan,"China's Role in Establishing and Building the Shanghai Cooperation Organization (SCO)," *Journal of Contemporary China,* Vol.19 (67), November 2010, pp. 855-869.

[162] 張錫模，《全球反恐戰爭》，頁 44-66。

[163] Chien-peng Chung,"China's 'War on Terror': September 11 and Uighur Separatism," pp. 10-12.

[164] 焦鬱鑾，《新疆之亂》，頁 160-183。

因而在美軍與新疆的得失之間，中國反恐活動在新疆，也就成了其國家安全利益的最高原則。也因為新疆獨特的亞洲軸心地理位置，不僅是中國西向歐亞大陸的門戶，也是中國能源進口運往東部沿岸的大門，再加上中國核武器實驗區也在新疆，因此，新疆的安全與穩定，也即是中國的國家安全與穩定。

綜言之，新疆地區與中國國家安全的連動，如同前面所說，除了打擊境內與境外恐怖主義活動攸關中國的國家利益考量外，維繫新疆地區的石油、天然氣以及豐富礦產仍然為極大的誘因之一；並且，在中亞油管輸入中國的接鄰地理位置上，新疆扮演了地緣能源政治的關鍵。而此刻，更因為中國與中亞國家的經貿關係亦日益增加，新疆的口岸經濟也扮演了甚為重要的地緣經濟角色[165]。

另外，從地緣政治上來看，由於美軍在中亞地區的阿富汗、喬治亞等國家掌握著優勢政治、軍事影響力，為了避免在中亞新一波的地緣政治大競局中失勢，中國除透過著上海合作組織（SCO）成立了反恐與政治聯盟，並在新疆邊境進行大規模多國軍演，以及從新疆輸出千餘名解放軍兵力、各式坦克、戰鬥直升機、空軍戰機到達中亞國家參與軍事演習等等[166]。種種跡象顯示，中國透由新疆一地進行中亞地區跨國兵力輸出，已經將中國與上海合作組織（SCO）成員國之間的政治、經濟、反恐等合作層面擴大到具有高度安全議題的跨國軍事合作之上，包含納入阿富汗為上海合作組織觀察國，並試圖以上海合作組織來對阿富汗進行干預。

雖然中國官方宣稱一但北約聯軍撤離阿富汗後，上海合作組織不會取代或填補其留下的軍事空白，也不會使上海合作組織演變為軍事政治集團。但是，若干西方觀察家卻認為，由中國與俄羅斯主導上海合作組織正逐步可能朝向建構為「東方北約」，以制衡美國在中亞地區的影響力，並試圖在阿富汗的未來發展上扮演更重要的角色[167]。

---

165 劉益彰，《中國反恐戰略之研究》，頁 59-64。

166 黃海，〈上合軍演中方人員歸國：新疆首輸送跨國兵力〉，《搜狐軍事網》，2010 年 9 月 29 日，<http://mil.sohu.com/20100929/n275331738.shtml>。

167 陳維貞，〈上合組織決納阿富汗為觀察員〉，《自由時報》，2012 年 6 月 8

最後，新疆地區的安定維繫著中共的統治合法性，不僅牽涉到族群的敏感議題，更直指中共政權在面臨地方分離主義的挑戰時，能否延續其國家領土統一的重大考驗。中國很大，要維持它的領土完整也變成一個大問題，中國領導人常常說中國自古以來就包含台灣、西藏、新疆，但台灣獨立勢力、西藏的達賴喇嘛與流亡政府，以及新疆的東突厥斯坦獨立運動與世界維吾爾大會等，每一個勢力都說明中國從來沒有完整統一過，所以「祖國統一」這件大事，一直是中國政府目前最重要的事。台灣、西藏、新疆都是中國要處理的問題，但只有新疆是最為緊張的地區，因為它就在中國的陸地邊界之內，何況它的週遭還有動盪不安的阿富汗與伊斯蘭激進主義的滲透，這也正是新疆與中國國家安全之間存有彼此連動的特殊性質[168]。

日，版 A14。

[168] 根據中國國務院一貫的新聞發言，言必堅稱「祖國統一是神聖不可侵犯的事實」，同樣的在對待新疆 2009 年 7 月 5 日暴動後，在 2009 年 9 月的政府白皮書「新疆的發展與進步」一書中，再次表明：「新疆的發展與進步，是在中華人民共和國這個統一的多民族國家中實現的，是在穩定的社會環境中實現的，也是各族人民共同團結奮鬥的結果，離開了國家統一，離開了社會穩定，離開了民族團結，新疆的一切都無從談起」。原文摘自中國國務院新聞辦公室，〈新疆的發展與進步〉，頁 44。

第三章　東亞安全體系與中國國家安全

一、後冷戰時期東亞安全體系的建立

1949 年以來的中國國家安全政策有著戲劇般的轉變，從建國開始的「一邊倒」蘇聯並與美帝國家對抗，到 1960 年代與蘇聯決裂並且同時與美國對抗的「雙重敵人」(dual adversary)形式，然後到 1980 年代與美國交往並且面對共同蘇聯敵人，最後在 1990 年代中期恢復與蘇聯外交關係的同時，積極加強與美國與蘇聯的合作關係為止，中國的國家安全與外交政策總是伴隨著其「務實」性格。因而，在中國國家安全的一貫原則下，基於地緣政治的現實考量，做為一個東亞國家的既有地理前提，如何與周邊國家以及對東亞周邊深具影響力的強權之間維持巧妙的平衡，是一項複雜卻又精於巧妙計算的謀略。後冷戰時期的來臨，中國面對國際社會環境的轉變，更使中國認知到與美國之間的關係，必須建立在戰略合作的架構之下，而東亞的國際秩序，也在中國與美國的相互合作卻又維持競爭關係之下，逐漸的在 20 世紀末形成一個「東亞安全體系」的雛形[1]

（一）後蘇聯時期的中國安全環境轉變

傳統上，國家安全側重在軍事安全的層面，主要受到國際關係現實主義的影響。在此觀點下，由於國際社會的無政府狀態使得國家為了生存而尋求安全的趨向，但同時使國家之間產生了所謂的「安全兩難」(security dilemma)，所以國家在評估他們的安全策略時也同

[1] Robert S. Ross, *Chinese Security Policy:Structure, Power and Politics*（NewYorkRoutledge, 2009）, pp.1-18. Kenneth N. Waltz, *Theory of International Politics*（U.S. :MaGraw-Hill, 1979）,pp.102-128.

時參考其他國家的能力，而不是個別國家的意向而已，如同 Wolfers 所說，「國家安全如同所有國家之間的共鳴曲。[2]」。因此，當國家在提升他們的安全能力同時，也提升他們對其他國家可能產生威脅的認識，於是，在這樣的狀態下，兩個國家之間的軍備競賽便很可能發生[3]。從 1949 年開始，中國的國家安全暴露在美蘇兩強的冷戰對抗環境之中，在腹背受敵的情況下，由於中國陸地邊境與蘇聯有著數千里的相鄰特質，使得中國必須在地緣政治的現實考量下，以及歷史與意識型態的共同經驗下，維持與蘇聯的「一邊倒」外交關係，並且加入反美的社會主義國家集團。但隨著中國在 1960 年代批判克魯雪夫的「修正主義」路線，中國嚐試避免遭受美蘇集團的陸上與海上夾擊，便於 1970 年代開始與美國嚐試進行外交關係的突破。對美國而言，中國是對抗蘇聯的「圍堵」前線，對中國而言，美國是中國對抗蘇聯的「以夷制夷」策略，中美破冰的決定，其實都是為了制衡蘇聯[4]。

---

[2] Arnold. Wolfers, "National Security as an Ambifuous Symbol", *Political Science*, Quarterly, Vol.67, No.4, December 1952, p.481. David A. Baldwin, "Security Studies and the End of the Cold War," *World Politics,* Vol.48, October 1995, pp.117-141

[3] Robert S. Ross, *Chinese Security Policy:Structure, Power and Politics,* p.3.

[4] 王丹，《中華人民共和國 15 講》，頁 147-154。陳永發，《中國共產革命七十年》（台北：聯經出版，2001 年），頁 758-770。

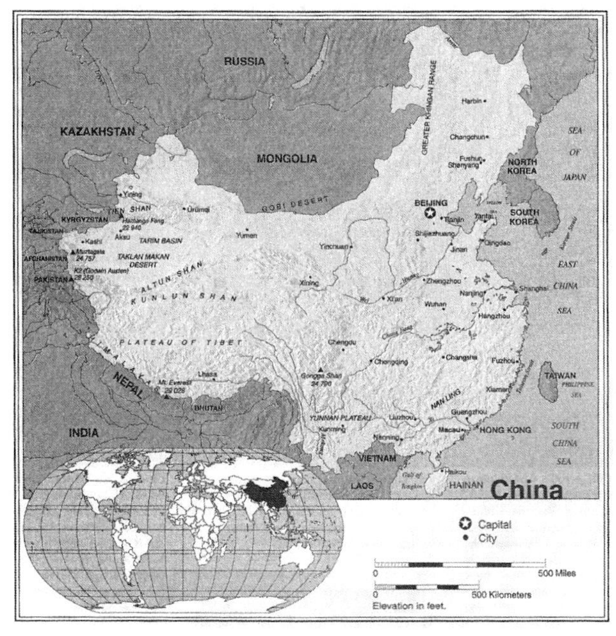

圖 3-1　中華人民共和國

資料來源：Dean W. Collinwood, *Japan and the Pacific Rim*（U.S.:MacGraw-Hill, 2008）, p.47.

1982年到1984年間的美國雷根政府時期是中美關係改善的關鍵時期。早在1970年代尼克森訪華開始，中美關係破冰並建立雙方會談的秘密外交機制，但隨著尼克森因「水門事件」下台，繼任的福特總統連任失利，雖然1979年卡特總統時期中美開始建交，但中美關係的加溫仍然要到1983年至1989年天安門事件發生前才真正開始，這主要還是因為美國雷根總統與中共之間對於「一個中國」原則的承認與1982年「八一七公報」，以及1982年鄧小平的中國「新安全外交」戰略確立有關[5]。

[5] Robert S. Ross, *Chinese Security Policy:Structure, Power and Politics,* p.21. also

在 1982 年「八一七公報」中，華盛頓方面「認知」到世上只有一個中國，台灣是中國的一部份，中華人民共和國是中國唯一合法的政府。在華盛頓的擔保下，中國政府領導官員相信美國雷根政府能夠尊重並保障中國的利益，雖然雷根政府同時出售軍備給台灣，但基於對抗共同敵人蘇聯的「安全夥伴」（security partners）關係的維繫，中國方面對於中美關係的「妥協」，使得這種建立於對抗蘇聯威脅的「策略合作」（stategic co-operation）關係，仍然延續著中國「外交冒險」（brinkmanship）的政策。因而，即便中美關係中存在著台灣議題的衝突可能性，但面對更大的共同敵人時，雙方的合作關係卻又顯得更加的重要性[6]。

面對 1980 年代中國與美國在外交關係與「安全夥伴」關係的建立與增溫的發生，傳統性的國家安全體現在軍事安全觀的狀況，也可能因為在動態國際關係下的雙方國家安全與利益認知而轉變。Richard H. Ullman 便指出，在冷戰初期，美國華府的大多數行政機關都對國家安全的認知侷限在軍事安全層面，但隨著卡特政府等對於國家安全的認識缺乏對國內議題的了解，所以選舉的結果讓美國政府領導人體會到「非軍事危險」的重要性，以及對國家安全威脅的不同分類與資源的分配。在國家領導與人民的認知裡，國家安全的威脅來源不同，傳統上，霍布斯認為安全是一種絕對價值，但對於美國大多數人而言，安全不是絕對價值而是與其它價值之間的平衡。因此，人權與國家安全同等重要，而「安全」概念也因而轉變到當人們面臨各種威脅時，包含軍事與非軍事的威脅，例如核武、自然災害、經濟生活福祉、資源衝突與人口議題等。美國過去花費在面臨各種可能的威脅時的軍備成本甚大，但提供經濟援助給其他國家卻也是提升美國國家安全的一種方法[7]。

---

see Bates Gill, *Rising Star:China's New Security Diplomacy*（U.S. :Brookings Institution Press, 2007）,p.3.

6 Robert S. Ross, *Chinese Security Policy:Structure, Power and Politics,* p.22.

7 Richard H. Ullman, "Redefining Security," *International Security,* Vol.8,No.1,Summer 1983, pp.129-153.

Jeffrey W. Taliaferro 指出，美國國家安全在後冷戰時期的轉變，主要受到「防禦型現實主義」(Defansive Realism)的影響。傳統上，「攻勢現實主義」(Offensive Realism)認為在無政府狀態下，國家缺乏世界政府的管理，從而提供國家極大化其權力以便擴張，以確保其國家生存。但「防禦型現實主義」卻主張國際體系提供國家擴張的誘因僅在可靠的條件下，與「攻勢現實主義」最大的差別則是，「防禦型現實主義」對於軍事教條、外交經濟政策、軍事干預與危機管理等有一定的規定。因此，Taliaferro 認為，有四種可能的假設使國際環境的結構變化因素，讓國際環境與國家的外交政策轉變，第一個是「安全兩難」困局因素，第二是結構變遷使攻勢與防禦平衡、地理相鄰性與原料取得等，嚴格影響參與國家的安全兩難，第三是物質力量使國家領導認知必須在國家外交政策取得適當性，最後是國內政治將國家實力限制並反映到外在國際環境。所以，美國外交政策同樣受到國內政治與國際結構的變化，而必須在大戰略上尋求「防禦型現實主義」的觀點[8]。

同樣的，中國領導人在 1970 年代嘗試與美國政府交往，並在 1979 年建交以及 1982 年開始與美國關係增溫，也是因應國內改革開放經濟政策的需求，因而從 1982 年鄧小平時代開始，中國的國家安全政策，也就從傳統的「軍事安全」層面擴及到國家的經濟安全等多方面的「非軍事層面」。這種「務實」的外交冒險其實也反映出中國當局的「新安全外交」觀與國際動態現實的考量。

陸伯彬 (Robert S. Ross) 認為，中國的國際行為同樣受到無政府狀態與國際社會尋求安全的壓力，在此情況下，軍事平衡與運用武力成為中國外交政策的特質。但有時候，基於一黨專政的權威國家因素，政治不穩定同樣會形同強大壓力致使國家外交政策必需反應其國內現實。在許多國家都有國內政治影響外交政策的例子，然而中國雖然在長久的毛澤東獨裁以及後毛澤東時期的威權統治時期裡，

8 Jeffrey W. Taliaferro, "Security Seeking under Anarchy:Defansive Realism Revisited," *International Security,* Vol.25, No.3,Winter 2000/01, pp.128-161.

其外交政策深受國內政治的影響，但派系衝突與繼承衝突卻只讓中國安全政策受到部份的影響。而毛澤東以後的中國政府領導繼承危機，也隨著接班問題的制度建立，雖然每一個後繼鄧小平的中國領導人有自己的政策口號，但每一個新的領導人都尋求延續與美國的合作與穩定關係，以及一個有利於中國安全與崛起的國際環境。另一方面，中國在鄧小平戰略領導下，也與俄羅斯分享利益並建立策略合作關係，使得中俄關係如同與中美關係同樣居於優先位置[9]。

蔡東杰便指出，「自改革開放以來，隨著中國國力的大幅提升，外交政策也被界定為輔助性的政策工具。……無論如何，自後冷戰時期以及特別是邁入新世紀後，由於國際局勢對中國有利，其結果既使其不再如過去般抱持『受害者』的心態，更強調應積極參與多極化新格局的建構發展。……在外交的重點被設定在為發展創造有利的國際環境，而非與既存霸權美國直接進行對抗；再者，強調以合作代替對抗的新安全觀則接近『防禦型現實主義』，亦即主張溫和、自治與安全合作，以化解可能不利於發展的各種國際變數[10]。」。

1990 年代中期，中國的全球與區域安全外交有了戲劇性的轉變。在改革開放政策成功之下，中國的經濟、政治與軍事能力都大幅提升，北京的全球與區域安全事務較過去都更為融入國際規範與實踐，並且北京的區域與全球安全事務開始採取更多的積極、實踐與建設性。透過與亞洲到全球的更為實質關係建立，北京當局與東南亞、中亞、歐洲、非洲與南美洲也產生了一種新夥伴關係的對話機制。而在 911 事件之前，中國與美國也就曾對阿富汗、伊朗等問題進行包含軍事方面的合作，因而使中國的開放性戰略空間擴展到區域與全球層次的影響力。儘管在西太平洋強權有日本的存在，加上當前是中、日同為區域強權的歷史新局，但中國仍然是歐亞大陸的地緣政治中所不能忽視的重要玩家，也就使得一個處於強盛時期的中國在區域與全球扮演一個驅動安全關係的角色[11]。

---

9 Robert S. Ross, *Chinese Security Policy:Structure, Power and Politics,* pp.13-15.

10 蔡東杰，《當代中國外交政策》，頁 22-23。

11 Bates Gill, *Rising Star:China's New Security Diplomacy*, pp.1-7.

事實上，早在 1982 年鄧小平揭示中國需要一個穩定的國際環境以致力於更多的國內經濟發展，中國必須脫離毛澤東所謂的「早打、大打、核打」戰爭的路線。在 1980 年代中國長期的外交孤立局勢下，1990 年中共在鄧小平的戰略指導下，進行所謂「新安全外交」政策的轉變，包含「新安全概念」、「負責任大國」與「中國和平崛起」等主張。1994-95 年間，中國更開始以高規格試圖建立「新國際秩序」，例如，在 1995 年中國白皮書中就提及在亞太區域的武器控制議題上，需要「各國之間建立一個彼此尊重與友好的關係」，不僅以和平共處五原則為基礎，更透過共同經濟發展，和平解決衝突並進行對話。而在 1998 年的中國白皮書裡更指出，中國新安全概念的核心應包括「互信、互利、平等與合作」，世界和平與安全惟有在一個新的安全概念與建立公平與負責任的新國際秩序下才可能獲得基本的保障[12]。

1999 年江澤民訪問日內瓦時，在延續鄧小平時期的「新安全外交」戰略思考下，再次重申「新安全」概念的核心，並在 2002 年的中共中央第十六大會議上宣讀。他指出，中國將繼續維繫與我們鄰國的友好，並堅持建立睦鄰與夥伴關係；同時，中國將加強區域合作，並提升與周邊國家的互易與合作達到新的高峰。季北慈（Bates Gill）認為，江澤民的談話透露出一個訊息，即在 1997-98 年的金融危機後，中國試圖扮演一個「負責任的大國」，並透過國際規範與國際制度，例如聯合國、世界貿易組織、東南亞區域論壇、上海合作組織等，以「新安全外交」的中交政策概念來加大其在區域與全球的影響力[13]。

延續鄧小平時期的大戰略與新安全概念，21 世紀初中國的第四代領導班子開始發表關於「中國和平崛起」的論述。在 2003 年 11 月在亞洲博鰲論壇上，原中共中央黨校副校長鄭必堅發表了《中國和平崛起新道路和亞洲的未來》演講，首次提出和平崛起這一議題，爾後，胡錦濤在 2004 年四月的博鰲論壇上再次發表「和平崛起」的

[12] Bates Gill, *Rising Star:China's New Security Diplomacy* , pp.1-7.

[13] Bates Gill, *Rising Star:China's New Security Diplomacy* , pp.1-7. David C. Kang, *China Rising:Peace, Power, and Order in East Asia*（New York : Columbia University Press, 2007）,pp.83-90.

談話，而溫家寶則於 2004 年 8 月也公開談論中國的和平崛起。2005 年鄭必堅將前述文章發表於美國外交事務雜誌秋季刊，同年，中國政府發表《中國和平崛起道路》白皮書，並透過多方展現其所呈現的「新安全外交」路線[14]。

根據溫家寶的解釋，中國「和平崛起」的要義在於五者，首先，中國的崛起是要充分利用世界和平的大好機會，努力發展和壯大自己，同時又以自己的發展來維護世界和平。其次，中國的崛起應把基點放在自己的力量上，依靠廣闊的國內市場、充分的勞動力資源和雄厚的資金儲備，以及改革開放帶來的機制創新。第三，中國的崛起離不開世界，因此必須堅持對外開放政策，並在平等互利的基礎上與一切友好國家發展經貿關係。第四，中國崛起需要很長的時間與好幾代人的努力奮鬥。最後，中國的崛起不會妨礙任何人，也不會威脅任何人，中國將來即使強大也永遠不會稱霸[15]。

面對 21 世紀中國的崛起，儘管中國方面認為中國的崛起乃歷史的必然，自鴉片戰爭以來，中國人民的最大利益就是實現民族復興與恢復失去的世界大國地位，但由於中國經濟與軍事能力的提升，使得中國的「和平崛起」蒙上西方觀點的「中國威脅」陰影[16]。由於「中國和平崛起」引發許多國家的關注與討論，但中國的崛起必然挑戰美國霸權的單極領導，雖然並不代表西方國際社會體系會面臨中國的暴力衝突，但有些美國學者提出強烈建議希望華盛頓方面必須加強當前國際社會的自由秩序[17]。因此，中國官方已開始改用「和平發展」來替代敏感的「和平崛起」，以營造更為和平與穩定的國際環境空間。

---

14 Bates Gill, *Rising Star:China's New Security Diplomacy* , pp.7-8. and Zheng Bijian,"China's Peaceful Rise to Great-Power Status," *Foreign Affairs,* Vol.84,Issue 5, Sep/ Cct 2005, pp.18-24. .閻學通、孫學峰著，《中國崛起及其戰略》（北京：北京大學，2005 年），頁 149-165。

15 轉引自蔡東杰，《當代中國外交政策》，頁 22-24。

16 Yan Xuetong, "The Rise of China and its Power Status," *Chinese Journal of International Politics*, Vol.1, 2006, pp.6-33.

17 G. John Ikenberry,"The Rise of China and the Future of the West," *Foreign Affairs,* Vol.87,Issue 1, January/ February 2008, pp.23-37.

（二）中國崛起與東亞安全體系

關於東亞地區的安全態勢，陸伯彬（Robert Ross）曾經在他所著的 *The Geography of the Peace* 一文中說，東亞地區自後冷戰時期以來，一直呈現兩極化的架構，原本 1970 年至 1990 年時期的美、中、蘇「戰略三角」關係，隨著蘇聯的崩潰以及中國的崛起等國際架構環境的轉變，目前已經呈現美國與中國兩強權對峙的局面，一種大陸國家（中國）與海洋國家（美國及其盟友日本等）劃立的兩極結構。但是，由於東亞地區的地理環境特異性，這種兩極化的國際強權結構並不意味著戰爭的發生可能性，相反的，由於地理的特異結構明顯的將此兩極勢力劃分，同時在東亞地區存在著安全兩難的無政府狀態（主要是這地區沒有優勢霸權），因此，地區國家的防衛趨勢使得東亞地區的安全呈現一種國家行為的自制[18]。

為何東亞地區沒有優勢霸權的存在，陸伯彬認為，美國雖然在蘇聯崩潰後成為全球性的霸權，但是不意味著在東亞地區具有絕對的優勢，因為，雖然中國崛起不是一個全球性的強權，但基本上卻是一個對東亞地區深具影響力的區域強權，而美國雖然不是此區域的霸權，但卻與中國分享著在東亞地區的權力平衡。這一切還是因為東亞的地理環境的特異性[19]。

自從 1975 年美軍撤離東南亞開始，中國的區域強權便透過對越南發動戰爭以及蘇聯無法對付國內少數民族運動與對周邊國家的安定等因素，使得中國在東南亞大陸地區取得支配的影響力。到了 1991 年間，中國的支配影響力擴及全東亞大陸地區，除南韓外，基本上包含泰國、緬甸、寮國、越南等國家都深受中國經濟與軍事力的影響。但是自 1997 年開始，中國成為南韓的第三大貿易輸出國家，並且成為南韓的最大直接投資國家。同時，美國 1975 年自泰國撤離海軍基地，1991 年撤離菲律賓基地，雖然在後期於新加坡建立海軍維修工廠，但美國海

[18] Robert Ross, “The Geography of the Peace,” in michael E. Brown etc. ed.*The Rise of China*（U.S.:The MIT Press, 2000）,pp.167-205.

[19] Robert Ross, “The Geography of the Peace,” pp.167-172.

軍的策略已經由「基地建立」轉變成「地區戰略」。包含維繫與馬來西亞、印尼、汶萊等地區都未有進駐航空母艦，而是把航空母艦戰力集中在日本。這些美國的海軍動態顯示，面臨中國的崛起，美國的海軍防衛把重點放在東北亞地區，同時希望能就朝鮮半島的安全作有效的壓制[20]。

對美國而言，東北亞安全是其亞太戰略的優先，因為在這裡有美國與中國兩大東亞強權，以及潛在的強權俄羅斯與日本；但是因為俄羅斯在東亞地區的軍力不及中國的戰力，而日本的島國特性與其憲法規定的自衛武力限制，以及與美國的軍事聯盟關係，因而東亞地區安全的多極架構其實仍然維繫在中美關係的兩極結構下。在此兩極結構下，中國與俄羅斯一起，而美國與日本一起。因此，中國與美國的關係如何，實際上決定了東亞安全的穩定與否，而這樣的關係如果能有效的維持和平穩定，也象徵著東亞安全體系的一種建立。

自 1990 年代開始，美國方面便注意到這樣的趨勢發展，對美國而言，維持東亞地區的安全是其國家安全利益的一環。雖然 1990 年美國老布希政府時期提出的「前進部署」與同年亞太助理國務卿所羅門（Richard Solomon）所提出「平衡車輪」（the Balance Wheel）概念，以及隨後 1991 年國務卿貝克（James Baker）提出「扇形架構」（the Fan Framework）概念等影響，顯示當時美國政府將中國崛起視為威脅的一部份。但自 1993 年柯林頓政府對亞太國家進行所謂的「交往與擴大」政策（engagement and enlargement）開始，美國軍方擴大與亞太國家的和平交往，包含各項訪問交流等，包含與中國的關係改善[21]。

然而 1993 年到 1994 年間北韓的核武問題凸顯了東北亞安全的潛在威脅，柯林頓政府希望過直接的手段，尋求區域內與北韓的對話，但中國與北韓的扈從關係使得這一對話機制受到阻礙。於是美國轉而尋求建立更強大的日本防禦能力，即透過後來的「戰區飛彈防禦」

---

20 Robert Ross, “The Geography of the Peace,” pp.167-172.

21 王繁賡，《中國崛起與美國亞太地區安全戰略之研究：地緣政治理論之觀點》（高雄：國立中山大學社科院高階公共政策在職專班碩士論文，2005 年），頁 63。James Baker,“America in Asia: Emerging Architecture for the Pacific,” *Foreign Affairs*,vol.70, no.1,winter/1991,pp.4-5.

（WMD）計畫來壓制並嚇阻流氓國家（北韓），但卻換來中國與俄羅斯的反對聲浪[22]。中國所憂心的是「戰區飛彈防禦」（WMD）計畫將使美國、日本與南韓更加與美國建立緊密的軍事聯盟關係，使中國對東北亞周邊國家的影響力減低，但更重要的是，日本軍事能力隨著該計畫的提升，將引起中國對於日本軍國主義復辟的歷史敏感神經，以及日本國內右翼勢力的提升，也會牽動對二戰傷痕的集體記憶。另外，根據「戰區飛彈防禦」（WMD）計畫的覆蓋範圍，則是中國擔心台灣將被納入這個防禦系統，使得台灣問題陷入更敏感的東亞軍備競賽中[23]。

事實上，自 1997 年柯林頓政府時期便與中國建立所謂「建設性戰略夥伴關係」，主要還是因為 1996 年台海飛彈危機後，美國方面重新意識到與中國方面必須建立對話機制，以確保台海議題的安全性。但另一方面，在 1998 年美國國防部卻又發表一篇《美國亞太安全戰略》（*The United State Security Strategy for the East Asia-Pacific Region*）報告，宣示柯林頓政府將繼續在亞太地區進行交往戰略，並繼續在東亞地區部署 10 萬駐軍並強化在此地區的雙邊軍事聯盟關係[24]。而小布希政府上任後便對中國方面定調為「戰略競爭夥伴關係」，並且在 911 事件後的 2002 年第二次朝鮮核武危機中，轉而對北韓採取更為強硬的態度，包含軍事威攝、經濟制裁；並且對台灣當局釋放更多的善意與恢復軍售。因此，在小布希政府初期，中美關係的緊張，加上朝鮮核武問題的未能解決，使得東北亞安全出現緊張態勢[25]。

但隨著 2003 年 4 月舉辦的美、中、俄「三方會談」，以及之後的 2003 年 8 月、2004 年 2 月、2004 年 6 月連續由北京主導的「六方會談」（美、日、中、俄、北韓、南韓）的機制成果，雖然北韓方面並未

---

22 日本岡崎研究所彈道飛彈防禦小組著，國防部史政編譯室譯，《新核武戰略及日本彈道飛彈防禦》（*Ballistic missile Defense for Japan:New Nuclear Strategy and Japan's BMD*）（台北：國防部史政編譯室，2004 年），頁 18-19。

23 王繁賡，《中國崛起與美國亞太地區安全戰略之研究：地緣政治理論之觀點》，頁 56-57。

24 盧政鋒，《中國崛起與布希政府的台海兩岸政策》（高雄：國立中山大學大陸研究所博士論文，2007 年），頁 6-9。

25 朱鋒，《國際關係理論與東亞安全》（北京：中國人民大學出版社，2007 年），頁 175-192。

有放棄核武的具體協議，但透過「六方會談」與美、日等國家提供北韓經濟援助的擔保，朝鮮核武問題終於獲得一個的暫時解決的實務機制，而中美兩國關係也因為國際反恐合作與朝鮮核武問題的共同努力等，在 2003 年以後出現有史以來的絕佳狀態，但是台灣問題仍然在陳水扁總統主政期間，迫使中美兩國必須加以謹慎的處理[26]。

Toshi Yoshihara 與 James Holmes 認為，中國所樂見的是朝鮮半島的統一，並且傾向由首爾當局來接替統一後的政府，因為中國相信，統一後的朝鮮半島將在地緣政治與地緣經濟上與中國更加親密，並且與中國北方各省份維持互動，從而使中國影響力擴大到朝鮮半島，將勢力範圍伸及到黃海全域與日本海，使之成為中國的內海勢力範圍，形成更為安全強大的東亞陸權國家[27]。但對美國而言，維持東亞地區既有的狀態，並且將捍衛美國及其盟友在東亞地區的利益，以及近年來美國與日本完成修訂「美日安保條約」，並針對「周邊有事」擴及台灣島地區做了新的解釋等等事蹟。同樣可在美國國防部 2011 年《中國軍事與安全發展態勢報告書》前言中所稱美軍將持續捍衛東亞地區的安全，並持續關注中國的軍事與發展的言論而獲得證實[28]，顯見美國對台灣海峽獨特的地理位置與東亞地區現階段安全穩定的高度重視，並將中國視為威脅東亞安全的潛在對手[29]。

然而不可否認的，中美兩國在東亞安全議題所呈現的軍事緊張關係，可能有衝突的潛在性，但尚不及至於有發生戰爭的可能性。

---

26 王繁賡，《中國崛起與美國亞太地區安全戰略之研究》，頁 44。盧政鋒，《中國崛起與布希政府的台海兩岸政策》，頁 1。

27 Toshi Yoshihara & James Holmes, “China, a Unified Korea, and Geopolitics, ”*Issues& Studues*,Vol.41,No.2, June/2005, pp.119-169.

28 原文“The United States must continue monitoring PRC force development and strategy. In concert with our friends and Allies, the United States will also continue adapting our forces, posture, and operational concepts to maintain a stable and secure East Asian environment”。見 U.S. Department of Defense, 2011, “2011Military and Security Developments Involving the People’s Republic of China”, Annual Report to Congress, U.S.: Department of Defense, p.I.

29 原文“Security in the Taiwan Strait is largely a function of dynamic interactions between and among mainland China, Taiwan, and the United States. ”。見 U.S. Department of Defense, *op. cit* , p.47.

例如，中美雙方多次發生軍機事件與海上潛艦事件，以及 1996 年台海飛彈危機中美國航母巡弋台灣等，但基本上雙方都還能適時降溫並降低戰爭的發生風險。如同楊士樂所說，經濟互賴大致上限制了中國使用武力的可能性[30]，而 Sung Chull Kim 也指出，在東北亞有影響力的國家包含中國、俄羅斯、北韓、南韓、日本與美國，除了北韓外，基本上在 1997 年東南亞金融風暴事件前後，都曾因為國內政治的需要而進行多邊的經濟與安全機制的對話[31]。

因此，冷戰的結束，對亞太國家而言不啻為一種經濟合作與安全諮商的契機，不僅帶來 APEC（亞太經合會議）、ARF（東南亞區域論壇）、CSCAP（亞太安全合作會議）等合作架構，但也為區域內國家間引發新的衝擊與挑戰[32]。在 1990 年之前，東南亞國家組織（ASEAN）尚未與中國有任何官方的關係建立，但中國卻與個別東南亞國家有官方的來往，自從 1990 年開始，中國便積極參與並領導東南亞國家組織的事務。首先在 1988 年中國總理李鵬便積極出訪泰國，並表達參與東南亞國家組織的意圖，隨後在 1991 年中國外長錢其琛參加了東南亞國家組織的第 24 屆外長會議，稍後在 1993 年到 1997 年間中國與東南亞國家維持相當穩定的外交關係，直到 2000 年以後，中國與東南亞國家逐漸擴大到「東協+1」的經濟利益上所外溢的外交關係互動。除了經濟的利益外，中國更與東協國家建立軍事上的區域安全合作，主要是共同打擊海盜與反恐任務。而在 2003 年，中國更進一步與東協國家簽立了《友好與合作協定》並建立和平與共榮的戰略伙伴關係[33]。

---

30 楊士樂，〈中國威脅？經濟互賴與中國大陸的武力使用〉，《東亞研究》，第 35 卷 2 期，2004 年 7 月，頁 107-142。

31 Sung Chull Kim,"Introduction:multiayered domestic-regional linkages," in Edward Friedman & Sung Chull Kim ed. *Regional Cooperation and its Enemies in Northeast Asia:The impact of domestic forces*(NewYork: Routledge Press, 2006), pp.1-14.

32 蕭全政，〈論中國的「和平崛起」〉，《政治科學論叢》，第 22 期，2004 年 12 月，頁 1-30。

33 Saw Swee-Hock& Sheng Lijun, etc."An Overview of ASEAN-China Relation, " in Saw Swee-Hock & Sheng Lijun, etc.ed. *ASEAN-China Relation:Realites and Prospects*（Singapore:ISEAS Publications, 2005）, pp.1-18.

對東協國家而言，與中國簽訂友好協定可以進一步達到與中國的雙邊「自由貿易協定」（FTA）的簽訂，並且獲得中國廣大出口市場與經濟援助；但對中國而言，解決其東南亞石油海運安全問題，亦即國內長期經濟發展所需的海上運輸管道安全的解決。並可在所謂的「麻六甲困局」的解決上，中國的海洋安全向東協國家合作無疑打開其在東南亞海域的影響力，為其海權發展在東南亞地域找到活路。根據中國與東協國家的六個交往原則，其將以「彼此尊重」、「彼此利益承認」、「彼此信任與互利」、「平等談判與對等」、「有效」與「持續發展」為前提，並透過海洋安全與軍事合作等議題來維持區域的和平與人道協助。另外，中國更積極參與「東南亞國家區域論壇」（ARF）並提升到每年固定在海南島舉辦「博鰲論壇」，顯示中國在東南亞國家間已具有主導議題與發揮極大影響力的能力。而「東協+3」則是東協國家組織操作「全面羈絆」政策（Omni-enmeshment）的作法，試圖將日本與南韓納入這個區域安全與經濟合作的範疇；儘管日本與南韓都是為了與東協國家進行簽訂雙邊「自由貿易協定」（FTA）而加入，但中國作為領導該區域經濟整合的中心關鍵角色卻是不容忽視的[34]。

此外，區域合作架構也同樣出現在中亞地區，由於前蘇聯崩潰後中亞地區出現新興國家，中國利用地緣政治與經濟的優勢，在經貿、能源與反恐的共同利益上，與哈薩克等五國建立了「上海合作組織」（SCO），並由北京方面主導各項議題。因此，隨著中國在東南亞地區建立深遠的影響力，以及在中亞地區的良好邦交合作，加上中俄恢復「戰略夥伴關係」等等。基本上，後冷戰時期至今的中國陸地邊彊安全已經是有史以來最佳的情勢，但張文木也指出「真正的中國與外國的利益衝突卻是在中國經濟進入到市場經濟、融入世界開始」[35]。隨著中國經濟成長的快速，中國的軍力也積極的加強現

[34] Saw Swee-Hock& Sheng Lijun, etc. “An Overview of ASEAN-China Relation,” p.p10-11.吳瑟致，《中國大陸經濟崛起對東亞區域主義發展之影響》（台東：東華大學公共行政研究所碩士論文，2006 年），頁 1-4。

[35] 張文木，《世界地緣政治中的中國國家安全利益分析》，頁 1。

代化，因此，「中國威脅」的論述被廣泛的討論是可預見的。尤其中國方面在與中亞國家建立「上海合作組織」，並與俄羅斯建立「戰略夥伴關係」，以及在「東協+3」與「博鰲論壇」中取得領導的關鍵地位，都顯示中國在東亞地區，甚至中亞地區的經濟與軍事雙重影響力，已經讓美國必須正視中國崛起的事實。

然而，由於東亞地區的獨特地理所產生的「安全兩難」，加上朝鮮半島、台灣海峽、中南半島、印度與巴基斯坦、中亞穩定以及國際核武、毒品等議題，都使美國期盼與中國建立東亞乃至於全球安全合作關係，而非對抗關係。尤其 2000 年以後，由美國所主導的國際反恐戰爭獲得中國等大國的支持，更使美國與中國兩國關係發生極大的良好改善[36]。未來即便可能發生美中兩國在經濟議題上出現貿易衝突，但面對共同的東亞區域安全穩定，將是雙方都願意為共同利益維持而努力，卻又彼此暗地競爭的局面。誠如陸伯彬（Robert Ross）所說：「美國與中國是東亞的兩個強權，他們不會成為戰略伙伴，事實上，他們會因安全與影響下的傳統武力衝突而成為戰略競爭者，如同冷戰時期的美國與蘇聯，將會是主要陸地強權（中國）與海洋強權（美國）之間的衝突。……但是，也因為東亞地理特質強化了兩極架構下的安全兩難，使得兩極強權傾向於穩定平衡並以大國責任來共同管理東亞區域秩序，以降低因兩極結構所帶來危機、軍備競賽與地區戰爭的發生[37]。」。

因此，在中美關係的升溫下，以及中國積極加入國際組織的情勢下，一個由美國與中國所主導的東亞安全體系，基本上呈現一個相對於冷戰時期稍加穩定的狀態，而這也是中國當局希望在「崛起」的同時，能夠穩定周邊與東亞安全和平態勢，以維護其持續經濟成長的自身利益。也唯有維持高度的經濟成長，中國廣大的勞動力與市場規模才能穩定發展，而東亞地區的出口市場也才能確保。更重要的是中國經濟穩定與國內社會安全的連動性，將直接挑戰共產黨

---

36 王繁賡，《中國崛起與美國亞太地區安全戰略之研究》，頁 55。

37 Robert Ross, “The Geography of the Peace,” pp.182-183.

的統治權威，而這也就是中國經濟發展與東亞經濟經濟影響的微妙關聯，且中國總是想辦法避免在此間發生國際衝突的根本原因[38]。

最後，如果說東亞安全秩序的潛在威脅會發生在哪？那麼朝鮮半島、台灣海峽以及南海諸島都是潛在的衝突點，但這一切都比不上中國對於日本軍事力量日漸強大而感受到的壓力。由於朝鮮半島、台灣海峽問題都在美日聯盟與中國所建構的兩極安全體系中，加上俄羅斯的參與，而朝鮮問題基本上可以回到裁減核武的談判桌上，因此，使得東北亞與台灣海峽地區維持相對的和平。至於南海諸島與東南亞各國間的利益關係，中國也在 2003 年與東南亞國家簽立了《南海行為準則》以加強彼此間的合作與信任，而美國的影響力也不至於在該區域與中國發生衝突。

相反的，正由於美國希望透過日本來強化其在東亞的影響力，並且「美日安保聯盟」提供日本先進軍事裝備與軍事資訊分享，同時將「周邊有事」擴及到台灣地區。在歷史的糾結與現實的發展下，中國擔心強大的日本在尋求往「正常國家」發展的同時，將掀起軍國主義的復興並威脅到中國在東亞的利益。因此，當 1996 年日本首相橋本龍太郎（Ryutaro Hashimoto）參拜靖國神社以及 1998 年日本首相小淵惠三（Keizo Obuchi）拒絕向中國為二次大戰歷史道歉，甚至於後來日本教科書出現竄改侵華史資料等，使得中日關係發生極大危機，並且使中國共產黨飽受來自於國內民族主義反日聲浪的壓力。在中國看來，日本的軍事能力不下中國，並擁有美國轉移的先進反潛能力與空中優勢武力，即便日本目前尚未擁有核武與航空母艦戰力，但中國的分析家普遍相信日本能輕易的取得相當能力並成為東亞軍事強權，同時中國方面更擔心日本軍國主義的復辟[39]。

---

[38] 洪淑芬，〈如何看待中國經濟發展對東亞經濟之影響〉，蔡瑋主編，《變動中的東亞國際關係》（台北：政大國關中心出版，2006 年），頁 83-92。Susan L. Shirk, *China: Fragile Superpower*（New York: Oxford University Press, 2007）,pp.13-34.

[39] 剛本幸治，〈邁向正常國家：日本新防衛關及其對區域安全的影響〉，蔡瑋主編，《變動中的東亞國際關係》（台北：政大國關中心出版，2006 年），頁 29-38。Thomas J. Christensen,"China, the U.S.-Japan Alliance, and the

所以中國希望美國與日本的聯盟關係不致崩潰，並由美國持續領導並約束日本的軍事能力。同時，中國也不希望日本進一步扮演美日聯盟中更為關鍵的角色，甚至可能發生因為日本與台灣的前殖民地關係而干預到台灣議題的未來。

整體而言，在東亞安全體系中，除了由美國與中國極力建構的兩極安全體系外，尚有美國——日本以及中國三個國家的「戰略三角」關係，深刻影響著東亞安全體系的未來，其中的平衡點就在日本是否發展成「正常國家」與東亞軍事大國與否，或是在美國霸權可能逐漸退出東亞地區之後打破原本的東亞安全平衡[40]。關於日本是否發展成新的東亞軍事強權以及其對中國國家安全的影響，將進一步在本章結論中繼續討論。

（三）911 事件與反恐戰爭對東亞安全的影響

在 911 事件之前，小布希政府的外交政策專注於中國與俄羅斯以及中東和平等議題，另外還包括一些「流氓國家」如伊朗、伊拉克、利比亞與北韓；雖然當時美國政府正努力解決伊拉克海珊政權的發展大規模毀滅武器問題，但基本上美國政府還未把焦點放在恐怖主義與激進伊斯蘭主義的議題上。此外，小布希政府同時在軍事事務革新問題、自由貿易問題與國內政治列為重要項目。但是，很明顯的，911 事件的發生使得小布希政府的國家安全政策把「反恐戰爭」（The War on Terror）擺在最優先的位置[41]。

根據小布希政府的界定，「反恐戰爭」（The War on Terror）並不單獨是對抗「蓋達組織」（Al Qaeda），而是對世界範疇的反恐怖份子威脅，因此，這是一場「全球反恐戰爭」（Global War on Terror）。在

Security Dilemma in East Asia," in michael E. Brown etc. ed.*The Rise of China*（U.S.:The MIT Press, 2000）,pp.135-166.

40 Thomas J. Christensen,"China, the U.S.-Japan Alliance, and the Security Dilemma in East Asia,"pp.138- 143.

41 Melvyn P. Leffler, "9/11 in Retrospect,"*Foreign Affairs,*Vol.90,No.5,Sep./Oct. 2011, pp.33-44.

此「全球反恐戰爭」的概念下，美國積極建立其軍事力量，在以往的中亞與西亞地區之外還新建了在非洲的軍事指揮部。另外，911 後的美國政府安全政策還包括持續推動自由市場經濟、貿易自由化以及經濟發展，並且透過經濟對外援助協助第三世界國家改善衛生；與俄羅斯進行裁減軍武和加強與印度、中國的關係，同時加強與軍事聯盟國家間的「戰區飛彈防衛系統」（WMD）的合作。整體而言，小布希政府在 911 事件後把國家安全政策焦點擺在對抗恐怖主義與國土安全防衛，並加強與軍事同盟的合作關係與防衛，以及展望開放的世界經濟與傳達它的民主制度[42]。

911 事件後，布魯辛斯基在 *The Choice: Global Domination or Global Leadership* 一書中寫明美國地緣戰略的轉變。他提到，由於蘇聯崩解後的俄羅斯已大不如前，在普丁領導下的俄羅斯有許多政治與經濟上的難題，因此美國自柯林頓政府以後與俄羅斯的關係已不如以前存在絕對的敵對狀態，而俄羅斯更加入以美國為首的 G8。而中國在加入以美國為主的自由經濟市場（WTO、G20）後，對於經濟發展與出口依賴的需求，使得中國和美國關係也同樣存在暨合作且對抗的局面。然而此間中、美、俄最大的共同利益明顯受到伊斯蘭分離主義影響，特別是俄羅斯的中亞問題、中國的新疆問題、美國的伊拉克、阿富汗以及賓拉登恐怖主義等[43]。

也因為 911 事件的發生，中國與美國的關係有了穩健發展的過程，如同美國政府所關切在恐怖主義的迫切危機感與軍武擴散議題等因素，他們看到了中國作為真實且潛在地競爭者威脅，但卻更希望在 911 事件後能與所有世界強權基於「共同危險」（by common dangers）與「共同價值」（by common values）而進行合作。如同小布希在他的第二任期中提到，無論如何，儘管中美兩國之間存在著

---

[42] Melvyn P. Leffler, "9/11 in Retrospect,"pp.34-36.

[43] Zbigniew Brzezinski, *The Choice: Global Domination or Global Leadership*（New York: Basic Books, 2004）, pp.85-130. Zbigniew Brzezinski 著，郭希誠譯，《美國的選擇》(*The Choice:Global Domination or Global Leadership*)（台北：左岸文化，2004 年），頁 76-134。

摩擦與不信任感，但中美兩國之間的和諧與利益卻是雙方所共同追尋的。雖然中國軍力的提升引發多方的恐慌，但至少在北韓核武計畫之中，北京方面確實替美國分擔了許多軍武裁減的工作[44]。

雖然中國南斯拉夫大使館遭美軍誤擊事件，以及 2001 年 4 月的美國 EP-3 偵察機在南海與中國軍機發生撞機等事件，使得中美兩國關係一度緊張，但隨著中國國家主席江澤民在 911 事件後訪問美國白宮，以及 2003 年胡錦濤出席八大工業國會議（G8）後，中美兩國關係開始回溫，並且針對全球貿易、輸出管制、裁軍議題、朝鮮半島問題以及反恐議題等進行多項意見交流，使得中美兩國關係達到相當良好的局面。但是，也因為美國小布希政府方面對於美國國家戰略堅持對從南海到日本海之間的支配地位維持，以及對伊拉克出兵的堅持等因素，使得中國政府對於伊拉克問題可能使美國擴大其中東影響力而壓迫到中國在中東地區的國家利益；以及中國政府對於朝鮮半島與台灣議題的敏感性，將威脅到中國國家統一及在東北亞的利益等，中美之間關係仍存續著潛在敵對性[45]。

此外，中國方面雖然與美國在反恐議題上進行國際合作，但中國透過「上海合作組織」（SCO）與俄羅斯、哈薩克、塔吉克、烏茲別克、土庫曼、吉爾吉斯等國進行對區域內的「分離主義」運動壓制，並將其與「恐怖主義」、「極端主義」運動聯結，顯示出中國在全球反恐議題上，與美國所想的方向不同。同時，中國對反恐活動的對美國支持，並未落實到伊拉克問題上，甚至中國在面對美國出兵伊拉克的行動採取反對的立場。對中國而言，伊拉克問題是個複雜的考量，牽涉到中國在中東地區的多方利益以及一貫堅持的和平不干涉他國內政立場。因此，中國把反恐戰爭落實在嚴格打擊其境內新疆分立主義與各國邊界的恐怖份子滲透防治之上，確實存在其

---

44 Aaron L. Friedberg, “The Future of U.S.-China Relations:Is Conflict Inevitable,?” *International Security*, Vol.30, No.2, Fall 2005, pp.7-45.

45 Jonathan D. Pollack, “China and the United States Post-9/11,”*Asia's Shifting Strategic Landscape*, in Elsevier Limited ed.（U.S.:Behalf of Foreign Policy Research Insitute, 2003）, pp.617-627.

做為亞洲國家必須與周邊維持穩定外交關係，以及對國家領土主權維護的內部社會安定的優先考量[46]。

儘管 911 事件帶來中國與美國合作的契機，但在東亞地區安全方面，中國與美國之間的對抗仍然持續上演。原因在於中國的外交政策經常與美國採取所謂「雙軌政策」（two-track policy），即將政治高層與軍事高層分開進行對美交流，這主要還是因為受到中國的軍事將領在政治中的特殊地位以及共產黨的政治體制等多重因素所影響，即毛澤東所說「槍桿子裡出政權」，儘管中國共黨高層接班已漸有制度，但軍方的勢力仍不容忽視。隨著中國的經濟現代化成長快速，中國的軍事力量也日益增強，尤其自蘇聯崩潰後以及新建立的俄羅斯經濟不穩定影響，一方面中國從俄羅斯方面取得許多武器裝備，另一方面，俄羅斯也與中國維持戰略與經貿的親密關係。因此，中國解放軍將領在取得軍事上的發展同時，內部對於美國介入亞洲軍事事務並發展「戰區飛彈防禦系統」，透過日本與台灣等盟國合作，以及干預朝鮮半島問題等，都不斷有一些反美聲浪的出現[47]。

尤其在美國與日本的軍事同盟關係上，是 911 事件後攸關東亞地區安全發展而使中國政府與軍方高層相當在意的部份。由於美國與日本軍事同盟的緣故，在許多由美國提供的高科技海軍與空軍防衛優勢下，以及美日東北亞「戰區防禦系統」（WMD）所涉及「周邊有事」包含台灣地區等因素，使得中國的戰略分析家對日本未來的政治與軍事發展充滿憂心。對中國官方而言，日本在 911 事件後參與阿富汗行動，雖然日本自衛隊並未直接從事軍事戰鬥，但日本海軍前往印度洋的事實已經引起中國方面的關切，而日本首相小泉純一郎（Junichiro Koizumi）卻認為日本的行動合乎全球和平與安全的需要。因此，中國戰略分析家發現日本海軍的行動方針已經發生轉變，並且關切日本未來在國際安全角色以及對台灣議題的態度上[48]。

---

[46] Denny Roy, "China and the War on Terrorism," by Elsevier Limited ed.（U.S.:Behalf of Foreign Policy Research Insitute, 2002）, pp.511-521.

[47] Jonathan D. Pollack, "China and the United States Post-9/11," pp.620-621.

[48] Jonathan D. Pollack, "China Security in the Post-11 September World:Implications

另一方面，近年來，中國人民解放軍的現代化趨勢已經成型，而中國海軍頻繁出入日本海域更引起美、日、台三方的高度警戒；加上近年來北韓多次試射彈道飛彈危及日本領土上空並造成日本社會浮動，以及北韓領導人金正恩政權窮兵黷武跡象不減等因素。對於作為中國與北韓最為周邊國家的日本而言，無論是來自中國方面的海上威脅，或是來自北韓陸地核武的毀滅性危機等，都成為日本當局尋求「正常國家」化後的軍事發展與國家防衛的迫切需求。然而，基於歷史情感與民族仇恨等因素，以及擔心東北亞出現新的區域強權並直接威脅到北京所處的地理位置，也使得中國當局對於日本可能的軍事崛起存有相當大的畏懼與反感[49]。

由於 911 事件之後至今的東北亞國際環境變化，可能因為日本在美日聯盟中的角色加重，以及日本邁向「正常國家」發展的趨勢浮現等，都將使東亞全體區域安全投入新的變數，而未來的關鍵應該就在日本軍事崛起後的中日關係與可能持續擴大的海上衝突。因此，加強中日之間的對話機制與否，將對未來東亞安全秩序產生重大的影響。

二、東亞石油地緣政治與中國能源安全

與過去地緣政治觀點強調的族群與意識形態觀點不同的是，克雷爾（Michael Klare）將未來地緣政治的觀點擺在資源的戰爭上。他在 2001 年發表於《外交事務》*(Foreign Affairs)* 雜誌的的一篇名為 "The New geography of Conflict" 的文章中指出，冷戰時期世界分裂的原理是基於意識形態與族群問題的不同，冷戰後經濟與全球化發展成為各國追尋的目標，但也因為各國在追尋財富與權力的同時，隨著世界資源的日漸消耗，世界能源的爭奪將越來越激烈[50]。

---

for Asia and the Pacific," *Asia-Pacific Review*, Vol.9, No.2, November/2002, pp.12-30.

49 Thomas J. Christensen,"China, the U.S.-Japan Alliance, and the Security Dilemma in East Asia," pp.138-143.

50 Michael Klare, "The New geography of Conflict", *Foreign Affairs*, Vol.80 ,

由於自 1999 年起在烏拉山脈到中國新疆地區發現了大量的石油和天然氣，加上前蘇聯瓦解後產生許多新興獨立國家，使得中亞地區的戰略位置變的更加重要。克雷爾指出未來各國決策者在分析地緣政治的時候，現實的資源問題將突顯其安全的重要。例如，在中亞地區的石油牽涉到美國與俄羅斯的中亞大競局，而中國也插上一腳積極在中亞五國中進行外交結盟（如上海合作組織 SCO)。另外，在中國東海地區的海底石油與天然氣，也引發周遭國家的緊張局勢；而非洲與中東地區的水資源問題則不斷的挑起該地區國家間的戰爭。因此，透過觀察世界能源的競爭，以及爭奪這些資源可能帶來的衝突，成為分析新的國際關係與預測戰爭衝突地點的好方法[51]。

（一）東亞石油地緣政治與海洋資源爭議

在國際關係理論裡，關於大國之間經濟發展的趨向有著經濟互賴與經濟衝突的兩種觀點，自由主義論者相信在全球化發展下大國之間的經濟互賴會使其趨向合作，而現實主義論者則相信在無政府的情況下，潛在的衝突是存在的。然而，Charles E. Ziegler 卻指出，在中國的能源外交政策部份，自由主義者所強調的經濟互賴將使中國發展出區域主義的經濟合作是可被驗證的[52]。

由於改革開放的經濟成長，中國不僅是地區主要行為者，同時正逐漸成為世界強權之中，而國家經濟急劇的成長也使中國的能源需求成為外交政策的一部分，自 1993 年起中國開始變成石油淨進口國。原本在 1975 年改革開放前，中國的能源需求約佔全球的 5%左右，但到了 1995 年間，中國的需求達到了全球的 21%；2003 年，中國的石油進口超越前年（2002）成長 31%，2004 年則佔全球需求的

Issue.3 , May/June 2001, pp.49 -61. also see Michael Klare, *Resource Wars:The New Landscape of Global Conflict*（New York: Owl Books, 2001）, pp.1-26.

51 Michael Klare, *Resource Wars:The New Landscape of Global Conflict*（New York:Owl Books, 2001）, pp.213-226.

52 Charles E. Ziegler,"The Energy Factor in China's Foreign Policy," *Journal of Chinese Political Science,* Vol.11, No.1, Spring /2006, pp. 1-23.

35%。根據國際能源局（IEA）的預測，到了 2020 年中國對國際能源的需求仍然會維持在 20%左右，但這個數字明顯被低估。因此，中國面對國內經濟發展的要求，未來在能源需求上可能存在潛藏的競爭對手，特別是與日本及美國的關係[53]。

雖然中國試圖透過石油來提升國內經濟生產，但石油的供給卻很難滿足經濟發展的需求；在 2001 年期間，中國國內每天生產約 320 萬桶石油，進口部分則低於每天 140 萬桶，到了 2004 年時，中國每天石油需求達到 653 萬桶，其中每天進口高達 291 萬桶，因此，這種劇烈的成長趨勢也使得中國成為世界石油市場的主要需求國家。然而另一方面，在東亞地區的國家裡，除了中國以外，日本與南韓同樣也是經濟發展大國，也同樣對能源（尤其是石油與瓦斯）具有高度的依賴[54]。

因此，2003 年中國政府在年度經濟發展報告中指出，希望建立國家石油資源儲備，並計畫在 2005 年到 2010 年期間將中國的石油戰略儲備提昇到 70-75 天的週期。而這個戰略儲備計畫的出現，自然也就影響著全球石油市場與東亞國家之間的石油與能源競逐，特別是在東北亞的中國、日本與南韓之間。根據表 3-1 所示，中國、日本與南韓都是高度依賴海外進口石油的國家，除了中國有 45%的比例來自海外，日本更是高達 97.8%，南韓則是 100%。因此，中國在急於尋求海外石油來源的同時，也擠壓著日本與南韓在石油取得上的空間。儘管從長久歷史上，日本與中國曾經在東海油田與釣魚台主權發生爭議，但中國能源外交政策在避免衝突與穩定國內經濟發展需求下，顯得相當高度的對日本與南韓保持彈性與合作，並透過共同開發東海天然瓦斯油田與經濟區來維持彼此良好關係[55]。

[53] Charles E. Ziegler,“The Energy Factor in China’s Foreign Policy,” p.4.
[54] Charles E. Ziegler,“The Energy Factor in China’s Foreign Policy,” p.6.
[55] Charles E. Ziegler,“The Energy Factor in China’s Foreign Policy,” p.6.

表 3-1　東北亞能源生產與進口（2003-2004）

	China	Japan	South Korea
Oil consumption, million barrels per day	6.53 mln bbl/day	5.57 mln bbl/day	2.1 mln bbl/day
Net oil imports, million barrels per day	2.91 mln bbl/d	5.45 mln bbl/day	2.1 mln bbl/day
Percent of oil Imported	45%	97.8%	100%
Natural gas production, trillion cubic feet	1.21 tcf	0.09 tcf	0
Net gas imports, trillion cubic feet	0	2.57 tcf	.816 tcf (all LNG)
Percent of natural gas imported	0%	96.3%	100%
Coal production, million short tons	1630 mmst	3.5 mmst	3.7 mmst
Net coal imports, million short tons	0	175.8 mmst	76 mmst
Percent of coal Imported	0	98.%	95%

SOURCE: U.S. Department of Energy, *Energy Information Administration Country Analysis Briefs*, China (2005), Japan (2004), and South Korea (2005), at www.eia.doe.gov.

資料來源：轉引自 Charles E. Ziegler,"The Energy Factor in China's Foreign Policy," p. 6.

另外，俄羅斯的西伯利亞石油管線則扮演東北亞地區主要供應者。主要是在 2001 年，俄羅斯總統普丁（Vladimir Putin）與中國前國家主席江澤民共同簽署了一條自貝加爾湖（Lake baikal）油田的伊爾庫茨克（Irkutsk）東南方的安加爾斯克（Angarsk）開始，沿經蒙古（Mongolia）到中國大慶油田長達 2300 公里的大陸石油管路。這條石油路線是由尤科斯（Yukos）石油公司來興建供應。但是在 2003 年，日本首相小泉純一郎出訪莫斯科與普丁晤談，他積極說服普丁興建新的西伯利亞石油與天然氣管線時應先考慮日本，而非中國，因而使莫斯科當局考慮從西伯利亞東部管線通往俄羅斯遠東地區大平洋畔的納霍德卡（Nakhodka）港口，而這個港口就在日本對岸。在日本需要新能源與俄羅斯積極需要資金發展內需的情況下，小泉純一郎甚至暗示可提供更多的顧客給俄羅斯，這個提案計畫流出使得中國領導人甚為震驚。於是 2004 年中國總理溫家寶出訪俄羅斯，使中俄雙方維持西伯利亞管線通往中國東北大慶地區的決議，但 2004 年底，俄羅斯方面決定採用日本的提案，將東西伯利亞管線延伸到鄰近日本海的佩列沃茲納亞灣（安大線）（Perevoznaya Bay）。然而 2005 年 7 月有了更戲劇化的結果，中國國家主席胡錦濤親自出訪莫斯科，並說服普丁維持將西伯利亞油管通往中國大慶地區[56]。

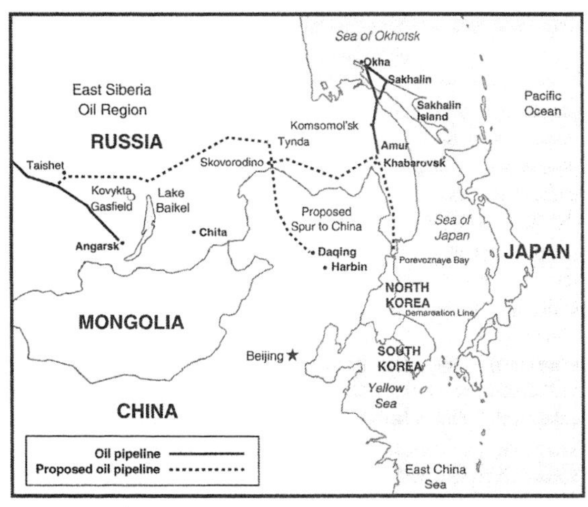

圖 3-2　日本東西伯利亞——太平洋油管提案路線

資料來源：Michael Klare, Rising Powers, Shrinking Planet: The New Geopolitics of Energy, p.106.

[56] Charles E. Ziegler,"The Energy Factor in China's Foreign Policy," p.11.; Michael Klare, *Rising Powers, Shrinking Planet: The New Geopolitics of Energy*（New York: Metropolitan Books, 2008）, pp. 104-108.

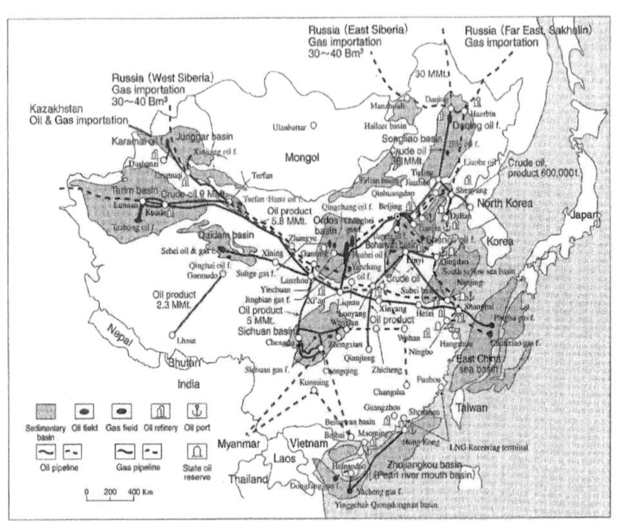

圖 3-3　中國石油與天然瓦斯供應圖

資料來源：Kambara, Tatsu.& Howe, Christopher., China and the Global Energy Crisis: Development and Prospects for China's Oil and Natural Gas（U.K.: Edward Elgar, 2007）, p. xv.

中日雙方的西伯利亞石油管線競爭，突顯出東北亞地區的石油急迫需求，而南韓也曾經向俄羅斯提出自遠東地區從海底拉一條管路到國內，但並未獲得實際的答覆。因此，克雷爾（Michael Klare）指出，東北亞石油的地緣政治由於受到急迫性的需求影響，在俄羅斯本身雖然僅佔全球供應石油的 6.6%，大約年產 795 億公噸，以及天然氣佔全球的 26.3%，大約年產 1682.1 兆立方呎，但整體而言，俄羅斯國內生產石油與天然氣的總量遠大於國內需求，大約每天生產 980 萬桶石油，但只消耗 270 萬桶。因此俄羅斯能以豐沛的能源資源左右東北亞的能源地緣政治，也就是說，在東北亞的能源政治裡，俄羅斯扮演一個關鍵與決定性的角色[57]。

[57] Michael Klare, *Rising Powers, Shrinking Planet: The New Geopolitics of*

除了在東北亞的能源需求關切到中國北方能源的供給外，在中國的中部地區則透過中日共同開發東海油田來支應。目前中國的「平湖」（Pinghu）油田約可年產 4.4 億立方呎的天然氣提供上海與浦東地區使用，根據中國政府的規劃希望在 2003 年達到總生產量 7 億立方呎，而同年真正生產量亦達到了 6.57 億立方呎，相當程度的化解了浦東地區經濟發展的迫切能源需要。此外，中國亦在東海另外成立了「春曉」（Chungxiao）、「斷橋」（Danqiao）、「天外天」（Tianwaitian）、「龍井」（Rongchin）油田，總計共有五個海底油田[58]。

但是，由於日本所稱「尖閣列島」（Senkaku）與中國所說「釣魚台群島」（Diaoyutai）還存在主權爭議，使得中國宣稱其經濟領海將達到琉球群島西域，但日本卻宣稱擁有「尖閣列島」主權，因此出現「尖閣列島／釣魚台群島」右邊有中國海底油管，而左邊卻有日本海底油管的危機情勢。儘管雙方對主權見解不同並引發過外交爭議，但 2007 年 4 月及 12 月中日雙方最終達成共識，並於 2008 年 6 月 18 日，由中國外交部發言人姜瑜宣佈雙方將共同開發包含中國所屬「春曉」、「平湖」、「斷橋」、「天外天」、「龍井」五個海底油田，以及日本帝國石油公司所屬兩個開發區。總計中日東海共同開發區大約為兩個半香港面積，並且率先進行春曉油田合作開發，因而中日雙方東海合作開發也暫時化解了此地區爭議[59]。只是由於諸多原因，使得台灣政府方面態度相當曖昧。

在中國南部沿海各省方面，由於絕大多數工業都在東南沿海地區，因此，中國政府也積極透過外交關係與東南亞國家進行共同石油開發或直接購買。也由於東南亞地區的石油與天然瓦斯在中國能源安全上扮演重要平衡，因此，1996 年間中國在亞太地區取得的石

Energy, pp. 88-114.

58 Kambara, Tatsu.& Howe, Christopher., *China and the Global Energy Crisis: Development and Prospects for China's Oil and Natural Gas*（U.K.: Edward Elgar, 2007）, pp. 74-76 .

59 Kambara, Tatsu.& Howe, Christopher., *China and the Global Energy Crisis: Development and Prospects for China's Oil and Natural Gas*, pp. 74-76 .見文匯報，〈中日東海劃區，共同開發石油〉，《香港文匯報》，2008 年 6 月 19 日，＜http:paper.wenweipo.com/2008/06/19/YO0806190001.htm＞。

油佔海外輸入的 36.3%，而在 1999 年則將依賴降低為 18.7%。2002 年，中國國營海洋石油集團（CNOOC）透過轉投資西班牙石油公司進行對印尼達 5.85 億美元的投資案，儘管印尼可能在 2010 年成為石油淨輸入國，但北京與雅加達的合作關係仍以「能源伙伴」（Energy partnership）而延續。2002 年間，北京與雅加達簽訂了數十億美元的合約，以確保廣東地區能有長達 25 年的石油供應，另外有 85 億美元的合約提供福建省的石油需求。同時該年度，北京與澳洲簽訂了一項石油最大貿易，而成為澳洲該年度最大外貿成就[60]。

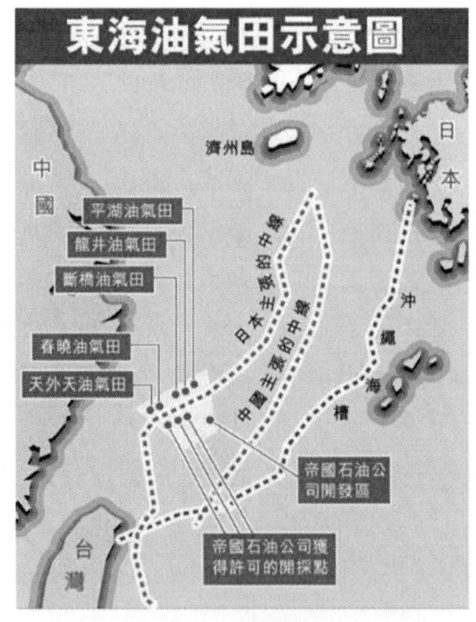

圖 3-4　東海油田示意圖

資料來源：文匯報，〈中日東海劃區，共同開發石油〉，2008 年 6 月 19 日。

---

60 Charles E. Ziegler, "The Energy Factor in China's Foreign Policy," p. 13. Michael Richardson,"Energy and Geopolitics in the South China Sea," in Amy Lugg& Mark Hong, ed., *Energy Issues in the Asia-Pacific Region*（Singapore: Institute of Southeast Asian Studies, 2010）, pp. 174-202.

在 2003 年間，中國加入東南亞國協（ASEAN）成為「東協+1」（ASEAN+1），隨後與日本及南韓成為「東協+3」（ASEAN+3），並且成為東南亞國協的三個「能源伙伴」（Energy partnership）之一。共同的能源需求使得中國外交政策傾向與東南亞國家的合作，也使得中國與另外五個南海周邊國家（越南、菲律賓、汶萊、印尼、馬來西亞）就南海諸島主權議題暫時擱置，並尋求共同利益合作。2003 年 8 月，中國人大委員長吳邦國在馬尼拉的「亞洲議會和平會議」年會中進行經濟開發與反恐會談，表示中國將與菲律賓以及其它國家就南沙群島的石油進行共同開發。2005 年，中國海洋石油集團公司（CNOOC）與越南、菲律賓簽定南海石油共同開發契約，顯示中國願就石油能源的議題與東南亞國家共同維護南海地區和平與穩定的決心[61]。

也因為中國能源安全牽繫著國家經濟發展與政權維繫的需求，同時影響著通貨膨脹與社會安定的變異，因此，中國國家主席胡錦濤上任後便積極出訪各主要石油生產國家，而使中國能源安全外交有了新的轉向，並在中東、中亞、拉丁美洲、非洲等地區尋找可能的來源，甚至在 2005 年中國透過國營海洋石油公司（CNOOC）欲收購美國最大私人石油公司「尤尼柯」（UNOCAL）事件，更因此引發美國與日本的強烈反彈。

尤尼柯（Unocal Corporation）事件，雖然最終美國國會並未批准此一收購案，但卻使美國在石油戰略資源問題上，對中國的石油掠奪存有極大的防衛心。尤其中國國營公司在非洲與中亞及南美等地區的大肆開採、投資或收購石油及稀有資源，更讓美國發現「中國威脅」（China Threat）其實在於中國政府的能源策略表現在對石油與其他資源的控制與生產，直接衝擊到美國的國家安全戰略，尤其是在對非洲大陸稀有戰略資源（如鈾等）的掠奪與控制[62]。

---

[61] Charles E. Ziegler,"The Energy Factor in China's Foreign Policy," p. 14.

[62] Michael Klare, *Rising Powers, Shrinking Planet: The New Geopolitics of Energy,* pp. 1-8, pp. 146-176.

（二）中國能源安全的轉向

由於中國自 1993 年起成為石油淨輸入國，而在 2003 年海外石油依賴達到國家需求的 30%，2004 年後更達到 45%，因而使中國國內對石油進口的依賴也隨經濟成長日需而增加。然而在中國的石油進口中有將近 60%來自中東地區，因此使得中東油源取得成為中國石油安全的一環[63]。但是，2003 年美國入侵伊拉克後的中東局勢變化，相對使得中國在中東地區的石油依賴添增變數，為了穩定國際石油來源的需要，2003 年中國國家主席胡錦濤等人便積極出訪中東地區以及中亞、拉丁美洲與非洲等地區，以及與俄羅斯共同興建西伯利亞管線等，以維護中國能源需要並確保其安全[64]。

克雷爾（Michael Klare）指出，從 1990 年代中國首度進口石油開始，中國領導者就石油戰略上已經大致形三個策略，包含多角化進口能源、儘量依賴陸地供應以及委任國營企業取得海外能源等。事實上，自 1996 年起中國有 67%以上的石油進口來自印尼、阿曼、葉門三國；1997 年，中國國營石油公司開始從事海外石油來源的取得，並與俄羅斯、哈薩克、蘇丹、亞塞拜然、印尼、伊拉克、伊朗、委內瑞拉等國合作。到了 2007 年時中國供應國大幅增加，包括沙烏地阿拉伯佔 16.8%、伊朗佔 13.8%、安哥拉佔 11.2%、蘇丹佔 4.7%等，另外尚有 2006 年起中國與哈薩克共同興建油管，以及與阿爾及利亞、查德、赤道新幾內亞、利比亞、奈及利亞、委內瑞拉等國簽訂合約，顯示出中國在石油進口來源的多角化與分散風險的安全策略[65]。

---

63 Charles E. Ziegler,"The Energy Factor in China's Foreign Policy," p. 5.

64 Michael Klare, *Rising Powers, Shrinking Planet: The New Geopolitics of Energy,* pp.74-77 ; Guo Xuetang, "The Energy Security in Central Euraisa: the Geopolitical Implication to China's Energy Strategy," *China and Eurasia Forum Quarterly,* Vol. 4, No. 4, 2006, pp. 117-137. Charles E. Ziegler,"The Energy Factor in China's Foreign Policy," p. 5.

65 Michael Klare, *Rising Powers, Shrinking Planet: The New Geopolitics of Energy,* pp. 73-77. Charles E. Ziegl ed,"The Energy Factor in China's Foreign Policy," p. 5.

也由於中國的能源需求日增，克雷爾估計在 2030 年時中國能源總消耗量，包括石油、天然氣、煤與核能消耗將突破 145.4 千兆英熱，將佔全球比例 20.1%。

鑒於中東地區的石油與天然氣蘊藏達全球 4 成左右，因此中東地區一直是中國能源安全來源的考量因素。1999 年，中國前國家主席江澤民訪問沙烏地阿拉伯，並且簽立石油投資計畫，2000 年江澤民再次訪問中東地區國家。到了 2002 年，北京方面與以色列、敘利亞、巴勒斯坦等國進行友好訪問，同時使中國海軍在 1405 年以及 1948 年後再度的訪問到阿拉伯海灣地區。2002 年 8 月，中國國營石油公司（CNPC）在利比亞投資了 2.3 億美元興建兩條油管，2004 年間，中國石油公司與敘利亞共同開發科必班（Kbiban）油田。同時，自 1997 年起，中國石油公司也與伊拉克合作簽署阿達貝（Al Ahdab）油田開發，以及在 1998 年就哈爾法雅（Al Halfayah）油田作進行磋談。2005 年，中國中新電話集團投資 5 百萬美金協助伊拉克發展通訊科技[66]。

由於伊朗與美國的關係緊張，中國國家主席胡錦濤遂與伊朗建立友好並投資伊朗的石油工業，使得伊朗成為中國石油能源的第二大供應國。同時，胡錦濤與伊朗、伊拉克、阿富汗等國家關係始終維持在「極佳」（Excellent）的關係下。中國與伊朗的關係是典型的因為能源安全而建立的戰略伙伴，由於美國對伊朗的施壓使得中國對伊朗的外交關係獲得相當友好，甚至在美國欲對伊朗進行核武計畫施壓同時，中國大使在聯合國安全理事會也因而否決美國的提案，總之，波斯灣地區國家的石油豐沛含量，讓中國對於該地區的國際事務有更為積極的參與，以維護其國家在該地區的石油供應穩定[67]。

---

66 林典龍，《中國能源安全戰略分析》（高雄：中山大學大陸研究所碩士論文，2002 年），頁 67-68。Charles E. Ziegler,"The Energy Factor in China's Foreign Policy," p. 9.

67 Charles E. Ziegler,"The Energy Factor in China's Foreign Policy," p. 10.

表 3-2　中國的能源前景

表3.1　中國的能源前景

類別	實際（2006）		預估（2030）	
	量	佔全球比例	量	佔全球比例
能源總消耗量（千兆英熱單位）	68.6	15.6	145.4	20.1
石油產量（每日百萬桶）	3.9	4.7	4.9	4.2
石油消耗量（每日百萬桶）	7.4	9.0	15.7	13.4
天然氣產量（兆立方呎）	2.1	2.0	n.a.	n.a.
天然氣消耗量（兆立方呎）	2.0	1.9	7.0	4.3
煤消耗量（千兆英熱單位）	48.1	38.6	95.2	47.8
核能消耗量（十億千瓦小時）	48*	1.8	329	9.1
二氧化碳排放量（百萬公噸）	4,707*	17.5	11,239	26.2

資料來源：2006年的資料：BP，《世界能源統計評論》，2007年6月，22、24頁。2004年的資料與2030年的預估：美國能源部，《2007年國際能源展望》。

*2004年資料。

資料來源：Michael Klare 著，洪慧芳譯，《石油政治經濟學》（Rising Powers, Shrinking Planet: The New Geopolitics of Energy）（台北：財信出版，2008 年），頁 132-206。

然而中東地區石油供應仍受到美國海軍勢力的威脅，所以中國國家能源安全的規劃，在胡錦濤時代開始便積極尋求不同的國家來源。最典型的例子便是中國在裏海與中亞地區石油外交。由於過度依賴中東油源將威脅中國能源安全，因此，與俄羅斯建立石油戰略關係是一大重點。如同前述，中國與日本曾為俄羅斯西伯利亞時有管線問題發生競爭，另一方面，中國也試圖與俄羅斯的影響力合作來尋求裏海石油的取得。裏海地區是現有全球石油與天然氣蘊藏量第二大地區，大約可能有 750 億到 2330 億桶蘊藏量，而該區域國家包括中亞哈薩克、吉爾吉斯、土庫曼、烏茲別克、塔吉克五國外，尚有高加索地區的亞美尼亞、亞塞拜然、喬治亞三國，以及俄羅斯與伊朗勢力範圍[68]。因此，中國與俄羅斯、伊朗建立友好關係，特別是透過與「上海合作組織」（SCO）國家反恐與經濟戰略夥伴關係的建立，更讓北京方在裏海地區的石油取得增添助益。

---

[68] Charles E. Ziegler,“The Energy Factor in China’s Foreign Policy,” p. 9. Michael Klare, *Rising Powers, Shrinking Planet: The New Geopolitics of Energy,* pp. 115-145. Guo Xuetang, “The Energy Security in Central Euraisa: the Geopolitical Implication to China’s Energy Strategy,” p. 117.

圖 3-5　裏海盆地的主要輸油管線

資料來源：Klare, Michael T. Rising Powers, Shrinking Planet:The New Geopolitics of Energy., p. 126.

雖然裏海地區的石油不超過世界蘊藏量的 10%，而且興建路上油管的成本遠大於中東油源自海上運輸，但中國卻把該地區的石油當作戰略上的替換。除了與俄羅斯合作外，中國更積極與哈薩克、土庫曼、烏茲別克三國進行緊密石油合作。2003 年 5 月，中國海洋石油公司（CNOOL）與中國石油化學公司（Sinopec）進行其資本 16.67%的海外私人公司投資，包括殼牌（Shell）、埃克森（Exxon-Mobil）、TotalFinaElf、菲律賓 Conoco 與義大利 ENI 等，並與大不列顛瓦斯（British Gas）競爭。因此，使得中國的石油來源除了波斯灣地區外，還包含跨越歐亞大陸橋的裏海與中亞地區。尤其 1997 年中國與哈薩克合作並由中國石油公司

（CNPC）投資 970 億美元興建一條自哈薩克阿塔蘇（Aktobe）到中國新疆阿拉山口（Alashakan）地區長達 3200 公里的石油管線。2002 年哈薩克總統納札巴夫訪問北京，雙方正式簽立協定，未來這條石油管線估計每天能提供 100 萬桶石油供中國從新疆邊境進口運往上海使用[69]。

圖 3-6　中國西部與中亞

資料來源：Klare, Michael T. *Rising Powers, Shrinking Planet:The New Geopolitics of Energy*.（New York: Metropolitan Books Press,2008.）, p. 134.

然而，2006 年日本首相小泉純一郎也積極訪問中亞國家，使得中國在中亞地區石油來源因日本競爭而倍感威脅[70]。

---

69 Charles E. Ziegler,“The Energy Factor in China’s Foreign Policy,” p. 12.

70 Guo Xuetang, “The Energy Security in Central Euraisa: the Geopolitical Implication to China’s Energy Strategy,” p. 125.

另外，在非洲方面，中國原油 1996 年到 1999 年自非洲進口也從佔海外進口量的 8.5%上升到 28%，顯示非洲成為中國新的能源安全來源。事實上，中國政府對於非洲地區的關注在冷戰時期便開始，主要受到美蘇兩集團夾擊下而往第三世界國家尋求同盟，但當時仍以意識形態的政治考量為主，直到鄧小平時期的改革開放政策所致，中國與非洲國家的合作才開始往結合政治與經濟利益而衡量。在 2002 年期間，中國提供了 18 億美元的援助給非洲國家，包含興建基礎設施與科技轉移。2004 年間，中國國家主席胡錦濤訪問阿爾及利亞、埃及、加彭共和國，並與阿爾及利亞政府簽訂能源協定與科技、教育合作。同時，中國石油公司（CNPC）並與阿爾及利亞進行 3.5 億美元的投資計畫，同年中國石油化學公司（Sinopec）投資 5.25 億美元在撒哈拉沙漠的阿爾及利亞所屬札爾札亭（Zarzaitine）油田，以及眾多教育、公寓、醫療系統等設施[71]。

加彭共和國的石油產量遠低於阿爾及利亞，在 1997 年間大約只有每天 27 萬桶的產油，但 2004 年胡錦濤訪問該國後，使得中國石油化學公司（Sinopec）與加彭政府之間的關係開啟了中國在西非的影響。另外，蘇丹也是中國在非洲能源來源的關鍵國家，中國與蘇丹國家的正常化關係使得中國石油公司（CNPC）在蘇丹投資 10 億美元興建油管，並提供非洲國家發展石油基礎。由於非洲國家普遍在石油生產設施的落後，加上美國對蘇丹等非洲國家人權議題的壓迫，使得中國在非洲建立了石油基地，並投資興建公共設施，讓中國在非洲的外交關係較美國更為親密[72]。

而在拉丁美洲部份，雖然中國的投資金額較低並在成長中，但在 2004 年中國石油化學公司（Sinopec）在巴西投資後，北京成為巴西的第三大貿易夥伴，並從該國進口石油與天然氣等。另外，委內瑞拉政府仇美的立場使得中國政府與之建立相當友好關係，2000 年

---

71 Charles E. Ziegler,"The Energy Factor in China's Foreign Policy," p. 15.見王有勇，〈中國與阿爾及利亞的能源合作〉，《阿拉伯世界研究》，第 2 期，2007 年 3 月，頁 35-42。

72 Charles E. Ziegler,"The Energy Factor in China's Foreign Policy," p.15.另見 Serge Michel& Michel Beuret& Paolo Woods 著，陳虹君譯，《黑暗大佈局：中國的非洲經濟版圖》（*La Chinafrique*）（台北：早安財經，2006 年），頁 231-254。

委內瑞拉總統查維茲與中國簽立協訂，提供中國每年 650 萬噸煤炭產品與鋼鐵原料等，並且在 2006 年開始兩國共同開發委內瑞拉奧利諾科（Orinoco）一帶的重油蘊藏區[73]。

中國能源安全的轉向，主要與過度依賴中東油源有關，尤其在 2003 年美國入侵伊拉克後，使得伊朗等周邊國家形勢也遭受威脅，為了穩定國家能源需求的穩定，特別是石油的供給線安危。因此，中國在胡錦濤領導下，便積極透過政府外交與國營公司對外投資合作等，甚至包含軍售伊朗等國家，就是要與更多的第三世界國家維持友好關係。但是，真正對美國國家利益造成威脅的則是裏海與中亞地區油源的供應，由於中國透過上海合作組織（SCO）國家的合作成功，不僅建立反恐戰略伙伴關係，同時在戰略能源的取得上獲得突破，而更重要是的，美國在中亞與中東地區的影響力，也可能因為俄羅斯與中國的合作關係而形成新的「中亞大競局」。

如同克雷爾指出，未來美國、中國與俄羅斯在裏海盆地地區的石油爭奪可能加大彼此間的緊張關係，使該地區成為最重要的觀察區。而該地區的政治穩定與族群問題亦可能牽動中、美、俄三大國家在該地區的戰略佈局；另外，中亞地區的戰略位置牽動俄羅斯南部與中國新疆的油管運輸，尤其中國在哈薩克斯坦購買大量油田股權、在烏茲別克、土庫曼等地大量投資，以及中國透過「上海合作組織」（SOC）與中亞五國維持緊密關係的微妙性，更將把裏海問題擴大到中亞國家的地區穩定上[74]。

（三）麻六甲困局與中亞油管影響

由於地球表面由 70%海洋與 30%陸地所構成，因此國際原油市場運輸有高達三分之二採取海運的方式，每天有將近 4300 萬桶量運

---

73 Charles E. Ziegler,“The Energy Factor in China’s Foreign Policy,” p.16. also see Michael Klare, *Rising Powers, Shrinking Planet: The New Geopolitics of Energy,* p. 77. .

74 Klare, Michael T. *Rising Powers, Shrinking Planet: The New Geopolitics of Energy*.（New York: Metro- politan Books Press.,2008）, pp. 115-145.

往全世界。而每年大概有 1 萬艘次的油輪與 2 萬艘次的商船往來海洋，其中有將近 40%的油輪開往亞洲並提供全球 53%左右的石油供應亞洲國家所需。也因為亞洲國家對中東油源的高度依賴，擁有全球船隻 70%的世界十大國家中，亞洲地區國家就有日本、中國、南韓、香港（中國）、台灣與新加坡六個，其餘是美國、德國、義大利、挪威，目前全球最大造船國家分別是中國、南韓與日本，顯見亞洲國家發展造船業與擁有高量船隻與全球海洋石油運輸需求有關[75]。以亞洲航線為例，從伊朗沿海運往日本橫濱這條航線，途中須經過麻六甲海峽或繞道龍目海峽。

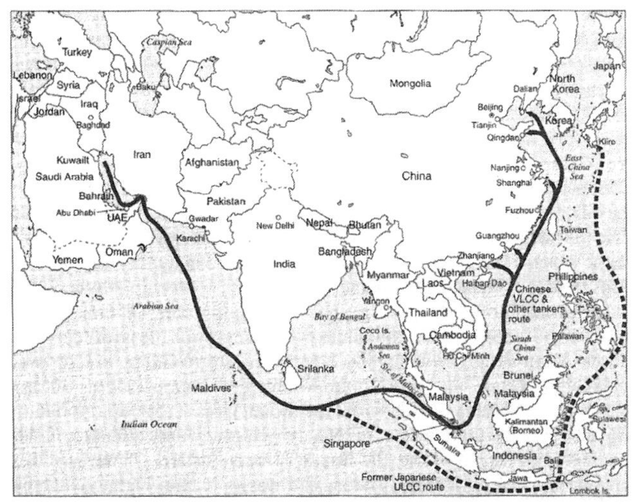

Note: Oil tankers are classified as follows: 50 000–100 000 tons, ordinary tankers for ocean voyage; 200 000–300 000 tons, VLCC; 400 000–500 000 tons, ULCC.

圖 3-7　中國油輪運輸海線

資料來源：Kambara, Tatsu.& Howe, Christopher., *China and the Global Energy Crisis: Development and Prospects for China's Oil and Natural Gasr*, p. 124.

75 Bernard D. Cole, *Sea Lanes and Pipelines: Energy Security in Asia*（London: Praeger Security International, 2008）, pp. 73-82.

由於麻六甲海峽航線較龍目海峽距離為短，使得麻六甲海峽就成為世界上最為商船與油輪頻繁出入的地區。就運輸成本言，以波斯灣到上海的航線為例，在大約 5000 海浬（約 9260 公里）的路程中，每一艘油輪成本約 151 萬美金（每 1000 公里約 16.3 萬美金），因此，固然海運成本較陸地為高，但仍然為許多國家採用，特別是海島國家與跨海洋國家[76]。

然而，這條亞洲航線中包含亞丁灣與麻六甲海峽地區都是國際恐怖份子與海盜出沒的地區，使得國際船運在此不安全環境因素中更加增添成本風險。以亞丁灣為例，除了索馬利亞海盜外，尚有阿布沙耶夫組織（Abu Sayyaf Group）、梅蒂卡組織（Gerakan Aceh Merdeka）、杰瑪伊斯蘭組織（Jemaah Islamiya）等恐怖組織，他們都與蓋達組織（Al Qaeda）有關聯。特別是在 2000 年，美國「柯爾」（*Cole*）號巡洋艦在亞丁灣受到攻擊，以及 2002 年 *SS Limburg* 號在葉門海岸受到攻擊等，都顯示中東地區海上航線的不安全。另外，在麻六甲海峽方面，由於東南亞地區遠自 16 世紀就有海盜的歷史，甚至包含大不列顛、葡萄牙、西班牙、荷蘭與鄭成功等都扮演過海盜的角色，使得東南亞海域特別是麻六甲海峽地區成為現今全球兩大海盜出沒地區（另一就是亞丁灣）[77]。

以 2003 年到 2004 年為例，全球海盜出沒光是在印尼海域就佔 25%，但大部份都是小規模的作亂。然而 2003 年發生在東南亞海域的海盜事件就有 445 件，其中，光是麻六甲海峽就有 170 件。雖然 2007 年以後東南亞海盜威脅有衰減的趨勢，但另一方面，恐怖份子的攻擊事件也有增加的趨勢。例如，發生在 2000 年的菲律賓摩洛伊斯蘭解放陣線（Moro Islamic Liberation Front）攻擊商船事件，以及 2004 年由國際恐怖組織阿布沙耶夫（Abu Sayyaf Group）所扶持的菲律賓恐怖份子海上攻擊，都分別造成 50 人與 116 人的死亡[78]。

---

[76] Bernard D. Cole, *Sea Lanes and Pipelines: Energy Security in Asia*, p. 1.& pp. 73-82.

[77] Bernard D. Cole, *Sea Lanes and Pipelines: Energy Security in Asia*, p. 1.& pp. 87.

[78] Bernard D. Cole, *Sea Lanes and Pipelines: Energy Security in Asia*, pp. 85-90.

另外，由於從波斯灣到東亞地區的航線相當長遠，除通過印度洋與南海等公海之外，至少仍需經過 9 個以上國家領海；再加上美國海軍在波斯灣、新加坡等地駐防航空母艦與建立海軍基地等因素，使得中國海上石油運輸路線面臨美國海軍控制的潛在威脅，也因為中國對中東油源的依賴高達 60%，而使得中國能源安全一但受到美軍在麻六甲海峽的封鎖，將出現所謂的「麻六甲困局」(Malacca Dilemma)[79]。因此，從能源安全戰略考量上，如何避免海上運油受制於人的不確定因素，從陸地建立油管就成為中國能源安全的另一項選擇。

郭正平指出，「依據中國石油工業的『十・五計畫』中描述，中國在海外的油氣開發與投資將本著『減少和分散風險、確保投資安全和獲得最大回報效益』的原則，以中東與北非、俄羅斯與中亞以及南美洲為 3 大海外油氣合作重點戰略區域；……特別是俄羅斯、中亞這 2 個在世界石油地緣政治版圖中尚未完全被美國勢力所控制的地區。[80]」。因此，除了先前談論過的中東、北非、南美洲地區，以及俄羅斯西伯利亞油管外，中亞地區的石油管線與中國能源安全，以及地緣政治上中國與中亞地區國家合作的關連性等，都顯示中亞地區對中國的重要性。

雖然陸上石油管線每 1000 公里運輸成本高達 79.3 萬美元，同時興建動輒近千億美元[81]。但由於裏海與中亞地區石油資源較俄羅斯西伯利亞管線誘人，因此，2003 年 3 月中國石油化學公司（Sinopec）與中國海洋石油公司（CNOOC）投資了其資本額的 16.67%在北裏海地區。並自 1997 年開始投資 970 億美元在哈薩克斯坦的烏津（Uzen）油田，以建構一條從哈薩克阿克托比（Aktobe）到中國新疆省境內的「阿塔蘇（Atasu）——阿拉山（Alashakan）」石油管線，以及在 2004 年由中國石油集團（CNPC）與哈薩克國營石油公司（KazMunaiGaz）合作興建的「阿特勞（Atyrau）——薩馬拉（Samara）管線」[82]。

---

[79] 郭正平，《中國能源安全政治之研究》（高雄：中山大學政治研究所碩士論文，2005 年），頁 40-42。

[80] 郭正平，《中國能源安全政治之研究》，頁 70-71。

[81] Bernard D. Cole, *Sea Lanes and Pipelines: Energy Security in Asia*, p. 1.

[82] 根據路透社 2012 年 1 月 12 日報導，哈薩克國營石油管線營運商 Kaztransoil

根據 2002 年北京與哈薩克的合作協定以及 2004 年合約簽定，哈薩克兩條石油管線將於 2010 年提供每日 240 萬桶的石油到中國西部新疆省地區，至 2015 年則達到每日 360 萬桶的目標，以提供中國「西氣東輸」與「西油東運」使用。也由於中國與中亞地區國家的石油合作，並加強「上海合作組織」（SCO）國家對反恐活動、分離主義、宗教極端主義的打擊，因此，使得中國除了與「上海合作組織」（SCO）的周邊外交、經濟合作與能源安全等議題之維持與穩定外，也解除新疆境外活動的潛在不穩定因素[83]。

2001 年 3 月，中國前總理朱鎔基在第九屆全國人大會議上發表了第十個五年計劃（十・五計劃），正式提出國家石油戰略。其中提到「積極加快中西部能源開發的政策，確保落實西部大發戰略部署的實現。」。雖然新疆地區油田與大慶、勝利兩油田年產量穩定，但因為國內經濟發展所致使中國每天石油需求達到 653 萬桶，每年達 23.8 億桶，因此仍需透過中亞油管的引進來確保國內需求的正常提供。也許中亞油管周邊國家可能受到美國與俄羅斯的勢力較勁，以及該地區的戰爭與「顏色革命」的政治動盪等因素影響，但是就中國的戰略而言，如果將新疆的油管延伸到中亞地區，甚至到中東地區，不僅可解決海上運輸的「麻六甲困局」，也可建立一條從中國西部——中亞——中東的亞洲陸上石油運輸管線，使中國成為泛亞洲國家石油生產與消費的中繼國家，將影響著日本、南韓等國家的需求，並扮演石油戰略樞紐的作用[84]。

宣稱，已經恢復對中國輸送俄國原油並於 2011 年 12 月輸達 20 萬噸，同時該公司表示，2011 年度自「阿塔蘇（Atasu）——阿拉山（Alashakan）」石油管線輸送俄國原油到中國新疆地區達 1089 萬噸，另一條「阿特勞（Atyrau）——薩馬拉（Samara）管線」則在同年輸送至中國新疆達 1543 萬噸。見路透社，〈哈薩克斯坦恢復向中國輸送俄石油〉，《路透中文網》，2012 年 1 月 12 日，<http:cn.reuters.com/articlePrint?articleID=CNSB1331608201 20112>。

83 Charles E. Ziegler,“The Energy Factor in China’s Foreign Policy,” p.12.林典龍，《中國能源安全戰略分析》，頁 52-54。魏百谷，〈中國對中亞的石油能源策略與外交〉，發表於「中國大陸對非西方世界石油能源戰略與外交」研討會（台北：國立政治大學外交系，2007 年 5 月 25 日），頁 1-14。

84 郭博堯，〈中國大陸石油安全戰略的轉折〉，《國家政策研究基金會》，2004 年然而，儘管中國在中亞地區的石油與能源取得獲得重大突破，但俄羅斯的影響力仍然維持其舊有勢力與地緣政治的優勢。克雷爾指出，由於俄羅斯其涵蓋世界最大國土面積，所以其石油、天然氣、煤、鈾與其他重要物質都位居世界最大蘊藏量，特別是俄羅斯自普丁總統後積極開採石油與天然氣，使俄羅斯得以藉由石油與天然氣出口，再度成為世界能源政治的大玩家，並且俄羅斯原油透過綿延的管路向中亞與東亞提供能源，進而驅使中國與周邊國家再度向俄羅斯靠攏[85]。因此，如何與中亞國家合作，特別是與俄羅斯維持戰略夥伴關係，中國在「上海合作組織」（SCO）所努力付出，也就成為其國家能源安全極重要一環。

三、解放軍現代化與海權思想轉變的影響

隨著中國改革開放政策與經濟成長快速影響，中國的軍力發展也同時獲得極大的成果，自 1993 年以來中國軍事觀念開始了「軍事事務革新」（RMA）的發展，主要是受到與俄羅斯重新建立關係，在中俄邊境議題上獲得撤軍協定以減輕陸地邊界的廣大駐軍壓力，同時，美國對波斯灣戰爭的軍事打擊力量引起解放軍將領對地區戰爭模式改變的認識。因此，在鄧小平思想的影響下，中國政府體認到區域戰爭的衝突性質，將其過去的對戰爭的概念改變為未來可能發生的「小型、中型地方衝突，而非總體戰爭」模式。因而中國人民解放軍基於在戰爭思想上的轉變，開始發展新的操作能力，並以「高科技發展下的地區戰爭」準備為目標[86]。

---

8 月 10 日，<http://old.npf.org.tw/PUBLICATION/SD/093/SD-R-093-002. htm>。

[85] Michael Klare 著，洪慧芳譯，《石油政治經濟學》（*Rising Powers, Shrinking Planet: The New Geopolitics of Energy*）（台北：財信出版，2008 年），頁 132-206。

[86] M. Taylor Fravel,"China's Search for Military Power," *The Washington Quarterly,*Vol. 33, No. 3, Summer/ 2008, pp. 125-141.The Economist,"the dragon's new teeth," *The Economist*, April/ 7th-13th 2012, pp. 23-26.

基於位處東亞地區的地理事實，近年來中國人民解放軍現代化以及海軍能力的提升，已經造成鄰近國家對於中國崛起的軍事上的另一種「中國威脅」。而 2008 年美國國防部報告中也指出：「許多環繞著中國的不確定因素，以及其在東亞地區軍事力量的擴張與武力的使用方式，……中國領導尚未解釋其運用中國人民解放軍的主要目標。」。因此，由於中國解放軍相關的資訊一直未能有公開的資料顯示，也使得東亞地區的安全兩難持續上演[87]。

（一）中國人民解放軍現代化

打從井崗山年代開始，中國人民解放軍（PLA）的前身「八路軍」只有 3 萬人左右，但隨著國共內戰全面爆發，紅軍的勢力達到 100 萬人之眾，主要因為共產黨依附在國民黨黃埔軍校時期所發展的策略以及透過毛澤東「三分抗日、七分壯大自己」策略，加上在日軍撤離東北地區後獲得日軍裝備同時迅速壯大，共軍的勢力逐漸形成與國民黨軍對抗的態勢。到了中共建國初期，中國人民解放軍達到空前的盛大，人數已超出 200 萬之眾，並且以毛澤東為中心，在地方政府建制上，按四個野戰軍勢力劃分，設立了包含東北人民政府、華東軍政委員會、中南軍政委員會、西北軍事委員會、西南軍政委員會以及北京特區等五大行政區與中央特區，並行黨政軍一體的領導體系。然而，最高的權利仍然掌握在毛澤東手裡[88]。

由於中共政治的獨特性建立在黨的最高領導下，但是同時中國人民解放軍對中國建國所做出的歷史貢獻緣故，使得中國建國之初有所謂「十大元帥」的產生。當然，在當時毛澤東所說的「槍桿子裡出政權」的道理與實踐中，中央軍事委員會的領導地位，在毛澤東時代一直居於優先於共產黨書記的位置。從 1960 年代劉少奇擔任國家主席以及 1970 年代林彪擔任國防部長的例子中發現，儘管毛澤東曾經公開表示過劉少奇與林彪是其接班人，但由於後期劉少奇與

[87] M. Taylor Fravel,“China’s Search for Military Power”, p. 125.

[88] 唐德剛，《毛澤東專政始末》，頁 299-356。王丹，《中華人民共和國史十五講》，頁 1-10。

林彪勢力的坐大，才使得毛澤東以其歷史功勳與中央軍委主席的身分來發動文化大革命，結果再次顯示毛澤東在中國共產黨裡的最高地位與槍桿子的最高領導。

中國政治體制裡的的「政黨-政治-軍事」三重架構，使得早期中國領導的繼承問題發生過嚴重的危機。毛澤東集黨政軍三位一體大權於一身，充分展現出早期中國政治體制的極權主義傾向，而毛澤東死後「四人幫」清算，則象徵個人極權主義時代的結束[89]。鄧小平復出初期，中國內部處於一種「集體領導」的局面，但是隨著鄧小平逐漸取得並穩固「中央軍事委員會主席」地位後，原本華國鋒、葉劍英、王震等人的領導地位，就再也無法撼動鄧小平對「改革開放」政策的決心。1989 年「天安門事件」後，鄧小平透過「中央軍委會主席」與對人民解放軍的掌控，再次證明中國最高領導人不是當時的總書記趙紫陽，而是擁有人民解放軍最高領導實權的鄧小平[90]。

由於毛澤東生前與死後，中國陷入多次的政治繼承危機，因此，鄧小平時代的來臨，的確為中國政治繼承問題逐漸建立一套制度。在鄧小平的領導下，1978 年以後，中國陸續開始改革幹部制度與國家領導體制，並透過「推動幹部四化政策」（革命化、年輕化、知識化、專業化）來「建立領導班子的梯隊接班」，實施「黨政分開」、「集體領導與個人分工責任相結合」以及安排老舊幹部退休與引進大量「科技官僚」進入政治與軍事領域等[91]。因此，1989 年天安門事件後的中共國家主席位置再次回到中國政治舞台，江澤民成為鄧小平欽點的國家主席兼總書記，但是中央軍委主席的位置，仍然緊留在鄧小平手裡，直到他 1997 年初去世前幾個月為止。

---

[89] 寇健文，《中國菁英政治的轉變：制度化與權力轉移 1978-2004》（台北：五南出版，2007 年），頁 14-54。

[90] Robert S. Ross, *Chinese Security Policy:Structure, Power and Politics,* pp. 204-230.

[91] 寇健文，《中國菁英政治的轉變：制度化與權力轉移 1978-2004》，頁 71-97。毛思迪（Steven W. Mosher）著，李威儀譯，《中國新霸權：中國的企圖-支配亞洲及世界》（*Hegemon :China's Plan to Dominate Asia and the World*）（台北：立緒文化，2001 年），頁 112-113。

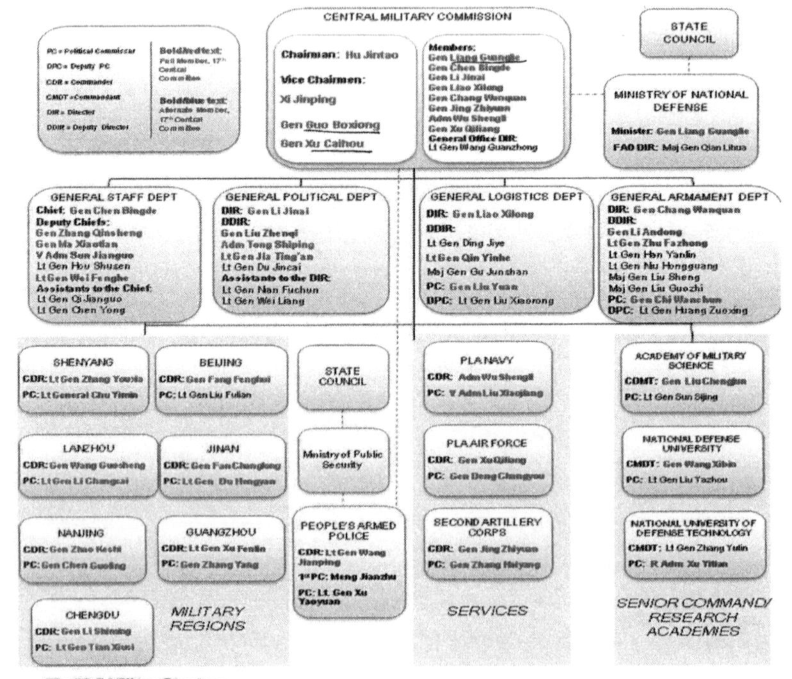

The PRC Military Structure

圖 3-8　中共軍事領導架構

資料來源：DoD, "2011Military and Security Developments Involving the People's Republic of China", p. 11.

在鄧小平死後，江澤民才算真正掌握了中國政治最高權力，集「黨政軍」大權於一身，然而在胡錦濤出任國家主席與總書記初期，江澤民仍然掌握中央軍委主席位置，以致於江澤民與胡錦濤之間發生一些摩擦。2003 年 5 月中共中央政治局第五次會議，胡錦濤發表軍事事務改革的談話，推崇江澤民的貢獻同時，胡錦濤逐漸的以中央軍委副主席兼國家主席以及總書記身分，逼迫江澤民讓位，從此

2004 年胡錦濤正式繼承中央軍委主席位置，並且使解放軍的位置建立在國家領導之下[92]。

胡錦濤指出，「軍隊（解放軍）必須為政黨領導位置團結，提供重要與有力的保證。」。而解放軍必須在民族暴動、失業與收入不均以及邊界犯罪等議題的不穩定，提供「國家統一」、「社會穩定」與「經濟發展」的力量。因此，在胡錦濤重新為解放軍找到定位的同時，從此解放軍的發展便與中國國家戰略與國家利益做了「以黨領軍」的新領導關係。在此國家戰略下，解放軍發展與國家戰略的結合在於五個目標的追尋，包含政權安全、領土完整、國家統一、海洋安全以及區域穩定等[93]。

隨著中國經濟發展與和平崛起的影響力逐漸擴大，中國人民解放軍的現代化也日益精良，不僅持續發展空中武力，且仍然維持龐大的陸地部隊以維持其邊界地區安定，尤其近年來中國海軍的發展趨勢，更是引起東亞地區週邊國家的關注與憂心。2007 年美國國防支出為 6660 億美元，全球第 1，約全球 43%，中國國防支出則為 1445 億美元，全球第 2，約全球 9%[94]。根據美國國防部在 2011 年所發表白皮書 *Military and Security Developments Involving the People's Republic of China* 中指出，2011 年 3 月 4 日中國官方所公佈「2010 中國國防白皮書」中的年度國防預算大約為 945 億美元，比起去年成長約 12.7%；但整體言，美國國防部估計中國年度國防預算正確數字應為 1600 億美元左右，已經躍昇為全球第二大軍事國，些略超過日本，並且其預算約略達到美國的四分之一左右。另根據美國國防部 2013 年公佈的〈中國軍力報告〉中指出，2013 年中國官方公佈的國防預

92 寇健文，《中國菁英政治的轉變：制度化與權力轉移 1978-2004》，頁 162-166。M. Taylor Fravel,"China's Search for Military Power", p. 127.; also see Richard D. Fisher JR.,*China's Military Modernization:Building for Regional and Global Reach*（U.S.:Stanford Security Syudies, 2010）, pp. 22-26.

93 M. Taylor Fravel,"China's Search for Military Power", p. 127.

94 見 Travis Sharp,(2009),"U.S. Defense Spending vs. Global Defense Spending", Center for Arms Control Non-Proliferation, http://armscontrolcenter.org/policy/securityspending/articales/022609 _fy10_ topline_glo...

算約為 1140 億美元，但美國國防部估計其合理數字應在 1350 億到 2150 億美元之間。[95]。

由於龐大的國家預算，尚且隱藏在各項政府預算之中，現今中國人民解放軍（PLA）的建構包括陸軍、空軍、海軍、第二炮兵部隊（炮二）軍種超過 230 萬人，其中陸軍就將近 125 萬人，尚不包括武警、公安系統[96]。而中國解放軍各軍種現代化主要受到俄羅斯技術轉移幫助，其先進裝備則包括，陸軍擁有第三代 T-96 中型戰車、105 榴炮戰車、T-63 兩棲戰車、箭頭裝甲車、蘇聯製 Mi-17 中型運輸直升機、蘇聯製 ZLC-2000 型空降用戰車與 T-99 型主力戰車等。空軍方面則仍然是由俄羅斯輸出的飛機系統，以及中俄兩國技術合作開發的飛機，包含 Su-27、Su-30 戰鬥轟炸機，Su-30MKK 空對空飛彈、成都 FC-1 戰鬥機、俄羅斯技術轉移的 PL-12 中程空對空飛彈、RD-33 與 WS-13 噴射引擎，以及伊留申 Il-76MF 型長程轟炸機、殲十（J-10）、殲二十（J-20）戰機，無人偵察機等先進技術[97]。

海軍方面則有蘇聯製基洛級（KILO）傳統潛艦，039 中型傳統潛艦、093 型核子攻擊潛艦（SSN）、094 晉級導彈潛艦（SSBN-JIN-class）、095 陝級核攻擊潛艦，江海或江衛 2 型驅逐艦、旅大級 051 與 052 型護衛艦，早期空中預警機、武裝中的遼寧號（前身為瓦良格：Varyag）航母，以及未來更多的航母興建。另外，中國炮二所屬的陸基飛彈部隊，其先進裝備則包括射程 600 公里的 HQ-9 型與 PMU-2 型傳統水面艦飛彈（SAM），CSS-7 型與 CSS-6 型短程導彈（SRBM）；射程達 2000 公里的 CSS-5 型反艦巡弋飛彈（ASBM），CSS-5 型中程導彈（MRBM），DH-10 型巡弋飛彈（LACM），FB-7 型與 B-6 型反艦巡

---

95 U.S.DoD, "2011Military and Security Developments Involving the People's Republic of China", p. 41.; U.S.DoD, "2013 Military and Security Development Involving the People's Republic of China," pp.45-46.

96 The Economist,"the dragon's new teeth," , p. 23.

97 U.S.DoD, "2011Military and Security Developments Involving the People's Republic of China", pp. 2-6. also see Richard D. Fisher JR.,*China's Military Modernization*, pp. 80-123.

弋飛彈（ASCM）；以及射程達 3000 公里的 CSS-2 型與 B-6 型陸基巡弋飛彈（LACM）等[98]。

另根據美國方面分析，中國飛彈與導彈在「拒止」（Anti-Access）能力上，已經涵蓋大部分歐亞大陸，並且「東風」（DF-31）型與 JL-2 型核子導彈，也將美國全境鎖入其射程範圍[99]。其他還包括太空與反太空能力等，例如 2007 年中國即舉行演習並發射飛彈擊落自己的衛星，意味著有能力摧毀美國的衛星。

如同 David Shambaugh 所指出，21 世紀亞洲的區域穩定與安全關鍵在於中華人民共和國的戰略導向和軍事條件；然而事實上，中國的戰略方向如同其國家能力的提升，以及積極參與國際事務等，持續影響著全球政治的發展。若從各種行為與行動者因素來看，中國國家戰略與軍事條件的實踐，主要關鍵還是在中國人民解放軍（PLA）的發展上[100]。的確，中國解放軍能力不容忽視，但相對的，有些專家卻認為中國的軍事威脅不應被過度放大。他們認為，除了中國軍力現代化裝備提升外，更應該檢視中國國家利益與「和平崛起」的目標的一致，與做為一個歷史大國崛起的常態發展；還有中國解放軍是否有能力與足夠的作戰經驗，以及中美之間軍事力仍有 50 年差距等等因素[101]。

儘管如此，面對中國解放軍的現代化成長，特別是在海軍方面的積極向外發展，很可能在未來使原本的大陸強權（中國）與海上強權（美國——日本）的東亞安全體系，因為中國人民解放軍海軍頻繁出現在西太平洋與印度洋間，添增了更多不確定因素。至於未

---

98 U.S.DoD, “2011Military and Security Developments Involving the People’s Republic of China”, pp. 2-6. also see Richard D. Fisher JR.,*China's Military Modernization*, pp. 80-123.

99 U.S.DoD, “2011Military and Security Developments Involving the People’s Republic of China”, pp. 2-6. also see Richard D. Fisher JR.,*China's Military Modernization*, pp. 80-123.

100 David Shambaugh,“China’s Military Views the World,” in michael E. Brown etc. ed. *The Rise of China*（U.S.: The MIT Press, 2000）, pp. 105-132.

101 The Economist,“the dragon’s new teeth,” , p. 26.

來的台灣問題解決，也將因為解放軍海軍能力的增加，走上和平以外的途徑，而使中、美、台三方關係更加的複雜。

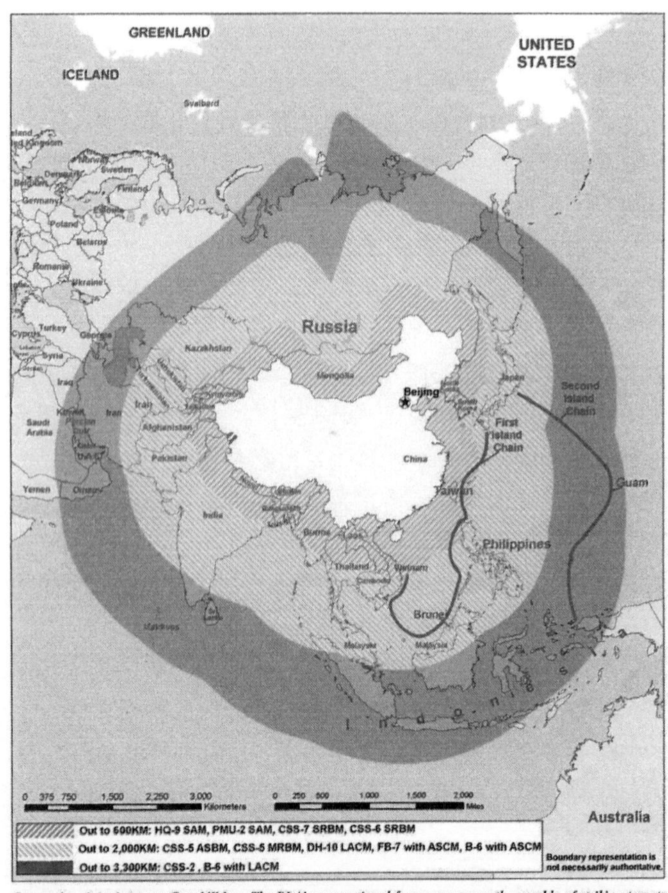

Conventional Anti-Access Capabilities. *The PLA's conventional forces are currently capable of striking targets well beyond China's immediate periphery. Not included are ranges for naval surface- and sub-surface-based weapons, whose employment at distances from China would be determined by doctrine and the scenario in which they are employed.*

圖 3-9　中國飛彈與導彈傳統武力的「拒止」能力

資料來源：U.S.DoD, "2011Military and Security Developments Involving the People's Republic of China", p. 31.

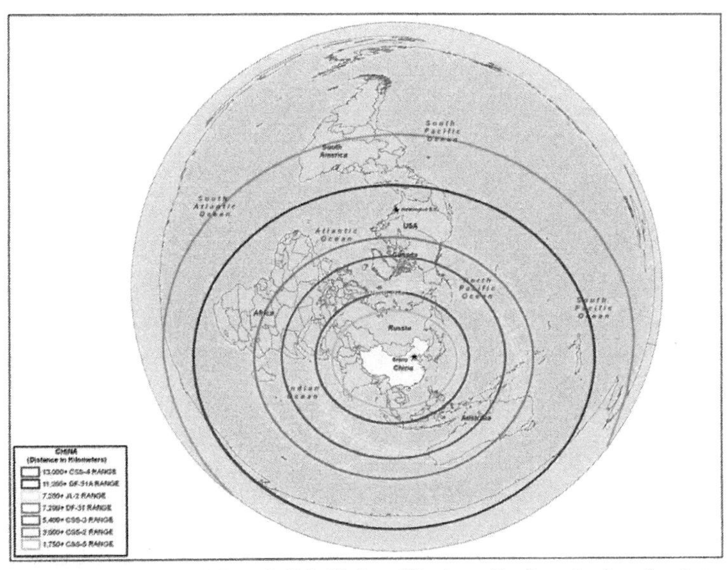

Medium and Intercontinental Range Ballistic Missiles. *China is capable of targeting its nuclear forces throughout the region and most of the world, including the continental United States. Newer systems, such as the DF-31, DF¬31A, and JL-2, will give China a more survivable nuclear force.*

圖 3-10　中國解放軍中程與洲際飛彈涵蓋範圍

資料來源：DoD, "2011Military and Security Developments Involving the People's Republic of China", p. 35.

（二）解放軍海權思想的轉變

由於地理位置的關係，中國身兼陸地與海洋大國的潛力，加上人口廣多與經濟規模龐大，中國有足夠能力發展它的海軍。但是，歷史上中國水師或海軍的地位，卻也因為它作為王朝思想的大陸傾向，使得水上軍力受到被動的擺置。掀開中國歷史，有關古代中國的最早海戰紀錄可追溯至西元前 485 年的戰國時期，有吳國大夫徐承率「吳舟師攻齊之戰……」。而在三國時期更有大規模的赤壁水上作戰，但是作戰的場域仍限定在大陸的內陸河域之中，直到元朝征日才有海上作戰經驗，卻因為對海洋颶風的認識不清而失敗。明朝

時期有鄭和下西洋之壯舉，但到了明朝中業以後卻轉向防禦性的陸軍政策以抵禦倭寇。明末鄭成功的海上勢力曾經造成清朝初期的大患[102]，但這樣的結果並未讓清朝在後來對海軍的建立有更廣泛的認識，直到鴉片戰爭以後，面對西方勢力的壓迫，清末時期才有了對海疆與海軍發展的急迫性體會，而掀起「調夷之仇國以攻夷」與「師夷之長技以制夷」的海軍革新運動[103]。

後來受到魏源思想的影響，李鴻章在鴉片戰爭後籌組了大清朝的北洋海軍，但是甲午戰爭一役，反突顯了中國政府與知識份子對海軍事務的無知，在所謂「中學為體、西學為用」的指導下，終究還是因為缺乏整體的海軍思想以及海軍經費竟遭挪用為慈禧太后修建頤和園等事蹟而敗落[104]。從鴉片戰爭開始到中共建政以後，中國海權的衰敗與對海洋控制的無力感一直都中國朝野視為一種「百年恥辱」，同時也顯現出在近代以來中國政府寄望在海洋軍力力量提升的歷史情感因素[105]。

中共建政之初，雖然接收了蔣介石海軍的幾艘艦艇，但是整體海軍還是明顯不足，尤其在美國勢力與對台作戰的需要下，毛澤東在 1949 年為中共中央起草的《目前形勢和黨在 1949 年的任務》中指出：「我們應當爭取組成一支能夠使用的空軍及一支保衛沿海沿江的海軍。」。另外，他也在同年給「重慶」號巡洋艦官兵的電文中提到：「中國人民必須建設自己強大國防，除了陸軍，還必須建立自己的空軍與海軍。」。在 1954 年間，毛澤東於國防會議上再次重申：「中國是個大國，要有強大的陸、海、空軍。我國有那樣長的海岸線，一定要建設強大的海軍。」。但是，由於當時中國的工業與造船能力

---

[102] 陳清泉，〈明鄭時期的地緣政治密碼析論〉，《東亞論壇季刊》，第 468 期，2010 年 6 月，頁 103-114。

[103] 王家儉，《魏源對西方的認識及其海防思想》（台北：大力出版，1984 年），頁 69。

[104] 費正清著，薛絢譯，《費正清論中國》，頁 240-245。

[105] Bruce Elleman,"China's New 'Imperial' Navy," *Naval War College Review*, Vol. 1, No. 3, Summer/2002, pp. 143-154.或參見張文木，《世界地緣政治中的中國國家安全利益分析》（濟南：山東人民出版社，2004 年），頁 233。

不足，而且幾乎所有的技術都依靠蘇聯的援助，因此，當中蘇關係在 1960 年代變惡同時，以及主張海軍發展的將領都受到親蘇的政治整肅，基本上中國海軍的反而陷於限制發展的情勢[106]。

雖然毛澤東認為，中國的海防應當採取「積極防禦」的策略，即以「攻勢」的「近岸防禦」來解決可能發生的，但事實上，在孫子思想與中國傳統大陸傾向的國防思想下，毛澤東的海權思想卻呈現出「被動」的情境。當然，這與毛澤東本人在軍事上的獨裁與個人思想的領導下，加上 1960 年代以後中蘇關係交惡與邊境軍力的需求等，以及中國海軍能量上的不足等因素，使得中國海軍的發展被置於陸軍優先的位置。因此，「被動」性的「近岸防衛」就成了理想與現實之間的選擇[107]。

毛澤東死後，鄧小平在 1980 年代逐漸取得黨內的最高權威，並且開始了中國改革開放與現代化的道路，其中基於國家安全與經濟發展的需要，鄧小平時期將海洋的發展視為國家戰略的重要部分。在海軍戰略上，雖然鄧小平承繼了毛澤東的「積極防禦」的國防思想，但他也揚棄了毛澤東早期主張「早打、大打、打核戰」的人民戰爭路線。鄧小平認為，在中國逐漸加入國際社會和發展與美國、蘇聯的關係上獲得空前的良好契機下，「本世紀內世界大戰打不起來，如果工作作的好，大戰不僅可能推遲而且可以避免。」。事實上，鄧小平早在 1970 年代便有一種新的海洋戰略觀，主要受到劉華清觀點影響，即後來稱為「海洋防禦」（近海防禦）的海權思想。鄧小平指出：「我們的戰略是近海作戰。我們不能像霸權主義那樣到處伸手。我們建設海軍基本上是防禦的。我們的戰略始終是防禦的。[108]」。

但是，受到中國經濟發展初期的軍費不足影響，因此，鄧小平在 1985 年 6 月 4 日的軍委擴大會議上提到：「軍隊裝備真正現代化，

---

106 轉引自吳芳豪，《中國海權之發展－建構主義途徑分析》（高雄：國立中山大學大陸研究所碩士論文，2006 年），頁 27-30。

107 James R. Holmes,“China’s Way of Naval War:Mahan’s Logic, Mao’s Grammer,” *Comparative Strategy*, Vol. 28, 2009, pp. 217-243.

108 轉引自吳芳豪，《中國海權之發展-建構主義途徑分析》，頁 35。

只有國民經濟建立了比較好的基礎才有可能。所以，我們要忍耐幾年。我看，到本世紀末我們肯定會超過翻兩番的目標，到那個時候我們經濟力量強了，就可以拿出比較多的錢來更新設備。可以從外國買，更要立足於自己搞科學研究，自己設計出好的飛機、好的海軍裝備和陸軍裝備。先把經濟搞上去，一切都好辦。」[109]。

經過了近二十年的改革開放，江澤民主政時期的中國世界觀已然改變，主要受到蘇聯瓦解後核子大戰的威脅已不存在，而中國與美國、俄羅斯之間的關係也日趨和諧。因此，在國內經濟的快速發展同時，中國海軍發展戰略也有與過去歷史極大的不同。1996 年，中國制定〈中國海洋 21 世紀議程〉與同年中國人大批准〈聯合國海洋公約〉，聲明中國將友好解決海洋爭議並強各國共同開發海洋資源。因此，江澤民指出：「要從戰略的高度認識海洋，同時要增強全民族的海洋觀念。」，於是，從江澤民時期開始，中國國家戰略利益，便逐步重視到海洋理論的相關研究。到了胡錦濤主政時期，中國對國防工業管理體系的改革進一步深化軍民系統的結合，因而使造船工業達到空前的盛況，並開始著手海軍戰略的整合與航空母艦興建計畫[110]。

2006 年 12 月 27 日，胡錦濤在聽取海軍第十次黨代表會議後強調：「中國是一個海洋大國，在捍衛國家主權與安全，維護我國海洋利益中，海軍的地位重要，要堅持不懈地加強思想政治建設，不斷激發官兵為國奉獻的政治熱忱和一往無前的戰鬥精神。要扎實搞好軍事鬥爭準備，確保隨時有效遂行任務。[111]」。後冷戰時期國際環境的變化使得中國海洋觀念得以發展出「藍海」的策略，而 911 事件後，中國海軍更在 2008 年派遣艦隊前往亞丁灣執行反恐與保護商船的任務，顯示中國海軍的遠洋能力已經突破近海的防衛而達到遠洋防衛。也顯示出中國海軍的走向「藍海」企圖心與造船能力上的突破。

---

[109] 見中共中央文獻研究室編，《鄧小平文選》（香港：三聯書局，1996 年），頁 321-324。

[110] 轉引自吳東林，《中國海權與航空母艦》（台北：時英出版，2010 年），頁 307-311。

[111] 轉引自吳東林，《中國海權與航空母艦》，頁 436。

以胡錦濤主政時期的中國海軍發展為例，由於改革開放三十年來的深刻影響，也刺激著中國海軍的能量成長與海洋策略的發展。從中國造船軍工產業能力來看，改革開放初期的中國船舶製造業以沿海地區與海外進口內需為發展，因此 1985 年造船總量僅佔全球 0.9%。但到了 2000 年，由於中國政府將造船業列為國家第 9 個五年計劃策略工業，並進行大規模船塢建設，使得該年中國造船總量大幅躍升到 4.7%。2007 年更成為全球市場的 18.39%，年生產量 1040 萬噸。根據 OECD 報告預測，中國將在 2015 年達到總量 7300 萬噸的船舶生產量，並名列世界第一[112]。然而實際上，2010 年的中國船舶生產總量高達 6560 萬噸，佔全球 43%[113]，已成為世界第一，可見中國政府主導造船業計劃的前後差異。

整體言之，中國海權思想的發展路徑，自 1950 年至 1980 年為止，受到前蘇聯思想影響，中國海軍基本上以戰略守勢為主，因而「近海防禦」（Near-coast defense）一直是解放軍奉行的海軍策略，也顯示其政府對於海洋運用不脫離陸權國家的本質[114]。然而，自 1980 年代起，解放軍海軍戰略在劉華清的帶領下，將 1949 年至 1955 年的沿海沿岸防禦、1956 年至 1970 年代末的近岸防禦，演變為 1980 年以後的近海防禦。依照劉華清規劃，中國將建立三層防禦海洋戰略，第一層為 150 海浬內的「內層」，第 2 層為 300 海浬內「中層」，第 3 層「外層」則北起阿留申群島（Aleutian Islaand）南至中國海（South China Sea）。並計劃中國能於 2000 年將勢力推展至「第一島鏈」（first

---

112 OECD, "*The Shipbuilding Industry in China*", C/WP6,7/REW1, Jun 26, 2008, pp. 1-35.

113 根據中國新聞網 2011 年 5 月 9 日引述新加坡聯合早報，2010 年中國造船業已經成為全球第一，年生產總量高達 6560 萬噸（OECD 預測為 4150 萬噸），佔全球 43%，新接訂單為 7523 萬噸，佔全球 54%，手持訂單為 1.9590 萬噸，佔全球 41%。參見中新網，〈外媒觀察中國 2011 第 19 周：中國造船量世界第一〉，《中國新聞網》，2011 年 5 月 9 日，<http://www.chinanews.com/fortune/2011/05-09/3027039.shtml>。

114 王俊評，〈制海權與中國海軍戰略〉，《遠景基金會季刊》，第 11 卷第 1 期，2010 年，頁 131-179。

island chain）的千島（Kurile Island）、日本（main island of Japan）、琉球（Ryukyu Archipelago）、台灣、菲律賓及巽他群島（Lesser Sunda Island）。然後在 2050 年前控制「第二島鏈」（Second island chain），小笠原（Ogasawara）、馬里亞納（Mariana）、關島（Guam）、及加羅林群島（Caroline Island）等[115]。

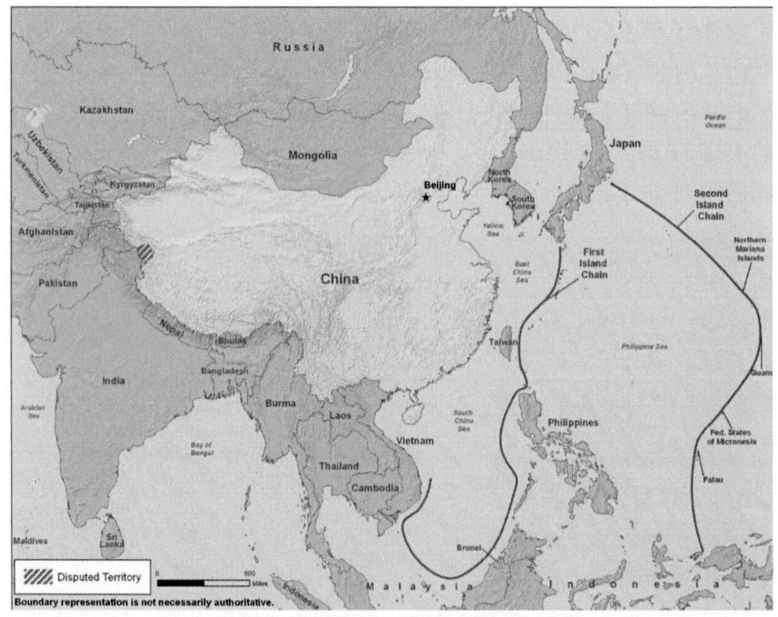

The First and Second Island Chains. PRC military theorists conceive of two island "chains" as forming ageographic basis for China's maritime defensive perimeter

圖 3-11　第一與第二島鏈

資料來源：DoD, 2011Military and Security Developments Involving the People's Republic of China, p. 23.

115 吳東林，《中國海權與航空母艦》，頁 2。

吳芳豪指出，中國海軍思想與能力的提升轉變，主要受到幾種原因的驅動。其一是，中國自 1993 年起從石油淨出口國轉變為淨輸入國，致使國內對能源的需求過度的依賴海洋運輸，尤其「麻六甲困局」更使中國必須發展強大的海軍來維護其「海上交通線」（Sea Line of Communications：SLOCs）。其二是，國際環境上，由於後冷戰時期東亞形勢的轉變有利於中國發展海洋策略，加上美國的裁軍動作與俄羅斯遠東海軍的破舊等，使得中國海軍有了好的發展空間。其三是，1993 年中國加入《聯合國海洋法公約》以及在 1998 年制定〈中國 21 世紀海洋議程〉與《中國海洋事業發展白皮書》等，使得中國海軍能在聯合國所認定的範圍內，從事國際認可的維護國家海洋利益行為，並同周邊國家合作發揮海洋議題上的影響力與共和開發海洋資源。其四是，中國國家地位的提升與作為「負責任大國」的實踐，加上中國經濟成長的誘因使東南亞國家與中國於 2002 年簽訂《南海各方行為宣言》，藉以化解爭議與共同合作海洋開發[116]。

因此，由於經濟和安全利益的需求，中國政府復於 2010 年第 11 個「五年計劃」中將解放軍發展定位為「轉向擴大經濟與安全利益」的維護者，並且致力於發展解放軍科技能力以俾與美國全性海洋支配相互較量。同時，解放軍海軍亦試圖在 2020 年前以地區性軍力能力突破海洋的限制[117]。中國海權思想的轉變，除了領導人的意志決心外，國際與國內因素的影響也是最為重要的關鍵，因此，即使毛澤東主政時期就有發展海軍的意圖，但最終仍要到胡錦濤主政時期中國的海軍建設能量才能夠自足目標，而尚未成為全球海洋霸權。如同張文木所說：「中國海權隨中國主權同生，而中國意識到並力求捍衛、強化中國海權的努力卻起步不久。中國目前的海權遠沒有達到追求『海洋權力』（sea power）的階段，而只是處在悍衛其合法的海

[116] 吳芳豪，《中國海權之發展－建構主義途徑分析》，頁 1-5。

[117] U.S.DoD, “2011Military and Security Developments Involving the People’s Republic of China”, p. 1.

洋權利（sea right）。……中國海權，就其『權利』部份而言，包括實現中國『海洋權利』和『海洋權益』兩部份[118]。

然而 21 世紀中國海軍能力提升與海軍戰略轉變，卻也因此影響著東亞地區週邊國家與印度洋地區的軍備競賽。尤其，2011 年中國海軍宣傳第一艘航空母艦「遼寧號」的成立，使中國海軍現代化裝備與戰鬥能力成為熱門話題。同時，也使美國國防部年度報告書中，首次用了相當多的篇幅介紹此一中國未來航空母艦發展所可能帶來對東亞地區安全的影響，也為未來東亞地區軍事平衡投下不確定的因素[119]。

（三）中國的航空母艦與東亞安全

2011 年 8 月 10 日，中國第一艘航母「遼寧號」駛離大連港進行首次試航，儘管中國宣稱「遼寧號」目前僅作為訓練艦使用，但不否認將在 2015 年前完成 2 艘航母戰鬥群的建置。雖然中國宣稱航母是「大國地位」象徵，但其所產生的強烈軍事意圖與能力，將突顯現今亞太地區海軍軍力平衡態勢下，並可能引發周邊國家的強烈疑慮。事實上，航母在一次大戰時即已出現，並在二次大戰的太平洋戰區成為參戰國家的海軍主力，冷戰以降，美國的航母開展了核動力時代的濫觴，目前全球現役航母 23 艘分別由 9 個國家擁有。因此，擁有航空母艦在大國之間並不是什麼新奇事物，對現階段中國而言，以其財力與造艦技術，發展傳統航母並非艱難的任務[120]。

---

118 張文木，《世界地緣政治中的中國國家安全利益分析》，頁 229-231。

119 BBC，〈美太平洋司令：中國航母將改變地區力量平衡〉，《BBC 中文網》，2011 年 4 月 12 日，<http://www.bbc.co.uk/zhongwen/trad/world/2011/04/110412_us_china_carrier.shtml?p...>。

120 見戴旭，《海圖騰：海洋、海權、海軍與中國航空母艦》（香港：新點出版社，2010 年），頁 14-32。楊仕樂，〈不能與不願？再論中共的航母企圖〉，《國防雜誌》，第 23 卷第 4 期，頁 89-104。楊仕樂，〈反介入撒手鐧？解析解放軍的飛彈威脅〉，《遠景基金會季刊》，第 11 卷第 3 期，2010 年，頁 99-131。楊仕樂（Yang, Shih-Yueh），2011，〈中國的航艦？技術能力與地緣戰略分析〉（Chinese Aircraft Carrier Developm ent：A Technical and Geostrategic Analysis），發表於 2011 年中國研究年會「傳承與創新：多元視角下的中國研究」研討會（台北：國立政治大學東亞研究所，2011 年據傳中國最早發展航母的意圖是在 1958 年，當時毛澤東為了與在台海周邊的美國航母抗衡，有意建立「海上鐵路」的遠洋船隊與航母，但迫於「大躍進」時期財政無力支持而作罷。1958 年當時中國國防預算大約 50 億人民幣，且只有 15 億人民幣可供武器購置，解放軍海軍可分配到預算僅有 2 億人民幣左右。若按當時蘇聯建造 1 艘 1600 頓重的「高地」（譯音）級（Gordy-class）驅逐艦成本約 3000 萬人民幣計算，中國解放軍海軍每年預算大概只能購買 4 艘左右[121]。

因此，1958 年 6 月中央軍事委員會中劉少奇與鄧小平等主張海上防禦戰略，並認為當時技術與經費不足，提出造船不如買船，並反對自製大型船艦。1968 年文革期間，第 1 艘核潛艦開始建造，1970 年 4 月第 1 顆人造衛星發射成功，毛澤東與林彪等認為中國發展航母的時機成熟，一度有意重新自製航母，但因文革內鬥嚴重，在 1971 年 9 月林彪叛逃後，劉少奇及鄧小平集團借題發揮，將林彪系官員打入反革命行列，使得航母計畫蒙上政治不正確陰影。可見 1959 年至 1971 年，即使不考慮技術能力，中國發展航母或核潛艦都有政治鬥爭與財政上的雙重問題，從 1958 年毛澤東下達指示開始，中國航母計畫只能往後推遲[122]。

另外，1973 年 10 月 25 日，周恩來在接見外賓時表示：「我們的南沙、西沙被南越佔領，沒有航空母艦，我們不能讓中國的海軍再去拼刺刀，我搞了一輩子的軍事、政治，至今沒有看到中國的航母，看不到航空母艦，我是不甘心的啊！」[123]。但根據 Li 與 Weuve 研究，

---

10 月 31 日）。頁 A1-3-1-3-10。

[121] Li, Nan& Christopher Weuve. "*China's Aircraft Carrier Ambitions：An Update*", *Naval War College Review,* Vol. 63, No. 1, Winter/2010, pp. 13-31. 見王歷榮，〈建國後毛澤東的海權思想與實踐〉，《中國石油大學學報（社會科學版）》，第 27 卷第 1 期，2011 年，頁 60-65。

[122] 艾文格，〈航艦出航、夢想實現：中國航艦計劃簡史〉，《全球防衛雜誌》，第 326 期，2011 年 10 月，頁 62-63。

[123] 轉引自戴旭，《海圖騰：海洋、海權、海軍與中國航空母艦》（香港：新點出版社，2011 年），頁 164。

1971 年到 1982 年間，中國國防預算平均為 170 億人民幣，只有 60 億人民幣可供武器購置，解放軍海軍可分配預算僅有幾億人民幣。若以當時蘇聯建造 1 艘 051 型（中國旅級）驅逐艦需 1 億人民幣計算，解放軍海軍每年預算大概只能購買幾艘[124]。因而 1979 年末，鄧小平表示，中國海軍戰略是近海防禦，中國不需要、也不準備搞航空母艦[125]，自有其財政上的考量。

到了 1982 年，「中國海軍之父」劉華清出任解放軍海軍司令員。根據他的回憶錄記載：「在 1980 年 5 月訪問美國時，主人安排我們一行參觀『小鷹號』航空母艦。這是中國人民解放軍和科技人員首次踏上航空母艦。上艦後，其規模氣勢和現代作戰能力，給我留下了極深印象……，1982 年，我當了海軍司令員，航空母艦在我心頭的分量，自然大不相同了。」[126]。1984 年 1 月，第一屆海軍配備技術工作會議中，劉華清表示：「海軍想造航艦也有不短的時間了，現在國力不行，看來要等一段時間」。1985 年以後，劉華清繼續為興建航母向領導高層進行遊說，提出以 1991 年至 1995 年的「第七個五年計畫」期間作為航母研究與發展的開始，冀能於 2000 年「第八個五年計畫」結束前完成興建。但他的提案仍受到鄧小平發展經濟的決心而擱置[127]。

在 1991 年波斯灣戰役中，美軍航母戰鬥群利用艦隊及空中火力優勢取得勝利，更讓解放軍將領深刻體悟到航空母艦的價值[128]。爾後江澤民主政時雖然多次強調：「要從戰略的高度認識海洋，同時要增強全民族的海洋觀念」、「海軍是海洋戰略的支柱和後盾，沒有強大的海軍，藍色國土、藍色寶庫都會失去」。但同一時期中國對外國防採購總額 142.51 億美元中，飛機花費 86 億美元，防空系統花費 8.74

---

[124] Li, Nan & Christopher Weuve. "China's Aircraft Carrier Ambitions:An Update", p. 16.

[125] 艾文格，〈航艦出航、夢想實現：中國航艦計劃簡史〉，頁 59。

[126] 轉引自戴旭，《海圖騰：海洋、海權、海軍與中國航空母艦》，頁 165。

[127] Li, Nan& Christopher Weuve. "China's Aircraft Carrier Ambitions:An Update", p. 16.

[128] 林穎佑，《海疆萬里：中國人民解放軍海軍戰略》（台北：時英出版社，2008 年），頁 102。

億美元，飛彈為 18.86 億美元，而船艦僅有 21.25 億美元，佔總額 14.9%。因此可知，江澤民時期中國軍備發展仍以空中武器為主，船艦發展經費相對偏低[129]。

1990 年代至 2000 年間是中國「擁有」航母的黃金時期，雖然建造航艦的計畫迫於政經因素而停頓，但受改革開放影響，中國民間船舶、娛樂企業日益蓬勃，尤其拆船業在龐大勞工與成本低廉下，更獲得國外許多訂單。此期間中國船舶工業及娛樂公司分別自外國購入墨爾本號（Melbourne）、明斯克號（Minsk）、基輔號（Kiev），以及瓦良格號（Varyag，即後來的「遼寧號」）4 艘航空母艦，儘管多半沒有推進、武器、電子、操控等系統，幾乎是廢鐵狀態。但到了 2004 年胡錦濤實際掌權之後，中國航母計畫有了新的變化，中國解放軍海軍改建「遼寧號」的計劃獲得上級批准。2005 年 4 月 26 日，閒置於大連內港的「遼寧號」開始整修。2011 年 8 月 10 日正式試航[130]。

然而，「遼寧號」真的符合中國國防需要嗎？根據美國 2011 年 8 月發表之《中國軍事與安全發展態勢報告書》指出，中國可能開始完全自製航母，並在 2015 年之後服役[131]。但中國海軍副司令張序三接受文匯報採訪時透漏：「目前中國已經完全具備建造航空母艦的技術和能力，中國應該先造小型航母，再一步步發展大型航母」[132]。另外，中國海軍司令吳勝利 2011 年 10 月接受採訪表示：「中國將建造更多大型『水面戰鬥船艦』」[133]。因此，建造什麼樣類型、噸位、數量的航母，將是中國一大問題。

中國需要多大噸位的航母？解放軍海軍研究員李傑中校認為，中國由於周邊海域問題非常尖銳複雜，基於近海與中遠海的爭端解

---

129 吳東林，《中國海權與航空母艦》（台北：時英出版社，2010 年），頁 290。

130 Storey, Ian& You Ji. "*China's Aircraft Carrier Ambitions: Seeking Truth from Rumors*," pp. 76-93.

131 U.S. Department of Defense, 2011, "2011Military and Security Developments Involving the People's Republic of China", Annual Report to Congress, U.S.：Department of Defense, pp. 1-84.

132 轉引自戴旭，《海圖騰：海洋、海權、海軍與中國航空母艦》，頁 210。

133 漢和專電，〈中國「航空母艦」的名稱〉，《漢和防務評論》，第 84 期，2011 年 10 月，頁 20-21。

決，中國適合發展中型航母，而中國國際戰略學會高級顧問王海運也贊同他的意見。此外，解放軍研究員杜文龍也認為中國應發展中大型航母，因為大型航母容易成為攻擊對象，而中國擁有航母是為維護海上利益與和諧海洋做貢獻。另外，王海運與杜文龍都認為中國南海與東海都需要部署航母，至少要 3 至 5 艘，中國國防大學教授韓旭東認為，應以台灣為界、南北各設 1 個戰鬥群[134]。

至於要核動力還是傳統動力？杜文龍等認為中國目前傾向傳統動力發展為主，但長期方向需往較為先進的核動力發展。最後，艦載機傾向滑跳式還是蒸氣彈射？杜文龍等認為按中國現狀應傾向前蘇聯設計的滑跳式，因其技術簡單、起飛成本低。但相對弊病較多，因此最終還是要往美國彈射式發展，或最好跳過蒸氣彈射直接往更先進的電磁彈射技術發展[135]。事實上，早期中共海軍司令員劉華清便曾表示，基於兩個主要議題（台灣、南海諸島），中國宜發展中型、傳統動力、空防導向的航母，而不是昂貴的大型核動力攻擊航母。可是 2004 年胡錦濤主政後，中國海軍高層認為應當跳脫「近海防禦」到「遠洋」，包含維護麻六甲、印度洋等地區的海洋利益，所以有將領主張發展大型核動力航母[136]。

然而，決定發展哪一種航母，不是想不想的問題，而是能不能的問題。亦即，從本質上還是要回到財務與技術能力來看。任何國家想興建航母都會碰到兩個現實問題，一是經費，二是技術能力。首先，擁有航母的經費不止取得而已，更有許多訓練、薪資、後勤、維修與保養等開銷，尤其航母不可能單獨服役，需要護衛艦、驅逐艦、補給艦等戰鬥群。其次，擁有航母的技術能力不僅建造船體而已，其武器、機電、動力、電子、指揮管制（C4ISR）等系統的整合，以及協同作戰能力都是至為關鍵的一環。

---

[134] 中評電訊，〈七問中國航母：近海防禦，還是遠洋行動〉，《中評網》，2011 年 7 月 10 日，<http://www.chinareviewnews.com/crn-webapp/doc/docDetailCNML.jsp?coluid=4&kin...>。

[135] 中評電訊，〈七問中國航母：近海防禦，還是遠洋行動〉。

[136] Li, Nan& Christopher Weuve. "China's Aircraft Carrier Ambitions:An Update", pp. 18-20.

根據 2004 年官方代號「9935 計畫」指出，中國擬建造 2-3 艘「高希可夫」（Ghorshkov）級中型航母，並計劃於 2010 年建成。因此，若「9935 計畫」成真，以中型航母、傳統動力、滑跳式起飛輔以攔截索降落、約 6 萬噸的「高希可夫」級航母為例，則以中國現有廉價勞工和物料成本計算，1 艘約需 20 億美元。若加上艦載 Su-33 戰機每架 5000 萬美元，50 架則花費約 25 億美元。若配置電子預警機（AEW）、反潛直升機、搜救直升機等，也需 30 億美元。再加上每艘 6 億美元的護衛艦、驅逐艦、支援艦組成編隊，則需 40 億美元，不包括核動力潛艦[137]。

因此，光以「9935 計畫」設計的航母成本計算，建立一個中型、傳統動力航母及其戰鬥群估計需 100 億美元左右。以中國宣稱未來 10 年將建造 2-3 個航母戰鬥群而言，則可能需要 200 至 300 億美元的財務支出。因此，推估歷年中國國防預算大約 1/3 作為軍備採購，以美國估計 1600 億美元為例，則 2010 年中國軍備採購預算約 500 億美元左右；其中解放軍海軍約分配軍備採購的 1/7，約為 70 億美元左右，估計最高不超過 100 億美元上限。因此，假使解放軍海軍將 100 億美元年度經費全部投入航母建造，則未來 10 年完成 2-3 艘航母戰鬥群，共 1000 億美元預算應是足夠，但也僅限於中大型航母。

2008 年，中國船舶工業規模達 2000 家公司及近 40 萬員工，其中國營的「中國船舶工業集團公司」（CSSC）與「中國船舶重工集團公司」（CSIC）兩大造船公司，約佔國家總生產 70%。其中（CSIC）公司大連廠更於 2000 年接獲國外訂單並且建造 5 艘 30 萬噸級的超級油輪（Very Large Crude Carriers, VLCCs）[138]。縱然中國民間具有大型船艦（10 萬噸以上）的製造能力，但航母畢竟不同於超級油輪，航母要投入戰鬥並能保衛自己。因此，究竟中國是否有建造航母能

---

[137] 該設計包含最大排水量 52750 噸，長 288 公尺、寬 77 公尺，全速 28 節，傳統動力 4 具蒸氣渦輪，滑跳式起飛，3 具降落掛鉤索，艦載 40-50 架 Su-27 或 Su-30 戰機。見 Erickson, Andrew S.& Andrew R. Wilson. "China's Aircraft Carrier Dilemma", *Naval War College Review*, Vol. 59, No. 4, Autumn/2006, pp. 13-45.

[138] OECD, "*The Shipbuilding Industry in China*", p. 13.

力，從資料來看，船體結構不是問題，推動力也可以傳統商用蒸汽渦輪使用，關鍵應在軍用武器、雷達、情報、防空以及艦隊整體戰力整合等能力。

劉華清指出：「近海是中國的黃海、東海、南海、南沙群島及台灣、沖繩島鏈內外海域，以及太平洋北部的海域……。海洋戰略是國家戰略的重要組成。……根據新的國際海洋法，中國可以劃定 300 萬平方公里左右的管轄海域，這些海域和大陸架，構成了中國海洋國土。」。因此，劉華清認為航母是現代海上作戰的核心，並捍衛海洋國土、維護海洋權益與海上交通線安全（Sea Line of Communications：SLOCs）。更重要的是，航母是國家綜合力的象徵、「國威」的展示[139]。

嚴格來說，若自地緣政治的角度來看，則未來中國航母計畫可能面臨許多實際操作限制。首先，若從制海權的角度分析，則必須先考量到一國之地緣政治環境、國際局勢，以及天然地理環境。以中國的地緣關係來看，在其三個近海中，黃海緊鄰朝鮮半島，同時屏衛北京，在此極度敏感地區配置航母易於引起突發事件，同時，須在陸基導彈與水面艦隊的保護下，航母才有可能由黃海、東海進入太平洋。由於黃海海域存在嚴重的朝鮮問題，中國航母在此間活動無疑增大戰爭風險。至於東海，位於日本與台灣之間，是中國北海與東海艦隊海軍船艦進入太平洋的捷徑。但近年來中國海軍頻繁進出沖繩群島，也引發日本國內高度關注。而且，假若因此引起中國與日本之間的軍備競賽[140]，亦可能牽動美日安保聯盟的敏感神經。

---

[139] 劉華清，《劉華清回憶錄》（北京：解放軍出版社，2004 年），頁 434-436。

[140] 中國海軍近年來頻繁出入沖繩群島附近，引發日本政府高度關注。而日本除了現役的 2 艘日向號與伊勢號外，將於 2012 年新建 2 艘代號「22DDH」，造價 10.4 億美元、載重 24000 噸、長 248 公尺、可搭載 9 架直升機的「直升機護衛艦」以因應周邊海域需要。一般相信，日本積極擴建海軍能力是針對中國海軍多次進出沖繩群島而來。另外，日本大阪大學國際公共政策學系星野俊也教授於 2011 年 10 月 25 日於中山大學演講時表示，中國海軍多次通過沖繩群島，不僅象徵其具有突破「第一島鏈」實力，更是對美日軍事同盟安全底限的探試。另外，美國亞太專家譚慎格（John J. Tkacik, Jr.）也曾提出類似星野俊也之看法，見李明、何思慎著，〈地緣政治與中共對東北亞的外交戰略〉，《地緣政治與中共外

今日，南海已成為全球最繁忙的航道，全世界每年有將近半數各地商船經由台灣海峽、巴士海峽、麻六甲海峽、龍目海峽及巽他海峽到此海域。假使中國航母基地於海南島榆林，亦可能引發南海周邊國家爭論。雖然中國與東南亞諸國 2002 年試圖透過簽署「南中國海行為準則」解決南沙群島海域問題，但越南、中國、菲律賓等國顯然在此問題上越來越傾向以軍事力量為後盾。因此，未來中國若欲將航母直接部署於南海與南沙諸島海域，恐將引發東南亞國家的軍備競賽並導致海上衝突，違反中國所宣稱「永不稱霸」與「和平發展」的原則[141]。

另外，從實戰操作來看，航母目標龐大極易成為攻擊目標，加上中國沿海缺乏足夠航母作戰空間，以及美軍在日本東京灣、九州、沖繩與新加坡均佈署海空基地。因此，在美軍與其盟國情報合作以及核動力航母打擊火力下，除非中國航母戰鬥群有足夠戰力突破「第一島鏈」，否則中國航母根本不敢出港作戰。事實上，過去也只有解放軍潛艦部隊才有能力不被美軍發現而突破第一島鏈；因此，若沒有完整的護航艦隊與防空系統保護，以及良好反潛作戰能力，中國航母不僅不會是捍衛海疆的「海上長城」，反而成為過時的「移動棺材」[142]。

中國真的需要航空母艦嗎？近 10 年來，解放軍在進行現代化已經取得相當成果，且海軍潛艦與導彈、飛彈的現代化比例更是過半[143]。因此，與其選擇成本昂貴、尚未成熟且又無法避免與美國衝突的航母戰鬥群，還不如發展低成本卻又科技優勢的核攻擊潛艦和導彈飛彈，以達到真正的「拒止」（anti-access）作用。另外，若是中國發展航空母艦的戰略需求，真如劉華清所說，為求「解決對台鬥爭需要」

交戰略》（台北：中華歐亞基金會，2006 年）頁 69-118。

141 平可夫，〈南中國海海上衝突的現實性〉，《漢和防務評論》，第 84 期，2011 年 10 月，頁 56-59。

142 Erickson, Andrew S.& Andrew R. Wilson. “China’s Aircraft Carrier Dilemma”, pp. 13-45.

143 U.S. Department of Defense, “2011Military and Security Developments Involving the People’s Republic of China”, p. 43.

以及「解決南海爭端」。那麼以航母戰鬥群來解決台海與南海爭議，不如透過其他外交工具或軍事力量，以降低可能升高的風險，以及避免成為其他國家的攻擊標的[144]。

從地緣政治來看，台灣獨特的地理位置，無疑是中國突破「第一島鏈」的關鍵，一但取得台灣，則中國海軍的藍色通道將直入西太平洋，前進「第二島鏈」。因此，台灣議題不僅涉及中國統一，也是中國海軍邁向全球海洋的關鍵，中國航母若不能打通「第一島鏈」，則根本離不開三個內海，只能是區域的海軍武力。然而，中國航母戰鬥群的出現，仍對台灣民眾有相當的「心理戰」威脅[145]。因此，面對中國航母可能帶來的壓力，台灣政府應當把此威脅提升到較高層次的亞太安全戰略角度；持續加強對美、日的實質外交與軍事關係，並透過參與軍事與情報合作，共同建構西太平洋安全，並維持島鏈戰略對中國海軍遠洋能力的阻絕，或能將中國航母的威脅降至最低。

四、結語——走向海洋的中國

自鴉片戰爭開始中國便飽受西方海上勢力的摧殘，甲午戰爭的失敗象徵著大清王朝東亞第一海軍美夢的幻滅，直到中共建政為止，中國的海軍仍然處於極少的武裝力量。毛澤東曾經想要建立一隻龐大的海軍與美國對抗，但礙於國內軍事科技與經濟實力的薄弱，在相當長的時間裡，中國海軍仍然只是一隻薄弱的近海武裝防

---

144 例如馬來西亞向俄羅斯購入 Su30MKM 戰機，越南也同樣向俄羅斯購入 Su30MKV 與 Su22 戰機，這些飛機都具有空中加油能力並配備 Kh31A 射程達 70 公里的空對艦超音速飛彈，以及射程達 105 公里的 Kh59 空對艦電視制導導彈。因此，在高度發達的導彈時代，擁有少量高性能導彈武器的國家也能對超級大國的海軍施以重擊，更何況是傳統動力推動的中型航空母艦，這種不對稱戰爭的優勢正是取決於高科技低成本的導彈攻擊，所以，中國的航母真的可以鎮守南海嗎？還是成為昂貴的標靶呢？見漢和專電，〈南中國海上的俄式戰鬥機較量前夜〉，《漢和防務評論》，第 84 期，2011 年 10 月，頁 60-63。

145 張蜀誠，〈三戰觀點析論中共海上閱兵〉，《空軍學術雙月刊》，第 616 期，2009 年，頁 52-74。

衛。直到鄧小平主政後推動改革開放政策，中國經濟歷經 30 年的成長，終於有了為數甚多的海軍建置。

由於中國經濟發展受到能源供應安全的考量，在中國海上石油運輸的比重增加的同時，所謂的「麻六甲困局」一直牽動著中國的能源安全[146]。同時，中國是一個以輸出為市場導向的生產大國，無論原料或產品都依賴著海運的發展，也因此造就了龐大的造船產業。於是近年來，中國內部對於探討海權發展理論以及制海權觀點相當活絡，也反映出中國對於海洋事業與海洋利益發展下的國家安全導向。

張文木指出，「海權是中國持續發展的命脈，也是當前中國地緣政治研究的薄弱地帶。[147]」。儘管如此，現今中國的海軍現代化武裝力量仍然構成對東亞地區安全的威脅。從最近的南海黃岩島爭議中，可以發現中國已經動用潛艇來保護海洋主權，這是過去未有的趨勢，也是中國宣稱「和平崛起」之後，首次改採強硬姿態來面對南海主權爭議。而另一方面，近年來中國潛艦與護衛艦多次經過日本沖繩群島，甚至到達台灣東部海岸，其頻繁舉動也引起美日方面的高度關切。

對中國而言，穿越第一島鏈邁向太平洋是海軍發展必然的趨勢，而且 2008 年中國海軍前往亞丁灣打擊海盜也顯示出其參與國際事務的決心，只是在這敏感的東亞海域裡，中國的軍事崛起，特別是海軍力量的崛起，並不如同它的經濟崛起讓周邊國家歡迎。按中國 2010 年所公布的國防費用大約為 5500 億人民幣上下[148]，但美國國防部白皮書卻認為中國一貫隱藏其國防經費，正確的數字應在 1600 億美元左右，金額將近 1 兆人民幣之多。因此，在龐大的國防經費之下，中國海軍的現代化能量也在逐年增加。到了 2013 年，美國國防部的中國軍力相關報告資料估計，中國該年度國防經費可能最大達到 2150 億美元，突破了 1 兆人民幣大關。

---

146 日本防衛省，《中國安全戰略報告 2011》（東京：日本防衛省防衛研究所，2011 年 3 月），頁 1-40。

147 張文木，《世界地緣政治中的中國國家安全利益分析》，頁 3。

148 日本防衛省，《中國安全戰略報告》（東京：日本防衛省防衛研究所，2011 年 3 月），頁 1-34。

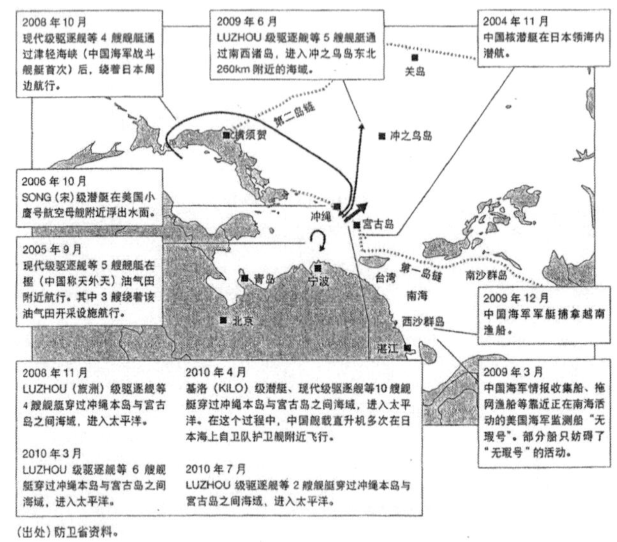

圖 3-12　中國海軍在日本周邊海域的主要活動

資料來源：轉引自日本防衛省，《中國安全戰略報告》，頁 13。

另一方面，中國海軍的現代化使其投送能力與精確打擊能力有了很大的提升，也提高了阻止台灣獨立的軍事恫赫與防止第三國介入台海的能力。並且也提高了其保護海上通道與海洋權益的能力。透過擴大活動範圍、增強海上演習項目，中國海軍在東海、南海等周邊海域進行頻繁的訓練，並且在 2000 年開始進行「混合編隊訓練」，組成驅逐艦與護衛艦以及潛艇的打擊艦隊編制，顯示中國海軍已為將來海上作戰做了準備。但中國海軍這一連串的舉動卻也引發了周邊國家的憂慮[149]。特別是日本對於中國海軍在日本周邊海域的活動相當敏感，從地圖中可以看出日本人是如何將自己群島與中國沿海地形作了上下的製圖配置，顯示出中國海軍向外擴張勢必第一個接觸到日本群島，這種結果對日本人來說，顯然有侵犯日本領海的潛在威脅性。

149 日本防衛省，《中國安全戰略報告》，頁 34。

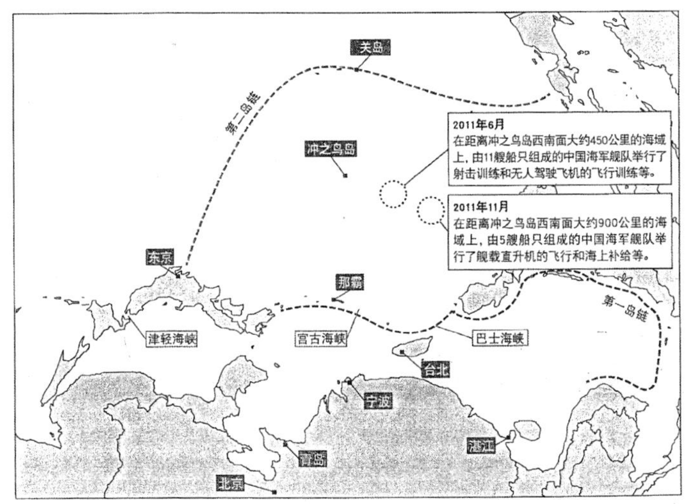

（出处）演习概况资料基于防卫省统合幕僚监部的发表资料。举行演习的海域为推定。关于“岛链”，由于人民解放军和中国政府没有正式予以定义，本文乃根据 U.S. Department of Defense, *Annual Report to Congress: Military and Security Developments Involving the People's Republic of China 2011*（Washington, DC: Department of Defense, 2011）第 23 页的资料制作而成。

圖 3-13　2011 年中國海軍在西太平洋舉行的演習

資料來源：轉引自日本防衛省，《中國安全戰略報告 2011》，頁 9。

根據日本防衛省的《中國安全戰略報告 2011》報告中歸納，由於中國海洋權益的擴大，包含海上交通線與海洋資源的需求，中國加強了它的海軍現代化並且採取更為強硬的態度解決南海主權爭議。同時，中國海軍透過遠洋的反海盜行動擴大了它的遠洋實作能力以及進行實際的戰鬥編練。而中國自製航母的計畫與「遼寧號」的試航，也突顯中國希望建立航空母艦打擊群的企圖心以及「逐步實現海洋霸權戰略」的開端[150]。儘管中國航母發展仍在初階段，但對於南海地區國家仍具有一定的威攝效果。Richard D. Fisher JR.認為，儘管中國解放軍現代化成果目前尚無法威脅美國的全球權力佈局，但中國已經取

150 日本防衛省，《中國安全戰略報告 2011》，頁 1-40。

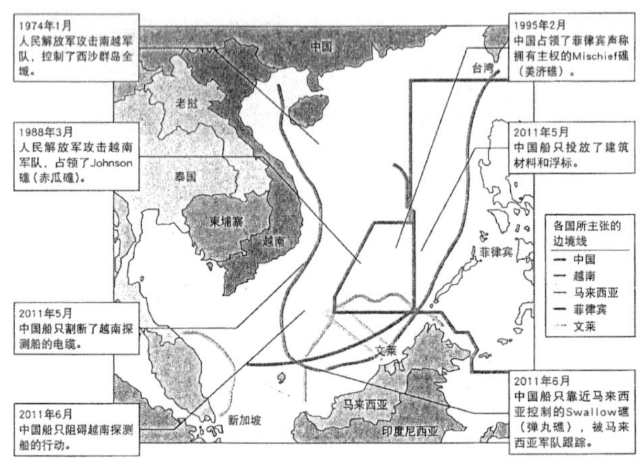

（出处）根据 U.S. Department of Defense, *Annual Report to Congress: Military and Security Developments Involving the People's Republic of China 2011*（Washington, DC: Department of Defense, 2011）第 16页及各种报道制作而成。

圖 3-14　各國在南海所主張的邊境線和所發生的對峙事件

資料來源：轉引自日本防衛省，《中國安全戰略報告 2011》，頁 16。

得在台灣海峽施以軍事打擊的力量，並且在軍工產業科技創新下，到了 2020 年中國海軍與空軍的能力將大幅提升。因此，對美國與其盟友在亞太地區的安全利益來說，中國軍事崛起尤其展現在海軍的現代化發展下，對於東亞地區安全體系的未來有一定的威脅性[151]。

此外，日本在 1990 年代開始積極涉入東亞安全，在美國的同盟關係下，日本與美國方面多次修定《美日安保體制》，並嘗試邁向「正常化國家」發展。由於日本軍力在東亞保持優勢海空能力，加上過去軍國主義侵華歷史紀錄，使中國對於日本自衛隊的發展保持高度戒心，而日本也視中國軍事崛起為最大的威脅[152]。根據 2003 年日本防衛廳《日本防衛白皮書》中日本政府對憲法第 9 條的見解，該防衛報告指出：「日本憲法上可保有的自衛能力必須是自衛所需之最小

151 Richard D. Fisher JR., *China's Military Modernization,* p. 213.

152 Christopher W. Hughes 著，國防部譯，《日本安全議題》（*Japan's Security Agenda*）（台北：國防部譯印，2008 年），頁 193-248。

限度的武力」，但其後文又稱：「但此種最小限度的武力是否相當於憲法第 9 條第 2 項所規定之禁止保有的『戰力』，係有關國家總體軍事力量的問題。自衛隊可否保有各種武器，要以該項武器的保有是否超過我國總體軍事力量的限度來決定。[153]」。從以上敘述可以發現，日本自衛隊對於武力規模有著相當模糊卻可調整的彈性空間，很可能就是為了因應中國軍事崛起而保持著優勢的武器裝備。

而關於「可行使自衛權的地理範圍」部分，日本防衛白皮書中亦指出：「不限於我國領土、領海與領空，其具體範圍到達何處，因個別狀況而異，不能一概而論。[154]」。此點實與《美日安保體制》中所修定「周邊有事」的判定有關，而不排除將台灣地區涵蓋在內。也由於美日安保條約第 5 條中規定，一但日本遭受武力攻擊時，日美兩國要共同因應，使得美國有協助防衛日本的義務[155]。因此，未來日本在東亞區域安全的角色不僅夾於中國與美國之間，也可能因為台灣問題與中國發生衝突，進而將美國拉進對峙的局面。

近年來，在中國海權發展的驅使下，解放軍海軍船艦頻繁出入日本沖繩周邊領海，加上 1996 年解放軍對台灣實施飛彈射擊的影響，台灣海峽與日本沖繩群島之間海域逐漸升高成為未來東亞地區戰爭的起火點。因而使得這些海域之間，存在著中國與美國、中國與日本、中國與台灣之間的多重安全困局（Security Dilemma）[156]。加上 2013 年 10 月，代號「機動 5 號」的解放軍三大艦隊軍事演習在西太平洋舉行，顯示近年來中國海軍穿越第一島鏈已是常態。而日本也積極在興建海軍的能量上投資。因而中國海軍崛起的意義，不僅象徵解放軍現代化與海軍遠洋作戰能力的提升，也揭示這些地區醞釀軍備競賽的可能發展。因此，未來日本與中國之間的選擇，將是直接衝擊未來東亞地區安全與穩定的關鍵。

---

153 日本防衛廳，國防部史政編譯室譯，《2003 日本防衛白皮書》（台北：國防部史政編譯室譯印，2005 年），頁 194。

154 日本防衛廳，《2003 日本防衛白皮書》，頁 195。

155 日本防衛廳，《2003 日本防衛白皮書》，頁 234。

156 Bates Gill, *Rising Star: China's New Security Diplomacy,* pp. 203-205.

第四章　地緣政治理論的整合與中國國家大戰略

一、海權與陸權之外的第三條道路

科恩（Saul Bernard Cohen）在 *Geopolitics of the World System* 一書中指出，基於 21 世紀世界政治動態的變化以及中國做為東亞地區強權的事實，傳統地緣政治理論中的二個海權與陸權爭霸傳統「地緣戰略地區」（或地緣戰略領域），亦即英美聯盟海權國家以及蘇聯主導的歐亞大陸陸權的競逐已然改變。由於世界政治的最新發展，從而把中國作為第三個「地緣戰略地區」（或地緣戰略領域）的主導國家，並以其兼具陸權與海權的獨特地理位置，使其在傳統海權國家（英美等）與傳統陸權國家（俄羅斯）之間，成為主導關鍵的新東亞強權[1]。

同時，由於中國的地緣政治特色乃由「海洋中國」與「大陸中國」兩部分構成，前者基於經濟崛起與對外開放投資，因此呈現「黃金海岸」而面向東亞地區；而後者以北方與內陸新疆接觸俄羅斯「心臟地帶」而交換各項資源，所以中國如何跳脫這兩面的地緣政治挑戰天命，亦或是能加以進行統整，關鍵還是在於中國自身的陸權與海權取向的調和，尤其在中國歷史上陸權佔了相當長的時期的背景下，海權的發展則相對於來自海上敵國的壓迫[2]。

然而，當 20 世紀結束之前，中國與周邊國家完成大多數的陸地邊界劃定，並協助建立「上海合作組織」、「東南亞國協」等國際組織，使其與俄羅斯等國家維持良好外交關係，從而降低其國土來自陸地的威脅。因此，21 世紀的中國尋求向海洋發展的同時，也明白

---

1 Saul Bernard Cohen,*Geopolitics of the World System,* p. 35 .

2 Saul Bernard Cohen, *Geopolitics of the World System,* pp. 233-271 .

的指出中國地緣政治的兼具陸權與海權發展的雙重特質。然而，關鍵還是在於先有陸地邊疆的安定，中國的海洋邊疆才有發展的可能。

（一）海權與陸權的爭霸

在古典地緣政治的研究裡第一個明確區分了陸權與海權並分析它們在世界歷史中的不同作用的人是馬漢（Mahan），在 *The Influence of Sea Power upon History（1660-1783）*一書中，馬漢根據英法海戰的歷史提出了制海權的觀念，從而提出海權是國家成功最關鍵的要素。至於第一個系統的提出地緣政治理論並把陸權與海權當做世界歷史對抗主軸的是麥金德（Mackinder），在他的世界觀下，他將人們的認知轉移到大陸國家與海洋國家之間的歷史衝突與對抗，以及這些國家之間的權力轉移之上[3]。

根據麥金德在 1904 年所寫的"The Geographical Pivot of History"一文指出，在過去歐洲歷史的擴張裡，英國的建立是來自於法國諾曼地的入侵，而整個歐洲文明的變動是因為亞洲游牧民族的入侵，因此在非常真實的意義上來說，歐洲文明是因為反對亞洲人入侵的長期對抗結果。在整體世界觀的世界歷史裡，每個文明都有它的因素，但真正關鍵在於歐亞大陸所處的位置與它的地理特質。由於歐亞大陸中有一大片由沙漠、草原、平原所構成的地帶，在過去數千年裡藉由馬匹與駱駝的機動性下，阿提拉和蒙古人等游牧民族便透過這個地區穿越烏拉山與裏海之間的廣闊地帶，進而取得了匈牙利，造成了歐洲民族的大遷移。這一廣域地帶，麥金德稱之為「歷史的地理軸心」（The Geographical Pivot of History）。雖然地理大發現的哥倫布時代來臨，使得海權逐漸取代了陸權勢力，但 20 世紀開始之後，麥金德提醒世人注意俄羅斯已經取代蒙古帝國，藉由西伯利亞鐵路的延伸，成為歷史上新的跨越歐亞大陸的新興陸地強權[4]。

---

[3] A.T.Mahan, *The Influence of Sea Power upon History（1660-1783）*, pp. 25-89. Geoffrey Parker, *Geopolitics: Past,Present and future,* pp. 96-118.

[4] H. J. Mackinder,"The Geographical Pivot of History,（1904）" *The Geographical Journal,* Vol. 170, No. 4, Dec. 2004, pp. 298-321.

麥金德認為，佔據地理軸心的國家（俄羅斯）向歐亞大陸邊緣地帶的擴張，以其強大陸地資源來建立海軍，可能形成新的世界帝國；尤其一但俄羅斯與德國結盟，這個情形將會提前發生，因此英國應該與可能取得中國的日本合作，共同建立海上聯盟來對抗俄羅斯與德國的陸上聯盟。但另一方面，倘若日本在佔據中國後進一步推翻俄羅斯帝國，那麼日本就可能成為同時兼具海洋強權與陸地強權的最大帝國，而形成對歐美國家的威脅[5]。

1919 年，麥金德在他所著的 *Democratic Ideals and Reality: A Study in the Politics of Reconstruction* 一書中提到，由於第一次世界大戰後的世界政治局勢轉變，他將原本的「軸心地區」（Pivot Area）擴大修正為「心臟地帶」（Heartland），並與外圍的「新月地帶」（Crescent）相對應，而這一廣大的「心臟地帶」由於海洋勢力無法深入，因此，麥金德認為陸權國家（俄國）勢力在歐亞大陸的「心臟地帶」擴張，使得未來歐亞大陸（世界島）的統治關鍵就在於「誰統治東歐就控制心臟地帶，誰統治心臟地帶就控制世界島，誰統治世界島就控制世界」[6]。

1943 年間，麥金德再次發表了"The Round World and the Winning of the Peace"一文，麥金德指出，拿破崙三世的投降對英國造成相當的震撼，新崛起的德國宛如歐洲大陸的強權，而美國的崛起也是一個海上強權的代表。大英帝國在傳統對抗陸地強權的俄羅斯之外，世界局勢已然形成德國與美國對抗大英帝國與蘇聯的局面。因此，「心臟地帶」的概念開始轉變為強國之間的「大戰略」（Grand Strategy），而「心臟地帶」也就延伸到整個歐亞大陸的北方，從北極圈到中間的沙漠地帶，從波羅的海與黑海到東西伯利亞，因而形成一個物質基礎的戰略思考。而蘇聯佔據這廣大的「心臟地帶」就形成它成為歐亞大陸強權的可能[7]。

---

[5] H. J. Mackinder,"The Geographical Pivot of History,（1904）", pp. 320-321.

[6] H. J. Mackinder, *Democratic Ideals and Reality: A Study in the Politics of Reconstruction*, pp. 55-58. Geoffrey Parker, *Geopolitics:Past,Present and future,* p. 13.

[7] H. J. Mackinder,"The Round World and the Winning of the Peace," *Foreign*

據此，科恩（Saul Bernard Cohen）認為，麥金德在 1943 年的修正與過去不同在於，首先他將西伯利亞的廣泛「勒拿地區」(Lenaland)，包含西伯利亞的大部分東部到鄂霍克次海的區塊與心臟地帶區分開來，從而使心臟地帶縮小，因此，心臟地帶由一大片的歐亞大陸的森林與草原組成。更重要的是麥金德的世界地圖改變了，如同他所指出的世界平衡出現了更多樣的區域，每個區域都顯現出自然與人文資源的基底[8]。

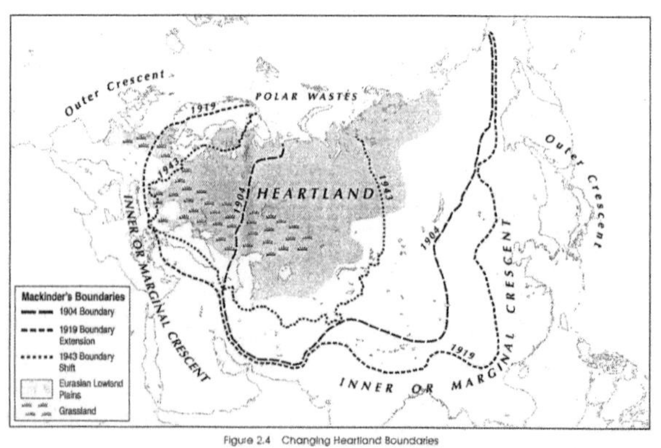

Figure 2.4 Changing Heartland Boundaries

圖 4-1　麥金德的心臟地帶邊界的歷次變動（Mapped by Saul Bernard Cohen）

資料來源：Saul Bernard Cohen,*Geopolitics of the World System*, p. 18.

科恩進一步指出，麥金德的「軸心地區」或「心臟地帶」也有明顯的改變，這是因為受到現代科技進步的影響，尤其是「空權」(air power) 的出現，基於麥金德的歷史與當代視野，美國冷戰時期的「圍堵政策」(containment policy) 相當建立於麥金德於 1904 年與 1919

Affairs: an American Quarterly Review, Vol. 21, No. 4, July, 1943, pp. 595-605.

8 Saul Bernard Cohen, *Geopolitics of the World System*, pp. 15-17.

年的觀點，而後冷戰時期美國的「權力平衡」（blance of power）目標則更多與麥金德 1943 年後的觀點一致[9]。

對麥金德而言，著書敘明陸權（Land-power）與海權（Sea-power）的歷史對抗，並分析東歐地區的地理特質，其本意並非高舉陸權思想觀點，反而是呼籲英國人注意俄羅斯帝國的擴張，善用海權的影響力量抗衡來自於陸權的威脅，並透過實際的英美等所謂民主國家聯盟，來確保歐洲強權國家在爭奪心臟地帶時的權力平衡，以避免國際間侵略行為的發生。更精確的說，麥金德相信民主的大英帝國仍有透過與美國結盟，以強大的海權力量來重建世界國家社群與秩序[10]。

李文志指出，麥金德所提倡的「心臟地帶」論動機，反映了 19 世紀末到 20 世紀初的時空背景，首先是反應了 19 世紀中期以後大英帝國的國力衰退，在長期與法國爭奪海外殖民地以及面對德國與美國新興強權下，大英帝國已經逐漸感覺失去對世界的支配。其次，憂心德國的興起將引起歐洲權力平衡的改變，使英國在歐陸的影響力下降。第三，希望同為海洋勢力的美國，在民主與共同文明底蘊下防範德國與俄國破壞權力平衡體系，但也同時必須提防美國國力興起而取代大英帝國的全球勢力。然而，麥金德的「心臟地帶」論主要還是為了防止俄國勢力，但真正實行侵略擴張的卻是德意志第三帝國[11]。

做為論述未來世界海權與陸權的爭鬥，麥金德著重於陸權國家的未來威脅，然而馬漢（A. T. Mahan）卻與他站在相反的觀點，認為未來對世界的控制裡海權將優於陸權[12]。正如馬漢在他所著的 *The*

---

9 另外科恩認為，拉采爾的陸權思想在於國家自我滿足、封閉空間與總體控制，而麥金德的海權思想則強烈的寄託於國家之間的合作，藉由民主化的帝國進入到國家社群組成，以保護弱小國家。參見 Saul Bernard Cohen, *Geopolitics of the World System*, pp. 15-17.

10 Geoffrey Parker, *Geopolitics:Past,Present and future,* p. 21.

11 李文志，〈海陸爭霸下亞太戰略形勢發展與台灣的安全戰略〉《東吳政治學報》，第 13 期，2001 年，頁 129-174。

12 科恩指出，馬漢先於麥金德提出海權的觀念，而這一點也影響了麥金德，然而麥金德與馬漢兩人用同樣的概念，卻分別得出不同的結論，即麥金德把焦點放在歐亞大陸的陸權發展，而馬漢則重視海權優勢。Saul Bernard Cohen, *Geopolitics of the World System*, p. 19. ; Geoffrey Parker, *Geopolitics:Past,Present*

Influence of Sea Power upon History：1660-1783 一書指出：「從政治與社會來看，最明顯的觀點就是，海洋本身就是一條高速公路。[13]」。

馬漢（A. T. Mahan）在考察古代軍事歷史與諸多戰役中得出結論，認為海軍的力量攸關強權的興衰，從漢尼拔大軍到英法戰爭，一直到美國獨立戰爭的歷史中，海軍的力量不在船艦的多寡，在於對關鍵位置與氣候的掌握。對馬漢來說，海權（Sea-power）的定義為「使用海洋和控制海洋」[14]。因此，基於對歷史的考證，馬漢認為能稱霸海洋的者必能稱霸世界，然而任何國家不可能同時兼為海洋或陸地軍事強國，所以大國並需積極擴張海上力量，但並非任何國家都能成為海權國家，它必須具備相當的客觀條件[15]。

運用大戰略的觀點，馬漢把海權看作一個由生產、海運、殖民貿易三個環節構成的海上安全系統，而一個國家是否有能力成為海上霸權在於六個客觀的自然條件，即：地理位置（Geographical Position）、物質構成（Physical Conformation）、領土廣泛程度（Extent of Territory）、人口數量（Number of Population）、人口性質（Character of the People）、政府特質（Character of the Government）等。[16]

馬漢指出，首先，就地理位置來說，一個國家要強大海權，它必須能輕易的進出公海，並且能控制世界航運的海上咽喉要道；其次，就物質構成而言，除了海岸就是國家的邊疆，也要確保國家擁有良好的港口，因為沒有港口就沒有自身的海上貿易，沒辦法發展船業，當然沒有海軍了；第三，以領土的廣泛程度，它並非指國土的面積，而是指國家有可以發展海洋事業的海岸線與良好的港灣，良好的地理與物質條件可以決定國家海軍得強弱；第四，以人口數量來說，也就是指有足夠人口專職於發展海上事業；第五，人口性

---

and future, p. 21.

13 A. T. Mahan, *The Influence of Sea Power upon History：1660-1783*.（Boston: Little, Brown and Company, 1890）, p. 25.

14 A. T. Mahan, *The Influence of Sea Power upon History：1660-1783*, preface.

15 許介鱗等著，《臺灣的亞太戰略》，頁 6。

16 A. T. Mahan, *The Influence of Sea Power upon History：1660-1783,* pp. 28-89.

質，則是指從事海洋事業的國民性格；最後，政府特質則是指政府需積極的鼓勵與投入海洋事業並建立強大的海上力量[17]。

史派克曼（Spykman）在受到麥金德的理論影響下，提出了「邊緣地帶」（Rimland）的概念來作為應對「心臟地帶」（Heartland）國家擴張的對應，而這個概念的基礎其實就是原本麥金德所說的「新月形地區」（Inner or Marginal Crescent，Marginal Lands），但是史派克曼將其擴大它向西延伸到斯堪地納維亞、向東延伸到西伯利亞遠東區[18]。

史派克認為，麥金德宣稱「心臟地帶」（Heartland）是整個世界政治的中心，但他卻認為以「心臟地帶」的雨量少、人口少、天氣冷、沙漠多的特性，實屬不易開發；反倒是「邊緣地帶」（Rimland）溫度與緯度相對適宜人居，且資源與文化等相對成熟、適合開發[19]。

所以，史派克曼依循麥金德的全球思考觀點，但他並不贊成麥金德的陸權立論，因此，他改寫了麥金德的「誰統治東歐就控制心臟地帶，誰統治心臟地帶就控制世界島，誰統治世界島就控制世界」（Who rules Eastern Europe commands the Heartland; Who rules the Heartland commands World-Island; Who rules World-Island commands the World.）的名句，代之以自己的新地緣政治密碼，亦即：「誰控制邊緣地帶便統治歐亞大陸，誰統治歐亞大陸便控制世界命運」（Who controls the Rimland rules Eurasia; Who Rules the Eurasia controls the destinies of the World）[20]。

對於如何控制「邊緣地帶」，受到馬漢思想的影響，史派克認為海軍力量才是關鍵。但是他在 *America's Strategy in World Politics: The United State and the Balance of Power* 一書中也指出：「國家的權力位置，不僅在於它的軍事力量，也在於那些潛在的威脅……它代表自

17 A.T. Mahan, *The Influence of Sea Power upon History：1660-1783,* pp. 28-89.

18 Saul Bernard Cohen, *Geopolitics of the World System*, p. 22.

19 根據史派克曼所說，「邊緣地帶」包含地中海、北非、中東、沙哈拉沙漠、南亞與東亞等海岸沿線區，見 Saul Bernard Cohen, *Geopolitics of the World System*, pp.22-23.許介鱗等著，《臺灣的亞太戰略》，頁 9。

20 Saul Bernard Cohen, *Geopolitics of the World System*, p.22. 許介鱗等著，《臺灣的亞太戰略》，頁 9。

身戰爭的武裝，也直接來自其他國家的力量大小。[21]」。因此，他認為德國將成世界主要的威脅，因此鼓勵美國與英國組成海權國家聯盟，並透過與蘇聯陸權結盟，以防止德國控制歐亞大陸海岸線並因此支配世界島[22]。

但事實上，由於過去英美國家各自分據「邊緣地帶」的一部份，使得「邊緣地帶」的有效控制變的不可能，所以史派克曼提出，倘若英美海權國家聯盟，不僅可以向北控制「心臟地帶」，也可以同時控制南方的「海洋大陸與海島」（Offshore Continents and Islands）地區，亦即麥金德所說的「外新月形」地區（Outer Crescent）。因此，史派克曼認為「邊緣地帶」才是決定世界衝突政治的關鍵位置[23]。

正如同科恩（Saul Bernard Cohen）所說，史派克曼的「邊緣地帶」理論之特殊在於，它日後影響了美國助蘇聯大使肯楠（George F. Kennan），也使得美國在冷戰時期的外交政策進入到「圍堵政策」（containment）的年代，而麥金德所稱的海權與陸權對抗的古典地緣政治理論的也就因此帶入世界政治而實踐[24]。

---

21 Nicholas John Spykman, *America's Strategy in World Politics: The United State and the Balance of Power.*（New York: Harcourt, Brace and Company, 1942）, p. 19.

22 史派克曼認為，在沒有一個世界政府的國際社會裡充滿權力的衝突，國家並非存於主權的認可而是基於領土管理的事實，領土的防衛事實上就是邊疆的防衛，更精確的說就是在於保護自身邊疆以及那些弱小的「緩衝國」（Buffer state），一些在強國領土邊界的週遭小國，例如波斯（中東）、阿富汗、西藏、蒙古、滿洲、瑞士、比利時、波蘭等，而這些緩衝國剛好都在「邊緣地帶」上，因此，史派克曼主張美國與英國組成海權國家聯盟，並透過與蘇聯陸權結盟，來阻止德國與日本聯盟的侵略。見 Nicholas John Spykman, "Frontier, Security, and International Organization", *Geographical Review,* Vol. 32, No. 3, June 1942, pp. 436-447.Saul Bernard Cohen, *Geopolitics of the World System*, pp. 22-23.

23 Saul Bernard Cohen, *Geopolitics of the World System*, pp. 22-23.

24 事實上，在肯楠（George F. Kennan）之前，邱吉爾（Winston Churchill）曾提出「鐵幕」（Iron Curtain）一說，但肯楠將其親身駐蘇聯的觀察，以密電的方式回報華府，指出蘇聯向歐亞大陸擴張的野心將危及美國的安全，並促請美國反共。在肯楠的「圍堵政策」（containment）裡使用了麥金德的「心臟地帶」（Heartland）與史派克曼的「邊緣地帶」（Rimland），

圖 4-2　麥金德的世界

資料來源：Colin S. Gary, The Geopolitics of Super Power, p. 6.

然而古典地緣政理論所展現的特性與其盲點，在今日 21 世紀的國際局勢下有了新的發展，主要還是因為世界動態的歷程與發展，以及科技進步下的地理疆界突破，對於傳統地理空間的海權與陸權對抗的基本二分法有了新的作用。因此，在世界政治變動與科技進步下，也就對古典地緣政治理論發生改變。

李義虎認為，古典地緣政治理論從麥金德、馬漢、史派克曼以降到布魯辛斯基、科恩等人，基本上都延續了深厚理論知識與顯著學術特徵下的高度簡約和集中的概括，因而使二分論成為實際的地緣政治理論內構，使其具有很強烈的辨證統一性，並隱含海洋與大

而形成（Heartland- Rimland）理論，尤其是邊緣地帶論的影響，自肯楠第一個提出「圍堵政策」開始，歷經季辛吉（Henry Kissinger）、尼克森（Richard Nixon）、布魯辛斯基（Zbigniew Brzezinski）、海格（Alexander Haig）多位美國政府高層之後，「圍堵政策」成了美國外交政策的基石。Saul Bernard Cohen, *Geopolitics of the World System*, pp. 24-25.；GearÓid Ótuathail, “Introdution to Part Two”, in *The Geopolitics Reader.* Edited by GearÓid Ótuathail, Simon Dalby and Paul Routledge（New York: Routledge, 2006, second edition）, pp. 59-62.；or George F. Kennan, ”The Source of Soviet Conduct”, in *The Geopolitics Reader.* Edited by GearÓid Ótuathail, Simon Dalby and Paul Routledge（New York: Routledge,2006, second edition）, pp. 78-81.

陸、海權與陸權、心臟地帶與邊緣地帶的二分結構。同時，二分法具有很強烈的政治工具性，使之與國際強權的發展及權力平衡觀念綁在一起，而成為陸地空間與海上空間的國際格局規律性，以及地緣政治中樞地區經常在陸地與海洋的交匯處等。但是，這樣的地緣政治傳統也存在著「地理決定論」的危機。因此，麥金德、史派克曼等人都在其生涯中不斷的「修正」其理論以適應國際時局的變化[25]。

圖 4-3　史派克曼的世界

資料來源：Colin S. Gary, The Geopolitics of Super Power, p. 8.

尤其 1980 年代以後受到全球化浪潮的影響，舉凡政治、經濟、軍事、社會與文化等層面都有了前所未有的改變，人類對於地球三維空間的認識也突破到第四維空間的太空，不僅經濟互賴在大國之間日益增加，在軍事發展上，導彈對於地理空間的跨越大陸能力，也使得傳統海權與陸權的對抗分野必須面臨不同的戰略選擇。從前海上勢力無法到達的亞洲內陸地區或是心臟地帶，在今日的戰爭科技與國際政治結盟下，美國的海上勢力也正式進入到中亞、中東與東歐地區。

因而使得傳統上馬漢所說的「誰控制海權，就能控制世界」、麥金德所說的「誰控制東歐，誰就控制歐亞大陸」，以及史派克曼所說

---

25 李義虎，《地緣政治學：二分論及其超越——兼論地緣整合中的中國選擇》（北京：北京大學出版社，2007 年），頁 184-218。

的「誰控制邊緣地帶，誰就控制世界」的地理咒語，在實際的國際政治運作下與地緣空間的戰略思考改變下，逐漸的從對抗性思為轉變為融合性思維。由於全球化發展下的軍事與政治等改變，使得大國之間的相互依賴越深，尤其展現在經濟的全球化過程中。使得傳統陸權與海權國家的對抗，不再限於軍事領域，而朝向更為廣泛的國家安全利益著眼，包含了經濟、能源、文明、民族和社會各個領域的需求，因此，海權國家也可能與陸權國家尋求合作。因而李義虎提到，從這個角度看，「歷史變成了地理」，時間因素與空間因素已經在全球意義上聚合在一起[26]。

事實上，雖然受到全球化的發展影響，但我們並非要揚棄古典地緣政治理論中的陸權與海權所建構的二元論，而是將之應用在全球範疇下的地緣政治實踐。誠如麥金德曾說過，「我承認，我只能達到真理的一個方面，也無意踏上極端唯物主義的歧途。起主動作用的是人類而不是自然，但是自然在很大程度上占支配地位。[27]」。因此，作為一個理論嚴謹的學科，古典地緣政治的思維在今日研究國際政治的問題時仍不可能迴避，但仍必須同時思考到個別國家地理環境特異性以及其國家戰略選擇的差異性。

就像法國、德國甚至於俄國都擁有海洋與陸地發展的地理條件，使它們過去在 19 世紀末到二次大戰前都想要同時發展海權與陸權。但是，因為個別國家不同的戰略選擇，也就造就了不同的結果。

（二）海陸大國的兩難——德、法的經驗

自從麥金德提出海權與陸權爭霸的世界史觀後，19 世紀末到 20 世紀的各個大國都試圖追尋同時擁有海權與陸權發展的優勢，然而如同馬漢所說：「能稱霸海洋的者必能稱霸世界，然而任何國家不可能同時兼為海洋或陸地軍事強國，所以大國並需積極擴張海上力量，但並非任何國家都能成為海權國家，它必須具備相當的客觀條

[26] 李義虎，《地緣政治學：二分論及其超越——兼論地緣整合中的中國選擇》，頁 219-241。

[27] H. J. Mackinder,“The Geographical Pivot of History,（1904）,” p. 299.

件[28]。」。因此，在古典地緣政治理論中，地理的魔咒是乎說明著同時發展海權與陸權的不可能，而以往在探討歷史中德國與法國的擴張時，也往往暗示著這兩國的擴張戰略的失敗就在於妄想同時發展海權與陸權，卻無法承受同時發展海權與陸權的國力消耗。

因此，世界歷史可以提供我們對地緣政治理論中的海權與陸權對抗的參照，卻不能僅此些國家例子來限定其地緣政治的可能發展，尤其在歷經一個多世紀以後，國際局勢與科技發展的突破性，在時空背景與戰略空間條件不同的背景下，一個國家是否真的不能同時發展海權與陸權，也就需要就時空背景與大國之間的戰略選擇來重新檢視。

當然，也因為時空背景與國家能力的不同差距，在今天若要說德國與法國還是不能同時發展海權與陸權有些自我限定的隱喻，但地理的特質展現在德國與法國之間，還是有其內涵邏輯與戰略思考時必須先設的前提考量。在此，絕不是說藉由德國與法國的地理位置就表明了它們的「地理決定論」的宿命，只是，德國與法國身處歐洲的中心位置，以及它們緊密相鄰的邊界議題，卻不得不使我們必須對其地緣政治的戰略選擇中，發掘出其基於地理位置而延伸的關鍵因素。

最常見的德國與法國地緣政治中的陸權與海權發展，多半以1870年到1945年時期的事例為主，主要還是受到地緣政治理論發展以及歐洲帝國主義崛起乃至二次大戰後衰落的影響。William Muligan指出，1870 年是歐洲近代地緣政治轉變的關鍵時期，由於德國統一的影響，大英帝國在長久干預歐洲權力平衡的歷史觀點下發現，一個統一的德國比起法國的全球擴張來說，無疑大英帝國寧願選擇前者的出現。也因為大英帝國認為德國的統一將對法國發生牽制作用卻不致影響其全球利益（特別是法國在北美洲殖民地與美國的關係），以及法國在地中海地區的優勢必須控制，因此可以讓大英帝國專心在與俄羅斯在黑海地區的競爭。對大英帝國而言，法國的地緣政治位置以及它的利益所在，涵蓋歐洲、地中海與近東地區，威脅

---

[28] 許介鱗等著，《臺灣的亞太戰略》，頁 6。

著大英帝國的全球利益，所以讓大英帝國希望透過德國的統一崛起來牽制法國的海外作為[29]。

William Muligan 的文章點出了一個地緣政治的問題，那就是 1870 年德國的統一，在地緣位置上關連著法國的邊界議題以及法國的國家安全威脅。這兩個國家都是處於歐洲的「中央位置」(a Middle position：Mittellage)，在 1870 年德國統一之前，法國在拿破崙王朝統治下一直是歐洲的最大王國，但是由於兩國的地理相鄰與共同處於歐洲的「中央位置」。因此，德意志帝國的崛起對法蘭西帝國而言，無疑擠壓到法國的領土空間與對歐洲的影響力，而大英帝國就是希望透過德意志帝國的崛起來達到法國在歐洲的強鄰威脅，以使法國的海外殖民擴張能力必須回頭集中在對強鄰威脅的關注[30]。

Jonathan Bach 與 Susanne Peters 指出，俾斯麥（Bismark）很早就對德意志帝國統一後的形勢提出一番觀點，認為德意志帝國儘管在統一後仍然面臨法國、荷蘭、丹麥、波蘭、瑞典等國包圍的局勢。因此，他懇求上帝希望鄰國們能夠沒能察覺德意志所處的歐洲「中央位置」(Mittellage）可能必須擴張的企圖心。在當時，德意志所在乎的是與西邊的大英帝國之間的結盟關係，同時，德意志帝國發現在它的東邊地區有廣大的農業發展潛力，以及操弄德語的族裔可以提供德意志帝國生存空間的擴張。因此，俾斯麥的地緣政治策略首要就在進行東向的內部殖民擴張，以穩定德意志帝國擴張其帝國「生存空間」(Lebensraum）的需要[31]。

俾斯麥的考慮有其地緣政治的需要，因為當時法國仍然是一個強大的歐洲大陸陸上強權，俾斯麥實在沒有理由在德意志帝國統一初期去挑戰拿破崙王朝。但是，德意志帝國的統一仍然有許多現實的問題，

---

29 William Muligan,“Britain, the ‘German revolution’, and the fall of France,” *History Research,* Vol. 84, No. 224, May 2011, pp. 310-327.

30 Jonathan Bach& Susanne Peters,“The New Spirit of German Geopolitics,” *Geopolitics,* Vol. 7, No. 3, Winter 2002, pp. 1-18.

31 Jonathan Bach& Susanne Peters,“The New Spirit of German Geopolitics,” pp. 3-4..

特別是在天然邊界的完整性上，還有它與法國有爭奪萊茵河流域上游的需要。因此，從前拿破崙王朝所取得的洛琳（Lorraine）與亞爾薩斯（Alsace）兩省所涵蓋的天然地理邊界，也就成了德意志帝國統一後的首要攫取對象。在 1871 年普法戰爭後，德意志帝國得到了萊茵河上游的洛琳與亞爾薩斯省，直到 1919 年第一次世界大戰結束後，由於德國的戰敗才使該兩省回到法國的懷抱。第一次大戰後的 1924 年間，由於大英帝國的介入使得德意志與法國之間的萊茵地區建立了若干緩衝國地帶（Buffer zone），像是比利時、盧森堡等國。但德法兩國之間對於萊因河上游地區的爭奪一直到二次大戰發生前都持續上演[32]。

洛琳（Lorraine）與亞爾薩斯（Alsace）兩省的爭奪戰，突顯出德法兩國在地理位置上的鄰近與擠壓，在同樣是處於歐洲中央的位置，德國想發展擴張必然朝東西南北四個方向前去，在 1870 年之前，德國的東面是奧匈帝國與波蘭，而西面與北面臨海，南面與法國接壤，萊茵河則從東南流向西北貫穿德國中部出海。因此，在 1795 年後俄羅斯附庸下波蘭地區擴張，將衝擊到歐洲另一新興大國（俄羅斯），而向東至奧匈帝國則可能掀起哈布斯堡家族的利益衝突，加上俄羅斯、奧匈帝國、普魯士「三皇同盟」，使得德意志在新起的 1870 年不得不西向法國宣戰，以奪回自神聖羅馬帝國衰敗以後的領土。也由於大英帝國在策略結盟上選擇了與德意志帝國合作去換取歐洲大國間的權力平衡，因而隨著拿破崙王朝的落敗，德意志帝國重新佔領了洛琳（Lorraine）與亞爾薩斯（Alsace）地區[33]。

此外，洛琳（Lorraine）與亞爾薩斯（Alsace）兩省爭奪戰還反映出德國地緣政治的特性，在於萊茵河流域是一處平原地帶，只有把洛琳與亞爾薩斯所處的萊茵上游位置鞏固，德意志帝國才有與法蘭西王國保有阿爾卑斯山脈的天險，而這也是俾斯麥所強調的天然的

---

[32] Michael Heffernan,"History, Geography and the Frence National Space: The Question of Alsace-Lorraine, 1914-18," *Space& Polity,* Vol. 5, No. 1, 2001, pp. 27-48.

[33] Charles H. Haskins,"Franco-german Frotiers," *Foreign Affairs*, Vol. 3, Issue 2, Winter 1924, pp. 199-210.

要塞（Fortress），防止未來法國軍隊從此攻入德意志境內。綜言之，德意志帝國時期受到萊茵河流域的完整性與國家安全的關連，因此在面對北方波蘭小國與俄羅斯勢力，與東方的奧匈帝國勢力，以及南方的法國勢力的包圍下，最先考慮的就是對萊茵河全流域的控制，以避免敵方越過亞爾薩斯與洛琳山區的天險深入德國境內，這已就註定了從羅馬帝國時期到神聖羅馬帝國年代，德國與法國就萊茵河流域南方上游地區的古老邊界爭奪戰的延續[34]。

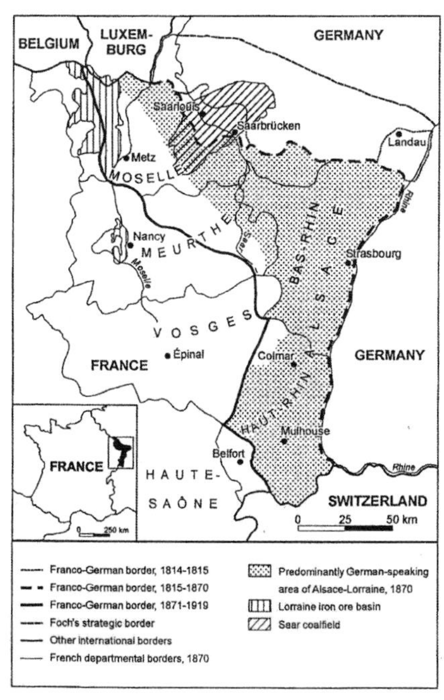

圖 4-4　法國與德國於亞爾薩斯與洛林地區邊界（1814-1919）

資料來源：轉引自 Michael Heffernan,"History, Geography and the Frence National Space: The Question of Alsace-Lorraine, 1914-18," p. 29.

34 Charles H. Haskins,"Franco-german Frotiers," p. 199-202.

至於波蘭，則是德意志帝國向東擴張的「走廊」（corridor），由於該地區也是一大片平原構成，幾乎沒有天險可言，自古以來便成為各大國通行的地帶。普魯士帝國曾經在 1871 年佔領該地區，但仍然與奧匈帝國與俄羅斯呈現三國瓜分局勢。因此，波蘭既是一個德國向東的走廊，也是與奧匈帝國、俄羅斯之間的緩衝地帶。同時，受到天然地形的影響，德國南半地區多為山脈、丘陵，主要交通透過萊茵河流域船行，而北部與東北部地區大多為面海的平原地帶，分別與荷蘭、波蘭接壤，也就造成日後德國向低地平原鄰國進軍的大通路[35]。然而，德意志帝國身處歐洲的中央位置，也成為俄羅斯、法國、奧匈帝國包圍的情勢，因而在一次大戰戰敗後到二次大戰期間，希特勒與其黨徒受到拉采爾的「生存空間」（Lebensraum）學說以及麥金德「心臟地帶」論的影響，才開始向東擴張尋求「農業有用空間」，並趁著奧匈帝國在第一次大戰後的衰敗深入歐洲的心臟地帶。

另一個與德國同樣身處歐洲的「中央位置」的大國是法國。但是，法國的地理特質明顯與德意志帝國不同，法國擁有英倫海峽沿岸與大西洋、地中海兩面海洋，以及東邊阿爾卑斯山與萊茵河部份洛琳省及亞爾薩斯省地區，南方以庇里牛斯山與西班牙為界。自路易十四執政以來，法國即多次尋求擴張其天然疆界，透過戰爭與條約才達到今日以阿爾卑斯山、庇里牛斯山的天然邊界。從地緣政治的角度看，法國具有發展海權與陸權的潛力，但是由於法國地緣的擴張主要還是受到哈布斯堡王朝與其繼承者德意志帝國的包圍，使其必須將其軍事力量集中在東部萊茵河流域的亞爾薩斯與洛琳省地區。而這也就造成法國必須消耗更多軍力在東部的陸地邊界。同時，因為荷蘭與英國都不願法國成為海上軍事強權，因而與普魯士結盟以牽制法國的海權勢力發展[36]。

---

35 Ignace Fan Paderewski,"Poland's So-Called Corridor," *Foreign Affairs*, Vol. 11, Issue 3, Winter 1933, pp. 420-433.

36 李政鴻，《法國的地緣戰略》（高雄：國立中山大學中國與亞太區域研究所博士論文，2010 年），頁 39-46。

Jacques Lévy 指出，在 1870 年到 1945 年之間法國如同英國、西班牙一樣，將其早期防衛體系關注於防範來自東部的入侵，特別是德意志帝國的勢力。然而，法國與其他國家不同在於它廣大的農業生產能力使其能夠自給自足，也因此從絕對專制年代到大革命時期的法國，基本上採取一個大陸防衛的態勢。同時防範來自西邊海上的英國與東部陸地上的德意志帝國，基於地緣政治的現實考量，法國不得不因此選擇放棄擴張的戰略偏好[37]。

由於同時兼具海陸的地理位置，使得法國地緣政治的最佳選擇應是同時發展海權與陸權，但是，現實的狀況卻並非如此順利，法國的外交政策必須考量國際體系、歐洲地緣政治的制約因素，並隨國際體系的變化來調整外交、軍事政策以符合國力，同時對歐洲進行雙軌權力平衡以防範歐洲大國的出現。再加上，德意志的統一卻對法國地緣政治的影響延至今日，使其必須將德國視為首要敵人，而德國聯合英國壓制法國的政策，也使得法國無力在一次大戰後尋求海外的全球擴張。直到了第一次世界大戰後德國戰敗，英國才又與法國聯盟以壓制德國的再復興，同時法國與波蘭、比利時等國建立同盟以對德國形成包圍之勢。但另一方面，英國又擔心大戰後的法國會在度成為歐洲強權，因而默許德國保有東部萊茵河流域，以達到歐洲權力平衡並防止法國東擴[38]。

Herman Van Der Wusten 與 Gertjan Dijkink 則認為，比較德國、英國、法國在 1870 年以後的地緣政治發展，可以從個別國家地理位置與不同的戰略「偏好」（Habitus）來發掘。由於德國的歐洲大陸中心位置使得它發展強大的陸權，並且對於潛在的陸地邊界對手（法國）甚為敏感。英國的海島位置使得它對於發展全球海洋勢力做為優先考量，而對於地域性的部份則為其次。法國的地理位置使它成為陸權大國，並以同時發展海權來保衛其大陸利益。德國始終將目標放在歐洲，英國則尋求全球，而法國則兼具歐洲大陸與全球利益。

37 Jacques Lévy,"Geopolitics After Geopolitics: a French Experience," *Geopolitics,* Vol. 5, No. 3, Winter 2000, pp. 99-113.

38 李政鴻，《法國的地緣戰略》，94-110。

但是，從國家的組織來看，德國採取聯邦制度使其國家部份成立較晚，而英國的內閣制則使地方與區域利益能有效的結合，法國則傾向傳統的中央集權制度。不同的國家制度使得該國面臨地區性的地緣政治論述也有不同，對英國而言，島嶼是最為重要的，對法國與德國而言，歐洲大陸的領土完整是關鍵。因此，造就了英國選擇海權的「偏好」，而法國與德國選擇陸權的「偏好」[39]。

馬漢曾經多次比對英、法兩國在海戰上的戰略區別，他認為雖然法國在相當長的歷史裡與英國在海洋爭霸，但真正法國海權的戰略是為陸權擴張所服務，所以在爭奪海外殖民地的時期，法國傾向殖民地的統治與經濟利益以頌揚法蘭西文化的優越。但英國卻懂得控制海洋通道並建立扼要據點，以海權為其全球利益而服務。或者說，法國人對海洋不像英國與荷蘭人那麼熱衷，主要還是因為法國氣候與地理位置適宜發展農業，使得它能自給自足而缺少了海洋民族的冒險精神，也就使得日後英國與法國在發展海軍的數量上有了明顯的差距。因此，馬漢認為，雖然法國擁有同時發展陸權與海權的地理優勢，但法國的地理位置與自然條件的優勢，卻使它安逸於歐洲大陸，將海權當作擊退敵人的防禦武力，而失去了發展海權的真正意義在於控制海洋[40]。

如前所述，過去在古典地緣政治理論中似乎存在著一種地理的魔咒，認為某一國家試圖同時發展海權與陸權的目標幾乎是不可能達到的，並且常用 1870 年以後的德國與法國擴張作為例證。但是，若仔細的比對發現，其實德意志帝國與法國在 1870 年以後選擇同時海權與陸權的發展，最終失敗的原因並非在於「先驗性」的理論命定，而是在於三個主要因素，即國家地理位置、歷史與戰略選擇，以及英國的歐洲權力平衡外交。

首先，在國家地理位置上，德國的西部與法國的東部交接的洛琳與亞爾薩斯邊界問題，牽涉歷史上的恩仇，同時兩國都身處歐洲

[39] Herman Van Der Wusten & Gertjan Dijkink, "German, British and Frence Geopolitics: The Enduring Diffe- rences," *Geopolitics,* Vol. 7, No. 3, Winter 2002, pp. 19-38.

[40] A.T. Mahan, *The Influence of Sea Power upon History：1660-1783,* pp. 25-89.

的「中央位置」，也受到不同時期大國（如俄羅斯、西班牙、奧匈帝國）的包圍，因此，德國與法國都有被周邊國家擠壓的危機感，特別是兩國之間的權力消長總是伴隨領土割讓的問題，使得彼此都把對方當做最大的威脅，而不得不把領土議題與陸權發展綁在一起。至於這兩個國家的海權發展，也就必須在先發展陸權的考量下，以第二順位來提供陸地擴張的海上安全防衛。

其次，在歷史與戰略選擇上，德國往東部擴張來爭取「生存空間」，也是因為波蘭的平原地形可以提供快速征服卻又不致破壞「三皇同盟」關係，而向西部洛琳與亞爾薩斯地區擴張，可以將天然邊界擴及阿爾卑斯山脈。通過東西向的擴張也代表了德國沿萊茵河流域南北水系的廣泛延伸，使得德國可以「完整」的擁有萊茵河流域地區，形成一個完整的國家自然邊疆地帶。而法國同樣向東向南擴張，東到阿爾卑斯山、南到庇里牛斯山，以推到自然邊疆的最大幅度。但是，德國與法國在擴張陸地的同時，也同時面臨對方擴張的挑戰。因此，德國在奧匈帝國與法國的地理擠壓中選擇了與同為哈布斯堡家族的奧匈帝國結盟，而法國在德國與西班牙的地理擠壓中選擇了拿破崙王朝旁系的西班牙王國結盟，最後形成了的德國——奧匈帝國——俄羅斯「三皇同盟」的歐洲東部勢力，與法國——西班牙——義大利結盟的歐洲西部勢力相互對抗的趨勢。而德國與法國接壤的亞爾薩斯與洛琳省地帶，牽涉到萊茵河流域上游以及混雜操著法語與德語的民族議題，使得德國與法國的地緣政治戰略都把該地區當作高度關注的對象，也因此形成陸權優先發展的趨勢。

第三，在英國的歐洲權力平衡外交部份，總是透過不同時期的歐洲局勢發展來決定與德國或法國結盟。例如，在德意志帝國興起之初，英國為了壓制法國拿破崙王朝勢力，通過與德意志帝國結盟來牽制法國，使法國必須將目標放在歐洲大陸，而犧牲與英國爭奪海外殖民地的機遇。同時，英國也算是報了法國在北美殖民地戰爭的宿仇。此外，當德意志帝國勢力崛起並且征服了法國後，英國卻又悄悄的與法國結盟，以防止德國、俄羅斯、奧匈帝國勢力的坐大。直到第一次大戰結束後，德國戰敗、法國崛起，但是英國卻又通過條約默許德國保留一定數量的陸軍軍力以及海軍船艦。使得德國與法國的地緣政治戰略始終受到英國勢力的干預影響。

因此，在國家地理位置、歷史與戰略選擇，以及英國的歐洲權力平衡外交等因素交叉影響下，法國與德國試圖同時發展海權與陸權的過去失敗例子，在本文看來，並不能全然以「地理決定」論來說明，而是在地緣政治的角度思考德國與法國的地理位置與戰略選擇，以及來自於英國的權力平衡外交因素。當然，21 世紀的法國與德國已經跟 19 世紀末、20 世紀初的時空背景、國際局勢條件不同，但是新的問題仍然制約著德國與法國同時成為海權與陸權大國的機遇，比如歐洲債信危機、高失業率、歐洲邊界整合等議題，都使得德國與法國無法招架龐大的軍費支出，當然沒有能力建構龐大的海軍艦隊。

此外，英國仍然不曾放棄對歐洲大國施以權力平衡，尤其在與美國積極建立親密友好關係上，英國更試圖分享美國的全球利益。儘管德國成為歐盟的主要承擔者，但歐元區的混亂勢必拉下德國的經濟成長，而法國的經濟也不甚明朗。對於將來是否德國與法國能夠再挑戰成為兼具陸權與海權的大國，本文以為，前面所說的三個因素已經限制了它們的發展方向。

（三）海陸兩難的例外：中國的例子

1973 年間，科恩（Saul Bernard Cohen）在 *Geography and Politics in World Divided* 一書中指出，地理學的本質在於處理國際事務中的空間關係、地區與地區間差異、以及空間分配的科學[41]。因此，科恩認為「我們的時代是政治分裂的世界，因為人類意志以及自然強化了這意志」。所以他反對過去的嚴密世界體系的觀點，而傾向於動態的世界體系概念，認為國際政治權力在地表所進行的配置，利用空間、時間、國家有利位置的三個主要特質，使其在自然資源或其邊界（空間）、科技創新（時間）、國家策略上在有效的配置[42]。

[41] Saul Bernard Cohen, *Geography and Politics in World Divided*, pp. 1-7.

[42] Saul Bernard Cohen, *Geography and Politics in World Divided*, p. xx .

例如過去蘇伊士運河對歐洲具有決定性的重要價值，但對美國則是次要的，而對前蘇聯來說則是不甚重要的（直到 1970 年代蘇聯才加以重視）。從這裡可發現，過去的地緣政治傳統一廂情願的權力地圖，並未注意到個別強權國家在自身空間位置、時間歷史、與國家戰略多重考量的動態配置，而科恩則注意到這一個地緣政治本質，即「國家間的政治關係，在於其地區戰略價值的影響。[43]」。

基於世界趨於分裂的政治動態，科恩認為當前（1973 年）的地緣政治若以全球政治動態來看，可以四個主要強權作為核心，並將地球分裂成為四個地區，即英美聯盟（Anglo-America）、蘇聯（U.S.S.R.）、中國（China）與海洋歐洲（Maritime Europe），因為這些強權國家的全球戰略架構將能夠影響到全球的穩定。而所謂的全球穩定則是來自於這些強權國家間的政治與經濟的動態均衡關係，以及它們對於其他國家及世界局部地區的期望[44]。正因為建築於多極化強權核心下的全球戰略平衡，科恩認為不同以往可能出現一個強權支配世界的觀點（指麥金德以降的海權或陸權爭霸），「我們時代的政治家尋求一個全球地緣政治平衡的實踐目標。……此一目標基礎可以在地球物質與文化環境的分類模式中發現。」[45]。

根據上述，科恩重新將全球地緣政治概分為兩個「地緣戰略地區」（Geostrategic Regions）。根據他的說法，「地緣戰略地區」是指一大塊足以影響全球的區域，並由強權國家所控制，包含其在世界位置、行動、貿易、文化或意識形態的一致，它們分別是由美國主導的「貿易依賴的海洋世界」（Trade-Dependent Maritime World）以及蘇聯領導的「歐亞大陸」（Eurasian Continental）。而前者可細分為美國控制的北美洲、南美洲、大西洋西岸、太平洋東岸等區以及海洋歐洲國家聯盟（英、法、德、西班牙、葡萄牙等歐盟國）所控制的西歐、北非、地中海沿岸。後者則可細分為蘇聯控制的歐亞大陸心臟地帶與東歐；以及中國控制的東亞地區等，這些地區亦可稱之

[43] Saul Bernard Cohen, *Geography and Politics in World Divided*, p. xx .
[44] Saul Bernard Cohen, *Geography and Politics in World Divided*, p. xx .
[45] Saul Bernard Cohen, *Geography and Politics in World Divided*, p. xxi .

為「核心地區」(core area)。而處於這兩個「地緣戰略地區」之間的則是「破碎地帶」(Shatterbelts),如中東與東南亞地區。另外,科恩也指出印度在南亞地區的發展可能變成第三個「地緣戰略地區[46]」。

而在「地緣戰略地區」之下則是「地緣政治地區」(Geopolitical Regions),是諸多強權競逐其「地緣戰略」的地區,分別是撒哈拉沙漠以南的非洲,以及南亞大陸,然而這些地區對強權國家並非不重要,而是在未來有可能發生競逐。特別是印度大陸的問題可以將之視為獨立的「地緣政治地區」。

科恩的全球戰略觀點與過去地緣政治傳統最大的差異在於,在空間、時間與國家戰略的多重實踐下,提供我們對 1973 年代所發生的政治權力動態過程與其全球視野。而在他之後於 2003 年所著的 *Geopolitics of the World System* 一書中,仍延續這樣一個見解,但是正如同他所說的「動態過程」,在新書中他的「地緣戰略地區」(Geostrategic Regions),改成為「地緣戰略領域」(Geostrategic Realm),而之前的「地緣政治地區」(Geopolitical Regions)則持續使用,尤其後來更提及「破碎地帶」(Shatterbelts)與「通道國家」(Gateway stae)的影響甚為重要。

正因為 21 世紀世界政治的變動,對於全球地緣政治結構的動態變動,科恩因此提出了四個地緣政治的架構層次,從大至小分別為:一、「地緣戰略領域」(Geostrategic Realm),二、「地緣政治地區」(Geopolitical Regions),三、「破碎地帶」(Shatterbelts)與「通道國家」(Gateway stae),四、「壓縮空間」(Compression Zones)。在科恩的說明裡提到,「地緣戰略領域」有三個,第一個「地緣戰略領域」是「大西洋與太平洋貿易依賴海洋領域」(the Atlantic and Pacific Trade-Dependent Maritime Realm),在其下的「地緣政治地區」(Geopolitical Regions)則包含海洋歐洲地區(盧森堡、荷蘭、比利時、德國、英國、法國與義大利)、北美洲與中美洲地區(加拿大、美國等)、亞太周邊地區(新加坡、台灣、南韓、日本),以上三個

[46] Saul Bernard Cohen, *Geography and Politics in World Divided*, pp. 64-66 .

地區主要都在美國領導下的政治與貿易依賴，以及與美國結盟的歐洲國家[47]。

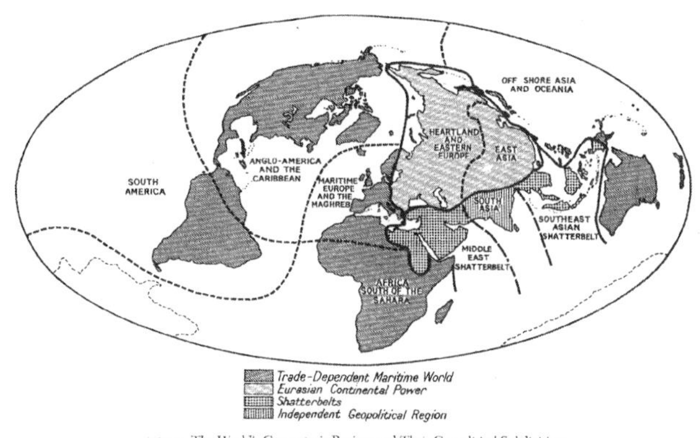

MAP 7. The World's Geostrategic Regions and Their Geopolitical Subdivisions

圖 4-5　科恩早期的世界地緣政治地圖（1973）

資料來源：Saul Bernard Cohen,Geography and Politics in World Divided , p. 67.

而第二個「地緣戰略領域」是「歐亞大陸領域」(Eurasian Continental Realm)，主要是指俄羅斯控制的歐亞大陸，在其下的「地緣政治地區」(Geopolitical Regions)則包含心臟地帶、中亞及高加索地區，但鑑於蘇聯崩解後，東歐地區已經不在其控制下，而有向北約組織與歐盟靠攏的趨勢。第三個「地緣戰略領域」是「東亞領域」(East Asia Realm)，在其下的「地緣政治地區」(Geopolitical Regions)則包含

47 根據科恩指出，「破碎地帶」(Shatterbelts) 的概念是基於馬漢 (Alfred Mahan)、費爾格列夫 (James Fairgrieve)、哈特松尼 (Richard Hartshorne) 所提出的 (Crush Zone)、(Shatter Zone)，而根據科恩的定義，Shatterbelts 是指在兼具內在深層分裂與強權地緣戰略領域之間競逐的策略面向地區，尤於歷史動態發展，在 1940 年代的「破碎地帶」(Shatterbelts) 有中東與東南亞二區，而 1990 年後則有中東、中亞與東歐高加索三個地區。見 Saul Bernard Cohen, *Geography and Politics in World Divided*, pp. 36-44 .

包含中國地區以及印度支那半島（東南亞）。至於在南亞大陸的巴基斯坦與印度則可視為獨立的領域[48]。

科恩認為，此三個「地緣戰略領域」尤其要注意中國的發展，尤其是自 1990 年代後受到中國崛起的影響，中國政府除了沿海地區的經濟實力提升外，更加積極改變其過去陸權發展的思維，除了積極透過新疆以陸權姿態西向中亞地區，更在其東部沿岸尋求建立強大的海軍力量。而在中國崛起的同時，朝鮮半島的南北分裂局勢，亦使得該地區成為世界三個「地緣戰略領域」主導強權國家的政治碰撞區域，因此使朝鮮半島國家變成一個「通道國家」（Gateway stae）、或是「壓縮空間」（Compression Zones）地帶[49]。

另外，科恩認為 1973 年時的東南亞地區已經隨著這些國家的統一與發展，以及受中國政治與經濟的影響，而不再呈現「破碎地帶」的特徵，反倒是中東地區新興起的東歐跨高加索地帶、以及中亞地區，由於蘇聯的崩解所帶來的後冷戰權力真空，許多新的戰事發生，或是來自於強權，或是國家內部的民族內戰，使得除了中東外，東歐高加索地區以及中亞地區成了新的二個「破碎地帶」，例如塞爾維亞與波士尼亞戰爭，科索夫、喬治亞內戰、中亞五國不穩定等[50]。

而在科恩的理論裡，與本書最為關聯的就是他提出中國做為東亞地區強權的事實，所以把過去在 1973 年著作中的二個海權與陸權爭霸傳統「地緣戰略地區」（或地緣戰略領域），即英美聯盟海權國家以及蘇聯主導的歐亞大陸陸權的競逐，在 2003 年的作中，切實的呈現世界政治的最新發展，從而把中國作為第三個「地緣戰略地區」（或地緣戰略領域）的主導國家，以其兼具陸權與海權的獨特地理位置，使其在傳統海權國家（英美等）與傳統陸權國家（俄羅斯）之間，尋求成為關鍵主導的新東亞強權。

儘管科恩指出日本與歐盟成為第四、第五強權的潛力，但由於在目前三個「破碎地帶」（Shatterbelts）：中東、高加索與中亞地區，

---

48 Saul Bernard Cohen, *Geography and Politics in World Divided*, pp. 36-44 .

49 Saul Bernard Cohen, *Geography and Politics in World Divided*, pp. 36-44 . .

50 Saul Bernard Cohen, *Geography and Politics in World Divided*, pp. 36-44 .

中國就與其中的兩個有地理上的相連性；加上朝鮮半島的「通道國家」（Gateway stae）、或是「壓縮空間」（Compression Zones）性質，中國的地理位置與它的軍事能力，使它成為對歐亞大陸心臟地帶、亞洲太平洋周邊、南亞地區、中亞地區的影響力逐日升高。但是科恩也認為中國未竟完全統一，使它在新疆分離主義、香港地區制度、台灣獨立等可能問題上，仍有相當的隱憂[51]。

葉自成指出，無論是海權或是空權的發展都不能掩蓋一個事實，就是以陸權做為地緣政治發展的基本層面[52]。因此，包含美國、日本、英國與前蘇聯國家分就海權的發展企圖之前，對於國內領土的完整統治便成為向外發展的前提。在美國學者透納（Turner）的 *The Significance of the Frontier in American History* 一書中便明白指出，美國的邊疆地區在 1890 年代以後，隨著對外戰爭的成果已經將美國領土擴大到兩洋邊陲，並同時獲得大平洋地區諸多島嶼。因此，也就在 1890 年代以後美國的邊疆已然消失，從而形成大陸地區的安全局勢，並朝向海洋發展[53]。而日本與英國在向外發展海權的同時，也同樣歷經豐臣秀吉的日本統一過程，以及英國的英格蘭、蘇格蘭、威爾斯等地的歷史統一。

然而，前蘇聯承繼了帝俄的廣大陸地疆域，卻同樣有陸地邊疆的不完全統治，此即涉及到科恩所強調的「有效區域領土」（effective regional territory）與「無人地帶」（empty areas）的地緣政治特徵問題，因此使得前蘇聯必須在二戰前後逐步的建立其中亞與東亞地區的附庸國，以建立國家領土邊界的「緩衝地帶」（buffer zone），而這也就形同前蘇聯必須面臨擁有全世界最為廣大的陸地邊疆同時，卻必須將更多的精力致力於其陸地邊疆的穩定，以及與周邊國家的複雜邊界問題上，而無法成為同時兼具海洋與陸地的強權。

---

51 Saul Bernard Cohen, *Geography and Politics in World Divided,* pp. 233-271 .

52 葉自成，《陸權發展與大國興衰：地緣政治環境與中國和平發展的地緣戰略選擇》，頁 1-7。

53 Frederick Jackson Turner,*The Significance of the Frontier in American History*（1893）, pp. 1-58.

至於中國，在歷史上的明朝時期也曾同時作為陸上與海上的強權。雖然之後的中國歷經西方勢力的入侵逐漸喪失其在東亞地區陸上與海上的影響力，但現今的中國作為一個東亞地區的陸上強權已是事實，而自 1991 年蘇聯解體後，中國地緣政治壓力有所減輕，但中國仍然是一個海陸兼具的國家特質基本上不變[54]。因此，便產生了一個問題：中國在尋求海權發展是否能達到它所期望的目標？若從地理特質來看，中國的地理兼具陸地與海洋的面向，尤其東部廣大的海岸線與城市化集中發展，使得中國尋求海上力量以保衛沿海安全及海上經濟資源與交通線有了迫切的需要。

武曉迪便指出，近 20 年來中國的地緣政治出現了前所未有的急劇轉型，加上全球化發展改變了中國地緣政治的內涵，使得中國地緣政治進入了向海外發展與對海洋日益依賴的導向，也就導致了沿海地區和海疆成為現代中國地緣戰略的重心[55]。

張文木認為，中國特殊的地緣政治條件決定了中國海權屬於有限海權的特點，正因為中國幅員廣大同時兼俱海陸邊疆的特色，使得它必須向法國一樣，優先注重在大陸的發展，而將海權置於陸權優先的國家利益之下[56]。同樣的，尹全海也提出：「歷史上所有陸海兼備國家都是在陸海聯合中被打敗的，因此，中國地緣戰略核心在於利用一切手段阻止陸海強鄰的聯合夾擊，避免腹背受敵。[57]」。因此，自中共建政以來，初期毛澤東選擇「一邊倒」的策略與蘇聯維持友好，就是一種反應中國地緣政治特質上的考量，以避免海權國家（美國）與陸權國家（蘇聯）的兩面夾擊。

但是，自 1960 年開始到 1989 年為止，由於中蘇關係交惡使得中國再次面臨蘇聯與美國兩個陸海強權夾擊的可能，尤其在歷經 1960 年到 1969 年間中蘇邊界近 5000 多次的軍事衝突後，中國深陷

---

54 尹全海，〈論中國地緣戰略之兩難選擇〉，《湘潭大學學報（哲學社會科學版）》，第 30 卷第 1 期，2006 年 1 月，頁 118-128。

55 武曉迪，《中國地緣政治的轉型》，序 5-8、頁 195。

56 張文木，《世界地緣政治中的中國國家安全利益分析》，頁 233。

57 尹全海，〈論中國地緣戰略之兩難選擇〉，頁 121。

於海陸「兩面開弓」的危機中。直到 1979 年中共與美國建交後，中國才稍解海陸強權「兩面夾擊」的局面，但是來自於傳統北方的陸地威脅，特別是在蘇聯在中國邊境上的重兵佈置，仍使中國的地緣政治在安全面向必須以陸權發展作為優先的選項。而 1989 年戈巴契夫與 1990 年葉爾欽相繼訪華，使得中國與俄羅斯重新恢復友好外交關係，連同雙方在邊界上的裁軍議題影響，更進一步解除了中國在其邊界上長期受到蘇聯強大陸權力量所帶來的軍事威脅[58]。

正因為中國所處的東亞地理位置，使得當代中國在面臨經濟崛起之際，也必須在 1990 年代率先處理延遲已久的陸地邊界問題。因此，現代中國之所以在 1990 年代以後積極發展海洋策略與海洋思想，也是基於中國陸地邊界安定先於海疆發展的基本前提。而同樣的，葉自成也指出，以發展海權作為中國主要地緣政治戰略的基本取向，可能會將中國帶入一個不適合中國國情的發展道路，因而要在新陸權觀念上來發展中國地緣政治戰略[59]。可是比較中國近年來在海洋上的軍事力量展現，以及頻繁進行沿海軍事演習等，中國發展海權的企圖心卻又讓周圍國家感到憂心。

Robert D. Kaplan 指出，早在麥金德的「歷史的地理軸心」一文中即說過，由於中國的地理特質，使得中國可能擴張超出它的邊界，並且將海洋納入其大陸資源的一部分。而今日中國與俄羅斯的過去擴張相比，俄羅斯擁有廣大陸地卻是在冰封海洋所包圍下，中國則有長達 1.84 萬公里的溫水海岸以及良好的天然港，使得中國具有發展陸權與海權的潛力。尤其今日中國的影響力深達中亞地區，以及沿海周邊太平洋的航線經過，因此，在中國深遠的文明感染以及經濟成長的驅動下，中國身處東亞地緣政治的中心使得它尋求全球強權成為可能[60]。

---

58 尹全海，〈論中國地緣戰略之兩難選擇〉，頁 121。

59 葉自成，《陸權發展與大國興衰：地緣政治環境與中國和平發展的地緣戰略選擇》，頁 7。

60 Robert D. Kaplan,"The Geography of Chinese Power," *Foreign Affairs,* Vol. 89, No. 3, May/June 2010, pp. 22-41.

Robert D. Kaplan 進一步指出，由於中國的中央集權制度以及廣大的勞動力結構，使得其在過去對外朝貢關係上創造了良好的關係。而中國國內動態創造了外部的野心，在國家日益強大的時期，往往塑造出新的需求。如同中國在今日與外在世界貿易的更加緊密性，中國發展出與南美、太平亞等地區的經濟戰略利益，也因此強化了它的軍事行動的動機。中國今日從陸權出發逐漸的轉向外在的世界，它並不實際介入世界事務，但卻在能源安全與策略物資以及經濟生存的驅動下，將海軍勢力伸展到印度洋與南中國海，也在伊朗、緬甸、蘇丹等地列為戰略發展的外交對象。中國對世界資源的尋求與海權的發展，也因此可能將引發與美國之間的衝突。同時，中國在歐亞大陸與非洲的影響力日增，加上經濟發展的安全需求，讓中國跳脫了東半球的權力平衡結構，使中國的陸權與海權擴張到中亞到南中國海，以及俄羅斯遠東到印度洋的廣大範圍。中國已經成為崛起的大陸強權，而可能的對手除了美日聯盟外，就是南亞的大國印度[61]。

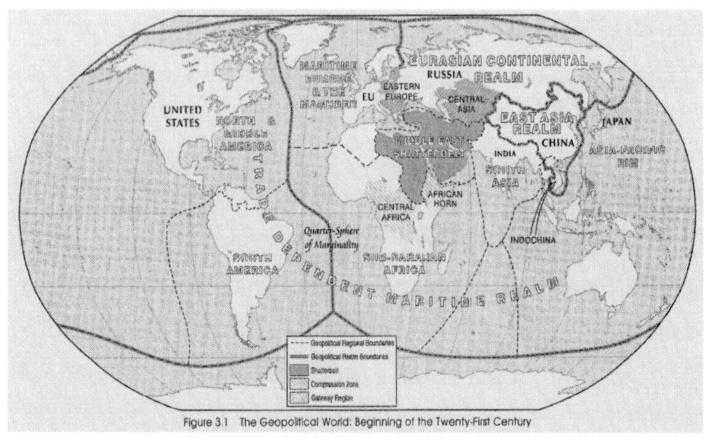

Figure 3.1 The Geopolitical World: Beginning of the Twenty-First Century

圖 4-6　科恩的 21 世紀初的世界地緣政治地圖（2003）

資料來源：Saul Bernard Cohen, Geopolitics of the World System., p. 41.

---

61 Robert D. Kaplan,"The Geography of Chinese Power," pp. 23-28.

中國與法國都是海陸兼俱的大國，但是與以往法國歷史中同時發展海權與陸權的失敗例子比較，今日中國在發展海權的背景條件與時空環境有很大的不同。法國身處歐洲大陸的「中央位置」使其處於德國、西班牙、義大利、英國的包圍之下，加上 1870 年後法國一直飽受戰爭的威脅，即使在今日也受到經濟衰退的影響而逐漸變成次級強權。然而中國在歷經經濟改革成果的催動，以及在軍事能力也大幅提升的情況下，使其發展海權的潛力被突顯出來。而且，中國自 1990 年代開始謹慎的與俄羅斯、越南、緬甸、中亞地區等國家處理邊界議題，並透過上海合作組織與東南亞國協等國際組織發揮睦鄰外交的成果，使其陸地邊疆有了空前的安全情境。

因此，中國自身的地理特質已經完成大陸面向的完整統一，在這種情況下，中國的陸地「生存空間」已經獲得整合，而海洋的「生存空間」也就隨之擴張，因而向海洋領土主權宣示的動機也就隨之而展開。而這也就是為何中國可以在 21 世紀尋求發展海權的原因，其關鍵不僅在軍事現代化的發展實力，也在於中國必先完成陸地邊疆的完整性，除卻其周邊邊界的安全問題，然後才發展海權的能力，而不是在 20 世紀時期便能輕易的嘗試像海洋發展強權企圖的原因。

另一方面，在 21 世紀中國試圖發展海權的同時，尤其受到當前國際政治發展轉變的影響，因而中國試圖透過向東南亞、中亞以及非洲國家展現其經濟實力下的外交策略，在相當程度上把對東亞地區的影響力擴張到歐亞大陸、甚至非洲、拉丁美洲國家，加上在國際能源與物資的海洋運輸需要，更加刺激了中國發展海權的緊迫性。同樣的，台灣的統一問題也突顯中國面對美國與日本的海上勢力干預下，中國必須加強發展海權的決心。也逐漸的透過打擊國際海盜行為、加強同盟國家間的軍事演習，把其海軍勢力往東亞地區以外拓展[62]。因此，當中國逐漸成為世界大國的同時，雖然其宣稱「和平崛起」、「絕不稱霸」，但其勢力必將因為南海領土爭議與維護海上運輸交通線向南前進。在中國解放軍海軍的優勢武力下，印尼與菲

62 日本防衛省，《中國安全戰略報告》，頁 12-18。

律賓等國即使表達不滿也要調整心態，接受中國海軍在南中國海成為主導力量的事實[63]。

圖 4-7　中國影響力接近區域與對抗國

資料來源：Robert D. Kaplan,"The Geography of Chinese Power," p. 27.

然而，與法國發展海權時所面對的英國海權對抗相似，今日中國在發展海權的時刻也同樣遭遇美國與日本同盟海權的對抗可能。尤其美日及其同盟所組成的「第一島鏈」與「第二島鏈」深刻的影響著中國海軍邁向太平洋的發展路線，加上美國在通往麻六甲與印度洋地區的戰略扼制，以及美國海軍的優勢戰力等因素，短期內中國海軍仍將限於東亞地區的區域海權。但以長遠的戰略發展考量，中國邁向海權尋求全球影響的企圖心，在其經濟成長與成為世界大國的動機驅動下，仍將利用其在東亞的中心位置以及漫長的沿海地

[63] Zbigniew Brzezinski, *The Grand Chessboard,* p. 168.

形，繼續完成它在東亞歷史中的大國夢想，而成為兼具陸權與海權發展的持續目標也就並非不可能。然而，美國是現今全球唯一霸權，在它與其盟友的海上包圍態勢下，中國海權要順利崛起，必須先通過美國、日本以及台灣的島鏈封鎖[64]。

綜言之，中國的地理位置與其地緣政治的海陸兩面向發展，以及在經濟推動下的軍事現代化，已經使中國成為東亞地區的強權。但由於受到美國海上武力的壓制，短期內將使中國可能被迫接受尋求建造一個東亞海軍聯盟，而限定為東亞的區域霸權。但長遠來看，未來如果中國經濟與軍事能力不斷提升，則美國成為西半球霸權，則中國成為東半球霸權也可能發生[65]。但是，若真的中國挑戰美國的海上勢力，就必須加強海上力量，尤其是遠洋投射能力，從而保障海上資源與海洋能源運輸線[66]。相反的，若中國因此陷入軍備競賽的安全困局，或者與美國、日本發生海上衝突，那麼東亞地區的安全也就可能失去平衡，而超出中國發展海權所能預期的風險。

從長遠來看，中國作為一個世界大國並意圖發展海權的心態，有相當程度根基於鴉片戰爭以後的東亞歷史情勢，而中國的地理特質與經濟規模使其有發展兼具陸權與海權的實力。然而，中國只有一面東部海岸的地理特質，也因為東亞地緣政治中的美國與日本海上力量因素將其海軍封鎖在沿海地帶，使中國在長久的近代發展中被迫接受大陸性質的防衛戰略。隨著中國經濟崛起與軍事現代化的革新，中國解放軍海軍的遠洋能力也大幅提升，而逐漸在東亞到波斯灣的海域之間擴大其影響力。但是，除了地理的海洋領土與資源給了中國發展海權的契機外，真正對中國發展海權的阻力還是在於來自西方美國的勢力，而這個遠在鴉片戰爭以前就存在的問題，就如同法國過去面對英國封鎖海岸線一樣，來自大陸以外的海上勢力威脅，才是決定中國能否邁向全球海洋霸權的關鍵。而如何處理與

64 張亞中，〈中共的強權之路：地緣政治與全球化的挑戰〉，《遠景季刊》，第 3 卷第 2 期，2002 年 4 月，頁 1-42。

65 Robert D. Kaplan,“The Geography of Chinese Power,” p. 41.

66 武曉迪，《中國地緣政治的轉型》，頁 195。

美國關係，包含與日本、台灣之間關係的中國戰略選擇，也就牽動著東亞地區的安全與穩定。

二、中國的軟實力與新朝貢體系

中國的經濟崛起象徵著它在東亞歷史上大國地位的復甦，也因為經濟崛起的成果讓中國在全球層次發生重大的影響力。從早期的八大工業國（G8）到近年的美、中兩國逐漸成型的兩大國（G2）對話機制，世界經濟市場的主導力量中，中國因素逐漸佔據了重要的影響力。從世界歷史來看，自西方勢力向東擴張以來，西方國家除了靠「炮艦外交」打開了亞洲市場以外，還伴隨著資本主義的市場經濟力量從而改變了東亞的生產結構關係。然而除了軍事的「硬實力」（Hard Power）之外，真正主導二次大戰後東亞地區的國家之間的聯盟關係，還是以美國所建立的自由市場經濟體系為主。

在經濟全球化日益重要的今日，中國也加入了以美國為主的世界貿易組織，顯示出經濟的因素在東亞地區以及國際事務的重要性日增。但是，經濟力量並非為「軟實力」（Soft Power）的全部，在國家軍事「硬實力」之外，還包含一國的文化、政治理想及政策為人所接受喜愛的程度。因此，「軟實力」（或稱柔性權力），是一種懷柔招安、近悅遠服的能力，而不是強壓人低頭或用金錢收買以達到自身所欲的目的[67]。美國自二次大戰後成為全球強權並在蘇聯瓦解後成為唯一霸權，靠的不僅是它的軍事力量，也靠著它在二次大戰後對歐洲與亞洲地區實施「馬歇爾計劃」的影響，並在後來建立了「布萊頓森林體系」、「世界貿易組織」等國際機制來發揮其國際影響力。

在東亞歷史中的中國也曾經建立一個廣大影響力的範疇，包含建立在東亞地區的政治、經濟、軍事與文化上的影響力。現代中國的經濟崛起中，我們也可從中國積極建立「睦鄰外交」與參與亞洲國際組織事務來發現，中國正透過其「柔性權力」來影響周國國家

---

67 Joseph S. Nye, Jr., *Soft Power: The Means to Success in World Politics*（New York: Public Affairs, 2004）, pp. x-xi.

對它的信任與依賴。因此，縱然如南方朔所說：「奈伊所謂的『柔性權力』，乃是以美國價值的優越性為其核心，而中國大陸的『軟實力』或『軟權力』則尚未達到價值的層次。[68]」。但不可否認的，中國大陸在世界各國所進行的經濟影響力，以及它所推動的中國語言、文化、留學、電影、遊客輸出，甚至於孔子學院的開設，都顯示出其在軍事崛起外的柔性權力佈局。也因此，中國的「軟實力」推動，在相當程度上反應其「和平崛起」的戰略影響，在消除周邊國家與世界的「中國威脅」疑慮的同時，中國的「軟實力」輸出兼具理想與戰略的應用，使得它在現今國際格局之下，應用「新朝貢體系」（New Tributary System）與積極參與國際組織來擴大其國際作為，成為一種不同於過去西伐利亞體系下的傳統帝國主義領土擴張，而發展出一種深具影響的「新擴張主義」（New expansionism）。

（一）西歐國家體系的擴張與東亞歷史的特殊性

在傳統的地緣政治理論中，麥金德所提出的陸權與海權的對抗，從根本上可算是一種軍事「硬實力」的觀點，馬漢也曾經說一個國家不可能同時發展陸權與海權。然而，當國際國局不斷的轉變之下，這種「地理魔咒」是否就真的就限定了中國往陸權與海權同時發展的道路？奈伊（Joseph S. Nye, Jr.）的「柔性權力」提出，或許能提供我們一種不同的思考。所謂「柔性權力」根據奈伊的定義，是「設定政治議程的能力，以塑造他人的偏好。……它也可以說是一種引誘與吸引的能力，至於之後則帶來默認或模仿的效果。……柔性權力來自於我們的價值觀。包含民主、個人自由、向上階層流動與開放性等經常表現在美國大眾文化、高等教育與外交政策中的價值觀，正形塑了美國權力的眾多來源。[69]」。

---

[68] Joseph S. Nye, Jr.著，吳家恆、方祖芳譯，《柔性權力》（*Soft Power: The Means to Success in World Politics*）（台北：遠流文化，2006 年），頁 12。

[69] Joseph S. Nye, Jr.著，蔡東杰譯，《美國霸權的矛盾與未來》（*The Paradox of American Power: Why the world's only superpower can't go it alone*）（台北：左岸文化，2003 年），頁 50-54。

同時奈伊也指出，在伊拉克戰爭中，美國雖然取得軍事上的勝利，但是卻沒能解決恐怖主義的問題，問題就在於戰爭容易發動，但和平卻難以保持。因此，對贏得和平來說，美國必須運用更多的柔性權力如同它對伊拉克戰爭所運用的軍事硬權力。而擅用美國的文化、國內政治民主價值以及外交政策，才是根本處理國際關係合諧與和平的方法。在反恐議題上，戰爭也許扮演關鍵的角色，但是聰明的強權是懂得兼具使用硬實力與軟實力的[70]。

在人類歷史上，帝國的出現與衰亡給了我們許多的教訓，就是霸權本身並不能擔保長治久安，因此，帝國必須透過建立更廣泛的權力網路來實踐其統治權威，包含文明制度傳播與開放的邊界。然而，從古老的帝國到近代的帝國主義國家都面臨著內部社會動亂的矛盾而分裂，從而在外在勢力威脅與內在不穩定的雙重危機下衰亡。Michael Hardt 與 Antonio Negri 指出，在冷戰時期美國接受了帝國主義的衣缽，並使舊帝國主義強權依附在它之下。冷戰的結束讓美國體認到霸權的路線加速了舊強權的沒落，美國不能再以自身國家目的來干預國際事務，而須以全球權利的名義來來發揮。它的發展必須經由國際法律規範的生產，並以持久與合法的方式增進霸權行動者的權力。從對抗蘇聯的過程來看，美國這個當代帝國的延續是建立在其內部之憲政方案的全球擴張，而使不同的國家與它動態協調中，全都在帝國內被制度化了[71]。

在西方強權的興衰過程之中，自 1648 年西伐利亞體系建立以來，便一直處於聯盟戰爭並對國際秩序發生重大的影響。在這些國家勵精圖治富國強邦的過程中，經濟與戰略之間的互動牽動整個國際局勢的變動，因此，軍事衝突總是與經濟變遷相提並論。然而，這種帶有赤裸裸的重商主義味道的西方國家全球擴張，也有其緊張的一面。在歐洲列強向外擴張的同時，也因為歐洲列強之間在歐洲大陸的競逐與聯盟使得戰爭從未停歇，連年的戰爭最後造成龐大的軍事

---

70 Joseph S. Nye, Jr., *Soft Power: The Means to Success in World Politics,* pp. xi-xiii.

71 Michael Hardt& Antonio Negri 著，韋本、李尚遠譯，《帝國》(*Empire*)(台北：商周出版，2002 年)，頁 257-261。

支出而拖垮其經濟基礎，權力平衡與策略聯盟也使得歐洲沒有一個國家能出現霸主的地位[72]。

從西伐利亞體系或稱西方國家條約體系的建立過程來看，戰爭與和平一直都是關注的焦點，但根本上仍是因為不斷發生的戰爭事件使人們對和平產生期待。因此，就西伐利亞體系的運作內在邏輯而言，還是以戰爭為主導的關鍵，而以權力平衡與聯盟策略做為地緣政治安全的古老邏輯[73]。直到 1840 年代大英帝國等西方勢力擴張到全球範疇，特別是在亞洲打敗了大清帝國後，原本東亞地區的王朝「天下秩序」也就因為西方國家體系的擴張而逐漸崩潰，從而以西方國家條約體系的包裝之下進行全球殖民地領土的擴張。在 1648 年的三十年戰爭裡，原本神聖羅馬帝國境內的宗教戰爭演變為民族國家的興起，主要關鍵就在西伐利亞條約中所揭示的主權與領土原理。在條約內容中，歐洲國家據此建立了劃分邊界與國家主權的統治最大幅度，也就是領土概念的確定，而在歐洲戰爭得到的經驗中，西方帝國主義列強也把這個觀念帶到了東亞地區，使得戰敗的大清王朝接受了領土與主權概念下的西方國家體系[74]。因此當代中國也有邊界，但是它是被迫形成的，屬於一種傳統「天下秩序」衍生的防衛姿態，與西伐利亞體系的的擴張原理不同。

美國的歷史發展也曾經依循西伐利亞的戰爭擴張方式來建立其領土，但後來卻轉變為改採國際組織建構的方式來進一步發揮其影響力。19 世紀末時，透過與西班牙的戰爭取得菲律賓及太平洋諸島，以及向俄羅斯購入阿拉斯加地區，美國的領土擴張達到最高的頂點[75]。後來，在門羅主義與威爾遜的「民族自決」的外交政策改變下，美國從孤立主義轉以建立與參與國際機制來增強其全球影響力。但美國從冷戰以後主要還是透過扶持聯盟國家的方式，以及建立聯合國

72 Paul Kennedy, *The Rise and Fall of the Great Powers*（New York: Vintage Books, 1989）, pp. xv-xxv.

73 Benno Teschke, *The Myth of 1648,* pp.1-4. Stephen J. Lee 著，王瓊淑譯，《三十年戰爭》，頁 161-190。

74 Torbjørn L. Knutsen, *A History of International Relations Theory*（U.K.: Manchester University Press, 1997）, pp. 83-92.

75 嚴家祺，《霸權論》（香港：星克爾出版，2006 年），頁 73-74。

機制來行使它的全球影響力。因此，冷戰後的美國成為世界霸權的象徵，但卻與從前的西伐利亞體系國家的霸權方式不同；而且在後冷戰時期的情況下，美國通過其柔性權力轉換成新的帝國，以其經濟與政治同步的柔性權力，配合軍事的硬權力來掌握世界政治的變化，而不是通過西伐利亞體系中的領土擴張原理來稱霸世界。

奈伊引用約瑟夫・喬菲（Josef Joffe）的話「美國文化不論雅俗，都強力往外放送，其盛況僅見於羅馬帝國時期，但另有新意。羅馬和蘇維埃文化只限於軍事勢力範圍，而美國的柔性國力卻統治了一個日不落的大帝國。[76]」。而美國從西伐利亞國家的舊霸權轉變成新霸權，在本書認為還是與中國傳統中常說的「霸道」與「王道」有幾分相似。如同南方朔所說：「它仍然是一種支配的手段，只是手段變的溫和而已。[77]」。如同對「霸道」與「王道」的爭辯，孟子曾對戰國時期的殺伐感到憂心。對於戰爭的制止，孟子曾說：「爭地以戰，殺人盈野；爭城以戰，殺人盈城。此所以率土地而食人肉，罪不容於死。故善戰者服上刑，連諸侯者次之，辟草萊任土地者次之。(孟子離婁上)。」。又曰：「以力假仁者霸，霸必有大國。以德行仁者王，王不待大。湯以七十里，文王以百里。以力服人者，非心服也，力不贍也；以德服人者，中心悅而誠服也，如七十子之服孔子也。(孟子公孫丑上)。[78]」。因而，行「霸道」者的能得天下，然以「王道」者才能得天下順服。

自先秦以來，中國政治思想中所強調的「五服」與「天下」觀，其實也蘊含著「王道」的成分，而是以西周以降與王（天子）有關的征伐之德及禮有關。王的「德」與「禮」可以不藉由征伐而及於自己的領域與周圍之邊疆，在「五服」與「天下」觀下，「德」與「禮」會普及到「中國」的周圍。因此，「德」與「禮」從中國的文字圈開始，透過「冊封」與「朝貢」體系，將王的統治擴及到野蠻之地，而使「德」與「禮」與中華文化在自我中心邏輯下擴及周圍[79]。然而，不可否認

---

[76] Joseph S. Nye, Jr., *Soft Power: The Means to Success in World Politics,* pp. 11-15. Joseph S. Nye, Jr.著，吳家恆、方祖芳譯，《柔性權力》，頁42。

[77] Joseph S. Nye, Jr.著，吳家恆、方祖芳譯，《柔性權力》，頁11。

[78] 轉引自談遠平，《中國政治思想史》（台北：揚智出版，2003年），頁49。

[79] 平勢隆郎，〈戰國時代的天下與其下的中國、夏等特別領域〉，甘懷真編，

的，歷史上的「中國」本身也是透過戰爭方式而建立，從而在陸地進行領土的擴張。但是，在「天下觀」裡的中國傳統王朝是不存在邊界的。基於「普天之下、莫非王土」的觀念以及運用「冊封」與「朝貢」的柔性權力體系，使得中國王朝在擴張同時，也因為給了周邊國家更多的利益與信任，而把蠻夷之地融入它所建構的「天下秩序」[80]。

直到 19 世紀晚期之前，中國在東亞地區仍然是一個主要支配的帝國，周遭國家大多與北京保持一定忠誠關係以換取保護與相關利益。同時，在「冊封」與「朝貢」體系的階層關係；相對的，中國皇帝通常不干預外在國家，而是以文化與道德體系所產生的象徵性控制，將「天下」納入其帝國的範疇。因此，在漫長的中國歷史裡，朝貢體系得以穩定的延續，部分原因是它可以變通帝國的對外關係，使其保持著中國支配周邊國家的霸權地位。可是由「冊封」與「朝貢」體系所建立的「天下秩序」也有其衰弱的一面，尤其在「賜回」的部份往往拖累中國王朝的財政，在先前的文章中即指出元、明、清三代都有這樣的問題。而另一方面，當中國王朝衰敗的時候，周邊國家或蠻族的順服也就相對降低，也使得「冊封」與「朝貢」體系失去它的意義，尤其 19 世紀晚期西方勢力的入侵，在中國衰敗之餘，也就因為西伐利亞體系及其殖民行為而慢慢的取代「朝貢體系」。但是，即使「朝貢體系」在 19 世紀晚期解崩，部分元素還是存續到了今日，因此，當中國崛起的實力使它重新成為東亞大國時，朝貢體系元素以現代形式重新出現並非不可能[81]。

誠如 David Kang 指出，東亞國家普遍接受中國崛起的事實，而不是與之對抗，主要是因為在長遠的東亞歷史經驗顯示，一個強大的中國相較一個弱敗的中國會少去許多對其他國家的控制，相反的，一個強大的中國將帶來更多的機遇與利益。同時在中國文化影

《東亞歷史上的天下與中國概念》（台北：台大出版中心，2007 年），頁 53-92。甘懷真，〈「天下」觀念的再檢討〉，《東亞歷史上的天下與中國概念》（台北：台大出版中心，2007 年），頁 85-110。

80 甘懷真，〈「天下」觀念的再檢討〉，頁 94-98。

81 Martin Jacques, *When China Rules the World: the rise of the middle kingdom and the end of the western world*（U.S.: Penguin Books, 2009）, pp. 240-244.

響下，東亞國家與中國之間建立了因過去朝貢關係帶來的利益與認同。因而在今日中國以「和平崛起」為號召的時刻，越來越多東亞國家將它們的未來與中國的經濟發展綁在一起[82]。

古老的中國往往在舊的「朝貢體系」下將其孤立於世界之外，而今日的中國則正式進入到全球的範疇。相較於舊的「朝貢體系」所建立的「進貢」與「回賜」政治與文化因素主導關係，今日的新的「朝貢體制」無疑有更多的現實性考量，同時兼具政治、經濟、軍事與文化的戰略思考。而從中國積極參與國際組織、進行睦鄰外交、經濟外交、能源外交等，並藉由物質與非物質利益的不對等交換擴大了對東南亞、非洲與中亞等地區國家的支持，成為一種不同於過去傳統帝國主義下的領土擴張，而發展出一種深具影響的「新擴張主義」(New expansionism)，又因其兼具軟實力與朝貢體系的特色，是以亦可稱為「新朝貢體系」(New Tributary System)。

（二）中國的軟實力與新朝貢體系的實踐

韓裔美國學者 David C. Kang（康大衛）指出，東亞的歷史經驗提供了一個不同於西伐利亞體系（Westphalia system）模式的統治功能與衝突解決模式，截至中國朝貢體制因西方殖民勢力在 1883 年前後的入侵而致使之崩潰以前，之前的 500 年東亞歷史中，東亞地區只發生過兩次國家間的戰爭(日本對韓國、中國對越南)。因此，David C. Kang 認為，古代中國的朝貢制度具體的提供了東亞地區穩定的秩序以及國家之間外交關係的制度安排[83]。

即使到了西方勢力引進西伐利亞國際關係體制之後，在今日東亞地區的國家之間，仍然有著不同於西方經驗的獨特歷史情感，因而使得今日中國經濟崛起之後，在東亞地區的國家之間，並不因為西方的民主價值與資本主義體系的傳播而改變它們對於東亞歷史記

---

[82] David C. Kang, *China Rising: Peace, Power, and Order in East Asia*（New York: Columbia University Press, 2007）, pp. 3-17.

[83] David C. Kang, *East Asia Before The West: Five Centurise of Trade and Tribute*（NewYork: Columbia Universtity Press, 2010）, p. 7.

憶的獨特情感。David C. Kang 認為，中國在 1979 年以後的經濟崛起象徵著東亞朝貢體系的再現，許多東亞國家對於中國經濟的依賴並非來自於中國政治、經濟與軍事實力的提升而已，更多的原因在於中國傳統文化在東亞歷史中的傳統影響力，其中的核心因素便是中國儒家思想（孔夫子）所建構的華文圈與朝貢體系的實踐。因此，中國軟實力的實踐，不僅在於物質基礎的力量（包含政治、經濟與軍事），更在於其文化對於東亞區域國際社會的影響力。而這正是西伐利亞體系以及美國民主、人權等價值所無法取代的部份[84]。

David C. Kang 認為，若思索當今中國的所發揮軟實力內涵，則應該是基於中國過去的朝貢體系所建立的「層級」(Hierarchy)、「地位」(Status) 與「霸權」(Hegemony) 的制度設計，來重新安排今日中國對於國際秩序的回應，而在這樣的制度安排之中，中國的朝貢體制核心在於儒家思想（孔夫子）的實踐。因此，當中國重新面對 21 世紀的國際關係同時，東亞地區的國家並非全然依循以西方（特別是美國）為主的西伐利亞國際體系，反而是在情感上呈現慕華文化的文化蘊底。而這正是西伐利亞國際體系所無法在東亞地區取代中國文化霸權的原因[85]。

此外，關於中國軟實力的實踐，Toshi Yoshihara 與 Jamws R. Holmes 認為中國的軟實力內涵兼具奈伊所說的文化、政治理念與政策導向三個層面。首先，在北京透過 1 億美元的投資在全球各地建立孔子學院，涵蓋美國及全球各國家超過 300 多所及相關子學堂 500 多所的情況下，中國文化呈現新的復興並且有大量的學中文與留學中國的趨勢。其次，透過這些學院的設置，中國不僅傳達傳統文化也對外宣揚其政治理念。第三，北京積極投入國際組織運作，並在主張不干預他國內政下進行相關國家的經濟援助，而不同於美國及歐洲國家的有條件干預。同時，中國軟實力的輸出適當的結合北京

[84] David C. Kang, *East Asia Before The West: Five Centurise of Trade and Tribute*, pp. 1-11.

[85] David C. Kang, *East Asia Before The West: Five Centurise of Trade and Tribute*, pp. 1-11.

當局的務實利益，例如針對不同國家的戰略資源比重來決定經濟援助的多寡[86]。

因此，北京的軟實力戰略可以依對象的不同與戰略的高度來發揮其影響力，與以往中國的朝貢體系不同的是，現代中國的軟實力發揮除了兼具價值、文化或意識形態的利益，也採用了傳統朝貢體制的經濟、安全等物質利益的往來關係。但更重要的是中共領導高層卻能放下身段主動前往非洲、拉丁美洲、東南亞地區國家進行訪問，顯示其戰略上結合西方軟實力理論與中國傳統朝貢體系的內涵[87]，因而呈現一種「新朝貢體系」的建立。

當然，在「新朝貢體系」下的中國對外關係，是一種兼具文化、價值與經濟戰略的綜合國家戰略展現，最主要的基礎還是建立在它龐大的經濟實力。然而，並不是說其他文化、價值的高層次利益不重要，而是說關鍵仍然在於中國的經濟實力。因為一個經濟衰弱的國家是無法在文化與價值層面吸引人的，但是一個經濟強大的國家卻是可以在文化與價值上提供別人的學習與利益。這也就是奈伊所提出經濟力量是國家能力的一種展現[88]。套用馬克思理論的唯物論觀點，中國的「新朝貢體系」就是在這樣的經濟實力基礎下所進行的上層建築輸出，但是它又與蘇聯的霸權式輸出不同，而是以中國文化蘊底、經濟互惠及領導人放下身段互訪來建立雙方的信任。這其實與中國所要創造一個和平崛起的國際環境及避免相關國家對「中國威脅」的疑慮有相當大的關聯[89]。

Renato Cruz De Castro 在中國與菲律賓的外交關係上提供了一個相關的研究，他指出中國與菲律賓在 1975 年建交以來便因為菲律賓

---

86 Toshi Yoshihara& Jamws R. Holmes,"China's Energy-Driven 'Soft Power,'" *Orbis*, Vol.52, Issue 1, January 2008, pp.123- 137.

87 游智偉、張登及，〈中國的非洲政策：軟實力與朝貢體系的分析〉，《遠景基金會基刊》，第 12 卷第 4 期，2011 年 10 月，頁 111-155。

88 Renato Cruz De Castro,"The Limits of Twenty-First Century Chinese Soft-Power Statecraft in Southeast Asia: The Case of the Philippines," *Issue& Studies,* Vol. 43, No. 4, Dec. 2007, pp. 77-116.

89 Xin Li& Verner Worm,"Building China's Soft Power for a Peaceful Rise," *Journal of Chinese Political Science,* Vol. 16, Issue 1, March 2011, pp. 69-89.

境內仍有共黨勢力與中國連結，以及受到美國與菲律賓在軍事安全聯盟的影響下，使得中菲之間關係不甚穩定。直到 1990 年代受到中國經濟發展影響，中菲之間經貿往來關係逐漸擴大，雙方外交關係才恢復正常化。但到了 1992 年到 1995 年之間，菲律賓漁船在南中國海頻頻與中國船艦爆發衝突，再加上 1997 年中國佔領菲律賓所屬美濟礁後，雙方關係降到冰點，菲律賓方面甚至公開在 1998 年指責中國在進行「擴張主義」(expansionism)。但是更為戲劇性的發展是，當 2005 年胡錦濤與菲律賓總統艾若育（Arroyo）共同宣示中菲兩國未來將建立在更高的外交關係層次，不僅僅在於兩國之間的共同利益，更強調在政治與經濟範疇內尋求雙方更親密的契合。也因此使得傳統上菲律賓與美國的關係發生微妙的轉變[90]。

同年，溫家寶訪問馬尼拉並與艾若育見面，雙方同意建立「伙伴關係的黃金年代」(golden age of partnership)，並且在艾若育回訪中國後，中國同意提供 4 億美元興建菲律賓北部 Luzon 鐵路，以及透過農業輸出提出菲律賓糧食生產與供給。因此，在經濟利益的考量下，菲律賓當局與中國的外交關係轉變，使得它們之間儘可能避免談論南海主權議題以確保雙方的良好關係[91]。若細心比對可以發現，中國對菲律賓所進行的外交策略，其實就是一種兼具軟實力與朝貢體系的策略。但是，與過去傳統朝貢的方式不同，現在中國的務實外交戰略運用，在透過平等方式以及主動放下大國身段下，已經逐漸博取菲律賓對於中國的信賴。

因此，這是一種中國不同於傳統朝貢與軟實力的策略運用下而做出務實且微妙的調整，進而呈現出中國「新朝貢體系」的新思維。亦即中國從戰略思考的高度而非政治上的自我滿足來獲取國家所追尋的目標，並讓對方對中國更加依賴與信任。雖然目前菲律賓與中國民間對於黃岩島爭議有著民族主義的潛在衝突，但事實上，中菲

[90] Renato Cruz De Castro,"The Limits of Twenty-First Century Chinese Soft-Power Statecraft in Southeast Asia: The Case of the Philippines," pp. 78-87..

[91] Renato Cruz De Castro,"The Limits of Twenty-First Century Chinese Soft-Power Statecraft in Southeast Asia: The Case of the Philippines," pp. 78-87..

官方仍然顯得相當的克制，關鍵就在於兩國之間利益逐漸綁在一起。如同許多東南亞國家一樣，儘管中國威脅可能成為潛在的問題，但東南亞國家普遍願意在考量經濟利益與中國威脅之間，選擇相信一個強大的中國將帶來更多的利益[92]。

而在拉丁美洲方面，中國經濟發展使得它與拉丁美洲國家有了新的發展。拉丁美洲國家原本長期在美國勢力範圍下，但隨著該地區在歷史上普遍的社會主義革命歷史，加上對於美國仍懷有帝國主義擴張的陰影。因此，在領悟與情感方面，拉丁美洲國家傾向與中國建立良好的外交關係，例如委內瑞拉已故的查維茲前總統就有反美的情結。另一方面，在實際物質利益上，中國提供 280 億美元借款給委內瑞拉並投資 163 億美元於該國石油油田；同時提供阿根廷 100 億美元進行鐵路現代化與投資該國石油公司 31 億美元。另外，中國也在厄爾瓜多購買 10 億美元石油並投資 80 億美元，以及在秘魯與巴西分別投資 44 億美元與 181 億美元，包括在巴西投資電力公司 17 億美元等。特別在 2009 年全球金融危機時期，中國在拉丁美洲的投資與援助解決了該地區的金融問題，從而使拉丁美洲與中國之間的關係更加緊密[93]。

再加上 1990 年代在江澤民所謂的「走出去」(going out) 外交政策轉變下，中國重新開始關注到非洲。由於非洲國家被視為地緣政治的黑暗大陸，長期缺乏外國資金的投資。然而中國在兼具政治與能源戰略的考量下開始對非洲國家進行大規模投資與援助，並在 2000 年由北京建立「中非合作論壇」。「中非合作論壇」的成功被視為中國輸出發展國家的模式，除了對非洲經濟援助、減免外債與發展建設外，中國宣稱與非洲國家立場平等，並表示願意提供發展經驗給非洲國家，這對長期被西方勢力殖民的非洲國家來說，中國的外交政策給了非洲國家良好的印象。事實上，中國政府與非洲國家進行經濟援助等計畫，除了政治與經濟目的外，也與中國能源需要

---

92 David C. Kang, *China Rising: Peace, Power, and Order in East Asia.*, pp. 3-17.

93 Evan Ellis,"Chinese Soft Power in Latin America," *Joint Force Quarterly,* Quarter 1, Issue 60, 2011, pp. 85-91.

有關。因此在 2000 年到 2011 年底期間，中國黨與國家領導人出訪非洲國家高達 28 次，顯示中國政府高層領導對於非洲能源戰略的高度重視[94]。

根據游智偉與張登及的研究，「中非合作論壇」成立以來中國對非洲所提供的利益包含物質利益、兼有物質利益與非物質利益、以及非物質利益三大類別。其中物質利益主要有外債減免、經濟援助、援助基礎建設、新增貸款、減免關稅與技術轉移；兼有物質利益與非物質利益則有培訓高階技術人才、培育教育與行政人才、農耕隊、醫療團、派遣中國教師、提供中國留學獎學金等；非物質利益則有高階知識分子交流、派遣藝文與體育代表團訪問、宣揚中國文化活動與孔子學院的建立。因而，游智偉等人認為非洲的例證與中國傳統的朝貢關係有頗多相似之處[95]。

1996 年，在江澤民揭示基於信賴友好、主權平等、決不干預、彼此互惠、國際合作「五項原則」後，中國與非洲國家開始進行友好合作。對中國而言，能源議題驅動了中國在非洲的各項投資計畫，並且讓中國與安哥拉、加彭、奈及利亞與蘇丹等國簽訂相關合同。同時，中國在非洲地區的石油進口達到非洲總產量的 9%，雖然規模比起歐盟與美國的 32%與 33%小了許多，但仍引起歐盟與美國的高度關注。在日用品的貿易部分，中國輸往非洲的貿易總量占非洲輸入的 40%以上，並且中國國營銀行也計劃於 2008 年到 2011 年期間在非洲投資 200 億美元[96]。

Lukasz Fijalkowski 指出，中國在東亞國家實施軟實力的同時，也把目標放在非洲大陸上。但是中國在非洲所推動的軟實力比起美國及歐盟的優勢在於它所強調的政治平等與相互信任機制，這使得

---

94 Lukasz Fijalkowski,"China's soft power in Africa?,"*Journal of Contemporary African Studies* ,Vol. 29, No. 2, April 2011, pp. 223-232.游智偉、張登及,〈中國的非洲政策：軟實力與朝貢體系的分析〉，頁 127-128。Toshi Yoshihara& Jamws R. Holmes,"China's Energy-Driven 'Soft Power,'" pp. 123- 137.

95 游智偉、張登及,〈中國的非洲政策：軟實力與朝貢體系的分析〉，頁 130。

96 Lukasz Fijalkowski,"China's soft power in Africa?," pp. 223-232. Michael T. Klare, *Rising Power Shrinking Planet,* pp. 171-173.

非洲國家願意在雙贏的局面下選擇擴大與中國交往。對非洲而言，中國帶來了經濟發展的參照模式並提供了龐大的經濟援助；對中國而言，除了穩定戰略資源需求外，承認「一個中國」原則也阻斷了台灣的外交，使中國贏得非洲盟友們在聯合國的支持[97]。

另外，在中國對外實施軟實力的策略中，比較特別的是孔子學院的設立。中國開設孔子學院的計畫始於 2000 年，主要由中國高等教育政府當局透過全球主要國家大學來開立相關課程，包含中文教學的文化與金融領域教學等，目標是希望讓中文普及化進而帶動留學中國並發揮中國在世界等教育的影響力。然而孔子學院的設立也受到部份西方學者的批評。主要批評認為中國設立孔子學院目的在於背後潛藏的政府利益，使得孔子研究蒙上政治操作的陰影。但無論如何，孔子學院已成為宣揚中國語言與文化的重要平台，而中國也因為透過孔子學院推廣文化與語言而獲得相當影響力[98]。

截至目前為止，北京方面已投入 1 億美元經費在世界各國成立超過 300 多所孔子學院，並希望能透過中國文化軟實力發揮而成為真正的世界大國[99]。然而，Wang Gungwu（王賡武）亦指出，中國成立孔子學院除了有對外傳播中華文化的工具性作用外，也突顯了中共政權在後馬克思年代的意識型態弱點。尤其當共產意識形態的計畫經濟衰退與資本主義漸增的修正路線下，所謂「社會主義市場經濟」已無法吸引中國人民的興趣，只有在中國傳統歷史文化中尋找符合中共所需的意識型態工具。而孔子思想精髓正好符合中國的內外需求，不僅是中國軟實力的對外發揮，也是降低其它國家對中國威脅疑慮的策略[100]。

---

[97] Lukasz Fijalkowski, “China’s soft power in Africa?,” p. 231. Toshi Yoshihara&Jamws R. Holmes, “China’s Energy-Driven ‘Soft Power,’” pp. 123- 137.

[98] Lukasz Fijalkowski, “China’s soft power in Africa?,” p. 231.

[99] Rui Yang,“Soft power and higher education: an examination of China’s Confucius Institutes,” *Globalisation, Societies and Education,* Vol. 8, No. 2, June 2010, pp. 235-245.

[100] Wang Gungwu,“The Cultural Implications of the Rise of China on the Region,” in Kokubun Ryosei&Wang Jisi, ed., *The Rise of China and a Changing East Asian Order*(Tokyo: Japan Center for International Exchange, 2004), pp. 77-90.

此外，Lukasz Fijalkowski 認為，一國的軟實力也許透過大眾媒體、非政府組織等來擴展國家的外交政策，使其文化、科學、教育以及更廣泛的計畫等付諸實踐。但基於相對國家的態度很難掌握，是以某一國家在實施軟實力的同時，仍然將出現無法掌控或是錯誤理解的可能[101]。因此，在軟實力的實施上，雖然目前中國在小國之間擁有相對的優勢，但與奈伊所強調的美國軟實力之核心價值比較，由於中國在民主與人權議題的敏感，將使它失去政策設定的能力，而使中國的軟實力內涵呈現不足之局面。但是，中國歷史遺產的朝貢體系經過當代的運用，未來「新朝貢體系」的突顯將更為重要。

鄭永年引用王賡武所說，中國已經放棄了傳統朝貢制度的封建觀念，並強調不會再回去「舊的」朝貢制度，也不會遵循西方的帝國主義，並引用溫家寶中國永不稱霸等言論。但是，鄭永年卻也認為，雖然中國不再認為自己是中央帝國，也不認為可以通過「舊的」朝貢制度的封建思想來維持國際秩序穩定，但是有關「天下」應該是一種開放體系的概念卻在今日依舊盛行，儘管這種思想意識已經發生變化，但中國卻能夠在更寬廣的西伐利亞國際體系下的國際社會中，逐步擴大其「天下」的範疇到聯合國等國際組織的參與[102]。

因此，誠如 David C. Kang 所說，西伐利亞體系在世界各地的影響使得英語廣為流傳使用，但是東亞地區在華文的影響下並未為之取代，反過來，華文的影響力卻逐漸擴大到各地。同時，美國雖然承繼了希臘文明的民主、人權價值，卻也面臨了李光耀與馬哈迪所提出「亞洲價值」（Asia Value）的質疑。在中國傳統的朝貢體系與儒家思想（孔夫子）影響下，東亞地區的過去歷史記憶不僅影響著現代國際關係，也同時使得現代東亞社會的「創新」一面，影響著過去的歷史情感[103]。

陳家輝，《當代中國馬克思主義發展趨勢之研究》，頁 297-306。

101 Lukasz Fijalkowski, “China’s soft power in Africa?,” p. 228.

102 鄭永年，《通往大國之路：中國與世界秩序的重塑》（北京：東方出版社，2011 年），頁 162-176。

103 David C. Kang, *China Rising: Peace, Power, and Order in East Asia.*, pp. 158-171.；歐超賢，《「亞洲價值」的詮釋與實踐：新加坡之個案研究》（高

因而，雖然在當前中國政府宣稱不願接受「舊的」朝貢體制的封建思維同時，「新的」朝貢體系卻透過中國國家軟實力的實踐，逐步的向東亞國家、中亞國家甚至非洲國家輸出，逐漸的擴大了中國文化霸權的影響力。而中國經濟的實力則成為中國中國文化輸出的載體，使得中國除了物質實力外，在國際社會的影響力逐步實現其「新的」朝貢體制的建立。因此朝貢體系並未在中國與東亞的歷史記憶中消失，而是以一種新的面貌使中國在舊有的「天下」觀念中，轉化為對西伐利亞體系的適應，但卻也因此而孕育出一種「新朝貢體制」來建立其過往的文化霸權，使之在當前國際社會中尋求周邊國家的認同，以尋求其對中國國家領導地位的支持，並使中國重回國際社會（新的天下）的領導地位。而這正是中國「和平崛起」與國家大戰略實踐的文化底蘊，也是中國軟實力實踐的核心內涵。

三、中國國家大戰略

大戰略（Grand Strategy）一詞，源自於戰略（Strategy）思想，通常是當做軍事用語使用。但後來戰略這一名詞被廣泛使用在各個領域，包含外交戰略、國際戰略、全球戰略、地緣戰略、軍事戰略與國家發展戰略等，因而使戰略一詞逐漸在各個層次被探討。但整體來說，由於戰略思考往往不脫離國家行為的範疇，因此，大戰略可以稱之為總體戰略或國家大戰略，它廣泛的將不同領域的戰略思考納入，但又有不同層次的實踐目標。總的來說，大戰略思考不在於其本質，而是在其範圍，原理就在「大」這個概念，成為一個國家預設的目標，因而涉及一國軍事、經濟、文化與外交等國家戰略的追尋。從這個概念出發，大戰略可以視為一國如何在不同領域協調其政策，以減少出現目標不一致的可能性，在國家政策的核心價值指導下，依據國家的能力與所面臨的外在挑戰，從而實踐其國家利益[104]。

雄：國立中山大學政治研究所碩士論文，2002 年），頁 22-63。

104 葉自成，《中國大戰略：中國成為世界大國的主要問題及戰略選擇》（北京：中國社會科學出版社，2003 年），頁 1-2。Avery Goldstein 著，王軍、林民大戰略從根本上就是一國的國策，取決於國家的綜合國力，包含硬實力與軟實力。門洪華認為：「大戰略是大國的必需品，也是只有大國才消費得起得奢侈品。」。葉自成認為，大戰略包含了國家總體戰略的三大面向，即外交戰略、內部發展戰略、以及內外戰略的結合。然而 Avery Goldstein 卻認為：「只有當一國外交政策非常明晰，且這一外交政策反映了該國相對持續的國家設想，而該設想大體上指導國家領導人用來評估具體的軍事、經濟或外交行為的適當性時，才可能辨識出一國的大戰略。事實上，中國現在的大戰略就是如此，直到 20 世紀 90 年代中後期以後它的邏輯才變得清晰可辨。[105]」。

每一個大國都有其大戰略，在中國歷史上的各個王朝也有它的大戰略。由於受到東亞封閉性地緣政治結構的局限，古代中國呈現農耕與草原民族的爭鬥局面，因而「中國」經常必須與其它強大的力量中心對抗。但卻又因為對抗的事實，在戰爭過程中的「中國」逐漸擴大形成，因而自西周開始就經常帶有明顯的攻勢與擴張取向。然而，也因為部分王朝國力衰敗所致，例如兩宋與明代，使得它們的大戰略呈現防禦性質的總體思維，而只有在東漢與清朝全盛時期的周邊結構沒有主要挑戰者時，安撫型（朝貢體系）的大戰略才成為主要的大戰略類型。然而封閉性的古代東亞地緣政治結構，因其呈現的大陸傾向以及古代華夏文明對「中國」想像的優先戰略，也使過去歷史上的中國無從發展出海權思想，也就將「中國」的影響範疇限定在東亞大陸之內[106]。

旺譯，《中國大戰略與國際安全》（*Rising to the Challenge: China's Grand Strategy and International Security*）（北京：社會科學文獻出版社，2008 年），頁 19-22。Avery Goldstein, *Rising to the Challenge: China's Grand Strategy and International Security*（U.S.: Stanford University Press, 2005）, pp. 17-19.

[105] 葉自成，《中國大戰略：中國成為世界大國的主要問題及戰略選擇》，頁 2。門洪華，《構建中國大戰略的框架：國家實力、戰略觀念與國際制度》（北京：北京大學出版社，2005 年）頁 1。Avery Goldstein, *Rising to the Challenge: China's Grand Strategy and International Security*（U.S.: Stanford University Press, 2005）, pp. 17-19. Avery Goldstein 著，王軍、林民旺譯，《中國大戰略與國際安全》，頁 22。

[106] 王俊評，〈東亞地緣政治結構對中國歷代大戰略的影響〉，《中國大陸研究》，第 54 卷第 3 期，2011 年 9 月，頁 71-105。

史溫尼（Swaine）與泰利（Tellis）指出，在中國歷史上國家的強弱決定了防禦與擴張的戰略傾向，由於國內秩序與外在威脅的同步重要性，歷代中國王朝都著重在邊疆地區的穩定。一個強大的中國王朝常透過對邊疆控制的穩定來強化其對外在世界的影響力，相反的，一個衰弱的王朝則常常失去它們的邊疆領土地區。因此，強大而統一的中國會尋求過去失去領土的重新獲取，就是因為國家能力的提升與外在世界的變動，以及政治領導的態度與行為反覆的為中國提供了擴張的模式[107]。這也就是中國學者常說的，「合久必分、分久必合」的中國歷史變動原理。然而，也因為歷史上中國王朝著重在陸地邊疆的控制與國內穩定之間的擴張原理邏輯思考，也使得古代中國大戰略與對外影響力侷限在古代東亞的地緣政治結構之中。

中共建政以來由於受到毛澤東路線的影響，雖然在國家體制與社會經濟戰略上有主要邏輯運作，但也因為意識型態與中蘇關係交惡影響下，使中國在1960年代到1990年代期間長期處於封閉鎖國的狀態。該時期的中國大戰略處於一種防禦性的策略，在軍事安全方面首重邊界地區的穩定，並在國內政局部分則力求社會與政治體制的穩定。直到鄧小平主政後才開始對外發展關係並對內實施經濟改革。但中國大戰略的具體成型，也是發生在蘇聯瓦解後的1990年代中後期，也由於中國重新加入國際體系與市場經濟的影響，中國對於大戰略的邏輯建立才逐漸完備。也因為中國大戰略的建立與外交關係擴大的緊密結合，中國大戰略的選擇也與其它大國的戰略選擇有了動態性的相互關聯。

「和平崛起」象徵中國第四代領導人對中國國內與國際局勢變化的認識，同時也代表中國大戰略雛型的出現[108]。

在中國成為世界大國的時刻，葉自成提出當前中國存在五個主要的戰略選擇，按其要點可歸納成：一、經濟優先還是軍事優先，二、政治改革還是邁向西方民主，三、對時局的認識與作為或是不作為，

[107] Michael D. Swaine & Ashley J. Tellis, *Interpreting China's Grand Strategy: Past, Present, and Future.*（U.S.: Project Air Force/RAND, 2000）, pp. 17-20.

[108] 門洪華，《構建中國大戰略的框架：國家實力、戰略觀念與國際制度》，頁30-33。

四、追趕大國還是創新思維，五、開放融入世界還是孤立。首先，在經濟優先還是軍事優先部分，葉自成認為中國內部一直存在經濟優先還是軍事優先的辯論，的確，中國需要強大的海軍來建構其沿海國防與海上運輸的任務，但是，一國的軍事力量必須建築在綜合國力的發展基石上，尤其是經濟的支持。因此，中國需要優先發展經濟，並且寧願以一個相對不安全的環境還維持經濟的發展，也唯有從經濟持續發展才能維持並穩定中國內部日益所需的資源分配。其次，在政治改革還是西方民主部分，葉自成也認為西方民主的核心價值的確有中國學習的內容，但相對的，西方民主的發展來自於它們自身的歷史過程，其中也有陰暗的層面；因此，中國因該學習的是西方民主的實質而不是形式，並且結合中國特色的社會主義政治制度與賢人政治傳統文化，來展開一條屬於中國自身的民主道路[109]。

第三，對時局的認識與作為部分，葉自成認為過去鄧小平強調的「韜光養晦」時期已經過去，現在中國的發展與世界時局的變化已使得中國必須接受參與國際事務與機制的事實，這是一個大國應有的態度，同時也是因為中國自身的地理位置與身為東亞傳統大國的地緣政治原理，中國沒有道理再走孤立主義的回頭路，而應該抓住機遇擔起世界大國的責任。第四，在追趕大國還是創新思維部份，葉自成認為追趕大國可以提供中國學習的模式，但也需要兼顧中國的國情與歷史傳統，因而需要兼容東西方經驗，在中國傳統文化的優秀文明帶動下，發展各種文明與科技的創新。最後，在融入世界還是孤立主義部分，葉自成認為開放並融入世界是歷史上大國發展的基本道路，過去俄羅斯將自己封閉在世界的另一端，但它終究沒有延續下去。因此，中國的開放政策不是權宜之計，也不是出口導向的經濟戰略而已，而應是一個長期的基本國策[110]。

---

[109] Ye Zicheng, *Inside China's Grand Strategy: The Perspective from the People's Republic.*（U.S.: the University Press of Kentucky, 2011）, pp. 77-90.葉自成，《中國大戰略：中國成為世界大國的主要問題及戰略選擇》，頁 109-165。

[110] Ye Zicheng, *Inside China's Grand Strategy: The Perspective from the People's Republic*, pp. 77-90.葉自成，《中國大戰略：中國成為世界大國的主要問題

如同葉自成與門洪華所強調，提升綜合國力是中國發展大戰略的基石。胡鞍鋼則直接點出：「中國大戰略就是富民強國的戰略，其根本目標就是在未來 20 年，使中國成為世界最大的經濟實體，明顯縮小與美國綜合國力的相對差距，使人民生活水平再上一個台階，全面建立惠及 14 億人口的更高水平的小康社會。中國大戰略是一個目標體系，可以概括為『增長、強國、富民、提高國際競爭力』四大目標。[111]」。Avery Goldstein 也認為，北京目前的大戰略特點在於它不僅聚焦於設法使中國在美國單極時代崛起，也認識到戰略的靈活運用。而當下中國外交政策正努力發展國家實力以及培育國際夥伴，同時避免採用霸權或制衡戰略所帶來的挑釁行為，並且在高度相互依賴的國際經濟體系中獲取最大效益，因此它正在走跟者強權與孤立主義之間的中間道路。綜言之，Avery Goldstein 認為現今中國的大戰略是北京在處理世界事務的整體方法上的共識，也是一種過渡階段的務實考量，在於努力維繫世界和平環境與避免外在威脅，使中國崛起保持一定的穩定發展，從而成為超級大國[112]。

另一方面，由於中國的大戰略也身受自身歷史文化與地理條件的影響，因此，史溫尼（Swaine）與泰利（Tellis）從國家安全的角度剖析中國大戰略。他們認為，中國實行的基本上是由歷史經驗、政治利益和地緣戰略環境所決定的大戰略，中國對於自己在歷史文化的大國地位相當關注，這常常影響中國的安全行為。中國一直以來所奉行的大戰略目標有三，第一個是維持國內穩定與秩序，第二個是抵禦外在威脅並保障國土與主權，第三個是確保中國作為亞太地區甚至其他地區的地緣政治影響。因此，中國的大戰略是在全面而廣泛的執行高度務實、意識型態淡化的戰略，以市場經濟推動國

及戰略選擇》，頁 109-165。門洪華，《構建中國大戰略的框架：國家實力、戰略觀念與國際制度》，序頁 2-3。

[111] 葉自成，《中國大戰略：中國成為世界大國的主要問題及戰略選擇》，頁 109-110。

[112] Avery Goldstein, *Rising to the Challenge: China's Grand Strategy and International Security*, pp. 38-48. Jian Yang, *The Pacific Islands in China's Grand Strategy*（U.S.: Palgrave Macmillan, 2011）, p. 47.

家實力，與大國維持良好關係，儘量避免戰爭，謹慎的推動軍事現代化，廣泛參與國際社會並獲取實質利益。因此，他們認為當前中國的大戰略是具有深謀遠慮（calculative）的，從經濟出發改善社會條件並提升國家實力，同時發展政府的合法性基礎，最終發展軍事實力，以及提高國際地位進而影響國際政治經濟秩序。最後，史溫尼（Swaine）與泰利（Tellis）認為未來影響中國大戰略的主要因素，則是經濟實力、軍事實力、與周邊國家關係及國內局勢變化[113]。

然而，中國大戰略除了體現中國自身實力的變化，也使中國大戰略同樣受到國際局勢變化與他國戰略選擇的限制。Avery Goldstein 特別指出，冷戰後至今的中國大戰略所處的環境有三個不變的因素制約，首先，雖然國際格局力量發生變化，但強權的排序並未有明顯的變化，中國仍然在於國際無政府架構下尋求它的國家利益，但是美國的主導地位仍是國際秩序的支配者，因此中國在追尋其國家利益過程中必須謹慎保持與美國的關係。其次，雖然科技發展所產生先進的武器與軍事事務革新使得軍事戰略思想有了重大轉變，但在大國之間力求完全平衡武器防禦已不可能，突發事件與核子打擊的威脅仍然是無法掌握的因素，所以在軍備上的「安全兩難」仍相當程度限制著中國的軍事戰略發展。第三，在地緣政治上，由於中國位於東亞大陸的地理事實無法改變，雖然目前中國在遼闊的邊界上沒有大國的威脅，但無法保證長期能避免大國的入侵，而周邊眾多的小國又與中國有歷史上的對抗，在中國崛起的時刻同時也對中國威脅感到憂心。而 911 事件後美國在中亞的軍事部署，又突顯出中國西部（新疆）邊界及少數民族議題與中亞地區政治變化的密切關聯，因此隨著國際局勢的變化，中國地緣政治的戰略方向，也因其複雜地理使得中國與周邊國家關係必須做出適時的調整[114]。

---

[113] Michael D. Swaine& Ashley J. Tellis, *Interpreting China's Grand Strategy: Past, Present, and Future.*（U.S.: Project Air Force/RAND, 2000）, pp. 7-11. 門洪華，《構建中國大戰略的框架：國家實力、戰略觀念與國際制度》，頁 54-55。

[114] Avery Goldstein, *Rising to the Challenge: China's Grand Strategy and*

在中國大戰略的實踐上，對外關係可以被當作一個很好的參照對象。Avery Goldstein 指出，1996 年中開始，中國領導人開始對外交政策做了兩項重要的轉變，包含以更實際行動來打消周邊國家的疑慮並致力於區域內的多邊合作，以及改善與大國之間的雙邊關係並發展各式各樣的戰略夥伴關係。然而早在 1996 年之前，中國就已經在外交上為將來大戰略做了先前的準備工作，例如解決邊界爭議與發展週邊國家關係，修復與西方與日本的關係，避開傳統安全聯盟可能帶來的風險，以及積極參與國際組織並發揮積極作用。因此，1996 年所浮現的中國大戰略並非是一個大膽的新嚐試，而是中國領導人對於過去外交政策延續的更明顯共識的反應[115]。

「和平崛起」是中國大戰略的縮影，也是目前中國對外關係的最高指導原則。2003 年 12 月 10 日，中國總理溫家寶在訪問哈佛大學時發表了〈把目光投向中國〉的演講，被視為中國第一次公開提出「和平崛起」的概念[116]。同年，胡錦濤在國內公開場合強調：「中國將堅定不移地走和平崛起的發展道路。」。隨後他進而指示，要「全力建構和平崛起理論，作為行為的指南。」。到了 2004 年 3 月 14 日，溫家寶在第十屆全國人大二次會議中提出中國和平崛起的五項目標：「第一，中國的崛起就是要充分利用世界和平的大好時機，努力發展和壯大自己。同時又要以自己的發展，維護世界和平。第二，中國的崛起應把基點放在自己的力量上，獨立自主、自立更生，依靠廣闊的國內市場、充足的勞動力資源和雄厚的資金累積，以及改革所帶來的機制創新。第三，中國的崛起離不開世界。中國必須堅持對外開放的政策，在平等互利的基礎上，同世界一切友好國家發展經貿關係。第四，中國的崛起需要很長的時間，恐怕要多少代人

International Security, pp. 27-29. Avery Goldstein 著，王軍、林民旺譯，《中國大戰略與國際安全》，頁 22-33。

[115] Avery Goldstein, *Rising to the Challenge: China's Grand Strategy and International Security*, pp. 118-119. Avery Goldstein 著，王軍、林民旺譯，《中國大戰略與國際安全》，頁 133-134。

[116] 溫家寶，〈把目光投向中國〉，《人民網》，2003 年 12 月 10 日，＜http://www.people.com.cn/BIG5/paper 39/10860/986284.html＞。

的努力。第五，中國的崛起不會妨害任何人，也不會威脅任何人。中國現在不稱霸，將來即使強大了也永遠不會稱霸。[117]」。

溫家寶的談話宣示了中國和平崛起的國家大戰略，也成為目前中國外交政策的指導方針。倪世雄指出，為了解決可能因為中國崛起所帶來與其他國家之間的可能衝突，中國和平崛起的大戰略在外交方面所呈現的核心理念就是透過所謂的「新安全觀」來因應。根據他的說法：「『新安全觀』的基本原則是『互信、互利、平等、協作』，強調以互信為本，以互利求合作，以平等求安全、以協作求治理。[118]」。中國「新安全觀」的提出與閻學通的建言有關，也是中國對於身處東亞地理位置的重新認識，因而以周邊穩定做為國家安全的首要課題。

閻學通認為，中國崛起將過去強調美國的重要性轉變成為以周邊外交為重點，並且從融入社會轉變為做負責任的大國，並以外交服務國家綜合實力而不是僅僅在經濟利益。因此，就中國的安全議題來說，東亞安全體系的建構是提供中國與周邊國家安全的有利環境，努力防止東亞地區國家之間生戰爭是符合中國利益的。基於東亞安全共同體的框架下，中國應該以東盟作為安全討論的機制，並且以睦鄰友好作為地區安全政策的出發點，同時爭取中國、美國、日本、俄羅斯四個東亞大國的合諧與穩定關係，以多邊主義作為地區安全的合作策略[119]。因此，閻學通的「新安全觀」在相當程度反映了中國在東亞地緣政治的現實，以及在過去歷史上所面臨的同樣問題，唯有透過建立與周邊國家安全合作及其它利益往來，才能使中國的內部獲得穩定發展，在創造東亞安全體系的同時，也是中國將影響力涵蓋全東亞地區甚至擴展到其他地區。

然而，中國大戰略應該包含更廣泛的面向，並在更為高層次的架構裡來思考中國大戰略的複雜性與其國家議題的關聯。如同 Jian

117 參見倪世雄，〈中國的和平崛起——特徵、含義及影響〉，朱雲漢、賈建國主編，《從國際關係理論看中國崛起》（台北：五南出版，2007 年），頁 119-134。
118 倪世雄，〈中國的和平崛起——特徵、含義及影響〉，頁 127。
119 閻學通、孫學峰，《中國崛起及其戰略》，頁 4-5、166-182。

Yang 所說，中國的大戰略應當包含三個大方向，即國家安全戰略、國家發展戰略與國家再統一戰略。Jian Yang 指出，「國家安全戰略是建立在外交戰略與國家防衛戰略基礎之上。國家發展戰略是更為複雜的部份，它包含著經濟、政治、科技、社會與文化發展戰略。而國家再統一戰略則與國家安全戰略及國家發展戰略極度關聯，特別是後兩者之間息息相關。如同早期中國領會了國家安全的軍事面向必須依靠強大的經濟基礎，另一方面經濟發展又需要和平的環境，但經濟發展不會自動帶來安全。[120]」。因此，如果只是把中國的國家安全簡化成對外部威脅的防範，很可能將會造成狹隘的觀點，因為中國的國家安全應該也包含國內的因素在內，例如中共的政權如何延續以及對於如何持續國內秩序。

圖 4-8　Jian Yang 的中國大戰略架構

資料來源：Jian Yang, *The Pacific Islands in China's Grand Strategy*（U.S.: Palgrave Macmillan, 2011）, p. 49.

同時，根據美國國防部最新出版的「2012 年中共軍力報告」中指出，在過去十年裡北京當局一直把中國大戰略設定在幾個主要目標，包含維持中國共產黨統治、持續經濟成長與發展、防禦國家主權與領

---

[120] Jian Yang, *The Pacific Islands in China's Grand Strategy*, p. 47-49.

土完整、促進國家統一、維持內部穩定與尋求中國成為世界大國。同時尋求外部環境的優勢來建構經濟與軍事的現代化。因此，中國大戰略的實施也有其所存在的潛在危機與問題。然而，北京當局也發現要平衡這些國家利益將會有逐漸提升的困難，包含與強權或其他國家之間可能發生的衝突，特別是在領土與主權的爭議上。是以北京當局小心翼翼的處理與周邊國家之間的關係，以穩定內部環境與國內發展[121]。

綜言之，中國大戰略除了國家實力、國家政策與對外關係的必須外，還因該兼顧地理的事實。如同黎安友（Andrew J. Nathan）與陸伯彬（Robert S. Ross）指出，「中國位於亞洲的事實，確定了他的外交優先的重點，……歷史傳統和地理環境為中國外交設定了議題。……對中國的國家安全而言，第一個目標是恢復和維護領土的安全，第二個目標是與鄰國發展合作同時，並防止西方力量對亞洲的控制，第三個目標是中國的外交政策力圖為經濟創造有利的環境」[122]。

黎安友（Andrew J. Nathan）與陸伯彬（Robert S. Ross）所強調的三個目標，就是中國大戰略在地緣政治層面的實踐。若從地理的範疇來看，即為中國國家安全三環的展現，一種延續傳統中國「天下觀」的新時代國家安全詮釋，即從自身地理範疇出發到周邊地區，再擴大到全世界的中國國家安全思考。也即是中國「新安全觀」外交與安全戰略的實踐。

中國國家安全的第一個目標，恰巧反應出其廣大領土與國內政治體制的不安全。由於中共政權的維繫有相當大部分在於維持經濟的持續發展與社會穩定，以及作為傳統大國的歷史記憶。因此，在維護漢族區域與邊疆少數民族的社會控制下，包含公安、武警、民兵達千萬專門化的安全力量，以及七大軍區的分布，都顯示中國對內部安全的控制投入極大的人力[123]。尤其在控制西藏與新疆這兩個少

---

[121] United State Department of Defense, 2012/5/18, “Military and Security Developments Involving the People’s Republic of China 2012,” pp. 1-52. DIA-02-1109-276.

[122] Andrew J. Nathan& Robert S. Ross, *The Great Wall and the Empty Fortress* , pp. 7-18.

[123] 陳萬榮，《從社會控制探討中共武警的角色與功能》（台北：國防大學戰略研究

數民族地區，以及對台灣的軍事佈局，Czeslaw Tubilewicz 認為這與 1842 年鴉片戰爭後中國歷史上頻遭外國勢力入侵有關，加上長遠的內戰時期，使得中國在 1949 年建國後便以維護國家「獨立自主主權」與「領土統一」為國家安全與外交的優先考量[124]。

例如，早期中國在 1950 年底決定加入朝鮮半島戰爭，就是因為美軍可能越過鴨綠江所致，如同 1950 年 10 月 4 日彭德懷在政治局上表態出兵朝鮮所說：「出兵朝鮮是必要的，打爛了，等於解放戰爭晚勝利幾年，如美軍擺在鴨綠江和台灣，它要發動侵略戰爭，隨時都可以找到藉口。」。同時，毛澤東也表示：「現在是美國人逼著我們打這一仗，……現在我們只有一條路，就是在敵人進佔平壤之前，……必須立刻出兵朝鮮。[125]」。而在 1955 年的中緬戰爭，1960 年代台海戰爭與對新疆獨立份子的鎮壓，以及 1969 年與俄羅斯發生珍寶島邊境戰爭，1996 年的台海飛彈危機等，都顯示中國對於領土完整統一的重視。

正因為中共政府知道主權與領土完整攸關國家存亡，特別是在邊疆地區（包含西藏、新疆與台灣）的控制，即使現今中國經濟發展快速並加入聯合國組織，在其「和平崛起」的意含背後仍不放棄對台策略可採取非和平方式。

中國國家安全的第二個目標，反應其周邊國家眾多（23 個）及地理位置上來自海洋與陸地夾擊的潛在威脅。因此，中共建政後的中國長期在蘇聯勢力的威脅以及美國勢力的圍堵下，歷經 20 年的腹背受敵。直到蘇聯瓦解後，讓中國在北方與中亞地區重新獲得外交上空間，尤其「上海合作組織」（SCO）國家的反恐合作經驗，不僅化解了中國內部的新疆獨立運動壓力，也為中國解決了來自陸地邊界的軍事威脅。改革開放政策的成功，使中國的經濟能量帶來外交上的實質影響，中國與「東南亞國家組織」（ASEAN）的經濟高度依賴，不僅

所碩士論文，2008 年），頁 3-4。Andrew J. Nathan 著，何大明譯，《中國政治變遷之路》（*Political Change in China*）（台北：巨流出版，2007 年），頁 63-64。

[124] Czeslaw Tubilewicz,"Stability, development and unity in comtemporary China," in Czeslaw Tubilewicz ed., *Critical Issues in Comtemporary China*（New York: Routledge, 2006）, pp. 11-12.

[125] 轉引自王丹，《中華人民共和國史十五講》，頁 24-25。

讓中國暫緩東南亞國家「中國威脅」的疑慮[126]，也替中國在東南海域的經濟與軍事活動開啟了廣大的空間。而主動召開「六方會談」以解決朝鮮核武危機，也使中國在東北亞安全扮演關鍵的角色。

事實上，中國主動對周邊國家釋出友好善意，並克制自己的行動以避免發生領土爭議，是中共政權在國內經濟發展優先的整體戰略一部份。如同陸伯彬（Robert S. Ross）所說，「中國 21 世紀的焦點在於經濟發展與和平崛起方面，反映出其早期的昂貴政策成本，即一個安全的中國來自於國內的優先與二次大戰後東亞安全秩序尋求的完整過程。中國領導人的下一個挑戰將是維持和平崛起時期的地區性穩定，以及經濟與軍事能力的持續成長。[127]」。

因此，中國國家安全的第三個目標是透過外交方式積極創造經濟發展的有利環境，反映出其出口貿易市場與國內能源安全的需要。所以 1990 年代中國發展出所謂的「新安全觀」外交政策，而將國家安全利益的重心從生存安全轉向經濟安全，並且主張國際安全與地區安全合作，以平等、友好和穩定的政治關係，結合經濟合作交流與軍事對話等機制，以達到政治、經濟與軍事三個層面的國家安全整合[128]。Mark Leonard 指出，「新安全觀」在傳統國家安全（軍事威脅）和非傳統安全之間做出區隔，1996 年大陸學者閻學通說服中共外長錢其琛對外放棄仇視，與周邊國家及東南亞地區發展友好關係，甚至由中國呼籲東協國家和中國在 2020 年以前一同建立東亞單一貨幣社區[129]。

另外，中國能源安全也使得中國外交政策發生轉向，透過與俄羅斯的石油與天然氣協定及陸上管線的投資興建落實，中國與俄羅斯再次成為「戰略伙伴」的關係。而對中東、中亞、拉丁美洲、非洲、東南亞國家的援外經濟及石油投資，也使中國在外交關係上透

---

[126] 李雅欽，《後冷戰時期中共對東南亞睦鄰外交戰略之研究》（台北：銘傳大學國家發展研究所碩士論文，2006 年），頁 66。

[127] Bates Gill, *Rising Star:China's New Security Diplomacy* , p. 17.

[128] 林欣潔，《從中共新安全觀看西部大開發》（台北，政治大學東亞研究所碩士論文，2002 年），頁 22。

[129] Mark Leonard 著，林雨蒨譯，《中國怎麼想》（*What Does China Think?*）（台北：行人出版，2008 年），頁 129-134。

過政治經濟「軟實力」得實踐而逐漸影響全球，特別是與美國外交關係交惡的國家；儘管中國在人權議題上飽受西方國家爭議，但其不干涉他國主權的外交立場卻獲得「第三世界」國家的推崇，特別是在中東扮演石油來源關鍵的伊朗。

中國國家安全的三環，從自身的領土安全與主權維護的「獨立自主外交」出發，並且採取對周邊國家的「睦鄰外交」，以及扮演「負責任大國」的「大國外交」，使得中國在國內、區域、全球層次都有相互關聯的策略運用，尤其當中國在 21 世紀開始加入各種世界組織，如 WTO、ASEAN、SCO 等，中國深知國際組織的加入，能強化其國家政治、經濟、軍事力量的影響力。而這國家安全三環的核心就在於持續發展國家經濟成長與維持外交良好關係，以及解放軍現代化的準備。

中國已經是東亞的大國，其影響力也開始放諸全球，如果說中國未來可能面臨的威脅來源，應該還是回到東亞安全問題層面。因此，美國與日本在亞太地區的未來發展，將是未來中國大戰略下國家安全所須考量的關鍵[130]。

四、結論——中國地緣政治密碼

在今日全球地緣政治的動態變化之中，國家大戰略如何能被實踐往往驅使各個國家試圖建立出一組可供操作型的地緣政治密碼（geopolitical code）。根據張錫模指出：「地緣政治思想作為一國國防與外交政策的主要指導思想，自人類出現存在著不同的政治共同體之間的的互動以來即已出現。19 世紀末期、20 世紀初期古典地緣政治理論興起後，更對此一指導思想作出理論性的概括與經驗性的示範。在學理上，此一作為國防與外交主要基準的地緣政治思維，稱為『地緣政治密碼』（geopolitical code）。……理論上有多少國家，就有不同套組的地緣政治密碼[131]。」。

---

[130] Kenneth B. Pyle, *Japan Rising*（New York: PubilcAffairs™, 2007）, pp. 310-316.

[131] 張錫模，《地緣政治上課講義》，頁 38-39。

在古典地緣政治理論中最為經典的地緣政治密碼就是麥金德與馬漢以及史派克曼的例子。最早在第一次大戰前後麥金德曾經提出「誰統治東歐就控制心臟地帶，誰統治心臟地帶就控制世界島，誰統治世界島就控制世界」（Who rules Eastern Europe commands the Heartland; Who rules the Heartland commands World-Island; Who rules World-Island commands the World.）的地緣政治密碼。而馬漢在 19 世紀末提出的「使用與控制海洋是世界歷史中（發展海權）的重大因素。」（It is easy to say in the general way, that use and contral of the sea is and has been a great factor in the history of the world.）則揭示了海權思想與制海權的概念。

然而，隨著第二次大戰後的歷史發展與國際格局的變化，史派克曼在麥金德與馬漢的知識基礎上改寫了麥金德的密碼，並提出「誰控制邊緣地帶便統治歐亞大陸，誰統治歐亞大陸便控制世界命運」（Who controls the Rimland rules Eurasia; Who Rules the Eurasia controls the destinies of the World）的新地緣政治密碼[132]。

但是，直到 1982 年間，才由 John Gaddis 比較完整的提出了「地緣政治密碼」的概念。他指出：「地緣政治密碼是一組具有長期存續性的操作型密碼（a set of operational codes），其背後蘊含著一組特定國家之外交與國防政策的政治——地理之假設[133]。」。Peter Taylor 與 C. R. Flint 則認為：「地緣政治密碼應當包括：國家利益的界定、標定對國家利益的外部威脅、一組對這些外部威脅的計畫性回應方案。[134]」。而根據地緣政治密碼的分析架構，Peter Taylor 與 C. R. Flint 進一步提出三個操作

---

[132] Saul Bernard Cohen, *Geopolitics of the World System*, p. 13-23.許介鱗等著，《臺灣的亞太戰略》，頁 9。Mahan A. T., *The Influence of Sea Power Upon History：1660-1783,* p. Preace.

[133] John Gaddis, *Strategies of Containment*（Oxford: Oxford University Press, 1982）, pp. 4-7. 張錫模，《地緣政治上課講義》，頁 38-39。

[134] Peter Taylor& C. R. Flint, *Political Geography: World System, Nation-State and Locality*（New York: Prentice Hall, 2000）, pp. 90-91.Asteris Huliaras,"（Mis）understanding the Balkans: Greek Geopolitical Codes of the Post-communist Era," *Geopolitics,* Vol. 11, 2006, pp. 465-483.

層次密碼，也就是依全球層次（global-level）、區域層次（regional-level）與地方層次（local-level）來分析一國的地緣政治密碼。在地方層次密碼則偏向對周邊國家的評估，在區域層次密碼則在國家如何能在附近國家間保持強權，只有少數大國才能擁有全球範疇的地緣政治密碼[135]。

然而，Asteris Huliaras 也指出了一個事實，就是「地緣政治密碼與視野並非恆久不變與穩定，而是處於變動的過程。」。雖然地緣政治密碼對特定國家都是獨特的，但這些密碼不可能在真空中產生，在全球性的國際體系中，一國的地緣政治密碼經常受到其他國家的地緣政治密碼影響。尤其當某一國家飽受戰爭失敗的經驗後，也被迫學習如何重新看待它們的地緣政治密碼，甚至改變它們的地緣政治密碼[136]。

如同張錫模所說，每個大國都應該有它的地緣政治密碼，例如法國在 19 世紀末到 20 世紀中期的外交政策長期立足於三組地緣政治密碼，即在「地方層次壓制德國，在區域層次牽制俄羅斯，在全球層次與大英帝國爭霸。」。然而，法國在第二次大戰期間飽受德國的摧殘，也隨著逐步撤出海外擴張，以及後冷戰時期的國際局勢變遷，使得它的地緣政治密碼必須重新修正。而在 21 世紀初期，法國重新調整其地緣政治密碼為「鞏固德法軸心、壯大歐盟、拉攏俄羅斯與中國，共同挑戰美國的世界霸權。」[137]。那麼，中國的地緣政治密碼又是如何？

古代中國長期在東亞的地理結構展現出其大國的態度，但是卻由於對「天下觀」的自我滿足，使其對於控制邊疆與周邊國家成為最主要的安全考量，在長期來自北方的威脅過程中，古代中國將自己的影響力範疇維繫在東亞區域的控制，因而形成「控制邊疆、維持周邊認同、立足東亞」的地緣政治密碼。然而，世界局勢來到 19

---

[135] Asteris Huliaras,"（Mis）understanding the Balkans: Greek Geopolitical Codes of the Post-communist Era," p. 466.

[136] Asteris Huliaras,"（Mis）understanding the Balkans: Greek Geopolitical Codes of the Post-communist Era," p. 466. 張錫模，《地緣政治上課講義》，頁 38-39。

[137] 張錫模，《地緣政治上課講義》，頁 38-39。

世紀中葉以後，卻也浮現出其對海洋勢力認識的不足，因而掀起清末的海防與塞防之辯。到了近代以來，隨著中共建政至今與改革開放的成果影響下，中國重新認識了海洋的重要性。

若以當前中國的地緣政治密碼而言，John Mauldin 認為，從中國內在形成的兩大地理特質中，中國擁有心臟地帶與邊疆地帶的特質，因此從古代中國以來，漢人居住的心臟地帶便設法以控制邊疆地帶為主要安全考量。即便是當代中國經濟改革開放以後，這種來自於中國地緣政治的特質仍然影響中共的地緣政治思想，因此中國內在的地緣政治密碼為：「維持漢人心臟地帶的完整統一、維持對邊疆緩衝地帶的控制、保護沿海避免外國入侵。」[138]。

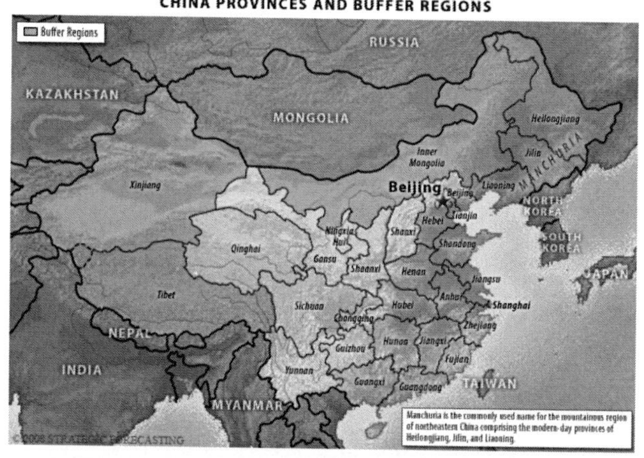

圖 4-9　中國行省與緩衝區

資料來源：John Mauldin, June, 15, 2008.“The Geopolitics of China: A Great Power Enclosed,” U.S.Stratfor,＜www. stratfor.com＞.p. 5.

[138] John Mauldin, June, 15, 2008.“The Geopolitics of China: A Great Power Enclosed,” U.S.Stratfor,＜www. stratfor.com＞., pp. 1-14.

但是，John Mauldin 所提到的地緣政治密碼僅限於中國內部地緣政治的邏輯，亦即只論及 Peter Taylor 與 C. R. Flint 所說的地方層次，而未提到區域與全球層次。因此，本文認為要完整的呈現中國的地緣政治密碼，可以延續 Peter Taylor 與 C. R. Flint 的三個操作型層次密碼，即全球層次（global-level）、區域層次（regional-level）與地方層次（local-level）地緣政治密碼來加以分析。

因此，在三個分析地緣政治密碼層次方面，中國的地緣政治密碼應為：在地方層次「穩定漢人心臟地帶、控制邊疆緩衝區域、持續發展經濟與國家實力」，在區域層次「讓利周邊小國、友好接鄰大國、維持東亞地區影響實力」，在全球層次「與俄羅斯結盟、經營國際組織架構、邁向與美國共同治理全球發展」。這三組地緣政治密碼，包含著現今國際政治的動態現實以及中國自身的地緣政治環境考量。

首先，在地方層次採取「穩定漢人心臟地帶、控制邊疆緩衝區域、持續發展經濟與國家實力」的策略，主要是因為中國本身地緣政治與地理位置的基本內在邏輯所致。由於中國在歷史發展的形成過程中始終維持二個部份治理的架構，因此從漢人治理的事實來看，自古以來的中國總是形成兩個世界的分野治理。儘管到了鄧小平時期及以後，中國漢人的統治權威仍然主宰該地區的最高統治與文明建構，因而發展出行省與民族自治區的統制架構。而在人口分布與城鎮化以及經濟發展的動態結果，鄧小平的「先讓一部分地區富起來」的策略，也反映了中國經濟地理與漢人政權維繫下必須先發展心臟地帶的策略。

因此，在先發展漢人心臟地帶並維持該地區社會穩定便成了第一個優先的問題。此外，在發展了漢人心臟地帶以後，回過頭加強控制與提升邊疆地區生活，成為中國當局將綜合國力擴展到全領土範疇的主要策略。基於邊疆與周邊勢力的歷史聯繫，以及建立中國邊界安全的緩衝地帶，對於邊疆的控制因而直接對中國國家安全的祖國統一與完整性有關鍵作用。也因而使得中國得以在心臟地帶與邊疆地區獲得安全以後，能夠繼續推動國家經濟以營造其大國實力。

其次，在區域層次採取「讓利周邊小國、友好接鄰大國、維持東亞地區影響實力」的策略，可以使中國以和平崛起來降低周邊國家對中國威脅的疑慮，同時透過經濟讓利來吸引周邊小國的依附。而友好接鄰大國則是出於中國周邊仍有幾個大國存在，例如俄羅斯、日本、印度等。因此以大國雙邊或東盟等多邊外交關係來建立與大國的夥伴關係，也成為中國「新安全觀」下的外交戰略。因而中國的崛起宣稱其和平方式的決心，其實不是單純為反制中國威脅論的動機，而是基於地緣政治周邊的戰略選擇。也唯有與周邊小國及大國建立讓利與友好關係，中國才有立足東亞並發揮其影響實力的可能。我們可以從中國積極主導上海合作組織、東盟、朝鮮危機六方會談、博鰲論壇等區域型組織建構發現，中國利用其政治與經濟及軍事等實力試圖建立其東亞主導大國的企圖心，就是一組區域層次的地緣政治密碼思維。

第三，在全球層次採取「與俄羅斯結盟、經營國際組織架構、邁向與美國共同治理全球發展」的策略，中國必須考量到當前國際政治結構下大國政治主導事實，並且辨別出它的主要朋友與敵人，以及其潛在的競爭對手。因此，在中俄歷史過程與地理大幅接鄰以及過去意識形態盟友的多重因素考量下，中國顯然必須與俄羅斯維持著最親密的戰略夥伴關係。並且透過自身與俄羅斯在國際組織裡（如聯合國）的力量，積極營造出負責任大國的形象，以減低來自西方集團的潛在對抗，使共同的目標建在平衡美國單極霸權的現下局面。並且，進而以中國的政治與經濟影響力，以及日增的東亞軍事實力來促進美國與之對話，從而分享美國霸權在全球的利益，而不是直接挑戰美國的軍事實力。因此，我們可以看到中國即使在發展軍事現代化時日益向海外擴張，但面對美國的外交關係上，仍然顯出相對的自我克制，並避免與美國在亞太地區發生直接衝突。

最後，如果將中國的地緣政治密碼按照麥金德的三段式名言，即「誰統治東歐就控制心臟地帶，誰統治心臟地帶就控制世界島，誰統治世界島就控制世界」的模式來加以說明，則本文以為，中國的地緣政治密碼或可簡化為：「誰統治中國邊疆就控制中國心臟地帶，誰統治中國心臟地帶就控制東亞、誰統治東亞就分享全球利益」。

正如同大陸學者武曉迪明白的指出：「由於在中亞的國際利益與在新疆的國內利益緊密交織，新疆的穩定與安全便成為中國實現『確保一方平安』這一海洋大戰略的重要目標。沒有一個穩定的新疆，整個亞洲內陸邊疆乃至於海洋地帶的穩定將會受到嚴重的威脅，因為大規模疆獨運動將在台灣、西藏和內蒙古產生連帶效應。[139]」。而這也是本書所強調新疆（邊疆）對中國國家安全至為關鍵的根本原因。

[139] 武曉迪，《中國地緣政治的轉型》，頁 196-197。

結論

作為一個東亞歷史大國，中國曾經有千年以上的燦爛輝煌時期，並且深刻影響周圍國家而成為歷史舞台的中心。但自從中國在鴉片戰爭以後經歷了百年以上的衰退，直到近 30 年才受到改革開放經濟成功的成果而使中國國家實力重新崛起。中國的崛起不僅象徵著中國本身的歷史意涵，也為今日國際社會結構裡的大事，因而中國崛起究竟是否帶來所謂的中國威脅問題，也就成了中國本身強調和平崛起論述的出發點。

然而，理解中國是否對其他國家造成所謂的中國威脅論，要從中國的邊疆與安全的歷史結構觀點出發，同時分析中國在東亞地緣政治結構裡的位置。同時，在中國傳統的「天下秩序」世界觀影響下，當代中國也有保留了相當的文化精隨展現在對外的關係下，而這就是「新朝貢體制」雛形下的對外政策。

另外，解讀中國的國家大戰略成為延續對中國邊疆與安全研究的總體歸納，並在建立中國的地緣政治密碼作一番註解。並且從中國的地緣政治密碼中可以發現，即便中國在對外發展戰略有許多建樹，但真正攸關中國國家安全的變動不在外部威脅，而經常發生在內部範圍，特別是在邊疆（新疆）安穩議題上，更是中國漢人心臟地帶（北京）維繫統治的關鍵。

一、影響中國安全的四個關鍵

前蘇聯瓦解帶來了世界地緣政治格局的轉變，使得國際關係理論的邊界、跨界民族與能源政治議題日顯重要。相對的，傳統地緣政治理論的海權、陸權對抗也出現質疑，而中國就是一個兼具海陸大國並邁向發展的例子。因此，本書從中國邊疆與邊界的形成過程探討中國地緣政治特性與其國家安全觀，並試圖解讀其國家大戰略。同時，透過地緣政治環境與國家戰略的總體探討，來解釋中國兼具海陸大國的地緣政治特性與傳統地緣政治認為「海陸兩難」之間差異性，何以中國能在相關外交戰略實踐中加以突破。

在此，本書整理四個影響中國安全的關鍵，提供讀者分享。首先第一個關鍵是，在思考中國的地緣政治問題上，應先理解其歷史文化主觀因素與客觀地理事實。因此，必須先認知歷史之「中國」與邊疆形成中不斷的分裂整合、戰爭吞併過程，已使當前中國發展出歷史的最大邊界，從而完整它的國家安全縱深與達到鴉片戰爭之後的空前最佳環境。本書認為，在 21 世紀中國宣佈和平崛起與面向海洋同時，傳統地緣政治理論所謂的「海陸兩難」，並不因此對中國造成問題，其關鍵就在於世界局勢的動態性質與中國國家戰略之間的適應性與平衡發展。尤其中國對外部周邊國家宣示和平與互利互助，並通過國際機制來發揮其軟性實力，為它爭取了陸地邊界安全的有利條件，加上經濟發展實力所帶動的軍事現代化，使得中國開始尋求向海洋發展。

另外，新疆問題是中國內部最大的國家安全威脅。由於跨界民族與亞洲地理軸心因素，使新疆容易受到境外因素的影響。因此，中國基於新疆（邊疆）穩定而組成上海合作組織，並加強打擊「三股勢力」與穩定「祖國統一」。原因在於，新疆是中國西陲多民族大省，也是中國西向中亞與歐亞大陸的門戶，無論從領土、政治、周邊外交議題，或是西部大開發、經貿與能源安全，以及延伸至中亞地區恐怖主義活動，新疆獨特地理位置與受到境外歷史文化影響，深刻牽動著中國國家安全。

其次，第二個關鍵則是中國大戰略該如何思考。中國大戰略除了國家實力、國家政策與對外關係的必須外，還應該兼顧地理的事實。如同黎安友（Andrew J. Nathan）與陸伯彬（Robert S. Ross）指出，「中國位於亞洲的事實，確定了他的外交優先的重點，……歷史傳統和地理環境為中國外交設定了議題。……對中國的國家安全而言，第一個目標是恢復和維護領土的安全，第二個目標是與鄰國發展合作同時，並防止西方力量對亞洲的控制，第三個目標是中國的外交政策力圖為經濟創造有利的環境」[1]。

黎安友（Andrew J. Nathan）與陸伯彬（Robert S. Ross）所強調的三個目標，就是中國大戰略在地緣政治層面的實踐。若從地理的範疇來看，即為中國國家安全三環的展現，一種延續傳統中國「天下觀」的新時代國家安全詮釋，即從自身地理範疇出發到周邊地區，再擴大到全世界的中國國家安全思考。也即是中國「新安全觀」外交與安全戰略的實踐。

因此，中國國家安全的第一個目標，恰巧反應出其廣大領土與國內政治體制的不安全。由於中共政權的維繫有相當大部分在於維持經濟的持續發展與社會穩定，以及作為傳統大國的歷史記憶。因此，在維護漢族區域與邊疆少數民族的社會控制下，包含公安、武警、民兵達千萬專門化的安全力量，以及七大軍區的分布，都顯示中國對內部安全的控制投入極大的人力[2]。尤其在控制西藏與新疆這兩個少數民族地區，以及對台灣的軍事佈局，Czeslaw Tubilewicz 認為這與 1842 年鴉片戰爭後中國歷史上頻遭外國勢力入侵有關，加上長遠的內戰時期，使得中國在 1949 年建國後便以維護國家「獨立自主主權」與「領土統一」為國家安全與外交的優先考量[3]。

而中國國家安全的第二個目標，則反應其周邊國家眾多（23 個）及地理位置上來自海洋與陸地夾擊的潛在威脅。因此，中共建政後的中國長期在蘇聯勢力的威脅以及美國勢力的圍堵下，歷經 20 年的腹背受敵。直到蘇聯瓦解後，讓中國在北方與中亞地區重新獲得外交上空間，尤其「上海合作組織」（SCO）國家的反恐合作經驗，不僅化

---

1 Andrew J. Nathan & Robert S. Ross, *The Great Wall and the Empty Fortress* , pp. 7-18.

2 陳萬榮，《從社會控制探討中共武警的角色與功能》（台北：國防大學戰略研究所碩士論文，2008 年），頁 3-4。Andrew J. Nathan 著，何大明譯，《中國政治變遷之路》（*Political Change in China*）（台北：巨流出版，2007 年），頁 63-64。

3 Czeslaw Tubilewicz,"Stability, development and unity in comtemporary China," in Czeslaw Tubilewicz ed., *Critical Issues in Comtemporary China* （New York: Routledge, 2006）, pp. 11-12.

解了中國內部的新疆獨立運動壓力，也為中國解決了來自陸地邊界的軍事威脅。改革開放政策的成功，使中國的經濟能量帶來外交上的實質影響，中國與「東南亞國家組織」（ASEAN）的經濟高度依賴，不僅讓中國暫緩東南亞國家「中國威脅」的疑慮[4]，也替中國在東南海域的經濟與軍事活動開啟了廣大的空間。而主動召開「六方會談」以解決朝鮮核武危機，也使中國在東北亞安全扮演關鍵的角色。

另外，中國國家安全的第三個目標，則是透過外交方式積極創造經濟發展的有利環境，反映出其出口貿易市場與國內能源安全的需要。所以 1990 年代中國發展出所謂的「新安全觀」外交政策，而將國家安全利益的重心從生存安全轉向經濟安全，並且主張國際安全與地區安全合作，以平等、友好和穩定的政治關係，結合經濟合作交流與軍事對話等機制，以達到政治、經濟與軍事三個層面的國家安全整合[5]。Mark Leonard 指出，「新安全觀」在傳統國家安全（軍事威脅）和非傳統安全之間做出區隔，1996 年大陸學者閻學通說服中共外長錢其琛對放棄仇視，與周邊國家及東南亞地區發展友好關係，甚至由中國呼籲東協國家和中國在 2020 年以前一同建立東亞單一貨幣社區[6]。

因此，中國的大戰略是透中國國家安全的三環來實踐，從自身的領土安全與主權維護的「獨立自主外交」出發，並且採取對周邊國家的「睦鄰外交」，以及扮演「負責任大國」的「大國外交」，使得中國在國內、區域、全球層次都有相互關聯的策略運用，尤其當中國在 21 世紀開始加入各種世界組織，如 WTO、ASEAN、SCO 等，中國深知國際組織的加入，能強化其國家政治、經濟、軍事力量的影響力。而這國家安全三環的核心就在於持續發展國家經濟成長與維持外交良好關係，以及解放軍現代化的準備。

---

4 李雅欽，《後冷戰時期中共對東南亞睦鄰外交戰略之研究》（台北：銘傳大學國家發展研究所碩士論文，2006 年），頁 66。

5 林欣潔，《從中共新安全觀看西部大開發》（台北，政治大學東亞研究所碩士論文，2002 年），頁 22。

6 Mark Leonard 著，林雨蒨譯，《中國怎麼想》（*What Does China Think?*）（台北：行人出版，2008 年），頁 129-134。

另外，本書提出一組中國地緣政治密碼的組成，作為第三個關鍵的基礎。那就是中國已經是東亞的大國，其影響力也開始放諸全球，如果說中國未來可能面臨的威脅來源，應該還是回到東亞安全問題層面。因此，美國與日本在亞太地區的未來發展，將是未來中國大戰略下國家安全所須考量的關鍵[7]。

若根據 John Mauldin 所提到的地緣政治密碼僅限於中國內部地緣政治的邏輯，亦即只論及 Peter Taylor 與 C. R. Flint 所說的地方層次，而未提到區域與全球層次。因此，本書認為要完整的呈現中國的地緣政治密碼，可以延續 Peter Taylor 與 C. R. Flint 的三個操作型層次密碼，即全球層次（global-level）、區域層次（regional-level）與地方層次（local-level）地緣政治密碼來加以分析。

是以第三個關鍵為，中國的大戰略實踐在地緣政治密碼上，可以用三個地緣政治密碼層次架構分析，因此，中國的地緣政治密碼應為：在地方層次「穩定漢人心臟地帶、控制邊疆緩衝區域、持續發展經濟與國家實力」，在區域層次「讓利周邊小國、友好接鄰大國、維持東亞地區影響實力」，在全球層次「與俄羅斯結盟、經營國際組織架構、邁向與美國共同治理全球發展」。這三組地緣政治密碼，包含著現今國際政治的動態現實以及中國自身的地緣政治環境考量。

正如同大陸學者武曉迪明白的指出：「由於在中亞的國際利益與在新疆的國內利益緊密交織，新疆的穩定與安全便成為中國實現『確保一方平安』這一海洋大戰略的重要目標。沒有一個穩定的新疆，整個亞洲內陸邊疆乃至於海洋地帶的穩定將會受到嚴重的威脅，因為大規模疆獨運動將在台灣、西藏和內蒙古產生連帶效應。[8]」。而這也是本書所強調新疆（邊疆）對中國國家安全至為關鍵的根本原因。

如果將中國的地緣政治密碼按照麥金德的三段式名言，即「誰統治東歐就控制心臟地帶，誰統治心臟地帶就控制世界島，誰統治世界島就控制世界」的模式來加以說明，則中國的地緣政治密碼或

7 Kenneth B. Pyle, *Japan Rising*（New York: PubilcAffairsTM, 2007）, pp. 310-316.

8 武曉迪，《中國地緣政治的轉型》，頁 196-197。

可簡化為：「誰統治中國邊疆就控制中國心臟地帶，誰統治中國心臟地帶就控制東亞、誰統治東亞就分享全球利益」。

因此，當前中國國家安全不在邊界之外，而在邊界之內。中國所尋求的外交行為大都是內政的反應，尤其強調「主權獨立完整」與「領土統一」原則，這是基於「中國」與邊疆形成過程的歷史認識，也是當前中共維繫政權的最後基石。因此，中國的和平崛起仍將限定於區域霸權的位置，就在於它需要處理太多邊界內外的周邊議題，而不是以全球影響力為優先考量。也唯有先穩定中國自身的邊疆與內部政權合法性危機，中國才有向周邊發揮影響力的實力，最後才是往全球影響力實踐[9]。

第四個關鍵則是，一個殘酷的事實是美國在西太平洋對中國形成包圍之勢，因而使中國發展海權必須先挑戰美國的國家利益。在現今中國需要美國出口市場以及中國內部必須維持高度經濟成長時刻，中國強調和平崛起有其東亞地緣政治與國際外交的現實考量，也注定了中國未來不是全球強權，而僅限於區域的霸權而已[10]，必須將根本立足於東亞地區之上，與美國分享全球利益，採取與美國共榮共利而不是對抗。

二、理論意涵：海陸兩難困境與中國的戰略選擇

回顧人類歷史中對地理因素與政治之間的影響，最早可溯及亞里斯多德對城邦政治的研究，亞里斯多德以為人口與領土大小、品質問題，以及首都、陸海軍組成，甚至於邊疆等特質都受到物質環境的本質所影響，尤其是氣候因素的決定。而孟德斯鳩深受亞里斯多德以來的國家規模與氣候因素的影響，也曾進行統治問題的相關研究。到了 19 世紀時期，德國學者 Carl Ritter 的「國家成長循環論」則提出了「有機體」的觀點說明國家的成長，而拉采爾結合亞里斯多德觀點與 Carl Ritter 的方法論則開啟了政治地理學的新頁。

---

[9] Zbigniew Brzezinski, *The Grand Chessboard,* pp. 158-173..

[10] Zbigniew Brzezinski, *The Grand Chessboard,* pp. 158-173..

「地緣政治」(Geopolitics)一詞，最早由 19 世紀末德國學者克傑倫提出，並將之定義為：「國家作為地理有機體或空間現象的理論」，此後無論相關研究學者定義「地緣政治」一詞，大多不脫離「地理差異」與「政治差異」為主要研究對象。按北京大學教授李義虎的解釋，這種傳統地緣政治理論的研究，「以海陸（空）差異作為最大的地緣政治差異，延續出一種地緣政治學基本理論的二分法主脈，從而形成了地緣政治學這一特殊學科的理論架構。」。李義虎指出，「這一主脈主要體現在四個層次：第一層次是海權與陸權的對立，第二層次是大陸心臟地帶與邊緣地帶的對立，第三層次是將地緣政治上的二分法延續到地緣經濟上，形成核心地區——邊緣地區的劃分，第四層次是在此基礎上所展示的地面空間和空中空間的區別，出現了空權和海權、陸權的對應。」[11]。

空權的出現雖然為地緣政治帶來三度空間的發展面，但回到根本，傳統地緣政治理論仍以陸權與海權的對抗作為國際關係現實層面的實踐，加上地緣政治理論對國家戰略和外交政策產生過長期而重大的現實影響，因而使地緣政治理論成為國際關係相關研究中最為尋求兼備理論與事實的學科。這也深刻的影響了地緣政治理論的研究範圍逐步擴大，涉及了地理學、政治學、經濟學、社會學、歷史學、國際關係和戰略學等[12]。

然而，二分論的地緣政治傳統並非只呈現包含海權與陸權等層面的對抗，從人類生存的地球空間來看，海權同陸權的分析視野也同時將彼此納入分析而形成二分法必須在實踐上獲得整合。從傳統的地緣政治理論的分而為二之中，實則包含了二合為一的整合條件。尤其在「地理差異」與「政治差異」的研究主脈下，使得過去地緣政治學者像是馬漢、麥金德、豪斯霍夫、史派克曼，乃至於科恩等人，都直接或間接的承認不同國家的地理條件、人口、氣候等，以及發展陸權或是海權的戰略取向等因素，將對不同國家的地緣政治發生不同的作用。是以，人類歷史中的國際關係動態性發展，使得地緣政治理論必須以動態的方式反應，而不是靜態的內容形式。

---

11 李義虎，《地緣政治學：二分論及其超越》，頁 1-21。
12 李義虎，《地緣政治學：二分論及其超越》，頁 1-21。

因此，在 21 世紀世界政治的動態發展下，傳統的地緣政治理論所研究的主要二分法脈絡明顯的出現理論性的轉變與不足。其中，傳統地緣政治理論的不足，可以包含著以下五個問題。首先是海陸兩難的二分法危機必須獲得整合。由於自麥金德以降所揭示的陸人與海人的歷史鬥爭，主要反映出傳統國家安全的考量層面，特別是反映在傳統軍事安全部分，因而使得國際關係乃至地緣政治理論的發展都著重於國家生存與軍事安全的議題上。但是，隨著國家利益與國家安全議題的擴大化，即便是在國際關係研究領域中，非軍事安全的國家安全概念已逐漸擴大成為國家利益的參照，也因此使得傳統地緣政治理論的對抗性思維必須更進一步的採取整合性的思維。亦即，在國家安全概念的軍事與非軍事安全的概念轉變下，基於一國的終極利益所在，海權與陸權國家是可以採取合作的態勢而不是只有對抗的形式。這一點，可以在美國與中國的近代外交政策轉變上獲得例證。

其次是人類的科技發展，已經使得陸地與海洋，甚至於空中疆域的界線，獲得了全面性的超越。從空權的發展到核導彈的年代，基本上人類的科技發展除了軍事裝備外，訊息戰爭的出現也使得不同國家間的爭鬥，呈現多維度的空間競爭。而傳統歐亞大陸心臟地帶與海洋及邊緣地帶國家的對抗，也使地理空間侷限性因為人類科技的日新月異而失去所謂「心臟地帶」的安全緩衝區。是以，麥金德所說的歐亞大陸的歷史軸心區（心臟地帶），可能因前蘇聯與中國的合作開發鐵道網路進合統治歐亞大陸；在今天來看，包含美國、俄羅斯、中國、印度與巴基斯坦等國都有足夠的導彈能力對「心臟地帶」地區進行攻擊。所以在核時代的地緣政治裡，海權國家與陸權國家的對抗觀點，也自然必須以新的國家利益與戰略觀來評估，而出現海權國家與陸權國家結盟以對抗第三國的可能，因而使得國際關係的外交實務面向，在核時代的地緣政治觀點下有海權國家與陸權國家之間合作的整合性。尤其在聯合國的多項組織中，集體安全與裁軍等議題，也可視為對核時代地緣政治理論的反思。

第三個是傳統地緣政治理論所分析者，多以一個國家為完整的有機體為思考，但卻忽略了一個國家內部族群因素與邊疆形成的動態過程。尤其回顧 19 世紀到 20 世紀的歷史發展中，受到西方殖民勢力競逐的影響，許多世界地圖都面臨著邊疆與邊界變動的事實，而其間的族群、性別、宗教等議題也懸而未決，因此造就了諸如庫德族、巴基斯坦等尋求獨立建國族群團體的國際衝突，也包含了中國新疆地區的維族獨立運動。是以，在這些異議族群團體所存在之空間乃形成科恩所謂的「不服從地區」，或是「破碎地帶」的地緣政治地理特質。

而從美國的發展海權歷史上來看，美國歷史學者特納認為基本上在 19 世紀末期，美國的領土擴張透過戰爭形式已經完成了對疆域內的控制，使得美國的邊疆過程完成，反過來說，美國在發展海權之前就已經處理好陸地邊疆與邊界問題，因而使美國沒有邊疆問題。但是，從中國的例子中發現，中國的邊疆仍然存續著，並不因為其對領土的控制加強而改變，反而是由於許多根深蒂固的歷史因素與族群發展，使得中國的邊疆受到新疆、西藏甚至於台灣議題等的影響，而有未竟完成邊疆安全的事實。

因此，中國在 1990 年代以前，在國內少數民族獨立運動鼎盛同時，尚且要面對來自於邊界外部的前蘇聯國家安全威脅，其陸地邊疆與邊界的危險情勢，自然不允許其同時發展陸權與海權的戰略考量。也唯有在 1990 年代以後中國逐步的透過外交關係改善其國家陸地邊界的安全，並透過上海合作組織（SCO）的架構來進行對內部少數民族的獨立運動鎮壓，以內外夾擊的方式來降低其邊疆安全與反對勢力的威脅，才能以陸地邊疆的安全前提下來發展其國家 21 世紀的海洋邊疆安全戰略。這也就是為何內部族群議題與國家邊疆的動態型成過程，其實反映出並牽動著當代地緣政治理論中，某一國欲發展陸權或是海權之前所必須面對的課題，而不是一廂情願的純粹就地理面貌特質來決定其發展陸權或是海權的導向。

同樣的，以德國、法國與中國同為兼具海陸大國的地緣政治地理特質來看，德國與法國的邊疆問題自一次大戰前至今便懸而未決，尤其以亞爾薩斯與洛琳兩省邊界議題為最，這也就造成了此二國必須先處理陸地邊界問題，而無法全力發展海洋力量的根本原因。所以地緣政治理論中常引此二國為「海陸兩難」發展的案例，從表面的地理特性來看，似乎多以同時兼顧海洋與陸地安全的成本過大，因而使德國與法國兩者不能超越此「地緣政治魔咒」。但若從內部族群與邊疆形成的動態過程來看，則中國的案例，或可說明先處理陸地邊疆與邊界安全前提的陸權發展下，進而尋求往海洋疆域發展的海權面向是可能的。

也就是說，如同大陸學者武曉迪、李義虎與葉自成等人所提出，優先發展陸權並將之鞏固，進而發展海權之面向，是中國的地緣政治兼具海權與陸權的地理特質潛力下，所可能在 21 世紀同時成為陸權與海權大國的原因。其關鍵還是在於中國在東亞地理位置的大陸面向根本，必須在根本上取得了陸地邊疆的安定，才能尋求海洋邊疆的發展。同理，先陸權發展再尋求海權突破，當然也是一個國家的戰略選擇基於地理事實與地緣政治特質的總體考量。

第四個是全球化與區域化問題。傳統的地緣政治理論自一戰前到冷戰時期為止，多反映出與國際關係現實主義不謀而合的取向，但隨著冷戰的結束，國際間地緣經濟的重要意涵逐漸取代傳統地緣政治的安全觀點，因而新自由制度主義者所強調的經濟互賴議題也成為國際關係乃至於地緣政治理論中的主要內容。尤其能源政治的議題隨著全球化經濟發展影響，以及地球生態環境的公共財議題等，使得陸權國家與海權國家都必須面臨地球環境與全球化發展議題所衍生的共同生存危機。因此，在全球化的地理「空間壓縮」下，對於經濟財貨與環保議題的平衡，也就讓後冷戰時期的地緣政治有不同於傳統地緣政治理論的思維。或者說，能源危機攸關著各國經濟發展的能量，使得石油等能源爭奪戰爭改變了傳統地緣政治的海權與陸權發展的佈局，也使得中國在 1990 年後因為石油的淨進口局勢下，逼使它必須尋求往海洋資源的需求。而帶動其海權思想的發展，關於這點，在本書的第三章中有相關的例證顯示。

再者，除了全球化的發展外，地區化發展也對傳統地緣政治理論發生了影響。從地緣經濟的角度來看，陸權與海權對抗的傳統面向，在東亞經濟圈中有不同的解讀。即便是東南亞國家對於「中國崛起」帶有隱在的威脅感受，但 David Kang 卻也明確的指出，在經濟誘因與安全威脅的成本比對之下，東南亞國家甚至包含南韓與日本等國家，都寧願以實務的經濟考量計算，來選擇與中國進行更親密的經濟合作與外交關係。

因此，雖然日本為美國的傳統海權聯盟國家，但面對中國的龐大經濟實力以及地緣經濟圈的便利性，以中國經濟實力為主體的東亞經濟圈與區域組織建立，正是反映出地緣經濟對於傳統地緣政治的影響已逐步擴大。此外，中國在中亞地區與俄羅斯等國家的經濟合作，不僅改變了歐亞大陸心臟地帶的權力佈局，也對中國的陸權發展提供了前進中亞地區並擴大其邊疆安全的契機。因此，中國學者張文木曾說，中國的國家利益到了哪裡，中國的邊疆安全就到了哪裡，自然的，中國的國家安全就到了哪裡。

區域化的經濟戰略佈局，帶動了中國的國家安全佈局，也使得中國的勢力影響範圍隨著區域化經濟的建構，特別是東亞經濟圈的建立，直接影響了中國在東亞地緣政治中的影響力，從第四章中的 Robert Kaplan 所繪地圖中中便可發現此一事實。因此，傳統地緣政治理論脈洛中，自麥金德的「新月地帶」開始到以史派克曼為主的「邊緣地帶」構圖，其實已經無法形成海權國家對陸權國家（特別是中國）的包圍之勢。這也就是為何美國自喬治肯楠的「圍堵政策」以及相關冷戰時期的地緣戰略觀點，必須在後冷戰時期開始改由柯林頓政府進行與中國「擴大交往」（engagement）所替代的原因。

第五個是國際關係與國際社會動態結構中的行動者（特別是國家）之戰略選項。德國在一次戰前到二戰期間致力於歐洲大陸的擴張，而法國則試圖抵禦來自德意志帝國的威脅，此間歐洲大陸的地理擠壓使得這兩個國家在面臨生存戰爭時刻，必須優先發展陸上強權實力，但也因為彼此之間的接鄰位置與實力消長，使得這兩個國家都無發同時發展陸權與海權，因而失去成為兼具海陸大國的契機。俄羅斯帝國到前蘇聯時期，都因為帝國領土幅員廣大以及天然的地理屏障等因素，而必須發展陸地軍事強權，隨著 20 世紀初的北海與遠東艦隊對日戰爭挫敗，前蘇聯的海權思想乃改以防禦性為主體。而美國則受到馬漢的海權思想影響，在完成陸地邊疆的擴張與大西洋與太平洋的控制下，於二次大戰後成為全球性的海洋霸權。

相較於中國，在近代以來長期受到北方陸地威脅以及來自於東方的海上威脅情況下，中國在毛澤東的領導下選擇了與前蘇聯為伍，此一「一邊倒」的戰略思考，不僅有其意識形態的考量，更是一種對於避免自清朝以降所面臨的「海陸夾擊」威脅的反應。爾後，毛澤東與周恩來選擇與美國建交，則是因為與前蘇聯交惡下的另一種戰略選擇，至少在面臨北方的軍事威脅下，必須同時解除來自美國海上勢力的威脅。也因此，彈性的海上安全或陸上安全的威脅解除，成為中國國家戰略選擇上，屏除意識形態之爭的另一種戰略實務考量。到了1990 年代，受到前蘇聯崩潰及與俄羅斯的外交關係改善，中國再次的解除了其北方邊界的安全威脅，並與周邊國家進行邊界議題的相關勘定與合作，因而使中國的國家邊界獲得了近代以來的最佳安全情境。

因此，傳統的地緣政治理論多以為海權國家必然與陸權國家爭鬥的歷史，或是麥金德所說的陸人與海人的鬥爭，其實可以透過一個國家領導菁英的戰略選項，來化解其間的衝突與安全威脅。所以，從冷戰時期乃至今日國際關係的發展歷程來看，中國面對美國（海洋強權）與前蘇聯（陸地強權）雙面夾擊之下，如何透過戰略的彈性選擇，來分別化解來自海洋上與陸地上的安全威脅，並等待契機尋求發展其陸地與海洋的強權面向；除了其天賦的自然地理獨特性之海陸兼具特質外，其國家菁英的戰略選擇，自然是不可忽視的政治層面。這也同李義虎所說，地緣政治理論的主要研究脈絡，必須兼顧「地理差異」與「政治差異」的原因。

是以，面對今日國際社會動態的多變，以及過去的理論明顯的不夠。若要進行地緣政治理論在當代國際關係情勢與實務的補強，同樣的還是要回到以上五個問題的解決。亦即必須考量到今日地緣政治理論的整合，需要從理論的二分法架構下進行海權與陸權發展的整合，並對人類科技進步所對地球地理空間的壓縮性質，各國內部族群發展與邊疆的動態過程，全球化與區域化經濟等因素，以及國際關係理論中的結構行動者的戰略選項等，進行更深切的研究探討，並將諸多議題帶入到實務的理論驗證之中，而不是一味的因循過去 100 年前地緣政治理論創建者的結論。

更重要的是，如同歐圖阿塞爾所指出，受到冷戰結束的影響，以及全球化的深化與領土化解構現象，直接衝擊到地緣政治理論的核心。如同 1989 年柏林圍牆的瓦解，傳統地緣政治的知識對於全球政治空間的普遍解釋已然破碎。過去的敵對雙方面臨了彼此新的際遇，有些人高喊歷史終結、文明衝突或即將到來的無政府狀態，但歐圖阿塞爾卻認為，此時必須提出一套批評方法，去解決地理與政治的問題。阿格紐則認為，比起接受地緣政治的中立與全球空間的客觀繪測，地緣政治更須整合地理的再現與世界政治的空間實踐，透過地緣政治自身的地理與政治的形式，進行文本的解析，以及它在權力的社會再製與政治經濟[13]。

無論如何，作為國際關係理論的一支獨立學科，地緣政治學自麥金德提出「世界島」、「心臟地帶」與「新月地帶」概念架構後，雖經由不同時期的各國學者把其概念擴大或轉譯運用；但基本上，地緣政治理論與現實國際社會之外交政策之間存續著極為強烈的工具性結合。也因此造就了如 Zbigniew Brzezinski、Colin S. Gray、Gerry Kearns 以及 Bernard S. Cohen 等學者、評論家，在有機會接觸國家高層職位並參與政府政策決定同時，繼續在外交與戰略實務上採取傳統地緣政治觀點。並因此而延續著麥金德的概念架構，將傳統地緣政治理論應用於不同時代，使之進行新的理論與實務之詮釋[14]。

是以，從麥金德以降的海人與陸人的歷史鬥爭，仍然因為人類所真實依賴的海洋與陸地的地理空間特性，從而將傳統地緣政治理論帶向新時代的再現與表述。也因此，本書並非對傳統地緣政治理論將以揚棄，而是希望透過研究以補遺其在新時代的理論與事實之間整合。

回到本書所對中國及其邊疆安全的研究上，由於中國領土幅員廣闊加上邊疆地區接壤十餘國家，自然在邊界議題上形成國家安全的最大威

---

13 GearÓid Ótuathail, "Introdution:Rethinking Geopolitic—Toward a Critical Geopolitics," in edites by GearÓid Ótuathail and Simon Dalby, *Rethinking Geopolitic*（New York: Routledge,1998）, pp. 1-15.

14 Alexandros Petersen, *The World Island: Eurasian Geopolitics and the Fate of the West*（U.S.: Praeger Press, 2011）, pp. 1-6.

脅來源。從古代中國邊疆威脅來自北方，到晚清以降面臨西方殖民勢力的海上威脅為止，19 世紀後半葉實為中國邊疆全面危機時期，主要原因還是因為中國歷史上未曾有過如此北方與西方陸地以及東方海洋方面的雙重夾擊，是以晚清天下觀與朝貢體系的崩潰也大約在這個時期。

儘管在近代史中的中國遭遇到如此百年的奇恥大辱，並且失去對東亞區域的霸權宰制，但中國位於東亞地區的地理位置，以及它身兼海洋與陸地方向的地緣政治特殊性質，卻是不可轉變的事實。歷經百年之後，中共建政對於中國領土範疇的再次統一，從基本上算是完成了對邊疆地區的控制，也因為對新疆與西藏地區的「解放」，所以毛澤東基於中國地理的傳統疆域控制，而在 1949 年 10 月舉行了「開國」大典，顯示出中共政府政權完成了晚清以後由於軍閥割據所遺下的國土統一問題。

但歷史事實顯示，儘管中共在東亞大陸內部完成了其領土的統一大業，但傳統上來自北方的威脅已從歷史上的匈奴轉變為龐大的前蘇聯軍力，因此，毛澤東在建國初期選擇與前蘇聯維持友好關係，並實行「一邊倒」的外交戰略，不僅兼具共產意識型態的考量因素，更是從中國國家安全的觀點上進行地緣政治的選擇，即與前蘇聯交好可維持中國避免直接受到來自北方與西方國境邊線上的軍事威脅，在「兩權相害取其輕」的策略引導下，從中國地緣政治的地理性質上選擇與美國勢力為敵。當然，美國方面對於國民黨政權的支持，也扮演了中國選擇與前蘇聯維持友好關係的考量因素之一。

但是，並非美國將因此繼續對中國形成圍堵之勢，反而由於中國與前蘇聯在 1960 年開始交惡，使得中國在 1960 到 1970 年期間的海陸面「兩面開弓」情勢，因為美國尼克森政府的來訪而出現化解的局面。從 1972 年尼克森訪華到 1979 年中共與美國建交，中國的國家安全局勢出現重要的轉變，此間 10 年來，來自陸地邊界的前蘇聯威脅與來自海洋邊界的美國及其聯盟的夾擊，因為中國與美國建交之後，暫時舒緩了海洋邊界的威脅；而美國的圍堵前蘇聯共產集團的前線，也因為與中國的建交而向前蘇聯邊界挺進。這點從布魯辛斯基的大棋盤一書中便有相關的圖文說明。

然而國際局勢的變化始終充滿詭譎的特性，在 1990 年前蘇聯崩潰所帶來的變局之下，冷戰的結束也連帶影響中國國家安全戰略的轉變。戈巴契夫與葉爾欽相繼訪華的結果，開啟了中國與俄羅斯、中亞國家、東南亞國家等邊界領土議題的對話，也因此使得中國的邊界在歷經數年的努力與條約簽訂下，在 20 世紀即將結束之前完成了中國邊界安全問題的解決，並因此促成了上海合作組織的建立。隨著 21 世紀初的 911 事件發生，中國透過上海合作組織的功能，在過去 10 餘年來致力於上海合作組織成員國家之間的政治、經濟、文化與軍事合作，從而逐漸擴大該組織儼然成為「東方北約」。並且在新疆分離主義運動上取得實質的控制。

自 1990 年開始到目前的情勢來看，中國的國家安全至少在周邊邊界層面上已取得百年來的空前最佳局面，這也就促成了中國在完備其陸地邊界安全問題之後，在 21 世紀開始致力於發展其海洋疆土的利益發展，進而著手海軍現代化以實現其海權發展的企圖心。此外，中國自 1979 年以來實行改革開放政策的成果，歷經數十年的資本累積，也為其在軍事現代化，特別是海軍軍事現代化的部份取得足夠的經費與技術及資源，在本書的第三章的部份就有相關的資料可供作佐證。

因此，從中國在東亞地區的海陸兼備的地緣政治地理條件來看，中國本來就有同時發展海權與陸權的潛力，但是卻必須考量到國際情勢與自身資源累積，以及國家領導在戰略層面的選擇等多方因素。回顧世界歷史與地理，在西方國家中法國、德國、荷蘭、葡萄牙與西班牙都是擁有海陸兼備的地緣政治特性的國家，但是也具有地理環境與生產力長時段演進的普遍性和穩定性因素，因此海陸兩難的選擇也就構成了其地緣戰略選擇上的考量[15]。但是，若回到中國的近代歷史上來看，自中共建政後開始在毛澤東與鄧小平以至江澤民與和胡錦濤的數代領導經略之下，現代中國歷經政治、經濟與軍事的變革，加上其國家外交戰略的彈性運作，在 1990 年代開始便已浮現出發展海陸強權的環境條件。而 911 事件的影響，更直接使中國在陸地邊界議題上取

15 尹全海，〈論中國地緣戰略之兩難選擇〉，頁 121。

得國防安全與政治、外交乃至軍事戰略方向的重大轉變。其中，新疆地區的地理位置，更因其兼具地緣政治與地緣經濟，乃至地緣戰略的關鍵性，而成為中國國家安全在陸地領土穩定與控制的優先考量。

同樣的，法國與德國都曾因為陸地邊界省區的爭議，以及歐洲國家普遍存在的邊界接壤與生存空間壓縮問題，必須在發展陸權優先上來完成其海權發展條件。因此，中國國家安全的戰略選擇也就不得不從新的陸權發展觀念上來尋求優先，從而提供其發展海權的契機與條件。是以，在中國邊界問題，從根本上必須穩定周邊國家的合作關係以提供中國在陸地邊疆的安全無慮，其中新疆一地更是與 8 國接攘，為中國邊疆省區之最；不僅邊界達 5400 多公里，且是面向歐亞大陸的歷史要道，而有「歐亞大陸橋」之稱。更甚者，新疆地區的分離主義問題屢屢成為中國國家安全與領土統一的最大威脅[16]。

因此，從根本上來看，中國自 1990 年開始致力於陸地邊界問題的解決，就是試圖以陸地的國家安全穩定來創造出發展其國家海洋疆土的利益環境，因此，這也就是為何自 20 世紀末開始，中國在東亞海域逐漸升高其海洋軍事行動，並在此間積極進行海權發展的原因。

但是，由於中國過去在歷史上的霸權地位與統治，使得中國的週邊國家普遍感受到「中國威脅」的歷史記憶，因而在維繫陸地邊界安全與周邊國家的外交穩定上，中共採取了「和平崛起」或是「和平發展」的策略，就是為了試圖降低此一風險。因此，中國政府高層不斷強調中國的「和平崛起」或是「和平發展」，都以一慣強調中國將永不稱霸與絕不干涉他國主權的決心。並且，中國與周邊國家間除了在政治與外交上的友好關係建立外，更以其龐大的經濟實力與文化霸權來實現對周邊國家的友好關係與共同利益，因而營造出一種「新朝貢體系」的外交策略。

綜言之，若以當代中國的地緣政治戰略選擇來看，則傳統地緣政治理論所稱的「海陸兩難」困境，也可隨著國際政治情勢轉變以

---

16 Ye Zicheng, *Inside China's Grand Strategy: The Perspective from the People's Republic,* pp.175-222.

及國家之間的互動關係，甚至於彼此的戰略選擇而有了新的突破。因而使傳統地緣政治理論中所稱「地理魔咒」的地理決定論，因為人類新的科技與技術創新而呈現出地理空間範疇的全球化壓縮。

更重要的是，在中國國家安全選項面對傳統東亞地理空間與地緣政治的客觀條件下，也隨著中國成為新一波太空強權的發展情勢下，使傳統的地球三維空間，從陸權、海權、空權的發展，進而邁向太空層面的第四維度空間競爭。因而中國在傳統東亞地區的地緣政治特性中，原本便具有海權與陸權發展潛力的情況下，使之在更為寬廣的全球層面，甚至於太空層面有了更大的發揮。

但不可忽略的事實是，以人類真切所普遍生活與存在的空間而言，目前仍以地球為一個整體的生存範疇。因此，即便中國在 21 世紀擁有了發展海權與陸權的條件，但在面對國際社會結構中普遍存在的美國霸權主導因素下，中國或許可以在陸地邊界安全的基礎上同時發展陸權與強權；但同樣的，必須認知到美國所主導的海上力量仍是當前國際政治與軍事發展所不可忽略之事實。

因此，此刻的中國或許已經在陸地上取得東亞地區的強權地位，但是若要發展全球性的海權力量，其最大的挑戰仍然是美國與日本在東亞海域取得優勢地位的事實。除非中國敢於正面挑戰美國及其盟友在西太平洋的海上利益，否則，中國海陸兼備的地緣政治發展，也必須與美國共處共榮的東亞安全架構之下，接受成為東亞地區的海陸強權而已，而無法成為全球性的海陸兼備強權。

三、東亞的未來

如同科恩（Saul Bernard Cohen）在 *Geopolitics of the World System* 一書中指出，基於 21 世紀世界政治動態的變化以及中國做為東亞地區強權的事實，傳統地緣政治理論中的二個海權與陸權爭霸傳統「地緣戰略地區」（或地緣戰略領域），亦即英美聯盟海權國家以及蘇聯主導的歐亞大陸陸權的競逐已然改變。由於世界政治的最新發展，從而把中國作為第三個「地緣戰略地區」（或地緣戰略領域）的主導國家，並以其兼具陸權與海權的獨特地理位置，使其在傳統海權國家（英美等）與傳統陸權國家（俄羅斯）之間，成為主導關鍵的新東亞強權[17]。

而中國身為東亞歷史大國並立足於東亞的中心位置，在將來勢必影響著東亞地區的安全與穩定。因此，在東亞地區裡環繞著中國、俄羅斯、日本以及美國等主要大國勢力，再加上東亞地區廣大人口與經濟市場的影響下，未來東亞地區在國際政治舞台的重要性將日益突顯。從中國積極主導東南亞國協高峰會運作、博鰲論壇以及上海合作組織、朝鮮半島六方會談等事例可發現，中國對於東亞事務的參與與其本身在東亞的國家安全與利益有很大的關連。而未來美國若要防止中國崛起挑戰其勢力，以及防制中國與俄羅斯結盟後持續擴大對東亞以及中亞的影響力，則美國勢力將更為積極的介入東亞事務來防止中國成為東亞地區的霸權[18]。

因此，從美國總統歐巴馬在 2011 年 11 月於東南亞國家論壇中發表美國重返東亞的決心，以及主動談論南海主權爭議問題的解決方案等，都顯示出美國 2011 年以後將其國際事務的重心，有移轉到東亞地區的傾向。

另一方面，在中國軍事崛起與軍現代化的部份，美國國防部近年來都有關於中國軍力的年度報告書出版，而日本防衛省也同樣每年出版中國軍力報告。顯現美國與日本都將軍事現代化後的中國海軍是為最大的東亞地區安全威脅。因而，當近年來中俄海軍聯合不斷從事演習活動同時，我們也發現多次美國與南韓、美國與日本、美國與菲律賓的雙邊海上軍事演習活動。從美國與南韓、日本及菲律賓合作演習活動中發現，在東亞地區的美國及其軍事同盟所建構的第一條太平洋島鏈，都是為了防範中國海軍突破島鏈往太平洋地區發展，並試圖維繫美國在西太平洋地區的軍事優勢，以及避免中國軍事勢力的擴大。

---

17 Saul Bernard Cohen, *Geopolitics of the World System,* p. 35 .

18 吳玲君，〈中國與東亞區域經貿合作：區域主義與霸權之間的關係〉，《問題與研究》，第 44 卷第 5 期，2005 年 10 月，頁 1-27。金榮勇，〈形成中的東亞共同體〉，《問題與研究》，第 44 卷第 3 期，2005 年 6 月，頁 33-56。

東亞地區有布魯辛斯基所謂世界三大火藥庫中（巴爾幹、台灣海峽、朝鮮半島）的兩個，即台灣海峽與朝鮮半島，再加上東亞地區是目前世界新興民族主義最集中的地區。布魯辛斯基提出，在大眾媒體傳播民族主義，以及經濟成長帶動社會期待心理的增強，社會財富懸與殊貧富不均，人口爆炸及都會動員日增的影響下，亞洲國家有高度不穩定的因子存在。同時，亞洲地區的軍備進口已超過歐洲及中東地區，在欠缺安全管理機制的治理下，有許多議題可能引發軍事衝突。這些起火點包括台灣獨立因素、南海主權爭議、朝鮮半島危機、日俄千頁群島主權、領土邊界議題以及新疆省種族動亂等[19]。

因此，未來在國際關係研究中的中國研究，必然與中國身處東亞中心的地緣政治事實關聯，而必須將中國研究置於東亞區域研究的架構之內。也因此，結束之餘，也希望未來更多關心中國研究的台灣學者能從東亞的地緣政治與安全結構，能將關注放在東亞安全體系的動態歷程與變化之中，因為這其中必然牽動到我們自身國家大戰略的未來發展方向，而這也是作者未來所研究的課題與使命。

[19] Zbigniew Brzezinski, *The Grand Chessboard,* pp. 151-157.

參考文獻

一、中文部分

（一）專書

丁力，2010。《地緣大戰略：中國的地緣政治環境及其戰略選擇》。太原：山西人民出版社。

于沛等箸，2008。《全球化境遇中的西方邊疆理論研究》。北京：中國社會科學出版社。

于闐，2010。《明月天山：歷代中央政府與新疆的往事》。北京：世界知識出版社。

王丹，2012。《中華人民共和國 15 講》。台北：聯經出版。

王力雄，2010。《我的西域，你的東土》。台北：大塊文化。

王家儉，1984。《魏源對西方的認識及其海防思想》。台北：大力出版。

文云朝等著，2002。《中亞地緣政治與新疆開放開發》。北京：地質出版社。

中共中央文獻研究室編，1996。《鄧小平文選》。香港：三聯書局。

中共中央文獻編輯委員會，1980。《周恩來文選：下冊》。北京：人民出版社。

中國國務院辦公室，2009。《新疆的歷史與進步、新疆的歷史與發展》。北京：人民出版社。

日本防衛省，2011。《中國安全戰略報告》。東京：日本防衛省防衛研究所。

日本防衛省，2011。《中國安全戰略報告 2011》。東京：日本防衛省防衛研究所。

牛汝極主編，2009。《中國西北邊疆》。北京：科學出版社。

包雅鈞，2010。《新疆生產建設兵團體制研究》。北京：中央編譯出版社。

包慧卿，1987。《唐代對西域之經營》。台北：文史哲出版社。

朱鋒、Robert Ross 主編，2007。《中國崛起：理論與政策的視角》。上海：上海人民出版社。

朱鋒，2007。《國際關係理論與東亞安全》。北京：中國人民大學出版社。

朱雲漢、賈建國主編，2007。《從國際關係理論看中國崛起》。台北：五南出版，2007。

向駿主編，2006。《2050 中國第一？權力移轉理論下的美中臺關係之迷思》。台北：博揚文化。

呂一燃主編，2007。《中國近代邊疆史：上卷》。成都：四川人民出版社。

呂昭義，2002。《英帝國與中國西南邊疆：1911-1947》。北京：中國藏學出版社。

李義虎，2007。《地緣政治學：二分論及其超越——兼論地緣整合中的中國選擇》。北京：北京大學出版社。

沈默，1979。《現代地緣政治——理論與實踐》。台北：三民出版。

吳玉山，1998。《共產世界的變遷：四個共黨政權的比較》。台北：東大出版。

吳宗嶽，1964。《中國的地緣政治》。台北：中華文化出版社。

吳東林，2010。《中國海權與航空母艦》。台北：時英出版社。

吳楚克，2005。《中國邊疆政治學》。北京：中央民族大學出版。

吳福環主編，2010。《新疆的歷史及民族與宗教》。北京：民族出版社。

門洪華，2005。《構建中國大戰略的框架：國家實力、戰略觀念與國際制度》。北京：北京大學出版社。

林恩顯主編，1992。《中國邊疆研究有關理論與方法》。台北：國立編譯館。

林穎佑，2008。《海疆萬里：中國人民解放軍海軍戰略》。台北：時英出版社。

武曉迪，2006。《中國地緣政治的轉型》。北京：中國大百科全書。

洪漢鼎、陳治國編，2010。《知識論讀本》。北京：人民大學出版。

柏楊，2002。《中國人史綱：上冊》。台北：遠流出版。

耶斯爾，2010。《邊陲多民族和諧聚居村》。北京：社會科學文獻出版社。

姚慧琴等主編，2011。《中國西部經濟開發報告》。北京：社會科學文獻出版社。

高江濤，2009。《中原地區文明化進程的考古學研究》。北京：社會科學文獻出版社。
孫隆基，1993。《中國文化的深層結構》。台北：唐山出版。
唐德剛，1998。《晚清七十年：第一卷，中國社會文化轉型綜論》。台北：遠流文化。
唐德剛，2005。《毛澤東專政始末：1949-1976》。台北：遠流出版。
馬媛等著，2010。《從遊牧到定居》。北京：社會科學文獻出版社。
馬品彥，2009。《新疆宗教知識讀本》。北京：民族出版社。
章家敦，2002。《中國即將崩潰》。台北：雅言文化。
章永俊，2009。《鴉片戰爭前后中國邊疆史地學思潮研究》。北京：黃山出版社。
陳廷湘、周鼎，2008。《天下、世界、國家：近代中國對外關係演變史論》。上海：上海三聯書局。
陳俊輝，1991。《新哲學概論》。台北：水牛出版。
許介鱗等著，1996。《台灣的亞太戰略》。台北：業強出版。
許倬雲，2009。《我者與他者：中國歷史上的內外分際》。台北：時報文化。
許倬雲，2006。《萬古江河：中國歷史文化的轉折與開展》。台北：漢聲出版。
許湘濤，2008。《俄羅斯及其周邊情勢之研究》。台北：秀威資訊。
張文木，2004。《世界地緣政治中的中國國家安全利益分析》。濟南：山東人民出版社。
張新平，2006。《地緣政治視野下的中亞民族關係》。北京：民族出版社。
張植榮，2005。《中國邊疆與民族問題：當代中國的挑戰及其歷史由來》。北京：北京大學出版社。
張錫模，2003。《地緣政治學上課講義》。高雄：國立中山大學，未出版。
張錫模，2003。《聖戰與文明：伊斯蘭與世界政治首部曲（610A.D-1914A.D）》。台北：玉山社。
張錫模，2006。《全球反恐戰爭》。台北：東觀國際文化。
張耀光，2003。《中國海洋政治地理學：海洋地緣政治與海疆地理格局的時空演變》。

北京，科學出版社。
寇健文，2007。《中國菁英政治的轉變：制度化與權力轉移 1978-2004》。台北：五南出版。
黃仁宇，1993。《中國大歷史》。台北：聯經文化。
黃光國，2003。《社會科學的理路》。台北：心理出版。
黃俊傑，1986。《儒學傳統與文化創新》。台北：東大圖書。
黃麟書，1972。《秦皇長城考》。台北：造陽文學社。
焦鬱鎏，2009。《新疆之亂：沒有結束的衝突》。香港：明鏡出版社。
彭建英，2004。《中國古代羈縻政策的演變》。北京：中國社會科學出版社。
傅偉勳，1999。《西洋哲學史》。台北：三民出版。
葉自成，2003。《中國大戰略：中國成為世界大國的主要問題及戰略選擇》。北京：中國社會科學出版社。
葉自成，2007。《陸權發展與大國興衰：地緣政治發展環境與中國和平發展的地緣戰略選擇》。北京：新星出版社。
閻學通、孫學峰著，2005。《中國崛起及其戰略》。北京：北京大學出版社。
趙全勝，1999。《解讀中國外交政策：微觀、宏觀相結合的研究方法》。台北：月旦出版。
趙明義，2008。《國家安全的理論與實際》。台北：時英出版社。
鄭永年，2011。《通往大國之路：中國與世界秩序的重塑》。北京：東方出版社。
劉以雷等著，2010。《新形勢下新疆兵團經濟改革發展大思路》。北京：社會科學文獻出版社。
潘志平主編，2003。《中亞的地緣政治文化》。烏魯木齊：新疆人民出版社。
潘志平等著，2008。《“東突”的歷史與現狀》。北京：民族出版社。
談遠平，2003。《中國政治思想史》。台北：揚智出版。
蔣新衛，2009。《冷戰後中亞地緣政治格局變遷與新疆安全和發展》。北京：社會科學文獻出版社。
樓耀亮，2002。《地緣政治與中國國防戰略》。天津：天津人民出版社。
厲聲，2007。《“東突厥斯坦”分裂主義的歷史由來》。烏魯木齊：新疆人民出版社。

厲聲，2007。《新中國時期分裂與反分裂鬥爭》。烏魯木齊：新疆人民出版社。
蔡東杰，2001。《李鴻章與清季中國外交》。台北：文津出版。
蔡東杰，2008。《當代中國外交政策》。台北：五南出版。
劉華清，2004。《劉華清回憶錄》。北京：解放軍出版社。
劉學銚，2010。《中亞與中國關係史》。台北：知書房文化。
錢穆，1995。《國史大綱：上冊》。台北：台灣商務印書館。
蕭公權，1982。《中國政治思想史》。台北：聯經出版社。
戴旭，2011。《海圖騰：海洋、海權、海軍與中國航空母艦》。香港：新點出版社。
魏艾、林長青，2008。《中國石油外交策略探索：兼論安全複合體系之理論與實踐》。台北：生智出版。
嚴家祺，2006。《霸權論》。香港：星克爾出版。

（二）專書譯著

Ahmed, Akbar S.著，蔡百銓譯，2003。《今日的伊斯蘭：穆斯林世界導論》(*Islam Today: A Short Introduction to the Muslim World*)。台北：商周出版。
Anderson, Benedict 著，吳叡人譯，1999。《想像的共同體：民族主義的起源與散布》(*Imagined Communities: Reflections on the Origin and Spread of Nationalism*)。台北：時報出版。
Brzezinski, Zbigniew 著，林添貴譯，1998。《大棋盤：全球戰略再思考》(*The Grand Chessboard*)。台北：立緒文化。
Brzezinski, Zbigniew 著，郭希誠譯，2004。《美國的選擇》(*The Choice：Global Domiination or Global Leasership*)。台北：左岸文化。
Chomsky Noam 著，王菲菲譯，2004。《權力與恐怖：後 911 演講與訪談錄》(*Power and Terror:Post-911 Talk and Interviews*)。台北：城邦文化。
Cloke, Paul 等著，王志弘等譯，2006。《人文地理概論》*(Introducing Human Geographies*)。台北：巨流文化。
Crozier, Brian 著，林添貴譯，2003。《蘇聯帝國興衰史：上冊》(*The Rise and Fall of the Soviet Empire*)。台北：智庫文化，2003 年。

Fairbank, John King 著，薛絢譯，1994。《費正清論中國》（*China：A New History*）台北：正中書局。

Foucault, Michel 著，劉北成、楊遠嬰譯，1992。《瘋癲與文明》（*Madness and Civilization*）。台北：桂冠出版。

Foucault, Michel 著，汪民安編譯，2010。《傅柯讀本》（*Michel Foucault：A Reader*）。北京：北京大學。

Friedman, George 著，吳孟儒等譯，2009。《未來一百年大預測》（*The Next 100 Years*）。台北：木馬文化。

Fukuyama, Francis 著，李永熾譯，1993。《歷史之終結與最後一人》（*The End of History and the Last Man*）。台北：時報出版。

Gifford, Rob 著，袁宗綺譯，2009。《312 號公路》（*China Road*）。台北：天下出版。

Goldstein, Avery 著，王軍、林民旺譯，2008。《中國大戰略與國際安全》（*Rising to the Challenge: China's Grand Strategy and International Security*）。北京：社會科學文獻出版社。

Goldstein, Joshua S.& Jon C. Pevehouse 著，歐信宏、胡祖慶譯，2007。《國際關係》（*International Relations*）。台北：雙葉書廊。

Hardt, Michael.&Antonio Negri 著，韋本、李尚遠譯，2002。《帝國》（*Empire*）。台北：商周出版。

Hinsley, F. H.編，中國社科院世界史研究所組譯，1999。《新編劍橋世界近代史：第 11 卷》（*The New Cambridge Modern History*）。北京：中國社會科學出版社。

Hobsbawm, Eric J.著，李金梅譯，1997。《民族與民族主義》（*Nations and Nationalism Since 1780*）。台北：麥田出版。

Hobsbawm, Eric J.著，黃煜文譯，2002。《論歷史》（*On History*）。台北：麥田文化。

Hughes, Christopher W.著，國防部譯，2008 年。《日本安全議題》（*Japan's Security Agenda*）。台北：國防部譯印。

Huntington, Samuel P.著，黃裕美譯，1997。《文明衝突與世界秩序的重建》（*The Clash of Civilization and the Remaking of World Order*）。台北：聯經出版。

Klare, Michael 著，洪慧芳譯，2008。《石油政治經濟學》（*Rising Powers, Shrinking Planet: The New Geopolitics of Energy*），台北：財信出版。

Lattimore, Owen 著，唐曉峰譯，2005。《中國的亞洲內陸邊疆》（*Inner Asian Frotiers of China*）。南京：江蘇人民出版社。

Lee, Stephen J.著，王瓊淑譯，1999。《三十年戰爭》（*The Thirty Years War*）。台北：麥田文化。

Leonard, Mark 著，林雨蒨譯，2008。《中國怎麼想》（*What Does China Think?*）。台北：行人出版。

Mackinder, Sir Halford 著，陳民耿譯，1957。《民主的理想與實際》（*Democratic Ideals and Reality*）。台北：中華文化出版事業委員會。

Mackinder, Sir Halford 著，林爾蔚、陳江譯，2007。《歷史的地理樞軸》（*The Geographical Pivot of History*）。北京：商務書局。

Marsh, David.& Gerry Stoker 著，陳義彥等譯，2007。《政治學方法論與途徑》（*Theory and Methods in Political Science*）。台北：韋伯文化。

Marriott, David& Karl Lacroix 著，謝佩妏譯，2009。《中國無法偉大的 50 個理由》（Fault Lines on the Face of China：50 Reasons Why China May Never Be Great）。台北：左岸文化。

Michel, Serge.& Michel Beuret& Paolo Woods 著，陳虹君譯，2006。《黑暗大佈局：中國的非洲經濟版圖》（*La Chinafrique*）。台北：早安財經。

Mosher, Steven W.著，李威儀譯，2001。《中國新霸權：中國的企圖——支配亞洲及世界》（*Hegemon：China's Plan to Dominate Asia and the World*）。台北：立緒文化。

Nathan, Andrew J.& Robert S. Ross 著，何大明譯，1998。《長城與空城計——中國尋求安全的戰略》（*The Great Wall and the Empty Frotress：China's Search for Security*）。台北：麥田出版。

Nathan, Andrew J.著，何大明譯，2007。《中國政治變遷之路》（*Political Change in China*）。台北：巨流出版。

Nye, Joseph S. Jr..著，蔡東杰譯，2003。《美國霸權的矛盾與未來》（*The Paradox of American Power: Why the world's only superpower can't go it alone*）。台北：左岸文化。

Nye, Joseph S. Jr..著，吳家恆、方祖芳譯，2006。《柔性權力》(*Soft Power: The Means to Success in World Politics*)。台北：遠流文化。

Parker, Geoffrey 著，劉從德譯，2003。《地緣政治學：過去、現在和未來》(*Geopolitics：Past,Present and Future*)。北京：新華出版社。

Shirk, Susan 著，溫洽溢譯，2008。《脆弱的強權：在中國崛起的背後》(*China：Fragile Superpower*)。台北，遠流出版。

Sokolowski, Robert 著，李維倫譯，2004。《現象學十四講》(*Introduction to Phenomenology*)。台北：心靈工坊。

Soros, George 著，林添貴譯，2004。《美國霸權泡沫化》(*The Bubble of American Supre macy*)。台北：聯經出版。

Spence, Jonathan D.著，陳恆、梅義征譯，2007。《利瑪竇的記憶宮殿》(*The Memory Palace of Matteo Ricci*)。台北：麥田文化。

日本岡崎研究所彈道飛彈防禦小組著，國防部史政編譯室譯，2004 年。《新核武戰略及日本彈道飛彈防禦》(Ballistic Missile Defense for Japan:New Nuclear Strategy and Japan's BMD)。台北：國防部史政編譯室。

日本防衛廳，國防部史政編譯室譯，2005。《2003 日本防衛白皮書》。台北：國防部史政編譯室譯印。

武光誠著，蕭志強譯，2003。《從地圖看歷史》(*Reading the History from Maps*)。台北：世潮出版。

信夫清三郎著，周啟乾譯，1990。《日本近代政治史：第一卷，西歐的衝擊與開國》。台北：桂冠出版。

信夫清三郎著，周啟乾譯，1990。《日本近代政治史：第四卷，走向大東亞戰爭的道路》。台北：桂冠出版。

資源問題研究會著，劉宗德譯，2009。《世界資源真相和你想的不一樣》。台北：大是文化。

（三）專書論文譯著

Non

（四）期刊譯著

Non

（五）專書論文

王宗維，1990。〈秦漢的邊疆政策〉，馬大正主編，《中國古代邊疆政策研究》。北京：中國社會科學出版社。頁 49-83。

甘懷真，2007。〈導論：重新思考東亞王權與世界觀〉，甘懷真編，《東亞歷史上的天下與中國概念》。台北：台大出版中心。頁 13。

甘懷真，2007。〈秦漢的「天下」政體：以祭祀禮改革為中心〉，甘懷真編，《東亞歷史上的天下與中國概念》。台北：台大出版中心。頁 93-148。

甘懷真，2007。〈「天下」觀念的再檢討〉，吳展良編，《東亞近世世界觀的形成》。台北：台灣大學出版中心。頁 85-109。

平勢隆郎，2007。〈戰國時代的天下與其下的中國、夏等特別領域〉，甘懷真編，《東亞歷史上的天下與中國概念》。台北：台大出版中心。頁 53-91

宋岭、張磊，2009。〈新疆礦產資源開發利用的綜合承載力研究〉，牛汝極主編，《中國西北邊疆》。北京：科學出版社。頁 92-101。

李明、何思慎著，2006。〈地緣政治與中共對東北亞的外交戰略〉，蔡瑋主編《地緣政治與中共外交戰略》。台北：中華歐亞基金會。頁 69-118。

林恩顯，1992。〈中國邊疆研究有關理論與方法〉，林恩顯編，《中國邊疆研究有關理論與方法》。台北：渤海堂。頁 223-224。

周偉洲，1990。〈三國兩晉南北朝的邊疆形勢與邊疆政策〉，馬大正主編《中國古代邊疆政策研究》。北京：中國社會科學出版社。頁 84-150。

倪世雄，2007。〈中國的和平崛起——特徵、含義及影響〉，朱雲漢、賈建國主編，《從國際關係理論看中國崛起》。台北：五南出版。頁 119-134。

洪淑芬，2006。〈如何看待中國經濟發展對東亞經濟之影響〉，蔡瑋主編，《變動中的東亞國際關係》。台北：政大國關中心出版。頁 83-92。

段連勤，1990。〈夏商周的邊疆問題與民族關係〉，馬大正主編《中國古代邊疆政策研究》。北京：中國社會科學出版社。頁 5-49。

剛本幸治，2006。〈邁向正常國家：日本新防衛關及其對區域安全的影響〉，蔡瑋主編，《變動中的東亞國際關係》。台北：政大國關中心出版。頁 29-38。

陳佳華，1990。〈宋朝的周邊形勢與治邊政策〉，馬大正主編《中國古代邊疆政策研究》。北京：中國社會科學出版社。頁 215-250。

黃錦樹，2004。〈幽靈的文字〉，廖炳惠等編，《重建想像共同體：國家、族群、敘述》。台北：行政院文建會出版。頁 144。

葛兆光，2007。〈作為思想史的古輿圖〉，甘懷真編，《東亞歷史上的天下與中國概念》。台北：台大出版中心。頁 217-254。

劉青峰、金觀濤，2006。〈19 世紀中日韓的天下觀及甲午戰爭的爆發〉，錢永祥主編，《天下、東亞、台灣》。台北：聯經出版。頁 107-128。

（六）期刊論文

王有勇，2007/3。〈中國與阿爾及利亞的能源合作〉，《阿拉伯世界研究》，第 2 期，頁 35-42。

王俊評，2010。〈制海權與中國海軍戰略〉，《遠景基金會季刊》，第 11 卷第 1 期，頁 131-179。

王俊評，2011/9、〈東亞地緣政治結構對中國歷代大戰略的影響〉，《中國大陸研究》，第 54 卷第 3 期，頁 71-105。

王維芳，2010。〈從「七五」新疆事件談「東突」運動〉，《中國邊政》，第 179 期，頁 85-97。

王歷榮，2011。〈建國後毛澤東的海權思想與實踐〉，《中國石油大學學報（社會科學版）》，第 27 卷第 1 期，頁 60-65。

尹全海，2006/1。〈論中國地緣戰略之兩難選擇〉，《湘潭大學學報（哲學社會科學版）》，第 30 卷第 1 期，頁 118-128。

平可夫，2011/10。〈南中國海海上衝突的現實性〉，《漢和防務評論》，第 84 期，頁 56-59。

艾文格，2011/10。〈航艦出航、夢想實現：中國航艦計劃簡史〉，《全球防衛雜誌》，第 326 期，頁 56-63。

李文志，2001。〈海陸爭霸下亞太戰略形勢發展與台灣的安全戰略〉《東吳政治學報》，第 13 期，頁 129-174。

吳秀玲、周繼祥，2004/6。〈中國西部大開發的社會發展模式〉，《國家發展研究》，第 3 卷第 2 期，頁 55-86。

吳玲君，2005/10。〈中國與東亞區域經貿合作：區域主義與霸權之間的關係〉，《問題與研究》，第 44 卷第 5 期，頁 1-27。

吳楚克，2006/8。〈中國疆域問題與中國邊疆學理論建設之研究〉，《中國邊政》，第 167 期，頁 47-62。

吳楚克，2008/7。〈試論中國邊疆政治學與邊政學、民族學的關係〉《雲南師範大學學報（哲學社會科學版）》，第 40 卷 4 期，頁 54-58。

林孝庭，2004/9。〈戰爭、權利與邊疆政治：對 1930 年代青、康、藏戰事之探討〉，《中央研究院近代史研究所集刊》，第 45 期，頁 105-141。

金榮勇，2005/6。〈形成中的東亞共同體〉，《問題與研究》，第 44 卷第 3 期，頁 33-56。哈日巴拉，2008/10。〈新疆的政治力學與中共的民族政策〉，《二十一世紀評論》，總第 109 期，頁 26-35。

封永平，2010。〈地緣政治視野中的中亞及其對中國的影響〉，《國際問題研究》，第 2 期，頁 56-61。

姚勤華，2004。〈中國與中亞地緣政治關係新析〉，《俄羅斯研究》，總 131 期，頁 88-93。

侍建宇，2010/2。〈中國的反恐論述與新疆治理〉，《二十一世紀評論》，總第 117 期，頁 14-20。

侍建宇、傅仁坤，2010/10/。〈烏魯木齊七五事件與當代中國治理新疆成效分析〉，《遠景基金會季刊》，第 11 卷第 4 期，頁 149-190。

孟鴻，2009。〈從屯墾戍邊到新疆生產建設兵團〉，《中國邊政》，第 176 期，頁 17-35。

周平，2008。〈我國邊疆概念的歷史轉變〉，《雲南行政學報》，第 4 期，頁 86-91。

姜道章，1997/5。〈論中國傳統地圖學的特徵〉，《中國文化大學地理學系地理研究報告》，第 10 期，頁 1-16。

姜道章，2004/5。〈中國的歷史地理學〉，《華崗理科學報》，第 21 期，頁 103-126。

唐仁俊，2003。〈中共西部大開發及其周邊安全之探討〉，《遠景基金會季刊》，第 4 卷第 3 期，頁 105-143。

耿曙，2001/2。〈「三線」建設始末：大陸西部大開發的前驅〉，《中國大陸研究》，第 44 卷第 12 期，頁 1-20。

祝輝，2011/3。〈中亞的地區特點與中國的中亞能源外交〉，《新疆大學學報（哲學人文社會科學版）》，第 39 卷第 2 期，頁 93-96。

高飛，2011。〈從上海合作組織看中國新外交的探索〉，《國際政治研究》，第 4 期，頁 76-89。

陳力、陳先蕾，2006/6。〈論中國邊疆思想之“華夷之辨”觀〉，《信陽師範學院學報（哲學社會科學版）》，第 26 卷第 3 期，頁 113-117。

陳清泉，2010/6。〈明鄭時期的地緣政治密碼析論〉，《東亞論壇季刊》，第 468 期，頁 103-114。

郭武平、劉蕭翔，2005/6。〈上海合作組織與俄中在中亞競合關係〉，《問題與研究》，第 44 卷第 3 期，頁 125-160。

郭梅花，2006/7。〈中亞地緣政治及跨界民族問題對我國西部的影響〉，《青海民族學院學報（社會科學版）》，第 32 卷第 3 期，頁 58-62。

莫大華，2008/6。〈批判性地緣政治戰略之研究〉，《問題與研究》，第 47 卷第 2 期，頁 57-85。

張耀，2009。〈中國與中亞國家的能源合作及中國的能源安全〉，《俄羅斯研究》，總第 160 期，頁 116-128。

張亞中，2002/4。〈中共的強權之路：地緣政治與全球化的挑戰〉，《遠景季刊》，第 3 卷第 2 期，頁 1-42。

張蜀誠，2009。〈三戰觀點析論中共海上閱兵〉，《空軍學術雙月刊》，第 616 期，頁 52-74。

喻常森，2000。〈試論朝貢制度的演變〉，《南洋問題研究》，總第 101 期，頁 55-65。

游智偉、張登及，2011/10。〈中國的非洲政策：軟實力與朝貢體系的分析〉，《遠景基金會基刊》，第 12 卷第 4 期，頁 111-155。

黃一哲，2009/6。〈上海合作組織的現況與發展〉，《國防雜誌》，第 24 卷第 3 期，頁 6-20。

黃玉洤，2011/12。〈中國展航空母艦述評：意圖、能力與地緣政治〉，《東亞論壇季刊》，第 474 期，頁 63-76。

曾春滿，2006。〈中國大陸「西部大開發」政策分析〉，《復興崗學報》，第 88 期，頁 181-206。

雷琳、王維然，2010/7。〈「形成中的中亞權力均衡與上海合作組織的發展」國際學術研討會綜述〉，《新疆大學學報（哲學人文社會科學版）》，第 38 卷第 4 期，頁 96-100。葛劍雄、華林甫，2002/11。〈五十年來中國歷史地理學的發展（1950-2000）〉，《漢學研究通訊》，總 84 期，頁 16-27。

翟意安，2005/5。〈濱下武志的朝貢貿易體系理論述評〉，《江西師範大學學報（哲學社會科學版）》，第 38 卷第 3 期，頁 70-75。

蕭全政，2004/12。〈論中共的「和平崛起」〉，《政治科學論叢》，第 22 期，頁 1-30。

楊士樂，2004/7。〈中國威脅？經濟互賴與中國大陸的武力使用〉，《東亞研究》，第 35 卷 2 期，頁 107-142。

楊仕樂，2008。〈不能與不願？再論中共的航母企圖〉，《國防雜誌》，第 23 卷第 4 期，頁 89-104。

楊仕樂，2010。〈反介入撒手鐧？解析解放軍的飛彈威脅〉，《遠景基金會季刊》，第 11 卷第 3 期，頁 99-131。

漢和專電，2011/10。〈中國「航空母艦」的名稱〉，《漢和防務評論》，第 84 期，頁 20-21。

漢和專電，2011/10。〈南中國海上的俄式戰鬥機較量前夜〉，《漢和防務評論》，第 84 期，頁 60-63。

龔洪烈、木拉提・黑那亞提，2010/7。〈國際反恐合作與新疆穩定〉，《新疆大學學報（哲學人文社會科學版）》，第 38 卷第 4 期，頁 90-95。

（七）學位論文

王繁賡，2005。《中國崛起與美國亞太地區安全戰略之研究：地緣政治理論之觀》。高雄：中山大學社科院高階公共政策在職專班碩士論文。

尹者江，2004。《冷戰前後的台灣地緣政治》。台北：國立政治大學外交學系戰略與國際事務碩士在職專班論文。

任冰心，2003。《中國新疆霍爾果斯口岸貿易發展史研究》。烏魯木齊：新疆大學碩士論文。

余家哲，2010。《近代東亞體系：模式、變遷與動力》。高雄：國立中山大學中國與亞太區域研究所博士論文。

余苺苺，2003。《911 震盪對中國中亞戰略的衝擊》。台北：淡江大學中國大陸研究所碩士專班論文。

吳芳豪，2006。《中國海權之發展——建構主義途徑分析》。高雄：國立中山大學大陸研究所碩士論文。

吳瑟致，2006。《中國大陸經濟崛起對東亞地區主義發展之影響》。台東：東華大學公共行政研究所碩士論文。

李必粹，2003。《中國大陸民族區域自治制度之研究——全球化時代國家中心主義觀點》。台北：文化大學大陸研究所碩士論文。

李政鴻，2010。《法國的地緣戰略》。高雄：國立中山大學中國與亞太區域研究所博士論文。

李雅欽，2006。《後冷戰時期中共對東南亞睦鄰外交戰略之研究》。台北：銘傳大學國家發展研究所碩士論文。

李信成，2001。《中共少數民族政策與國家整合》。台北：政治大學東亞研究所博士論文。

阮文籲，2003。《中國西部大開發戰略研究（1979-2002）》。高雄：中山大學中山學術所碩士論文。

林欣潔，2002。《從中國「新安全觀」看西部大開發》。台北：政治大學東亞研究所碩士論文。

林典龍，2002。《中國能源安全戰略之分析》。高雄：中山大學大陸研究所碩士論文。

洪浦釗，2007。《中國地緣政治安全觀下的台灣戰略價值》。台北：東吳政治系研究所碩士論文。

馬名遠，2007。《中國崛起對國際政經秩序的衝擊——以霸權穩定理論探析》。台南：成功大學政治經濟研究所碩士論文。

徐碧霞，2007。《中共治理新疆的困境與挑戰：以 7.5 事件為例》。桃園：清雲大學中亞研究所碩士論文。

陳家輝，2008。《當代中國馬克思主義發展趨勢之研究》。高雄：國立中山大學中山學術研究所博士論文。

陳舜莉，2004。《中共與中亞國家安全合作關係之研究：以「上海合作組織」為例之探討》。台東：東華大學公共行政研究所碩士論文。

陳萬榮，2008。《從社會控制探討中共武警的角色與功能》。台北：國防大學戰略研究所碩士論文。

陳耀明，2010。《新疆生產建設兵團功能任務研究》。高雄：中山大學大陸研究所博士論文。

郭正平，2005。《中國能源安全之研究》。高雄：中山大學政治研究所碩士論文。

張霞，2005。《中亞地區安全中的中國因素》。烏魯木齊：新疆大學碩士論文。

楊素蘭，2007。《東突議題對中亞情勢影響之研究》。桃園：清雲大學中亞研究所碩士論文。

鄒培基，2002。《中國西部大開發戰略之研究》。台北：文化大學大陸研究所碩士論文。

歐超賢，2002。《「亞洲價值」的詮釋與實踐：新加坡之個案研究》。高雄：國立中山大學政治研究所碩士論文。

劉益彰，2011。《中國反恐戰略之研究》。台北：淡江大學國際事務與戰略研究所碩士論文。

蔡裕明，2006。《中國南方邊界與邊疆變動之研究》。高雄：中山大學大陸研究所博士論文。

蔣純華，2005。《上海合作組織與中亞地區安全》。烏魯木齊：新疆大學碩士論文。

蕭文軒，2009。《泰國的邊疆》。高雄：國立中山大學中國與亞太區域研究所博士論文。

盧政鋒，2007。《中國崛起與布希政府的台海兩岸政策》。高雄：國立中山大學大陸研究所博士論文。

戴春成，2008。《中國反恐及國際參與之研究》。高雄：中山大學大陸研究所博士論文。

（八）研討會論文

楊仕樂（Yang, Shih-Yueh），2011/10/31，〈中國的航艦？技術能力與地緣戰略分析〉（*Chinese Aircraft Carrier Development：A Technical and Geostrategic Analysis*），2011 年中國研究年會「傳承與創新：多元視角下的中國研究」研討會。台北：國立政治大學東亞研究所。頁 A1-3-1-3-10。

魏百谷，2007/5/25，〈中國對中亞的石油能源策略與外交〉，發表於「中國大陸對非西方世界石油能源戰略與外交」研討會。台北：國立政治大學外交系。頁 1-14。

（九）官方文件

Non

（十）報紙

陳維貞，2012/6/8。〈上合組織決納阿富汗為觀察員〉，《自由時報》，版 A14。

（十一）網際網路

1.專書

Non

2.論文

袁鶴齡，2001。〈上海合作組織的戰略意義〉，《海峽評論》，第 127 期，《海峽評論網站》，＜http://www.haixiainfo.com.tw/SRM/127-1711.html＞。

郭博堯，2004/8/10。〈中國大陸石油安全戰略的轉折〉，《國家政策研究基金會》，＜http://old.npf.org.tw/PUBLICATION/SD/093/SD-R-093-002.htm＞。

3.官方文件

上海合作組織，2001/6/15。〈打擊恐怖主義、分裂主義和極端主義上海公約〉，《上海合作組織網站》，＜http://www.sectsco.org/CN/show.asp?id=99＞。

上海合作組織，2012/5/1。〈組織簡介〉，《上海合作組織網站》，＜http://www.sectsco. org/CN/brief.asp＞。

中國外交部，2001/6/15。〈上海合作組織成立宣言〉，《中國外交部網站》，＜http://big5.fmprc.gov.cn/big5/www.mfa.gov.cn/chn/pds/ziliao/1179/t4636.htm＞。

中國外交部，2004/6/17。〈上海合作組織成員國和阿富汗伊斯蘭共和國關於打擊恐怖主義、毒品走私和有組織犯罪行動計畫〉，《中國外交部網站》，＜http://big5.fmprc.gov.cn/ big5/www.mfa.gov.cn/chn/pds/ziliao/1179/t554797.htm＞。

中國外交部，2009/6/16。〈上海合作組織成員國元首葉卡捷琳堡宣言〉，《中國外交部網站》，＜http://big5.fmprc.gov.cn/big5/www.mfa.gov.cn/chn/pds/ziliao/1179/t568039.htm＞。

中國外交部，2011/6/15。〈上海合作組織十周年阿斯塔納宣言〉，《中國外交部網站》，＜http://big5.fmprc.gov.cn/big5/www.mfa.gov.cn/chn/pds/ziliao/1179/t831003.htm＞。

中國西部開發領導小組，2012/4/29。〈西部大開發及國務院西部開發辦工作大事記〉，《中國西部開發網》，＜http://www.chinawest.gov.cn/web/Column.asp?ColumnId=36＞。

中國西部開發領導小組，2012/4/29。〈十五西部開發總體規劃〉，《中國西部開發網》，＜http://www.china west.gov.cn/web/NI?NI=35015＞。

中國國務院，2009/8/25。〈胡錦濤強調：加快建設繁榮富裕和諧社會主義新疆〉，《中國國務院網站》，＜http://big5.gov.cn/big5/www.gov.ccn/ldhd/2009-08/25/content_1401071.ht m＞。

中國國務院，2012/1/9。〈溫家寶主持召開國務院西部地區開發領導會議〉，《中國國務院網站》，＜http://www.gov.cn/ldhd/2012-01/09/content_2040430.htm＞。

中國國務院，2003/1/19。〈中國概況〉，《中國國務院網站》，＜http://Big5.xinhuanet.com/gate/big5/news.xinhuanet.com/ziliao/2003-01/19/content_696..＞。

中國國務院，2010/7/10。〈2010 年中國的國防〉，《新華網》，＜http://Big5.xinhuanet.com/gate/big5/news.xinhuanet＞。

中國國家統計局，2012/2/22。〈中華人民共和國 2011 年國民經濟和社會發展統計公報〉，《中華人民共和國國家統計局網站》，＜http://www.stats.gov.cn/tjgb/ndtjgb/qgndtjgb/ t2 0120222_402786440.htm＞。

世界銀行駐華代表處，2010/6。〈中國經濟季報〉，《世界銀行網站》，＜http://www.World bank.org/china＞。

湖南省發展和改革委員會，2012/2/21。〈19 省市對口援建助力新疆譜寫輝煌篇章〉，《湖南省發展和改革委員會網站》，＜http://www.hnfgw.gov.cn/gmjj/dkzy/26841.html＞。

新疆生產建設兵團，2012/4/28。〈兵團領導〉，《新疆生產建設兵團網站》，＜http://www.xjbt. gov.cn/publish /porta10/tab206/info24679.htm＞。

新疆生產建設兵團，2012 年 5 月 10 日，〈兵團領導〉，《新疆生產建設兵團網站》，＜http://www.bintuan. gov.cn/publish/portal0/tab206/＞。

新疆生產建設兵團統計局，2010/3/31。〈國家統計局兵團調查總隊報告〉，＜http://www.stats.gov.cn/tjgb/ndtjgb/dfndtjgb/t20100331_402641742.htm＞。

新疆維吾爾自治區政府，2011/12/30。〈中共中央國務院召開新疆工作會談〉，《新疆維吾爾自治區網站》，＜http://www.xinjiang.gov.cn/rdzt/zwzt/gclszyxigzjs/2011/201203.htm＞。

新疆維吾爾自治區人民政府，2012 年 5 月 10 日，〈政府領導〉，《新疆維吾爾自治區人民政府網站》，＜http://www.xinjiang.gov.cn/xxgk/zfjg/zfld/＞。

新疆維吾爾自治區統計局，2012/4/8。〈國家統計局新疆調查總隊報告〉，《新疆維吾爾自治區統計局網站》，＜http://www.stats.gov.cn/tjgb/ndtjgb/dfndtjgb/t20120408_ 40264187 6.htm＞。

4.報導：

中新網，2011/5/9。〈外媒觀察中國 2011 第 19 周：中國造船量世界第一〉，《中國新聞網》，＜http://www.chinanews.com/fortune/2011/05-09/3027039.shtml＞。

中國共產黨新聞，2012/5/20。〈中國人民解放軍七大軍區機構設置的發展演變〉，《中國共產黨新聞網站》，＜http://cpc.people.com.cn/BIG5/64162/64172/85037/5976827.html＞。

中國評論新聞，2011/1/4。〈2011 年對口援疆全面啟動總投資百億元〉，《中國評論新聞網》，＜http://www.chunareviewnews.com/doc/1015/5/9/8/101559894.html?coluid=7&kindid=...＞。

中國評論電訊，2011/7/10。〈七問中國航母：近海防禦，還是遠洋行動〉，《中評網》，＜http://www.chinareviewnews.com/crn-webapp/doc/docDetailCNML.jsp?coluid=4&kin...＞。

中國評論電訊，2011/7/10。〈七問中國航母：近海防禦，還是遠洋行動〉，《中評網》，＜http://www.chinareviewnews.com/crn-webapp/doc/docDetailCNML.jsp?coluid=4&kin...＞。

文匯報，2008/6/19。〈中日東海劃區，共同開發石油〉，《香港文匯報》，＜http:paper. wenweipo.com/2008/06/19/YO0806190001.htm＞。

文匯報，2012/1/8。〈張春賢：新疆軍區部隊要維護國家安全穩定〉，《香港文匯報》，＜http://www.wenweipo.com/gb/www.wenweipo.com/news_print.phtml?news_id=IN120...＞。

黃海，2010/9/29。〈上合軍演中方人員歸國：新疆首輸送跨國兵力〉，《搜狐軍事網》，＜http://mil.sohu.com/20100929/n275331738.shtml＞。

路透社，2012/1/12。〈哈薩克斯坦恢復向中國輸送俄石油〉，《路透中文網》，＜http:cn.reuters.com/articlePrint?articleID=CNSB133160820120112＞。

溫家寶，〈把目光投向中國〉，《人民網》，2003 年 12 月 10 日，＜http://www.people.com.cn/BIG5/paper 39/10860/986284.html＞。

新華社烏魯木齊，1998/7/10。〈江澤民總書記在新疆考察〉，《新華網》，＜http://news.xinhuanet.com/ziliao/2000-12/31/content_478680.htm＞。

新疆網新聞中心，2010/7/28。〈新疆地理概貌〉，《新疆網》，＜http://www.chinaxinjiang.cn/ quqing/dl/1 /t20100728_629036.htm＞。

新疆網新聞中心，2012/1/15。〈2011 年援疆省市產業援疆協議金額超過 5600 億〉，《中國新疆網》，＜http://chinaxinjiang.cn/zt2010/09/6/t20120115_839444.htm＞。

BBC，2008/8/10。〈普京指責格魯西亞種族滅絕〉，《BBC 中文網》，＜http://newsvote.bbc.co.uk/mpapps/pagetools/print/news.bbc.co.uk/Chinese/trad/hi/newsi…＞。

BBC，2009/7/7。〈世界媒體看新疆騷亂〉，《BBC 中文網》，＜http://news.bbc.co.uk/go/pr/fr/-/Chinese/simp/hi/newsid_8130000/newsid_8139500/8139519.stm＞。

BBC，2009/7/14。〈中國促土耳其收回「種族滅絕言論」〉，《BBC 中文網》，＜http://news.bbc.co.uk/go/pr/fr/-/Chinese/simp/hi/newsid_8150000/newsid_8150200/8150209.stm＞。

BBC，2009/7/21。〈中國：7.5 事件與民族政策無關〉，《BBC 中文網》，＜http://news.bbc.co.uk/go/pr/fr/-/Chinese/simp/hi/newsid_8160000/newsid_8160500/8160519.stm＞。

BBC，2009/8/3。〈7.5 新疆事件被捕者超過一千五百〉，《BBC 中文網》，＜http://wwwnews.live.bbc.co.uk/Chinese/trad/low/newsid_8180000/newsid_8185600/81…＞。

BBC，2009/8/6。〈達賴喇嘛：中國民族政策是失敗的〉，《BBC 中文網》，＜http://news.bbc.co.uk/go/pr/fr/-/Chinese/simp/hi/newsid_8180000/newsid_8188870/8188757.stm＞。

BBC，2009/8/6。〈中國稱新疆騷亂有 156 名無辜者死亡〉，《BBC 中文網》，＜http://news.bbc.co.uk/go/pr/fr/-/Chinese/simp/hi/newsid_8180000/newsid_8186700/8186777.stm＞。

BBC，2009/8/6。〈中國稱新疆騷亂有 156 名無辜者死亡〉，＜news.bbc.co.uk/go/pr/fr/-/Chinese/simp/hi/newsid_8180000/newsid_8186700/8186777.stm＞。

BBC，2009/8/10。〈達賴喇嘛接受 BBC 中文網專訪〉，《BBC 中文網》，＜http://news.bbc.co.uk/go/pr/fr/-/Chinese/simp/hi/newsid_8190000/newsid_8193800/8193831.stm＞。

BBC，2009/8/26。〈7.5 事件后胡錦濤首次訪問新疆〉，《BBC 中文網》，＜http://news.bbc.co.uk/go/pr/fr/-/Chinese/simp/hi/newsid_8220000/newsid_8221800/8221830.stm ＞。

BBC，2010/4/24。〈新疆黨委書記王樂泉被免職〉，《BBC 中文網》，＜http://news.bbc.co.ukzhongwen/trad/china/2010/04/100424_wanglequan_xinjiang.sht…＞。

BBC，2010/5/4。〈中國當局加強限制網路言論自由〉，《BBC 中文網》，＜www.bbc.co.uk/zhongwen/simp/china/2010/05/100504_internet_freedom.shtml?...＞。

BBC，2010/5/18。〈中國將採取經濟措施穩定新疆局勢〉，《BBC 中文網》，＜www.bbc.co.uk/zhongwen/trad/china/2010/05/100518_xinjiang_economy.shtml?…＞。

BBC，2010/5/20。〈中國新疆發展會議強調扶貧改善民生〉，《BBC 中文網》，＜http://news.bbc.co.ukzhongwen/trad/china/2010/05/100520_china_xinjiang.shtml?pri…＞。

BBC，2010/6/27。〈新疆喀什經濟特區優惠政策出台〉，《BBC 中文網》，< www.bbc.co.uk/zhongwen/trad/china/2010/06/100627_kashgar_economy_zone…>。

BBC，2011/4/12。〈美太平洋司令：中國航母將改變地區力量平衡〉，《BBC 中文網》，<http://www.bbc.co.uk/zhongwen/trad/world/2011/04/110412_us_china_carrier. shtml?p…>。

二、英文部分

（一）專書

Abingdon, Thrass., 2009. *China's energy geopolitics: the Shanghai Cooperation Organization and Central Asia*. New York: Routledge.

Agnew, John., 1998. *Geopolitics: Re-visioning World Politics*. New York: Routledge.

Babbie, Earl., 1995. *The Practice of Social Reserch*. U.S.: Wadsworth Publishing Co.

Banuazizi, Ali.& Weiner, Myron., 1994. *The New Geopolitics of Central Asia and its Borderlands*. U.S.: Indiana University Press.

Bauman, Zygmunt., 1998. *Globalization: The Human Consequences*. New York: Columbia University Press.

Brown, Michael E. et. al. eds., 2000. *The Rise of China*. Massachusetts: The MIT Press.

Brzezinski, Zbigniew., 1997. *The Grand Chessboard: America Primacy and its Geostrategic Imperatives*. New York: Basic Books.

Brzezinski, Zbigniew., 2004. *The Choice: Global Domination or Global Leadership*. New York: Basic Books..

Cobuild, Collins., 2003. *Advanced Learner's English Dictionary*. UK: HarperCollins Publishers.

Cohen, Saul Bernard., 1973. *Geography and Politics in World Divided.* New York: Oxford University.

Cohen, Saul Bernard., 2003. *Geopolitics of the World System.* U.S.: Rowman& Littlefield Publishers, Inc.

Cohen, Saul Bernard., 2009. *Geopolitics: The Geography of International Relations.* U.S.: Rowman& Littlefield Publishers, Inc.

Cole, Bernard D., 2008. *Sea Lanes and Pipelines: Energy Security in Asia.* London: Praeger Security International..

Collinwood, Dean W., 2008. *Japan and the Pacific Rim.* U.S.: MacGraw-Hill.

Constable, Nicole., 2005. *Cross-Border Marriages: Gender and Mobility in Transnational Asia.* Philadelphia: University of Pennsylvania Press.

Dillon, Michael., 2004. *Xinjiang: China's Muslim far northwest.* New York: Routledge.

Dodds, Klaus., 2000. *Geopolitics in a Changing World.* England: Pearson Education Limited.

Ebel, Robert.& Rajan Menon. Ed., 2000. *Energy and Conflict in Central Asia and the Caucasus.* NewYork: Rowman& Littlefield Publishers.

Faragher, John Mack., 1994. *Rereading Frederick Jackson Turner: "The Significance of the Frontier in American History" and Other Essays.* New Heacen:Yale University Press.

Fisher JR.& Richard, D., 2010. *China's Military Modernization: Building for Regional and Global Reach.* U.S.: Stanford Security Syudies.

Fravel, M.Taylor., 2008. *Strong Borders, Secure Nation: Cooperation and Conflict in China's Territorial Disputes.* U.S.: Princeton University Press.

Friedman, George., 2009. *The Next 100 Years.* New York: Anchor Books.

Gaddis, John., 1982. *Strategies of Containment.* Oxford: Oxford University Press.

Gill, Bates., 2007. *Rising Star: China's New Security Diplomacy.* U.S.: Brookings Institution Press.

Gladney, Dru C., 2003. *Ethnic Identity in China.* U.S.: Cengage Learning.

Glassner, Martin Ira., 1993. *Poltical Geography.* New York: John Wiley& Sons,Inc.

Gellner, Ernest., 2006. *Nations and Nationalism.* U.S.: Blackwell Publishing.

Gifford, Rob., 2007. *China Road.* New York: Random House.

Goldstein, Avery., 2005. *Rising to the Challenge: China's Grand Strategy and International Security*. U.S.: Stanford University Press.

Hamashita, Takeshi., 2008. *China, East Asia and the Global Economy: Regional and Historical Perspectives*. U.S.: Routledge Press.

Hobsbawn, Eric., 1996. *The Age of revolution: 1789-1848.* New York: Vintage Books.

Jacques, Martin., 2009. *When China Rules the World: the rise of the middle kingdom and the end of the western world.* U.S.: Penguin Books.

Kambara, Tatsu.& Howe, Christopher., 2007. *China and the Global Energy Crisis: Development and Prospects for China's Oil and Natural Gas.* U.K.: Edward Elgar Publishing.

Kang, David C., 2007. *China Rising: Peace, Power, and Order in East Asia.* New York: Columbia University Press.

Kang, David C., 2010. *East Asia Before The West: Five Centurise of Trade and Tribute*. NewYork: Columbia Universtity Press.

Keating, Michael.& McGarry, John., 2001. *Minority Nationalism and the Changing International Order.* New York: Oxford University Press.

Kennedy, Paul., 1989. *The Rise and Fall of the Great Powers*. New York: Vintage Books.

Michael T., 2001. *Resource Wars: The New Landscape of Global Conflict.* New York: Owl Books.

Klare, Michael T., 2008. *Rising Powers, Shrinking Planet: The New Geopolitics of Energy*. New York: Metropolitan Books Press.

Kleveman, Lutz., 2003. T*he Great Game: Blood and Oil in Central Asia.* New York: Grove Press.

Knutsen, TorbjØrn L., 1997. *A History of International Relations Theory.* U.K.: Manchester Universty Press.

Lary, Diana.et al., 2007. *The Chinese State at the Borders.* Toronto: UBC Press.

Lattimore, Owen., 1950. *Pivot of Asia: Sinkiang and the Inner Asia Frontiers of China and Russia.* Boston: Little Brown and Company.

Lattimore, Owen., 1962. *Studies in Frontier History: Collected Papers.* London: Oxford University Press.

Legerton, Colin.& Rawson, Jacob., 2009. *Invisible China: A Journey Through Ethnic Borderlands.* Chicago: Chicago Review Press.

Lewis, Kenneth E., 1984. *The American Frontier: An Archaeological Study of Settlement Pattern and Process.* London: Academic Press.

Lu, Ding.& A. W. Neilson ed., 2004. *China's West Region Development: Domestic Strategies and Global Implications*. U.S.: World Scientific.

Lugg, Amy.& Mark Hong, ed., 2010. *Energy Issues in the Asia-Pacific Region.* Singapore: Institute of Southeast Asian Studies.

Mahan, A. T., 1890. *The Influence of Sea Power upon History: 1660-1783.* Boston: Little Brown and Company.

Mackerras, Colin& Clarke, Michael., 2009. *China, Xinjiang and Central Asia: History, Transition and Crossborder Interaction into the 21st Century.* New York: Routledge.

Millward, James A., 2007. *Eurasian Crossroads: A History of Xinjiang.* New York: Columbia University Press.

Mitter, Rana., 2008. *Modern China: A Very Short Introduction.* New York: Oxford University Press.

Nathan, Andrew J.& Ross, Robert S., 1997. *The Great Wall and the Empty Fortress.* New York: W.W. Norton& Company.

Nye, Joseph S. Jr., 2004. *Soft Power: The Means to Success in World Politics.* New York: Public Affairs.

Ótuathail, GearÓid., 1996. *Critical Geopolitics: The Politics of Writing Global Space.* Minnesota: University of Minnesota Press, Borderlines, v.6.

Ótuathail, GearÓid& Dalby, Simon& Routledge, Paul. ed., 2006. *The Geopolitics Reader.* New York: Routledge, second edition.

Ótuathail, GearÓid.& Dalby, Simon., 1998. *Rethinking Geopolitic.* New York: Routledge.

Parker, Geoffrey., 1998. *Geopolitics: Past,Present and Future.* London: Pinter Press.

Petersen, Alexandros., 2011. *The World Island: Eurasian Geopolitics and the Fate of the West*. U.S.: Praeger Press.

Pyle, Kenneth B., 2007. *Japan Rising.* New York: PubilcAffairs$_{\text{TM}}$.

Robertson, Roland., 1992. *Globalization: Social Theory and Global Culture.* London: Sage.

Ross, Robert S., 2009. *Chinese Security Policy: Structure, Power and Politics*. NewYork: Routledge.

Ryosei, Kokubun.& Wang Jisi, ed., 2004. *The Rise of China and a Changing East Asian Orde.* Tokyo: Japan Center for International Exchange.

Shen, Simon. ed., 2007. *China and Antiterrorism.* New York: Nova Science Publishers.

Shirk, Susan L., 2007. *China: Fragile Superpower.* New York: Oxford University Press.

Short, John Rennie., 1993. *An Introdution to Political Geography.* New York: Routledge.

Soucek, Svat .et al., 2000. *A History of Inner Asia.* U.K.: Cambridge University Press.

Spykman, Nicholas John., 1942. *America's Strategy in World Politics: The United State and the Balance of Power*. New York: Harcourt, Brace and Company.

Starr, S. Frederick .et. al., 2004. *Xinjing:China's Muslim Borderland.* New York: M.E. Sharpe Press.

Stephanson, Anders., 1995. *Manifest Destiny: American Expansion and the Empire of Right*. New York: Hill and Wang.

Sutter, Robert G., 2006. *China's Rise: Implications for U.S. Leadership in Asia.* Washington: East-West Center Press.

Swaine, Michael D.& Tellis, Ashley., 2000. *Interpreting China's Grand Strategy: Past, Present, and Future.* U.S.: RAND-Project AIR FORCE.

Taylor, Peter J., 1985. *Political Geography: World-Economy, Nation-State and Locality.* New York: Longman Scientific& Technical.

Taylor, Peter.& C. R. Flint., 2000. *Political Geography: World System, Nation-State and Locality*. New York: Prentice Hall.

Teschke, Benno., 2003. *The Myth of 1648.* NewYork: Verso press.

Tubilewicz, Czeslaw., ed., 2006. *Critical Issues in Comtemporary China.* New York: Routledge.

Turner, Frederick Jackson. (1893) , 2008. *The Significance of the Frontier in American History.* New York: Penguin Books.

Tsung, Linda., 2009. *Minority Languages, Education and Communities in China*. NewYork: Palgrave Macmillan.

Waldron, Arthur., 1990. *The Great Wall of China: From History to Myth* . U.S.: Cambridge University Press.

Walter, Elizabeth.,et al., 2005. *Cambridge Advanced Learner's Dictionary.* UK: Cambridge University Press.

Waltz, Kenneth N., 1979. *Theory of International Politics.* U.S.: McGraw- Hill,Inc.

Wayne, Martin I., 2008. *China's War on Terrorism: Counter-insurgency, Politics, and Iinternal Security*. New York: Routledge.

Webster, Noah., 1977. *Webster's New Twentieth Century Dictionnary.* UK: Collins World Press.

Yang, Jian., 2011. *The Pacific Islands in China's Grand Strategy.* U.S.: Palgrave Macmillan Press.

Ye, Zicheng., 2011. *Inside China's Grand Strategy: The Perspective from the People's Republic*. U.S.: the University Press of Kentucky.

（二）專書譯著

Foucault, Michel., 1980. Edited and Translated by Gordon, Colin. *Power/ Knowledge: Selected Interviews and Other Writings 1972-1977 Michel Foucault.* New York: Panthen Books.

Foucault, Michel., 2007. Edited by Crampton, Jeremy W. Elden, Stuart. *Space, Knowledge and Power: Foucault and Geography*. U.S.: Ashgate Pub.Co.

Foucault, Michel., 2007. Edited by Senellart, Michel. *Security, Territory and Population: Lectures at the Collège de France,1977-1978*. New York: Picador press.

Haushofer, Karl.（1942）, 2006. "Why Geopolitik? ", in *The Geopolitics Reader.* Edited by Ótuathail, GearÓid.& Dalby, Simon.& Routledge, Paul. New York: Routledge, second edition ,pp.40-42.

（三）專書論文

Bedeski, Robert., 2004. "Western China: Human Security and National Security," in Ding Lu& A. W. Neilson ed., *China's West region Development: Domestic Strategies and Global Implications.* U.S.: World Scientific, pp. 41-52

Benson, Linda., 2004. "Education and Social Mobility among Minority Populations in Xinjiang," In S. Frederick Starr ed., *Xinjiang: China's Muslim Borderland.* U.S.: M.E. Sharpe, pp. 190-215.

Christensen, Thomas J., 2000. "China, the U.S.-Japan Alliance, and the Security Dilemma in East Asia," in Brown, Michael E. etc. ed., *The Rise of China.* U.S.: The MIT Press, pp. 135-166.

Chull Kim,Sung., 2006. "Introduction:multiayered domestic-regional linkages," in Friedman, Edward.& Chull Kim,Sung. ed., *Regional Cooperation and its Enemies in Northeast Asia: The Impact of Domestic Forces.* New York: Routledge Press, pp. 1-14.

Dalin, Cheng., 2005. "The Great Wall of China," in Ganster, Paul.& Lorey, David E. eds., *Borders and Border Politics in a Globalizing World.* U.K.: SR Books, pp. 11-20.

Elman, Benjamin A.,2007. "Ming-Qing Border Defence, the Inward Turn of Chinese Cartography, and Qing Expansion in Central Asia in the Eighteenth Century ," in Lary, Diana ed., *The Chinese State at the Borders.* Canada: UBC press, pp. 29-56.

Fairbank, John King., 1968. "A preliminaey framework," in Fairbank, John King. ed., *The Chineses World Order.* Cambridge: Harvard University Press, pp. 1-19.

Fuller, Graham E.& Jonathan N. Lipman., 2004. "Islam in Xinjiang," in S. Frederick Starr ed., *Xinjiang: China's Muslim Borderland.* U.S.: M.E.Sharpe, pp.320-352.

Gladney, Dru C., 2000. "China's Interest in Central Asia: Energy and Ethnic Security," in Robert Ebel& Rajan Menon. Ed., *Energy and Conflict in Central Asia and the Caucasus.* NewYork: Rowman& Littlefield Publishers, pp.209-224.

Gungwu, Wang., 2004. "The Cultural Implications of the Rise of China on the Region," in Kokubun Ryosei& Wang Jisi, ed., *The Rise of China and a Changing East Asian Order.* Tokyo: Japan Center for International Exchange, pp.77-90.

Hamashita, Takeshi., 2008. "The tribute trade system and modern Asia," in Linda Grove& Mark Selden, ed., *China, East Asia and the Global Economy: Regional and Historical Perspectives.* U.S.: Routledge Press, pp. 12-26.

Kamalov, Ablet., 2009. "Uyghurs in the Central Asian Republics: Past and Present," in Colin Mackerras& Michael Clarke, ed., *China, Xinjiang and Central Asian: History, Transition and Crossborder Interaction into the 21th Century.* New York: Routledge Press, pp. 115-132.

Kennan, George F., 1947. "The Source of Soviet Conduct," in *The Geopolitics Reader.* Edited by Ótuathail, GearÓid& Dalby, Simon & Routledge, Paul. New York: Routledge, second edition, pp. 78-81.

Mancall, Mark., 1968. "The Ch΄ing Tribute System: An Interpretive Essay," in Fairbank, John King ed., *The Chineses World Order.* Cambridge: Harvard University Press, pp. 63-89。

Millward, James A.& Peter C. Perdue., 2004. "Political and Cultural History of Xinjiang Region through the Late Nineteenth Century," In S. Frederick Starr ed., *Xinjiang: China's Muslim Borderland.* U.S.: M.E.Sharpe. pp. 31-32。

Millward, James A.& Nabijan Tursun., 2004. "Political Histiry and Strategies of Control, 1884-1978," in S. Frederick Starr ed., *Xinjiang: China's Muslim Borderland.*（U.S.: M.E. Sharpe. pp. 63-98.

Pollack, Jonathan D., 2003. "China and the United States Post-9/11," in Elsevier Limited ed., *Asia's Shifting Strategic Landscape.* U.S.: Behalf of Foreign Policy Research Insitute, pp. 617-627.

Ótuathail, GearÓid., 2006. "Introdution to Part Two," in *The Geopolitics Reader.* Edited by Ótuathail, GearÓid.& Dalby Simon.& Routledge, Paul.New York: Routledge, second dition., pp. 59-62.

Richardson, Michael., 2010. "Energy and Geopolitics in the South China Sea," in Amy Lugg& Mark Hong, ed., *Energy Issues in the Asia-Pacific Region.* Singapore: Institute of Southeast Asian Studies.

Roberts, Sean R., 2004. "A 'Land of Borderlands: Implications of Xinjiang's Trans-border Interaction'," in S. Frederick Starr ed., *Xinjiang: China's Muslim Borderland.* U.S.: M.E. Sharpe, pp. 216-240.

Ross, Robert., 2000. "The Geography of the Peace," in Michael E. Brown etc. ed., *The Rise of China.* U.S.: The MIT Press, pp. 167-205.

Roy, Denny., 2002. "China and the War on Terrorism," by Elsevier Limited ed. U.S.: Behalf of Foreign Policy Research Insitute, pp. 511-521.

Shichor, Yitzhak., 2004. "The Great Wall of Steel: Military and Strategy in Xinjiang," in S. Frederick Starr ed., *Xinjiang: China's Muslim Borderland.* U.S.: M.E.Sharpe, pp. 120-160.

Swee-Hock, Saw.& Lijun, Sheng etc., 2005. "An Overview of ASEAN-China Relation, " in Swee-Hock, Saw.& Lijun, Sheng etc.ed. *ASEAN-China Relation: Realites and Prospects.* Singapore: ISEAS Publications, pp. 1-18.

Shambaugh, David., 2000. "China's Military Views the World," in Brown Michael E. etc. ed., *The Rise of China.* U.S.: The MIT Press, pp. 105-132.

Tubilewicz, Czeslaw., 2006. "Stability, Development and Unity in Comtemporary China," in Czeslaw Tubilewicz ed., *Critical Issues in Comtemporary China.* New York: Routledge, pp.1-18.

Woodside, Alexander., 2007. "The Centre and the Borderlands in Chinese Political Theory," in Diana Lary.et al., *The Chinese State at the Borders.* Toronto: UBC Press, pp.11-28.

（四）期刊論文

Albright, Madeleine K., 2003/ Sep./Oct. "Bridges, Bombs, or Bluster?," *Foreign Affairs,* Vo.l82, No.5, pp. 2-19.

Bach, Jonathan.& Susanne Peters., Winter/2002. "The New Spirit of German Geopolitics," *Geopolitics*, Vol.7, No.3, pp.1-18.

Baker, James., 1991/Winter. "America in Asia: Emerging Architecture for the Pacific," *Foreign Affairs,* Vol.70, No.1, pp. 4-5.

Baldwin, David A., 1995/October. "Security Studies and the End of the Cold War," *World Politics,* Vol.48, pp. 117-141

Bijian, Zheng. 2005/Sep/ Oct.. "China's Peaceful Rise to Great-Power Status," *Foreign Affairs,* Vol.84, Issue 5, pp.18-24.

Brunet-Jally, Emmanuel., 2005/Winter. "Theorizing Borders: An Interdisciplinary Perspec- tive," *Geopolitics,* Vol.10, Issue.4, pp.633-649.

Castro, Renato Cruz De., 2007/Dec. "The Limits of Twenty-First Century Chinese Soft-Power Statecraft in Southeast Asia: The Case of the Philippines," *Issue& Studies,* Vol.43, No.4, pp.77-116.

Chung, Chien-peng., 2002/July/August. "China's 'War on Terror': September 11 and Uighur Separatism," *Foreign Affairs*, Vol.81, No.4, pp.8-12.

Clarke, Michael., 2005/June. "China's Strategy in Xinjiang and Central Asia: Toward Chinese Hegemony in the 'Geographical Pivot of History'?," *Issues& Studies*, Vol. 41, No. 2, pp. 75-118.

Economist., 2012/April/7th-13th. "the Dragon's New Teeth," The Economist, pp.23-26.

Elleman, Bruce., 2002/Summer. "China's New 'Imperial' Navy," *Naval War College Review,* Vol.1, No.3, pp. 143-154.

Ellis, Evan., 2011. "Chinese Soft Power in Latin America," *Joint Force Quarterly,* 1[St] Quarter, Issue 60, pp. 85- 91.

Erickson, Andrew S.& Andrew R. Wilson., 2006/Autumn. "China's Aircraft Carrier Dilemma," *Naval War College Review,* Vol.59, No.4, pp. 13-45.

Fijalkowski, Lukasz., 2011/April. "China's soft power in Africa?,"*Journal of Contemporary African Studies* ,Vol.29, No.2, pp.223-232.

Fravel, M.Taylor., 2005/Fall. "Regime Insecurity and International Cooperation: Explaining China's Compromise in Terriorial Disputes," *International Security,* Vol.30, No.2, pp.46-83.

Fravel, M.Taylor., 2007/Winter. "Power Shifts and Escalation:Explaining China's Use of Force in Terriorial Disputes," *International Security,* Vol.32, No.3, pp. 44-83.

Fravel, M. Taylor., 2008/Summer. "China's Search for Military Power," *The Washington Quarterly,* Vol.33, No.3, pp. 125-141.

Friedberg, Aaron L., 2005/Fall. "The Future of U.S.-China Relations:Is Conflict Inevitable?," *International Security,* Vol.30, No.2, pp. 7-45.

Ghosh, Sahana., March/2011. "Cross-border activities in everyday life: the Bengal borderland," *Contemporary South Asia,* Vol.19, No.1, pp. 49-60.

Guo, Xuetang., 2006. "The Energy Security in Central Euraisa: the Geopolitical Implication to China's Energy Strategy," *China and Eurasia Forum Quarterly,* Vol.4, No.4, pp. 117-137.

Haskins, Charles H., Winter/1924, "Franco-german Frotiers," *Foreign Affairs*, Vol.3, Issue 2, pp. 199-210.

Hirsb, Michael., 2002/Sep./Oct. "Bush and the World," *Foreign Affairs,* Vo.l81, No.5, pp. 18-43.

Heffernan, Michael., 2001. "History, Geography and the Frence National Space: The Question of Alsace-Lorraine, 1914-18," *Space& Polity,* Vol.5, No.1, pp.27-48.

Holmes, James R., 2009. "China's Way of Naval War:Mahan's Logic, Mao's Grammer," *Comparative Strategy,* Vol.28, pp. 217-243.

Hui, Eddie Chi Man.& Ka Huag Yu., 2009. "Second Home in Chinese Mainland under 'one country, two systems': A Cross-border Perspective," *Habitat International,* Vol.33, pp. 106- 113.

Huliaras, Asteris., 2006. " (Mis) understanding the Balkans: Greek Geopolitical Codes of the Post-communist Era," *Geopolitics,* Vol.11, pp.465-483.

Ikenberry, G. John., 2008/January/ February. "The Rise of China and the Future of the West," *Foreign Affairs,* Vol.87, Issue 1, pp. 23-37.

Itzkoff, Seymour., 2003/Winter. "China-Emerging Hegemony: A Speculative Essay," *The Journal of Social, Political and Economic Studies,* V.28, Number 4, pp. 487-496.

Kaplan, Robert D., 2010/May/June. "The Geography of Chinese Power," *Foreign Affairs,* Vol.89, No.3, pp.22-41.

Klare, Michael., 2001/May/June. "The New geography of Conflict," *Foreign Affairs,* Vol.80, Issue.3, pp.49-61.

Lattimore, Owen., 1933. "The Unknown Frontier of Manchuria," *Foreign Affairs,* Vol.11, Issue.2, pp.315-330.

Leffler, Melvyn P., 2011/Sep./Oct. "9/11 in Retrospect," *Foreign Affairs,* Vol.90, No.5, pp. 33-44.

Lévy, Jacques., Winter/2000. "Geopolitics After Geopolitics: a French Experience," *Geopolitics,* Vol.5, No.3, pp. 99-113.

Li, Nan& Weuve, Christopher., 2010/Winter. "China's Aircraft Carrier Ambitions: An Update," *Naval War College Review,* Vol.63, No.1, pp. 13-31.

Li, Xin.& Verner Worm., March/2011. "Building China's Soft Power for a Peaceful Rise," *Journal of Chinese Political Science,* Vol.16, Issue 1, pp.69-89.

Mackinder, Halford J., 1904/Apr. "The Geopolitical Pivot of History," *The Geographical Journal,* Vol.XXIII, No.4, pp. 421-437.

Mackinder, Halford J., 1904. "The Geographical Pivot of History," *The Geographical Journal,* Vol.170, No.4. pp. 298-321.

Mackinder, Halford J., 1943. "The Round World and the Winning of the Peace," *Foreign Affairs, an American Quarterly Review*, Vol.21, No.4, pp. 595-605.

Mcmillen, Donald H., 1982. "The Urumqi Military Region: Defense and Security in China's West," *Asian Survey,* Vol. 22, No. 8, pp. 705-731.

Menahem, Gila., 2010. "Cross-border, cross-ethnic, and transnational networks of a trapped minority: Israeli Arab citizens in Tel Aviv-Jaffa," *Global Networks,* Vol.10, No.4, pp.529 -546. ISSN 1470-2266.

Molland, Sverre., 2010. "The Perfect Business: Human Trafficking and Lao-Thai Cross-Border Migration," *Development and Change,* Vol.41, No.5, pp.831-855.

Muligan, William., May/2011. "Britain, the 'German revolution', and the fall of France," *History Research,* Vol.84, No.224, pp.310-327.

Paderewski, Ignace Fan., Winter 1933. "Poland's So-Called Corridor," *Foreign Affairs,* Vol.11, Issue 3, pp. 420-433.

Pei, Minxin., 2006. "The Dark Side of China's Rise," *Foreign Policy,* No.153, pp. 32-40.

Parker, Bradley J., 2006/Jan.. "Toward an Understanding of Borderland Processes," *Americ an Antiquity,* Vol.71, No.1, pp. 77-100.

Pollack, Jonathan D., 2002/November. "China Security in the Post-11 September World: Implications for Asia and the Pacific," *Asia-Pacific Review,* Vol.9, No.2, pp. 12-30.

Shan, Zhiqiang., 2010/March. "A Tale of Two Countries?: Hu Huanyong's Line of Discontinuity," *The Geographic Magazine on China,* Vol.2, Issue, pp.46-61.

Sheives, Kevin., Summer/2006. "China Turns West: Beijing's Contemporary Strategy Towards Central Asia," *Pacific Affairs,* Vol.79, No.2, pp.205-224.

Smith, Dianne L., Fall/ 1996. "Central Asia: A New Great Game?," *Asian Affairs, an American Review,* Vol.23, No.3, pp.147-175.

Spykman, Nicholas John., 1942./June. "Frontier, Security, and International Organization," *Geographical Review,* Vol.32, No.3., pp. 436-447.

Storey, Ian& You Ji., 2004/Winter. "China's Aircraft Carrier Ambitions: Seeking Truth from Rumors," *Naval War College Review,* Vol.57, No.1, pp. 76-93.

Stulberg, Adam N., 2005. "Moving Beyond the Great Game: The Geoeconomics of Russia's Influence in the Caspian Energy Bonanza," *Geopolitics,*Vol.10, pp. 1-25.

Taliaferro, Jeffrey W., 2000/Winter. "Security Seeking under Anarchy: Defansive Realism Revisited," *International Security,* Vol.25, No.3, pp. 128-161.

Ullman, Richard H., 1983/Summer. "Redefining Security," *International Security,* Vol.8, No.1, pp. 129 -153.

Wolfers, Arnold., 1952/December. "National Security as an Ambifuous Symbol," *Political Science, Quarterly,* Vol.67, No.4, pp. 481-502.

Wusten, Herman Van Der.& Gertjan Dijkink., Winter/2002. "German, British and Frence Geopolitics: The Enduring Differences," *Geopolitics,* Vol.7, No.3, pp.19-38.

Yan, Xuetong., 2006. "The Rise of China and its Power Status," *Chinese Journal of Inter national Politics,* Vol.1, pp. 6-33.

Yang, Rui., 2010/ June. "Soft pwer and higher education: an examination of China's Confucius Institutes," Globalisation, Societies and Education, Vol.8, No.2, pp.235-245.

Yoshihara, Toshi.& Holmes, James. R., 2005/June. "China, a Unified Korea, and Geopolitics," *Issues& Studies,* Vol.41, No.2, pp. 119-169.

Yoshihara, Toshi.& Holmes, James R., 2008/Jan. "China's Energy-Driven 'Soft Power,'" *Orbis*, Vol.52, Issue 1, pp.123- 137.

Yuan, Jing-Dong., 2010/November. "China's Role in Establishing and Building the Shanghai Cooperation Organization（SCO）," *Journal of Contemporary China,* Vol.19（67）, pp. 855-869.

Ziegler, Charles E., 2006/Spring. "The Energy Factor in China's Foreign Policy," *Journal of Chinese Political Science,* Vol.11, No.1, pp. 1-23.

（五）學位論文

Orozco-Mendoza Elva Fabiola., 2008. *Borderlands Theory:Producing Border Epistemologies with Gloria Anzaldúa.* Thesis., the Faculty of Virginia Polytechnic Institute and State University In partial fulfillment of the requirement for the degree of Master of Arts In Political Science , Virginia, USA.

（六）研討會論文

Hensel, Paul R., 2006/3/9. "Territorial Claims and Armed Conflict between Neighbors," paper presented at the Lineae Terrarum International Borders Conference. U.S.: University of Texas, pp.1-27. also see final version <http://garnet.acns.fsu.edu/~phensel>.

（七）官方文件

United State C.I.A., March 1, 2010. World Factbook, ＜http://www.cia.gov/library/publicat ions/the- world-factbook＞.

United State C.I.A., June 20, 2012. World Factbook, <http://www.cia.gov/library/ publicat ions/the-world-factbook>.

United State Department of Defense, 2011/5/6, "2011 Military and Security Developments Involving the People's Republic of China," Annual Report to Congress., pp. 1-84. 1-4AE81FF.

United State Department of Defense, 2012/5/18, "Military and Security Developments Involving the People's Republic of China 2012," pp.1-52. DIA-02-1109-276.

United Nation OECD, 2008/6/26, "The Shipbuilding Industry in China, In Council Report: Working Party on Shipbuilding," pp. 1-35. C/WP6, 7/REW1.

（八）報紙

Non

（九）網際網路

Austin Ramzy, 2009/7/8. "Tensions Remain As Chinese Troop Take Control in Urumqi," Time, <http://www.time.com./time/printout/0,8816,1908969,00.html>.

Austin Ramzy, 2009/7/20. "China's War in the West," Time, <http://www.time.com./time/printout/0,8816,1908 969,00.html>.

Bobby Ghosh, 2009/7/8. "The Woman China Blames for the Urumqi Unrest," Time, <http://www.time.com./time/printout/0,8816,1909109, 00.html>.

Cara Anna, 2101/7/2. "China Installs Security Cameras in Urumqi," Time, <http://www. time.co m./time/ printout/0,8816,1909109,00.html>.

Mauldin, John, 2008/6/15. "The Geopolitics of China: A Great Power Enclosed," U.S. Stratfor, <www. stratfor.com>.pp.1-14.

Viewpoint20 PF0130

中國大陸的邊疆與安全
——從陸權邁向海權的戰略選擇

作　　者 / 黃玉洤
責任編輯 / 廖妘甄
圖文排版 / 曾馨儀
封面設計 / 秦禎翊

發 行 人 / 宋政坤
法律顧問 / 毛國樑　律師
出版發行 / 秀威資訊科技股份有限公司
114 台北市內湖區瑞光路 76 巷 65 號 1 樓
電話：+886-2-2796-3638　傳真：+886-2-2796-1377
http://www.showwe.com.tw
劃撥帳號 / 19563868　戶名：秀威資訊科技股份有限公司
讀者服務信箱：service@showwe.com.tw
展售門市 / 國家書店（松江門市）
104 台北市中山區松江路 209 號 1 樓
電話：+886-2-2518-0207　傳真：+886-2-2518-0778
網路訂購 / 秀威網路書店：http://www.bodbooks.com.tw
國家網路書店：http://www.govbooks.com.tw

2013 年 12 月　BOD 一版
定價：480 元

國家圖書館出版品預行編目

中國大陸的邊疆與安全 : 從陸權邁向海權的戰略選擇 /
黃玉洤著. -- 一版. -- 臺北市 : 秀威資訊科技, 2013. 12
面 ; 公分. -- (Viewpoint ; PF0130)
BOD 版
ISBN 978-986-326-147-6 (平裝)

1. 邊防 2. 中國

599.92 102013368

讀者回函卡

感謝您購買本書，為提升服務品質，請填妥以下資料，將讀者回函卡直接寄回或傳真本公司，收到您的寶貴意見後，我們會收藏記錄及檢討，謝謝！

如您需要了解本公司最新出版書目、購書優惠或企劃活動，歡迎您上網查詢或下載相關資料：http:// www.showwe.com.tw

您購買的書名：____________________

出生日期：________年________月________日

學歷：□高中（含）以下　□大專　□研究所（含）以上

職業：□製造業　□金融業　□資訊業　□軍警　□傳播業　□自由業

□服務業　□公務員　□教職　□學生　□家管　□其它______

購書地點：□網路書店　□實體書店　□書展　□郵購　□贈閱　□其他

您從何得知本書的消息？

□網路書店　□實體書店　□網路搜尋　□電子報　□書訊　□雜誌

□傳播媒體　□親友推薦　□網站推薦　□部落格　□其他__________

您對本書的評價：（請填代號　1.非常滿意　2.滿意　3.尚可　4.再改進）

封面設計____　版面編排____　內容____　文／譯筆____　價格____

讀完書後您覺得：

□很有收穫　□有收穫　□收穫不多　□沒收穫

對我們的建議：____________________

____

____

____

請貼
郵票

11466
台北市內湖區瑞光路 76 巷 65 號 1 樓

秀威資訊科技股份有限公司 收

BOD 數位出版事業部

....

（請沿線對折寄回，謝謝！）

姓　　名：____________________ 年齡：________ 性別：□女 □男

郵遞區號：□□□□□

地　　址：____

聯絡電話：(日) ____________________ (夜) ____________________

E-mail：____